荒漠化防治原理与技术

高国雄　吴　卿　杨春霞　编著

黄河水利出版社
·郑州·

内 容 提 要

本书系统地介绍了风蚀荒漠化、水蚀荒漠化、盐渍荒漠化等荒漠化的成因、特点及防治原理与技术措施等。其主要内容包括绪论、荒漠化防治基本原理、风蚀荒漠化防治原理与技术、水蚀荒漠化防治原理与技术、盐渍化防治原理与技术、荒漠化监测与评价方案。

本书可作为荒漠化防治及相关专业学生的教材使用，也可作为从事荒漠化防治工作的专业技术人员的参考用书。

图书在版编目（CIP）数据

荒漠化防治原理与技术/高国雄，吴卿，杨春霞编著.
郑州:黄河水利出版社,2010.3 （2021.12 修订重印）
ISBN 978-7-80734-804-7

Ⅰ.①荒… Ⅱ.①高… ②吴… ③杨… Ⅲ.①沙漠化-防治 Ⅳ.①P941.73

中国版本图书馆 CIP 数据核字（2010）第 037678 号

出 版 社:黄河水利出版社
　　　　　地址:河南省郑州市顺河路黄委会综合楼 14 层　邮政编码:450003
发行单位:黄河水利出版社
　　　　　发行部电话:0371-66026940、66020550、66028024、66022620(传真)
　　　　　E-mail:hhslcbs@ 126.com
承印单位:河南新华印刷集团有限公司
开本:787 mm×1 092 mm　1/16
印张:15.5
字数:380 千字
版次:2010 年 3 月第 1 版　　　　　印次:2021 年 12 月第 2 次印刷
定价:48.00 元

前　言

　　荒漠化是指包括气候变异和人类活动在内的种种因素造成的干旱地区、半干旱地区和亚湿润的干旱地区的土地退化。其实质就是土地退化。这种退化过程包括风蚀与水蚀引起的土壤侵蚀，土壤物理特性、化学特性及生物特性和经济特性的退化，自然植被的长期丧失等。目前，荒漠化已直接威胁全球 1/4 的陆地面积(约 35.92 亿 hm^2)，有 2/3 的国家和地区(100 多个)受其影响，近 10 亿人口生存在荒漠化地区。每年因荒漠化造成的经济损失约达 423 亿美元。因此，荒漠化已不再是一个区域性问题，而是一个严重的全球性的重大环境问题，得到全世界各个国家的普遍重视，尤其自 20 世纪 70 年代以来，引起国际社会的广泛关注。1992 年联合国环境与发展大会通过的《21 世纪议程》，把防治荒漠化列为国际社会优先采取行动的领域，充分体现了当今人类社会保护环境与可持续发展的新思想。1994 年签署的《联合国防治荒漠化公约》是国际社会履行《21 世纪议程》的重要行动，体现了国际社会对防治荒漠化的高度重视。《联合国防治荒漠化公约》规定：荒漠化是指包括气候变化和人类活动在内的多种因素造成的干旱区、半干旱区及亚湿润干旱区的土地退化。土地荒漠化所造成的生态环境退化和经济贫困，已成为 21 世纪人类面临的最大威胁。因而，防治荒漠化不仅是关系到人类的生存与发展，而且是影响全球社会的重大问题。

　　我国的荒漠化状况也十分严峻，据 2005 年 6 月国家林业局第三次中国荒漠化和沙化状况公报，截至 2004 年，全国荒漠化土地面积 263.62 万 km^2，占国土总面积的 27.46%，其中风蚀荒漠化土地面积 183.94 万 km^2，水蚀荒漠化土地面积 25.93 万 km^2，冻融荒漠化土地面积 36.37 万 km^2，盐渍化土地面积 17.38 万 km^2。而且荒漠化仍呈扩展趋势，目前我国每年沙化土地仍以 2 460 km^2 的速度扩展，相当于每年损失一个中等县的土地面积。荒漠化已成为制约国民经济发展、影响我国现代化建设进程的一个障碍，因此防治荒漠化、改善生存条件已势在必行。

　　为了适应荒漠化防治的需要，提供一本较为全面、系统的理论指导书，编者在多年教学、科研实践基础上，综合归纳编写了这本《荒漠化防治原理与技术》。本书系统地介绍了风蚀荒漠化、水蚀荒漠化、盐渍荒漠化等荒漠化的成因、特点及防治原理与技术措施等。

　　由于编者水平所限，书中难免有错误之处，恳请广大读者给予批评指正。

作　者

2010 年 1 月

目　录

第一章 绪 论

荒漠化是全球性的重大环境问题,已引起国际社会的广泛关注,中国作为世界上荒漠化面积最大、分布最广、危害最为严重的国家之一,对荒漠化的形成、发展及控制给予了高度重视,特别是进入20世纪80年代以来,随着荒漠化的发展,沙尘暴危害已严重威胁到人民生命财产的安全,阻碍了社会的进步,因而控制荒漠化和沙尘暴已成为中国当前乃至今后的一段时期生态环境建设的主要任务。

一、荒漠化的概念及内涵

自从1977年的内罗毕国际防治荒漠化会议以后,国内外对"Desertification"一词的解释达几十种之多。过去在我国一直把它译为沙漠化,经过近20年的探索和研究,1994年9月我国政府签署了《国际防治荒漠化公约》文件,把英文"Desertification"统一翻译成荒漠化,并在1994年发布的《中国21世纪议程——关于人口、发展与环境白皮书》中进一步确立了荒漠化概念,它包括了沙质荒漠化、水土流失、盐渍化等土地生产力的退化。

《联合国防治荒漠化公约》中确认,荒漠化是指包括气候变异和人类活动在内的种种因素造成的干旱地区、半干旱地区和亚湿润干旱地区的土地退化。

荒漠化的实质是指土地的退化。土地是指有生物生产力的陆地生态系统,由土壤、植被、其他生物区系和该系统中发挥作用的生态过程和水文过程组成。土地退化是指由于利用土地或由于一种作用或数种作用结合导致的干旱区、半干旱区与干旱的亚湿润地区的雨浇地、水浇地或草地、牧场、森林及林地生物或经济生产力和多样性的降低或丧失。包括:①风蚀、水蚀引起的土壤侵蚀;②土壤物理特性、化学特性及生物特性或经济特性的退化;③自然植被的长期丧失。干旱区、半干旱区和干旱的亚湿润区是指年降水量与年潜在蒸发量之比在0.05~0.65的地区,不包括极区和亚极区。

该定义明确了三个问题:

(1)荒漠化是在包括气候变异和人类活动在内的多种因素作用下产生和发展的。

(2)荒漠化发生在干旱区、半干旱区及亚湿润干旱区(指年降水量与可能蒸散之比在0.05~0.65的地区,但不包括极区和副极区),这就给出了荒漠化产生的背景条件和分布范围。

(3)荒漠化是发生在干旱区、半干旱区及亚湿润干旱区的土地退化,将荒漠化置于宽广的全球土地退化的框架内,从而界定了其区域范围。

20世纪60年代末和70年代初,非洲西部撒哈拉地区连年严重干旱,造成空前灾难,使国际社会密切关注全球干旱地区的土地退化。荒漠化名词于是开始流传开来。据联合国资料,目前全球1/5人口、1/3土地受到荒漠化的影响。1992年6月世界环境和发展会议上,已把防治荒漠化列为国际社会优先发展和采取行动的领域,并于1993年开始了《联合国关于发生严重干旱或荒漠化国家(特别是非洲)防治荒漠化公约》(简称《公约》)的政府间谈判。1994年6月17日《公约》文本正式通过。1994年12月联合国大会通过决议,从1995

年起,把每年的 6 月 17 日定为全球防治荒漠化和干旱日,向群众进行宣传。我国是《公约》的缔约国之一。

二、荒漠化现状与趋势

(一)世界荒漠化现状与趋势

荒漠化是全球性的环境问题,它在世界各大洲均有分布,全球土地受到沙化影响的面积有 3 800 万 km²,约有 2/3 的国家和地区、40% 以上的人口深受其害,涉及全球 100 多个国家和地区、10 亿多人口,特别是亚洲和非洲的发展中国家表现得尤为突出(见表 1-1)。据联合国环境规划署估计,荒漠化使全世界每年蒙受 420 多亿美元的经济损失,而且荒漠化还以每年 5 000~7 000 km² 速度扩展。全球遭受土壤侵蚀的面积约为 1 642 万 km²,其中水蚀面积 1 094 万 km²,风蚀面积 548 万 km²(见表 1-2),以亚洲和非洲荒漠化分布面积最大。因此,保持水土、保护土地、防治水土流失与荒漠化已成为世界各国普遍关注的重大问题。

表 1-1 世界部分国家和地区荒漠化分布状况

区域/国家	旱地面积 (万 km²)	荒漠化面积 (万 km²)	荒漠化程度(万 km²)			
			轻度	中度	重度	极度
全球	5 169.2	2 745.5	427.3	470.3	130.1	7.5
非洲	1 286.0	1 000.0	118.0	127.2	70.7	3.5
北美洲	732.4	79.5	13.4	58.8	7.3	—
南美洲	516.0	79.1	41.8	31.1	6.2	—
大洋洲	663.3	87.5	83.6	2.4	1.1	0.4
欧洲	299.7	99.4	13.8	80.7	1.8	3.1
亚洲	1 671.8	1 400.0	156.7	170.1	43.0	0.5
其中:印度	255.1	107.4				
中国	332.7	262.2	91.5	64.1	103.0	—

资料来源:1.CCICCD,执行联合国防治荒漠化公约亚非论坛报告集,1996。
　　　　　2.CCICCD,China Country Paper to Combating Desertification,China Forestre Publishing House,1997。
　　　　　3.Procceding of the Expert Meeting on Rehabilitation of Forest Degraded Ecosystems,1996。

表 1-2 全球水蚀、风蚀面积分布　　　　　　(单位:万 km²)

侵蚀类型	地区							
	非洲	亚洲	南美洲	中美洲	北美洲	欧洲	大洋洲	总计
水蚀	227	441	123	46	60	114	83	1 094
风蚀	186	222	42	35	35	42	16	548
合计	413	663	165	81	95	156	99	1 642

(二)中国荒漠化类型及分布

根据《联合国防治荒漠化公约》规定的指标(湿润指数为 0.05~0.65),中国可能发生荒漠化的范围为东经 74°~119°,北纬 19°~49°,本区主体的南界大体自大兴安岭西麓、锡林郭勒高原北部向南穿过阴山山脉和黄土高原北部,向西至兰州南部沿祁连山向西,然后向南绕过柴达木盆地东部,向西抵达青藏高原西南部,共涉及新、蒙、藏、青、陇、冀、宁、陕、晋、鲁、辽、川、滇、吉、琼、豫、津、京 18 个省(自治区、直辖市)的 471 个县(市)、旗,总面积达 331.7 万 km²(不包括散布在该范围内的湿润指数<0.05 的极端干旱区和湿润指数>0.65 的半湿润区),占国土总面积的 34.6%。其中在干旱区、半干旱区和亚湿润干旱区的分布面积分别为 142.7 万 km²、113.9 万 km² 和 75.1 万 km²,分别占国土面积的 14.9%、11.9%、7.8%。现已实际发生荒漠化的土地面积达 262.2 万 km²,占国土面积的 27.3%,主要分布于西北地区、华北地区和东北地区。

中国荒漠化类型按其主要成因划分,主要有风蚀荒漠化、水蚀荒漠化、冻融荒漠化和盐渍荒漠化等几种类型(见表 1-3),分别占荒漠化总面积的 61.3%、7.8%、13.8%、8.9%,其他类型荒漠化面积占 8.2%。从气候区分布看,有 114.8 万 km² 荒漠化土地分布在干旱地区,91.9 万 km² 分布在半干旱地区,55.5 万 km² 分布在亚湿润干旱区,分别占各荒漠化气候类型区面积的 80.4%、80.7%、74.0%。从荒漠化程度看,轻度为 95.1 万 km²,中度为 64.1 万 km²,重度为 103.0 万 km²,分别占荒漠化总面积的 36.3%、24.4%和 39.3%。

表 1-3   中国荒漠化类型及面积

荒漠化类型	面积(万 km²)	荒漠化类型	面积(万 km²)
风蚀荒漠化	160.7	盐渍荒漠化	23.3
水蚀荒漠化	20.5	其他	21.4
冻融荒漠化	26.3	合计	262.2

1.风蚀荒漠化

1)风蚀荒漠化面积及分布

风蚀荒漠化面积 160.7 万 km²,主要分布在干旱、半干旱地区。其中,在干旱地区面积 87.6 万 km²,占风蚀荒漠化总面积的 54.5%,大体分布在内蒙古狼山以西、腾格里沙漠和龙首山以北包括河西走廊西部以北、柴达木盆地及其北、以西至西北部的大片土地,在准噶尔盆地和塔里木盆地及天山以南、孔雀河以北广大地区也有分布。在半干旱地区面积 49.2 万 km²,占 30.6%,大体分布在狼山以东向南,穿杭锦后旗、磴口县、乌海市,然后向西纵贯河西走廊中—东部直到肃北蒙古族自治县呈连续大片分布。在亚湿润干旱区,从毛乌素沙地东部至内蒙古东部大体呈东北—西南向带状分布,其带宽为 50~125 km,而在东经 106°以西及从青海到西藏北部主要为斑块状分布,总面积近 23.9 万 km²,占风蚀荒漠化土地的 14.9%。

2)风蚀荒漠化分布规律

风蚀荒漠化分布规律充分显示出风蚀荒漠化的进程受气候、特别是受干旱程度的影响较大。这是由于在风蚀中,土壤的水分含量与其抗蚀力呈正相关关系。此外,干湿程度的变化,决定了植被类型及覆盖度的高低,干旱气候类型下,植被盖度低,使表土裸露。另外,干旱区许多植物为短生植物,对雨水反应极为灵敏,只有在雨季到来甚至一场降雨后,植物才葱郁地发生、生长,而一年中更多的时间则处于干枯状态,为风蚀的发生提供了有利条件。因而,风蚀荒漠化的程度大体随气候类型区由亚湿润干旱区—半干旱区—干旱区变化,也表现出由轻度—中度—重度的变化趋势。即随着气候类型的变干,风蚀荒漠化的程度越来越严重,其程度分布的范围也越来越大,由零散分布趋向于大批连续分布。

3) 风蚀荒漠化的程度

判断沙质荒漠化程度的基本指征是,以地表出现风沙活动及其所造成的各种风沙地貌形态所占该地区面积的比例和年增长率的数值。此外,还要考虑小气候、植被、土壤、水文等的变化状况。

风蚀荒漠化中,轻度为44.0万 km²,中度为25.0万 km²,重度为91.7万 km²,分别占风蚀荒漠化面积的27.4%、15.6%、57.0%。轻度风蚀荒漠化主要分布在半干旱区和半湿润干旱区东部的巴丹吉林沙漠及腾格里沙漠以东的地区,其中连续分布区大体在东经108°~119°。而中度风蚀荒漠化呈不连续分布,集中分布在准噶尔盆地和内蒙古中北部的半干旱区和干旱区,亚湿润干旱区则较少分布。重度荒漠化则主要分布在干旱区(占70.5%),在东经103°以西腾格里沙漠、巴丹吉林沙漠及其以西,新疆准噶尔盆地以北、以东及南疆、西藏西北地区,为大片连续分布;而半干旱地区分布较少,亚湿润干旱区几无分布(占13.5%)。

2. 水蚀荒漠化

水蚀荒漠化土地总面积为20.5万 km²,占荒漠化土地总面积的7.8%。其中,轻、中、重度的面积分别为13.5万 km²、4.6万 km²和2.4万 km²,分别占水蚀荒漠化面积的66.0%、22.4%和11.6%。

在干旱区、半干旱区和亚湿润干旱区,水蚀荒漠化土地呈不连续的局部集中分布。其主要分布在黄土高原北部的无定河、窟野河、秃尾河流域,泾河上游、清水河、祖厉河的中上游、湟水河下游及永定河的上游;在东、北、西部,主要分布在西辽河的中上游及大凌河的上游;在新疆的伊犁河、额尔齐斯河及昆仑山北麓地带也有较大的连续分布。

3. 盐渍荒漠化

盐渍荒漠化属化学作用造成的土地退化,是一种重要的荒漠化类型,在荒漠化地区有着广泛的分布,其总面积为23.3万 km²,占荒漠化土地总面积的8.9%。

盐渍荒漠化比较集中连片分布的地区有塔里木盆地周边绿洲以及天山北麓山前冲积平原地带、河套平原、银川平原、华北平原及黄河三角洲。

土壤盐渍化的分布以新、蒙、青三省面积最大,依次占土壤盐渍化总面积的46.3%、23.0%和18.7%。三省区分布了土壤盐渍化的88%。

4. 冻融荒漠化

冻融荒漠化土地总面积为36.3万 km²,占荒漠化土地总面积的13.8%。冻融荒漠化土地主要分布于青藏高原的高海拔地区,在甘肃的少数高山区及横断山脉北侧的四川巴塘、得荣、乡城等县的金沙江及其支流流域上游有零星分布,但面积不大。冻融荒漠化程度以轻、中度为主,分别占总冻融荒漠化的49.0%、50.7%,重度仅占0.3%,目前对人类的生存与生活的影响也相对较小。

5. 其他因素形成的荒漠化

其他因素形成的荒漠化是指除以上4种主导因素外由其他因素综合形成的荒漠化类型,总面积为21.4万 km²,占荒漠化总面积的8.2%,分布于各气候类型区,程度以轻度为主。

(三)中国荒漠化的发展趋势

据有关资料显示,尽管中国采取了一系列防沙治沙生态工程建设,而且也取得了可喜的成绩,但荒漠化总体趋势仍在不断扩展,其中 20 世纪 60 年代中期至 70 年代中期平均每年扩大 1 560 km²,70 年代中期至 80 年代中期平均每年扩大 2 100 km²,进入 90 年代以来,每年荒漠化面积扩展速度已达 2 460 km²。

由于荒漠化的扩展,生态环境进一步恶化,导致沙尘暴频繁发生。据统计,自 1952 年以来我国北方地区共计发生大的沙尘暴 70 余次,其中 50 年代 5 次,60 年代 8 次,70 年代 13 次,80 年代 14 次,90 年代 23 次。特别是近年来沙尘暴发生更为频繁,据有关报道,2000 年以来已发生 16 次较大沙尘暴,造成了严重损失。

三、荒漠化的成因与危害

(一)荒漠化的成因

荒漠化的形成有自然因素和人为因素,其中干旱、大风为荒漠化的形成创造了动力条件,裸露的地表和丰富的沙质土壤为荒漠化提供了物质基础,而人为不合理的经济开发则在荒漠化形成过程中,起到了加速、推进作用。由于人们滥砍滥伐,过度垦殖,超载过牧,不合理灌溉用水和水资源开采,以及城镇、工矿、交通建设等活动,加速了荒漠化发展进程和危害程度,形成了中国北方荒漠化的特点。据统计,由于人为因素诱发导致的荒漠化土地面积占中国北方现代荒漠化土地总面积的 94.5% 以上,可见人为活动对荒漠化的影响很大,已经成为现代荒漠化产生和发展的主导因素。

(二)荒漠化的危害

荒漠化是一项自然和人为双重因素影响发生的复合性灾害,沙尘暴则是荒漠化过程的典型表现形式。由于荒漠化及沙尘暴的发展,给中国北方地区的农业生产和人民生活带来了严重的影响,造成了可利用土地面积减少,土地生产力下降,生产和生存条件恶化,旱、涝、风沙灾害加剧,粮食产量下降,农田、牧场、城镇、村庄、道路及水利设施受到威胁或埋压。据有关资料统计,自 20 世纪 50 年代以来,我国北方有 500 万 hm² 农田受到风蚀、水蚀影响,其中 66.7 万 hm² 耕地沦为沙地,平均每年丧失耕地 1.5 万 hm²,每年减少粮食 30 亿 kg,相当于 750 万人一年的口粮;约有 1.4 亿 hm² 草地退化,其中有 235.3 万 hm² 草地变成沙地,平均每年减少草地 5.2 万 hm²。全国每年因荒漠化造成的直接损失达 540 亿元,相当于西北 5 省区 1996 年财政收入的 3 倍。20 世纪以来造成重大损失的沙尘暴达 70 多次,如"93·5·5"沙尘暴造成 116 人死亡或失踪,264 人受伤,12 万头(只)牲畜损失,农作物受灾面积达 31.7 万 hm²,直接损失 5.4 亿元;"96·5·29"沙尘暴袭击甘肃酒泉地区,造成 5 人死亡,3 330 hm² 棉花受损,248.7 hm² 林果受灾,2 660 座温棚损失,直接经济损失达 2 亿多元,"98·4·18"沙尘暴在新疆瞬时风力达到 12 级,造成 6 人死亡,4 人失踪、256 人受伤。

四、荒漠化防治现状与对策

(一)荒漠化防治的意义

(1)荒漠化防治是保护和拓展中华民族生存与发展空间的长远大计。土地荒漠化被称做"地球的癌症",直接动摇和摧毁人类赖以生存的土地和环境。在人类发展史上,因被荒漠化驱赶而被迫流离失所、背井离乡的例子不胜枚举:荒漠化迫使大批墨西哥人越界迁徙到异国;塞内加尔河中上游地区 1/5 的人已经迁徙;从巴克尔地区移民到法国的人远多于留在本土的居民,受流沙驱赶,人们从乡村拥向城市,造成城市贫民区不断扩大;1965～1988 年,住在首都努瓦克肖特的毛里塔尼亚人的比例从 9% 增加到 41%,而游牧民族的比例则从 73% 降低到 7%。在我国广大荒漠化地区,沙进人退的状况也屡见不鲜,近 30 年间,内蒙古鄂托克旗有近 700 户、乌兰察布盟后山有 170 多户农牧民因风沙危害被迫迁往他乡。我国人口众多,土地资源贫乏,要用仅占世界 7% 的耕地养育占世界 22% 的人口,压力之大、难度之高可想而知,即使我国人口维持目前水平不再膨胀,但如果因荒漠化扩张加剧,失控等原因造成大面积耕地资源逆转、退化甚至消失,我们整个民族势将丧失生存与发展的根基。相反,如果我们采取及时有效的措施,不断加强荒漠化防治工作,不但有可能彻底遏制荒漠化的扩张,变不毛之地为沃土,甚至能够将我们的生存空间向荒漠拓展。近些年来,内蒙古在沙区推广"小生物圈"建设技术,即在固定、半固定沙丘内,打上一眼井,造下一片林,围住一片沙,搬进一户人,实质上是沙区农林牧综合治理,科学开发利用,目前全区已有 6 万户农牧民通过应用这一套技术迁入沙地安家落户。可见,荒漠化并非不可战胜,人类在荒漠面前也并非束手无策,只要我们通过自身不懈的奋斗,必将赢得生存与发展的主动权。

(2)荒漠化防治是从根本上改善我国生态环境面貌、实现再造壮丽秀美新山河的重中之重。我国从历史上遗留下来的自然生态环境相当脆弱,水土流失、旱涝灾害、荒漠化等危害均十分严重。其中,土地荒漠化是我们面临的首要生态问题。从地域上看,我国荒漠化土地集中分布在广大的西北地区、华北地区和东北地区,这些地区是我国主要江河的发源地,也是森林植被最为稀少、水土流失最为严重的地区。以黄河为例,每年进入黄河的 16 亿 t 泥沙中,有 12 亿 t 来自荒漠化地区。因此,要切实改变我国大江大河泥沙严重淤积的状况,就必须对流域内的荒漠化土地进行重点治理。从治理方略上说,我国风蚀荒漠化、水蚀荒漠化、土壤盐渍化等类型的荒漠化无所不有,土地退化与水土流失、风沙、干旱、洪涝等各种灾害往往交织在一起,危害性强,国土整治难度大,必须重点突破,综合治理。

(3)荒漠化防治是实施扶贫攻坚计划、实现全国农村奔小康目标的重要措施。解决我国农村贫困人口的温饱问题,是一项紧迫而艰巨的战略任务。在我国尚未脱贫的 5 000 万农村贫困人口中,有 1/4 生活在中西部荒漠化危害严重的地区。全国奔小康,重点在农村,农村奔小康,重点要加快中西部地区农业和农村经济的发展。而这些地区经济发展的一个重要前提,就是要把扶贫开发与环境治理结合起来,从根本上改变这些地区荒漠化严重、生产生活条件恶劣的面貌。自然环境改善了,中西部地区的粮棉油和畜产品等生产优势才能得到充分发挥。甘肃河西走廊地区通过实施三北防护林体系建设工程,现已全面实现了农田林网化,从沙漠中夺回耕地 5.2 万 hm²,粮食产量从 17.2 亿 kg 提高到现在的 22.2 亿 kg,以不足全省 20% 的耕地提供了全省 70% 的商品粮,农民收入大幅度提高。从另一角度来说,我国 50 年来荒漠化防治事业之所以取得举世瞩目的成绩,很重要的一个原因就是广大群众在防沙治沙的实践中,逐步认识到植树种草,改善生态环境对于振兴地方经济,实现自身脱贫致富的重大作用,从而自觉地参与到荒漠化防治事业中来。把防沙治沙与脱贫致富结合起来,这是荒漠化防治工作中必须始终坚持的一条基本原则和成功经验。

(4)荒漠化防治是充分发挥荒漠化地区自然资源优势、全面开创 21 世纪中国沙产业的必然选择。荒漠、戈壁,并不能完全和贫瘠、落后画等号。应当看到,我国荒漠化地区蕴藏着巨大的资源开发优势和潜力,土地、矿产、动植物、太阳能和风能等资源都极其丰富,而这些资源尚未得到充分有效的开发利用。以土地资源为例,在我国现有的荒漠化地区,可开发利用的沙地达 666 万 hm²,仅以每年开发 6.6 万 hm²,按每公顷产粮食 3 750 kg 计算,即可增产粮食2.5亿kg。这对缓解我国人口多耕地少的矛盾来说,无疑具有重要的现实意义。此外,还可以在沙区开辟林场、牧场、果园和鱼塘,发展生态型农业。向沙漠要粮、棉、油,向沙漠要收入,这已经是被许许多多实践证明了的结论。我国著名科学家钱学森提出的沙产业理论告诉我们,生态条件十分严酷的沙漠戈壁地区具有充沛的阳光,只要人们精巧地捕捉利用这一制造绿色物质之源,在荒芜的不毛之地上完全可能生产出人们维持生存的食品。这是用全新的观念、全新的思维方式看待沙漠,是跨世纪的沙漠利用的战略构想。可以预见,随着我们对荒漠资源的重新认识和现代科技知识的广泛应用,我国的沙产业将迎来大发展的新局面,这正是面向21世纪中国荒漠化防治事业的潜力所在、前途所在、希望所在。

(二)荒漠化防治现状与对策

1.荒漠化防治现状

自20世纪50年代以来,中国政府十分重视荒漠化防治工作,先后制定了《全国防沙治沙规划纲要》、《中国21世纪议程林业行动计划》、《全国生态建设规划》、《中国环境保护21世纪议程》、《中国执行〈联合国防治荒漠化公约〉行动方案》等文件,并颁布了《荒漠化防治法》、《森林法》、《草原法》、《环境保护法》、《矿产资源法》、《土地法》等一系列法律法规,加大执行力度,使荒漠化防治逐渐走向法制轨道,先后启动实施了全国防沙治沙工程、三北防护林工程、天然林保护工程、退耕还林(草)工程、山川秀美工程等一系列大规模跨地域、跨流域的生态建设工程,从而有效地控制或减缓了荒漠化的发展。"八五"期间三北防护林工程共计完成治理开发面积644万hm²,其中人工造林207万hm²,封沙育林育草20万hm²,飞播造林种草44万hm²,人工种草及改良草场83万hm²,治沙造田改造低产田63万hm²,种植药材及其他经济作物29万hm²,开发利用水面7万hm²;"九五"期间进一步扩大了治理和开发成果,从而使三北防护林工程顺利完成了第一阶段建设任务,累计造林2 200万hm²,三北地区森林覆盖率由原来的5%提高到近10%;全国防沙治沙工程累计治理沙化土地890万hm²。在多年的治理过程中,探索出了一批不同条件下沙区综合治理开发的成功模式,如引水拉沙造田、沙地衬膜水稻、生物固定流沙、沙地飞播造林种草、草库仑、生态经济圈、庄园式治理开发模式等,涌现出了一批如榆林、赤峰、和田等生态环境建设先进典型,出现了局部地区人进沙退的可喜局面,许多地区区域性生态环境明显改善,社会经济协调发展,群众生活水平大幅度提高。

2.荒漠化防治的对策

尽管我国采取了一系列防沙治沙生态建设措施,也取得了可喜成就,但我们必须看到,从总体上说,国土生态环境恶化的趋势还未根本扭转,荒漠化土地仍以每年2 460 km²的速度在扩展,沙尘暴危害正日益加剧,防治荒漠化还任重道远。必须采取强有力的措施,消除荒漠化与沙尘暴形成的根源,从根本上遏制荒漠化和沙尘暴。

(1)切实控制沙区人口的持续增长。人口持续增长是沙区自然资源破坏、生态环境恶化的第一压力,人口的增加,加重了社会负担,加剧了对自然资源掠夺式开发经营,造成了环境的恶化,形成了越垦越穷,越穷越垦的恶性循环。以毛乌素榆林沙区为例,新中国成立初期人口总数为117.40万人,而到1999年人口总数已达320.73万人,净增203.3万人,增长了1.73倍,人口密度达到了38人/km²,远高于联合国规定的人口密度容量限值20人/km²。而耕地面积却减少了36.61万hm²,几乎减少了一半的耕地面积。

(2)重视农田沙化防治,加强农田水利建设,保护基本农田。推广留茬免耕、覆盖种植、节水灌溉等技术,加强基本农田建设,调整种植结构,培肥地力,提高农田单产,解决人地矛盾,是防止农田沙化的有效途径。大量研究表明,我国北方现代沙漠化土地的成因中,人为因素占94.5%,其中由于过度农垦和不合理灌溉用水导致土地沙漠化占31.9%。可见,沙尘暴的发生与土地不合理耕作开发有密切关系,实施农田沙化治理是荒漠化和沙尘暴防治的根本所在。利用秸秆、残茬覆盖和免耕等保护性耕作方法,在澳大利亚、美国等一些国家已被广泛推广使用,收到良好的减沙保水效果,使水土流失减少90%,减少风蚀70%~80%。

(3)发展舍饲圈养,减轻草场压力,防止草场沙化、退化。北方荒漠化地区是我国主要的牧业区,畜牧业在国民产值中占举足轻重的地位,然而长期以来,不合理的放牧方式和超载过牧,使草场退化沙化严重,必须加大高效集约化人工草场的建设,大力发展舍饲圈养,减轻草场压力,防止草场沙化。内蒙古草原区实行了"退一进二还三"和划区轮牧,吴起县大力发展舍饲圈养,都取得了显著的效果。

(4)做好退耕还林、植树种草工作,建立高效防风固沙林体系。2000年朱镕基在沙区视察时指出:治沙止漠刻不容缓,绿色屏障势在必建。退耕还林,植树种草,保护和恢复林草植被,建立有效的防风固沙林体系,是当前防沙治沙、生态建设的重要举措,同时也是解决农村问题、增加农民收入的一项最直接、最有效的办法。

(5)大力发展沙产业,加快沙区经济发展。沙漠治理既要讲"被子"(给土地盖被子),又要讲"票子"(给农民增加票子),只有大力发展沙产业,提高农民经济收入,加快农民脱贫致富,才能从根本上解决"五滥"现象(滥垦、滥伐、滥牧、滥采、滥灌),实现生态经济持续发展。

(6)加强荒漠化防治法的执法力度。2002年1月1日起,我国正式实施了《中华人民共和国防沙治沙法》,从而使我国的荒漠化防治进一步走向法制化轨道。必须加大宣传力度和执法力度,坚持"谁破坏,谁治理"、"谁治理,谁受益"的原则,加速生态环境建设。

(7)加强和深入荒漠化防治技术体系的研究。控制荒漠化和沙尘暴是今后相当长时期内生态环境建设的首要任务,而荒漠化与沙尘暴防治必须依靠先进的科学技术,因而加强荒漠与沙尘暴防治技术体系研究是生态环境建设的客观要求。今后荒漠化防治研究应继续注重于以下几方面研究:①农田与草原牧场沙化综合配套防治技术体系研究;②水资源合理调配和高效利用技术研究;③荒漠化地区植被快速重建与可持续经营技术研究;④抗逆性植物种引种选育及产业化开发技术研究;⑤荒漠化防治与区域社会经济可持续发展战略研究;⑥荒漠化及沙尘暴监测系统及评价技术研究。

第二章 荒漠化防治基本原理

第一节 生态系统原理

一、生态系统的组成

生态系统理论是英国植物群落学家 A. G. Tansley（1935）首先提出来的，经过 R.L.Lindeman（1942）的继承和发展，奠定了稳固的基础，20 世纪 60 年代得到进一步发展，目前已成为大家所普遍接受的理论。

A.G.Tansley 基于自己长期对植物群落的研究，总结了前人的研究成果，并吸纳了物理学概念"系统"予以概括，强调了有机体与环境不可分割的观点，提出了生态系统概念。他认为"生态系统的基本概念是物理学上使用的'系统'整体，这个系统不仅包括有机复合体，而且也包括形成环境的整个物理因子复合体"。"我们不能把生物从其特定的形成物理系统的环境中分隔开来……这种系统是地球表面上自然界的基本单位，它们有各种大小和种类"。所以，生态系统就是在一定时间和空间内，由生命系统和环境系统通过不断的物质循环和能量流动而相互作用、相互依存所形成的具有一定结构和功能的统一整体。其中生命系统就是自然界具有一定结构和调节功能的生命单元，它由植物（生产者）、动物（消费者）和微生物（分解者）组成。生命系统具有一般系统的功能特征，但其系统行为在空间、时间、物质流、能量流、信息流方面要比一般系统复杂。而环境系统就是自然界的光、热、水、气及各种无机元素相互作用所共同构成的空间。非生命环境、生产者、消费者和还原者是组成生态系统的四个主要成分。

二、生态系统的结构与功能

根据生态系统的环境性质和形态特征，地球表层自然界的每一部分都是一个生态系统，如一片森林、荒漠、草地、冻原、一块农田、一个湖泊、一条河流、一片海洋、一个城市等，这些生态系统都存着一定的生物群落和一定生物环境所组成的结构，并且进行着物质循环和能量、信息的流动。人和其他有机体就是依赖这样的系统得以生存、发展和演化。其中生物种类、种群数量、种的空间配置（水平和垂直分布）、种的时间变化（发育和季相）是生态系统的结构特征，它们与植物群落的结构特征相一致，属生态系统的形态结构。

无论水生或陆生生态系统都有空间的垂直分化和成层现象。如生产者依光照的递减而占有不同的垂直位置，出现地面以上不同高度和地面以下不同的深度，它们的种类组成、种群数量和层次各不同。动物和微生物在生态系统结构中，也同植物一样，具有生存空间结构和发展的时间结构。

之外，每个生态系统都有其特殊的、复杂的营养结构关系，营养结构是生态系统更重要的结构特征，能量流动和物质循环都必须在营养结构的基础上进行。

生态系统的营养结构是以营养为纽带,把生物和非生物环境紧密地结合起来,构成以生产者、消费者、还原者为中心的三大功能类群。它们和环境之间发生密切的物质循环(见图 2-1(a)),而能量则在各营养组织间单向流动(见图 2-1(b))。

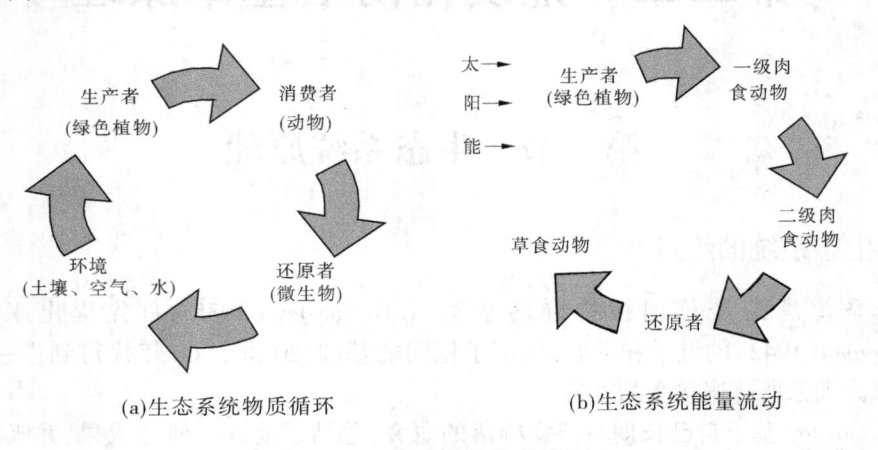

(a)生态系统物质循环 　　　　　　　(b)生态系统能量流动

图 2-1　生态系统的营养结构

能量单向流动和物质循环是生态系统的基本规律,也是基本功能,二者不可分割,紧密结合为一个整体,成为生态系统的动力核心。地球上生命的存在完全依赖于生态系统的能量流动和物质循环。

生态系统能量流动的渠道是生态系统中客观存在的食物链(网),能量在沿着食物链营养级流动的过程中,遵循着生态学金字塔规律,即植物体内贮存的能量在沿着食物链向上逐级传递时,逐级消耗,每传递一级就有大部分能量用于一系列生命活动(如呼吸等),转化为热能散发出去,或随排泄物排出体外,只有少部分蓄存在身体里构成自身物质。所以,能量沿着食物链的营养级流动,必然逐级变小,各营养级之间能量的转化率平均在 10% 左右,这就是林曼效应,即十分之一定律。由于在营养级序列上,上一个营养级总是依赖于下一个营养级的能量,下一个营养级的能量只能满足上一个营养级中少数消费者的需要,这样逐级向上,营养级的能量呈阶梯状递减,于是形成了一个底部宽上部窄的尖塔形,称为生态学金字塔。这种规律实际上是热力学第二定律在生态系统能量流动中的具体形成。根据热力学第二定律,能量的转换是单向的。因而,在生态系统中能量的流动是单向的,即能量只能向一个方向流动。当太阳能输入生态系统后,能量沿食物链逐级流动过程中,只有消耗(转变成热能散失),不会循环。

生态系统的物质循环,也是通过食物链(网)这个渠道并同能量流动同时进行的。环境中的无机营养物质不断被绿色植物吸收,在光能的作用下,转变成化学能贮存起来,通过食草动物、食肉动物的取食,使物质发生传递,再经过微生物分解还原成无机物质归还给环境,供绿色植物再吸收和利用,从而使物质在生态系统中循环往复,永续利用,这种规律实际上是物理学的物质不灭定律的具体应用。

三、生态系统的平衡

生态系统是在不断地变化和发展的动态系统。生态系统的动态包括演替和进化,生态系统的结构和功能随时间的改变就是演替或称生态演替。演替发生的原因总是由于系统内部的发展过程与加给的物理力量相互作用的结果。生态系统的演替是定向的、依秩序的改变过程,即一个生态系统类型(或阶段)代替另一个生态系统类型(或阶段)的过程。演替发展的最终阶段是建立一种稳定的生态系统,或顶极稳定状态,即生态平衡。而演替过程所涉及的有机体的变化,所需的时间以及达到的稳定程度,取决于地理位置、气候、水文、地质及其他物理因素,但演替过程本身是生物学的,不是物理学的,物理环境只能决定改变的模式,而不是引起这种改变的原因。但是强大的物理因素的干扰,以及人类过度的开发和污染物的输入,则可抑制或终止演替过程。

生态系统的演替通常以植物群落演替、动物种群变化和环境条件变化为基础,演替的一个重要特点就是趋向于多样化。食物链由简单的线状发展成复杂的网状,种类组成和群落结构、成层现象及生态位等变得复杂多样化。但自养有机体的多样性出现在演替发展阶段,有机体个体体积的增加和竞争的加强,则减少多样性。

生态系统的演替和演化过程使生态系统趋向顶极稳定状态,即顶极生态系统。这时的生态系统中各种群的数量,种群间相互关系,生物量的数值以及能量流动和物质循环较长时间地保持相对的平衡状态,并具有自我调节、自我修复、自我维持、自我发展的能力,即对外界的干扰具有抵抗能力而保持稳定的平衡状态,或者经历某些波动后恢复或基本恢复原态。这种调节能力有赖于成分的多样性和能量流动,以及物质循环途径的复杂性。一般在成分多样、能量流动和物质循环途径复杂的生态系统中较易保持稳定。因为系统的一部分发生机能障碍,可以被不同部分的调节所补偿。相反,成分单纯、结构简单的生态系统,内部调节能力小,对剧烈的生态改变,通常是比较脆弱的。但是,复杂的生态系统,其内在的调节能力也是有限度的,如果外力超过这个限度,调节就不能起作用,系统就会受到改变、伤害,以致破坏。这个界限称为阈值。阈值的大小取决于生态系统的成熟性,系统越成熟,表示它的种类组成越多,营养结构越复杂,因而稳定性越大,对外界的压力或冲击的抵抗也越大,即阈值高。为了保持生态系统的平衡,人类活动必须以阈值作为标准,合理地开发、利用资源,防止污染和破坏。

如果生态系统受到外界的压力或冲击的能力超过生态系统的忍耐力或阈值时,便可导致整个生态平衡的破坏,引起生态系统的崩溃,首先出现生态系统营养结构的破坏,食物链关系消失,金字塔营养级紊乱,有机体个体数目急骤减少,生物量下降,生产力衰退,从而引起逆行演替,使结构与功能失调,系统内的物质循环和能量流动中断,最终导致整个生态系统的瓦解。生态系统的这种稳态作用是通过反馈作用而实现的。总之,生态系统的演替具有以下特点:①演替是有方向有次序的发展过程,因而可以预测;②演替是系统内外因素作用的结果,因而可以控制;③演替趋势是增加、稳态,因而可以保持环境的基本特征。

四、荒漠化发生的生态机理

任何一种环境,其构成因子都是相互影响、相互制约的。在荒漠化发生地区,干旱缺水是起主导作用的限制因子,水分缺乏及水分状况的不稳定限制了有机体的生长繁衍,这是本区环境的显著特点之一。有松散的沙物质(或土壤颗粒)是地表的原生脆弱性,是荒漠化发生的内因。而频繁强劲的大风或流水是土壤流失的动力，是荒漠化产生的外因。内因和外因构成了潜在的环境不稳定因子的复合体。而这种不稳定因子复合体又存在于水分匮乏和不稳定的环境中，从而构成叠加的不稳定增值效应。如果我们把荒漠化的产生喻为物体发展形变的话，那么这种环境的脆弱性就指的是物体本身的弹性很小，在外部压力下易于产生形变。荒漠化的根本原因就在于人类对自然环境施加的压力超过了它自身的弹性限度，即阈值，使其产生了塑性形变。

人类是生态系统中最活跃、最积极的因素。人类活动干扰着自然生态系统平衡，改变着自然生态系统的面貌。自有人类以来，人类活动与生存环境之间就存在着相互制约的关系。起初狩猎和野生植物采集是人类赖以生存的方式，而动植物数量的调节完全依靠自然淘汰死亡。随着社会的发展，生产方式的进步，野生动物被家禽（畜）代替，植物变为人工选择培养的农作物（或牧草）。在干旱半干旱的牧业区太阳能—植物—家畜—人类之间的联结也步入了一个需要人类智慧调节各环节之间关系的阶段，或者人为地增加牧草数量，或者相应地控制家畜头数。但实际上人类活动并不能经常科学地、合理地进行。而常常由于追求增加牧畜头数超载放牧，引起草场退化。草场退化过程通常是从植株数量减少、高度降低、覆盖度变小开始，发展到优良牧草数量减少，覆盖度再下降，适口性差的草甚至毒草占明显优势，导致建群种的改变和草地生产力的降低，甚至出现裸露地，在风或流水作用下侵蚀退化，形成荒漠。因此，从生态学角度来看，荒漠化过程便是生态系统劣化过程的延伸和发展。其主要表现为：①由于风蚀、水蚀等侵蚀活动使土壤库存的供给植物与生态系统内物质循环的有机质和无机营养元素散逸出系统之外，造成本生态系统内物质代谢循环的失调。随着荒漠化的进一步发展，土壤流失量的加大，物质损失逐年增多，生态系统基本代谢功能愈来愈失调。如内蒙古四子王旗巨巾号乡沙质耕地开垦 35 年后，每亩❶风蚀损失表土 400 m^3，平均每年每亩损失有机质 217 kg，黏粒近 3 000 kg。②由于牲畜过量啃食或人类其他生产活动的干扰，超出了植物可能繁衍更新的阈限，造成生态系统中物质代谢基本成分——生产者的消失，使生态系统食物链中断，从而造成生态系统结构的破坏。由此可见，生态系统发生结构上和功能上的劣化过程，直到发生结构上成分的消失和功能上基本代谢的失调，而使生态系统完全崩溃，这便是荒漠化过程的生态学机理（刘恕，1986）。

荒漠化过程中，风和流水作用是塑造地表形态的主要动力。初期，地表形成风蚀缺口（或侵蚀沟），而在一定部位出现灌丛沙堆（或泥沙堆积），在外界干扰因素持续作用下，荒漠化过程继续强化。荒漠化程度作为有力的生态选择因素同样影响着植物群落的组成。因而，无论是荒漠化过程地表形态特征还是相应变化的植被，都具有阶段的特点，这是我们划分和判断荒漠化程度的基本依据。可见，荒漠化过程具有自身演变规律。从生态学角度认识荒漠化过程的规律，便是其生态学属性。

荒漠化过程的第一个生态学属性是反馈性。如在沙质荒漠化地区，沙漠化过程开始后，风吹经沙质地表（当风速大于起动风速时），沙粒脱离地表进入气流，形成风沙流，由于气流内饱和沙粒的存在，风沙流对沙质地表破口的侵蚀以"割打"（敲击破口边缘）形式进行。这

---

❶ 1 亩 = 1/15 hm^2。

种吹割蚀打较单纯的气流吹蚀力约高出几十倍甚至几百倍。于是,在沙漠化过程中产生了风—风沙流—风沙流加重吹蚀的反馈过程。即一经沙漠化过程开始产生,便有风沙流出现,而一旦产生风沙流,其破坏过程、破坏速度就日益累进。因此,土地沙漠化程度随风速加速而急剧累进。荒漠化过程的反馈特征还反映在荒漠化成因的发展中,当过多的人口或过量的牧畜压力施加于土地,为了维持生存而过度开发(包括过量啃食),使土地发生荒漠化过程,而由于土地荒漠化使生产力下降,从而使供应人、畜需求的能力减弱,其反馈作用是再度加大需求,再扩大开发,如此周而复始,造成更大面积的土地荒漠化,产生荒漠化正反馈过程。

荒漠化过程的第二个生态学属性就是荒漠化过程的自我恢复能力,也就是荒漠化的负反馈。在荒漠化过程中,如果消除外界干扰,其过程具有逐渐终止的特征。如科尔沁沙区在一段时期因土地发生沙漠化而使生产力降低后,人们即将其舍弃,转而开发新的土地,被舍弃的土地由于减去了人的干扰而自行恢复,沙漠化过程逐渐减小,产生逆转的负反馈过程。历史上沙漠化易发生地区曾经盛行过游农、游牧制度,正是荒漠化过程负反馈作用的结果。

荒漠化过程自我恢复能力取决于荒漠化过程的演化阶段和程度,也取决于荒漠化过程的自然条件,即前述脆弱性,具有明显的地带性。这种自我恢复属性是由于生态系统具备的弹性所决定的,认识并掌握这一属性,对防治荒漠化有一定意义。在荒漠化发生初期或自然条件相对优越的地区,利用荒漠化自我恢复的属性,采用封育的办法控制人为(牲畜)的干扰,是有效果的。因此,荒漠化防治应当从荒漠化程度较轻的地区或初期阶段开始,以便收到事半功倍的效果。

第二节　景观生态学原理

景观生态学是近年来发展起来的一个生态学分支,它以整个景观为研究对象,并着重研究景观中自然资源的异质性。所谓景观,是由相互作用的拼块或生态系统组成的,以相似的形式重复出现的,具有高度空间异质性的区域。它是由生态系统与地貌类型共同组成的。它的基本原理包括以下几个方面:

(1)景观结构与功能原理。景观是某一地理区域内所有环境系统之和。景观是异质性的,在物种、能量和物质与拼块、廊道及样地之间的分布方面表现出不同的结构。因此,景观的物种、能量和物质在景观结构组合之间的流动方面表现出不同的功能。

(2)生物多样性原理。景观异质性减少稀有内部种的多度,增加边缘种及要求两个以上景观组分(生境)的动物种的多度,并提高所有潜在种的共存机会。

(3)物种流动原理。物种在景观组分之间的扩张和收缩既影响景观的异质性,也受景观异质性的控制。

(4)养分再分布原理。矿质养分在景观组分之间再分布速率,随这些组分中的干扰强度而增加。

(5)能量流动原理。势能和生物量通过景观各组分边界的速率随景观异质性的增加而增大。

（6）景观变化原理。在无干扰条件下,景观的水平结构逐渐向着均一性发展,中度干扰将迅速增加异质性,而严重干扰既可增加,也可减少异质性。

（7）景观稳定性原理。景观拼块的稳定性可能以三种明显不同的方式增加:其一,趋向于物理系统稳定性(以没有生物量为特征);其二,趋向于对干扰后的迅速恢复(存在低生物量);其三,趋向于干扰的高度抗性(通常存在高生物量)。

荒漠生态系统是地球表面特有的一种景观生态系统,它是一个以无机环境为基础,生物为主体,地面各自然要素之间以及与人类之间相互联系、相生相克构成统一完整的复合生态系统。它通过生物与非生物及人类相互作用,不断进行着物质、能量、物种、信息、价值的流动、交换、迁移、转化和进化(肖驾宁、傅伯杰,1991)。荒漠化防治的实质是荒漠生态系统景观的养护和管理。深刻分析荒漠景观的空间、结构、功能及其异质性和受干扰后所发生的变化,对科学地进行荒漠化防治、测定与评价荒漠生态系统的异质性和质量,具有重要意义。

由于地理环境的差异,并在自然和人为因素的影响下,荒漠景观的结构、功能、时空、数质等差异极大。在人类干扰和开发过程中,将会进一步产生异化。增加景观的异质性是人类生存和发展的需求,要在景观空间结构中建立更多的镶嵌体,就要了解景观体的时空变化、相互作用,并进行景观评价、发展潜力评价,确定对景观采用适度开发利用的方式等。特别是沙漠景观,必须"因地制宜,合理开发"。不合理的开发会使"绿地变荒原",产生荒漠化,影响生产、生活,威胁人类生存;合理开发能使"沙漠变绿洲",成为人类与自然环境相协调发展的优化景观。景观生态学的发展为荒漠化防治提供了新的科学手段和策略。

第三节　生物多样性原则

生物多样性是当今生态学界的三大热点(全球变化、生物多样性和生态系统的可持续发展)之一。它包含所有的动物、植物、微生物物种,以及生态系统和其组成成分;包含不同层次的自然生境多样性;它是生物及其环境形成的生态复合体,以及与此相关的各种生态过程的总和。一般分为以下四个层次:基因多样性、物种多样性、生态系统多样性和景观多样性。生物多样性是地球上的生命经过几十亿年发展进化的结果,是人类赖以生存的物质基础。然而,随着人口的迅速增长,人类经济活动的不断加剧,作为人类生存最为重要的物质基础的生物多样性受到了严重的威胁。据估计,近20～30年内,世界范围内生物种的丧失达100万之多,也就是说我们曾每天丢失近100个物种。我国的濒危植物达到全国植物种的15%～20%,即4 000～5 000种,估计在最近10年中有5%的植物种被灭绝。因此,生物多样性的现状不容乐观。

生物多样性丧失的原因是多方面的。人口增长对生物资源的无止境索取,环境的破坏和恶化都将导致这一结果。在我国,北方干旱地区及半干旱地区的土地荒漠化过程,是这一地区生物多样性遭受严重威胁的重要原因。土地荒漠化后,自然生态系统退化,生物群落结构、生态结构和营养结构的相应改变,导致了生物多样性丰富程度(物种的丰富程度)的变化;土地荒漠化引起的景观格局的变化对物种的分布、运动和持久存在产生重大影响,这些又进一步促使了该地区生物多样性的丧失。因此,在我国生态系统环境比较脆弱的北方干旱、半干旱地区生物多样性的恢复和保护刻不容缓。它是这一地区今后环境恢复、社会稳定和经济发展的根本保障。

荒漠化是引起生态系统退化,导致生物多样性丧失的主要原因,因而防治荒漠化是恢复和保护生物多样性的关键。反之,生物多样性的恢复和保护又有利于荒漠化的逆转。生物多样性持续发展的指标包括:①生态系统的结构成分;②与天然生态系统相比较的实际多样性;③森林景观的连贯性;④森林景观的破坏程度和速度;⑤野生动物迁移走廊的提供;⑥生境的变化;⑦创造维持多种经营的规模和速度;⑧单位面积的景观多样性;⑨单位面积的生态系统多样性;⑩单位面积和林内物种多样性,包含种的消失速度;⑪单位面积和林内的基因多样性;⑫生态系统的更新能力。

第四节　可持续性准则

可持续发展战略是世界各国经过几十年的探索,为解决发达国家由工业社会向后工业社会转化、发展中国家谋求现代化过程中,针对资源的过度开发与索取,造成生态环境恶化和不可再生资源日益枯竭等现状提出来的。实施这一战略旨在促进社会、经济、环境和生态的协调发展,使自然资源得到永续利用,保持良好生态环境,控制人口并消除贫困,在当今社会,已将其称为一种具有普遍性的目标模式。

人类历史发展到今天,已经达到了与自然资源和环境难以维持平衡的关键阶段。"我们只有一个地球",而地球上的自然资源是有限的,地球上的自然环境也正向不利于人类生存的方向演变。现代人类活动的规模和性质已经对人类后代的生存构成了威胁。在这个背景情况下,可持续性就成为对所有自然资源开发利用及一切人类经济活动的准则,当然也是荒漠化防治活动的准则。防治荒漠化与可持续发展已成为当前世界荒漠化防治的主题。

荒漠化防治的目的就是防止和减少土地退化,恢复部分退化的土地,开垦部分已荒漠化的土地,保持良好的生态环境,协调资源、环境与人类社会经济的发展,使自然资源得到永续利用,社会经济得到持续发展。因而,检验荒漠化防治活动是否遵循了可持续性准则可以参考区域可持续发展指标体系(见图2-2)。

可持续发展定义为一种既满足当前人类需要又不损害子孙后代满足他们自身需要能力的发展。其实质是一种变化过程,在该过程中,资源利用、投资方向、技术发展导向及体制的变化相互协调并增强满足当前和未来人类需求和愿望的潜力。

这一定义的重大意义在于指出了可持续发展的最高目标就是促进人类之间以及人类和自然之间的和谐。"尊重自然、协调人与自然的关系,应作为可持续生存的人类道德准则"。所谓发展,是一种利用地球上贮存的资源来不断满足人类需求与愿望的进化过程。这种发展不是单纯地增长,它是一种建立在地球环境容量和资源限量的前提下,追求人类全方位地、持久地发展。地球上自然资源的有限性和环境容量的极限性制约着这种进化的方向和速度。因此,人类的发展绝不能超越生命支持系统的临界,否则就有可能导致崩溃,最终人类走向毁灭。

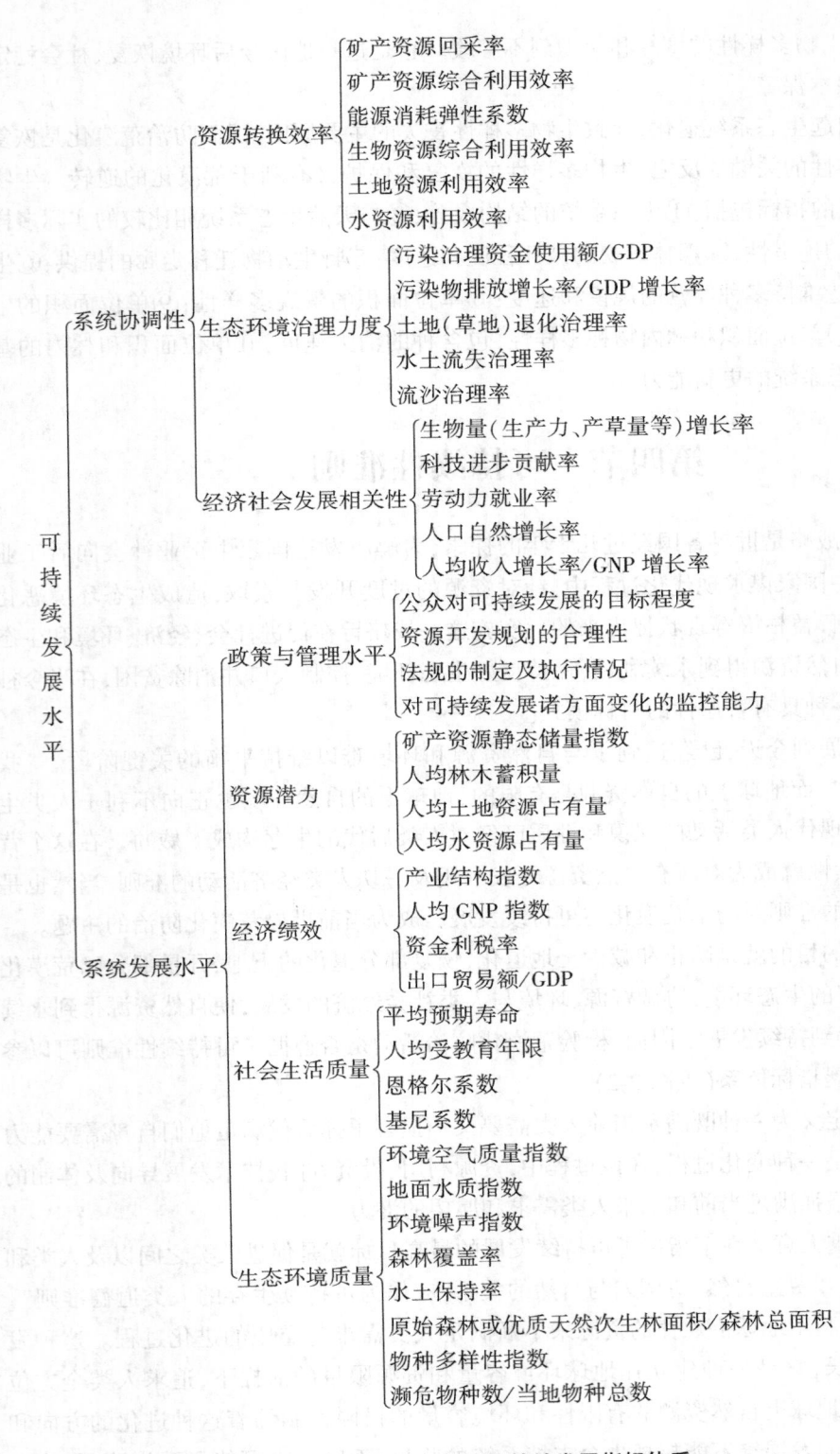

图 2-2　区域可持续发展指标体系

第三章 风蚀荒漠化防治原理与技术

以风力为主要侵蚀营力造成的土地退化称为风蚀荒漠化。其主要是指在干旱多风的沙质地表条件下,由于人为过度活动的影响,在风力侵蚀作用下,使土壤及细小颗粒被剥离、搬运、沉积、磨蚀,造成地表出现风沙活动为主要标志的土地退化。风力侵蚀结果常常形成风蚀劣地、粗化地表、片状流沙堆积,以及沙丘的形成和发展。在陆地上到处都有风和土,但并不是任何地方都会发生风蚀,因而也不是任何地方都发生和存在风蚀荒漠化土地。严重的风蚀必须具备两个基本条件:一是要有强大的风;二是要有干燥、松散的土壤。因而,风蚀主要发生在蒸发量远大于降水量的干旱、半干旱地区及有海岸、河流沙普遍存在的、受季节性干旱影响的亚湿润干旱区。目前,因风力侵蚀和堆积作用形成的荒漠化面积占全球退化土地面积的41.7%,我国的风蚀荒漠化面积占荒漠化总面积的61.3%,而且仍在不断扩大,成为荒漠化的主要类型。

第一节 风蚀荒漠化防治的风沙物理学原理

一、近地面层风及其特征

(一) 近地面层风

大气对流层属于大气层中直接与地表接触的部分,与地球表面的相互影响极其强烈,与人类的生产生活关系极其密切,历来受到人们的重视。大气对流层中贴近地面100 m范围内的气层称为近地面层,一切风沙运动都与本层大气的性质及活动状况有关,因此也是风力侵蚀研究的重点。

由于地球表面热量分布的不均,出现气压差,空气由高压区向低压区流动,就产生了风。风具有流体的一般特性,即层流与紊流。

1.层流和紊流

与其他流体一样,近地面层风也存在两种流态:层流和紊流。层流的空气质点运动轨迹平稳,邻近的空气质点平衡运动,互不干扰,但空气的这种流态,仅在地表平坦、风速很低的情况下才能见到。当风速稍大时,层流大气即失去其稳定性而变成紊流。紊流的空气质点运动不规则,并且互相干扰,各气流层层间夹杂了大小不同的旋涡运动。涡流的产生使得各层之间的动能更易交换,上下层之间的流速趋于一致,这对于沙粒的运动是非常重要的。

层流大气是否失去其稳定性取决于流体的惯性力与黏滞力之间的比例关系。对于黏度低、密度小的空气来说,当雷诺数 Re 超过1 400时,就会使层流过渡到紊流。据勃兰特(D. Brunt)估算,在室外大气中如果风速超过1.0 m/s,则不管它看来是怎样平稳地流过,空气流动必然是紊流。特别是引起沙粒运动的风几乎都是紊流运动。

2.湍流与地表粗糙度

湍流运动是一种叠加在一般流动上的不规则的旋涡状的混合运动。旋涡的大小各不相同,可从几毫米到几百米。湍流发生时,分子群代替了单个分子的运动,空气分子不再恒定地向前移动,而是不断地改变着运动的方向和速度,通过这种旋涡运动进行风的动能的传递和交换。其中最明显的就是风吹过地表时,受地面摩擦阻力的影响,风速减小,并把这种阻力向上层大气传递,由于摩擦阻力随高度增加而减小,故风速随高度增加而增大(见图3-1)。

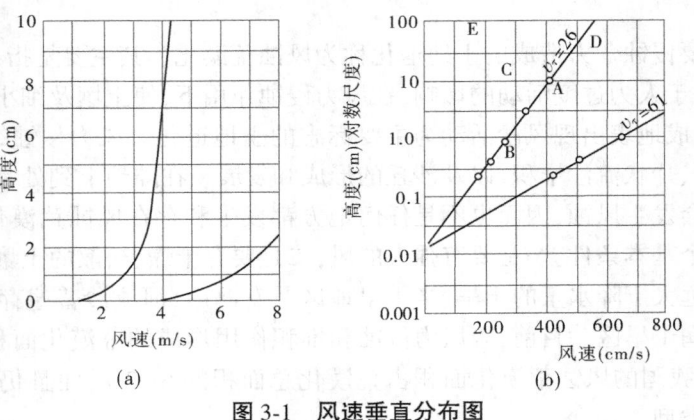

图 3-1　风速垂直分布图

但风速不是与高度而是与高度的对数成正比,说明风速廓线是随高程呈对数分布的,这个分布规律符合流体力学中的速度对数分布规律,其形式为

$$u = \frac{u_*}{k}\ln\frac{z}{z_0}$$ (3-1)

$$u_* = \tau/\rho$$

式中　u——高度为z处的风速;

　　　u_*——摩阻流速(或剪切速度);

　　　τ——地面剪切力;

　　　ρ——空气密度;

　　　z——距地面的高度;

　　　k——卡曼常数(常取$k=0.4$);

　　　z_0——空气动力学粗糙度。

由式(3-1)可知,z_0是风速等于零的某一级和高度随地表粗糙度变化的常数。对于某一固定地点来说,z_0可以直接从对数公式计算出来。即已知两个高度的风速时,可根据式(3-2)推导出。

$$\lg z_0 = \frac{\lg z_2 - u_2/u_1 \lg z_1}{1 - u_2/u_1}$$ (3-2)

式中　u_1、u_2——高度z_1、z_2处的风速,m/s。

拜格诺研究发现,z_0值接近于地面沙粒直径的1/30,怀特则认为是1/9,虽然两人的试验结果差异较大,但他们提出了一个在野外确定地表粗糙度的方法。

大量研究表明,不同地面情况下的z_0值不同,z_0值的大小取决于地面的性质,但在有植被覆盖存在时,其值主要取决于风速。因此,z_0值虽然称做常数,实际上也是一个变值。

(二)起动风速与起沙风

风沙流中的沙粒是从运动气流中获取运动动量的,只有当风力条件能够吹动沙粒时,沙粒才能脱离地表进入气流形成风沙流。假定地表风力逐渐增大,达到某一临界值后,地表沙粒脱离静止状态开始运动。使沙粒沿地表开始运动所必需的最小风速称为起动风速(或称临界风速),它是沙粒运动的直接动力。一切大于起动风速的风都称为起沙风。

气流对沙粒的作用力为

$$P = \frac{1}{2}C\rho v^2 A \tag{3-3}$$

式中　P——风的作用力;

　　　C——与沙粒形状有关的作用系数;

　　　ρ——空气密度;

　　　v——气流速度;

　　　A——沙粒迎风面面积。

可见,随风速增大,对沙粒的作用力也增大。

拜格诺(R.A.Bagnold)根据风和水的起沙原理相似性及风速随高程分布的规律,得出起动风速理论公式,其表达式为

$$v_t = 5.57A \sqrt{\frac{\rho_s - \rho}{\rho} gd} \lg \frac{y}{k_0} \tag{3-4}$$

式中　v_t——任意点高度 y 处的起动风速值;

　　　A——风力作用系数;

　　　ρ_s、ρ——沙粒和空气的密度;

　　　d——沙粒粒径;

　　　y——任意点高程;

　　　k_0——粗糙度。

据研究,风对粒径大于 0.1 mm 的沙粒起动值 $v = 0.1$,而风沙流对地表松散沙粒的起动值 $v = 0.08$,即风沙流的冲击起动值比风对沙粒的起动值要小 20%,也就是说风沙流更容易使沙粒起动。

起动风速的大小与沙粒的粒径大小、沙层表土湿度状况及地面粗糙度等有关。一般沙粒愈大,沙层表土愈湿,地面越粗糙,植被覆盖度越大,起动风速也愈大。

在一定粒径范围内,随粒径增大,起动风速也增大(见表 3-1)。起沙风速与粒径平方根成正比。但对特别大和特别细的粒径,受附面层的掩护和表面吸附水膜的黏着力的作用都不易起动。据试验测定,粒径为 0.015~0.5 mm 时,0.1 mm 左右的沙粒最容易起动。随着大于或小于 0.1 mm 的粒径增大或减小,其起动风速都将增大。因此,风的吹蚀能力与地表物质粒径的起动风速大小直接相关,风速超过起动风速愈大,吹蚀能力愈强。一般组成地表的颗粒愈小、愈松散、愈干燥,要求的起动风速愈小,受到的吹蚀愈强烈。粒径为 0.1~0.25 mm 的干燥沙,起动风速值仅为 4~5 m/s(指 2 m 高处风值)。

表 3-1　沙粒粒径与起动风速值(新疆莎车)

沙粒粒径(mm)	起动风速(m/s)	沙粒粒径(mm)	起动风速(m/s)
0.1~0.25	4.0	0.5~1.0	6.7
0.25~0.5	5.6	>1.0	7.1

注:风速为距地表 2 m 处的测值。

地表土壤含水状况对起动风速也有明显的影响。在沙粒粒径相同时,湿度越大,由于受表面吸附水膜黏着力的影响,沙子黏滞性团聚作用增强,起动风速也相应增大(见表 3-2)。同时,地表粗糙状况对起动风速大小有显著影响(见表 3-3)。

表 3-2　不同含水率时沙粒的起动风速值

沙粒粒径	不同含水率下沙粒的起动风速(m/s)				
(mm)	干燥状态	1%	2%	3%	4%
2.0~1.0	9.0	10.8	12.0	—	—
1.0~0.5	6.0	7.0	9.5	12.0	—
0.5~0.25	4.8	5.8	7.5	12.0	—
0.25~0.175	3.8	4.6	6.0	10.5	12.0

表 3-3　不同地表状况下沙粒的起动风速

地表状况	起动风速(m/s)	地表状况	起动风速(m/s)
戈壁滩	12.0	半固定沙丘	7.0
风蚀残丘	9.0	流沙	5.0

注:风速为距地表 2 m 处的测值。

二、风沙运动规律

(一)沙粒的运动形式

1.沙粒起动的机制

半个多世纪以来,中外科学家对静止沙粒受力起动机制进行了深入的研究,并形成了多种假说,如冲击碰撞说、压差升力说及湍流的扩散作用说等,但都没有圆满地解决这一问题。1980 年吴正和凌裕泉在风洞中用高速摄影方法对沙粒运动过程进行了研究。他们认为在风力作用下,当平均风速约等于某一临界值时,个别突出的沙粒在湍流流速和压力脉动作用下,开始振动或前后摆动,但并不离开原来位置,当风速增大超过临界值后,振动也随之加强,迎面阻力(拖曳力)和上升力相应增大,并足以克服重力的作用,气流的旋转力矩促使某些最不稳定的沙粒首先沿沙面滚动或滑动。由于沙粒几何形状和所处空间位置的多样性,以及受力状况的多变性,因此在滚动过程中,一部分沙粒碰到地面凸起沙粒的冲击时,就会获得巨大冲量。受到突然冲击力作用的沙粒,就会在碰撞瞬间由水平运动急剧地转变为垂直运动,骤然向上(有时几乎是垂直的)起跳进入气流运动,沙粒在气流作用下,由静止状态达到跃起状态(见图 3-2)。

2.沙粒运动形式

据观测研究,风沙流中沙粒依风力

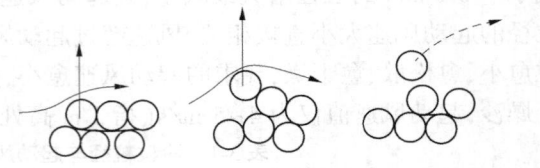

(a)滚动沙粒　　(b)滚动沙粒　　(c)滚动沙粒进入
撞击沙粒　　向上垂直运动　　气流运动

图 3-2　沙粒跃移启动过程

大小、颗粒粒径、质量不同而以悬移、跃移、蠕移三种形式向前运动(见图3-3)。

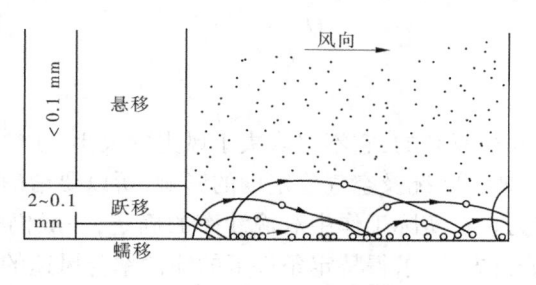

图 3-3　沙粒运动三种基本形式

(1)悬移。当沙粒起动后以较长时间悬浮于空气中而不降落,并以与风速相同的速度向前运动时称为悬移。悬移运动的沙粒称为悬移质。悬移质粒径一般为小于 0.1 mm 甚至小于 0.05 mm 的粉沙和黏土颗粒。由于其体积小、质量轻,在空气中的自由沉降速度很小,一旦被风扬起就不易沉落,因而可长距离搬运。如中国黄土不但可从西北地区悬移到江南,甚至可悬浮到日本。悬浮沙量在风蚀总量中所占比例很小,一般不足 5%,甚至 1% 以下。

(2)跃移。沙粒在风力作用下脱离地表进入气流后,从气流中取得动量而加速前进,又在自身的重力作用下以很小的锐角落向地面。由于空气的密度比沙粒的密度要小得多,沙粒在运动过程中受到的阻力较小,降落到沙面时有相当大的动能。因此,不但下落的沙粒有可能反弹起来,继续跳跃前进,而且由于它的冲击作用,还能使其降落点周围的一部分沙粒受到撞击而飞溅起来,造成沙粒的连续跳跃式运动。沙粒的这种运动方式称为跃移,跃移运动的沙土颗粒称为跃移质。

跃移运动是风沙运动的主要形式,在风沙流中跃移沙量可能达到运动沙量总重的 1/2 甚至 3/4。粒径 0.1~0.15 mm 的沙粒最易以跃移方式移动。在沙质地表上跃移质的跳跃高度一般不超过 30 cm,而且有一半以上的跃移质是在近地表 5 cm 高度内活动。跳跃沙粒下落时的角度一般保持在 10°~16°,它的飞行距离与跃起高度成正比。在戈壁或砾质地面上,沙粒的跃起高度可达到 1 m 以上,沙粒的飞行距离更远。但是,戈壁风沙流一般是不会达到饱和的,除非风速下降或地面状况发生大的变化。

(3)蠕移。沙粒在地表滑动或滚动称为蠕移,蠕移运动的沙粒称为蠕移质。在某一单位时间内蠕移质的运动可以是间断的。蠕移质的量可以占到总沙量的 20%~25%。

呈蠕移运动的沙粒都是粒径在 0.5~2.0 mm 的粗沙。造成这些粗沙运动的力可以是风的迎面压力,也可以是跃移沙粒的冲击力。观测表明,以高速运动的沙粒在跃移中通过对沙面的冲击,可以推动 6 倍于它的直径或 200 倍于它的质量的粗沙粒。随着风速的增大,部分蠕移质也可以跃起成为跃移质,从而产生更大的冲击力。可见,在风沙运动中,跃移运动是风力侵蚀的根源。这不仅表现在跃移质在运动沙粒中所占的比重最大,更主要的是跃移沙粒的冲击造成了更多悬移质和蠕移质的运动。正是因为有了跃移质的冲击,才使成倍的沙粒进入风沙流中运动。因此,防止沙质地表风蚀和风沙危害的主要着眼点,应放在如何控制或减少跃移沙粒的运动方面。

(二)输沙量与输沙率

气流中挟带的固体流量称为输沙量,而在单位时间通过单位宽度或面积气流所搬运的沙量叫做输沙率。计算输沙率不仅有理论意义,而且是合理制定防沙治沙措施的主要依据。

输沙量与风速的三次方成正比,即

$$Q = f(v^3) \tag{3-5}$$

式中　Q——输沙量;

　　　v——风速。

影响输沙率的因素是很复杂的,它不仅取决于风力的大小、沙粒粒径、形状及其比重,而且也受沙粒的湿润程度、地表状况及空气稳定度的影响,所以要精确表示风速与输沙量的关系是较困难的。到目前为止在实际工作中对输沙率的确定,一般仍多采用集沙仪在野外直接观测,然后运用相关分析方法,求得特定条件下的输沙率与风速的关系。

(三)风沙流结构特征

风沙流即气流与沙粒的混合流,是指沙粒被风扬起并随风沿地面及近地空间搬运前进形成的挟沙气流,它的形成依赖于空气与沙质地表两种不同密度物理介质的相互作用,而它的特征对于风蚀风积作用的研究及防沙措施的制定有重要意义。当风速达到起沙风速时,沙粒在风的作用下,随风运动形成风沙流。风沙流是风对沙粒输移的外在表现形式。风沙流中沙粒在搬运层内随高度的分布状况称为风沙流结构。风沙流的结构和强度与沙的输移和沉积直接相关。

1.沙粒粒径随高度的分布特征

风沙流中不同高度分布的粒径大小不同。一般离地表愈高,细粒愈多,主要为悬移;愈近地表粗粒愈多,主要是跃移和蠕移。风沙流中沙粒大小随高度的分布如表3-4所示。

表 3-4　风沙流中沙粒粒径随高度的分布特征

高度 (cm)	粒径含量(%)		高度 (cm)	粒径含量(%)	
	≥0.1 mm	<0.1 mm		≥0.1 mm	<0.1 mm
1	20.96	79.04	6	7.92	92.08
2	18.25	81.75	7	4.49	95.51
3	12.80	87.20	8	2.19	97.81
4	10.55	89.45	9	2.02	97.98
5	8.72	91.28	10	1.75	98.25

2.输沙量随高度的分布特征

由于沙粒粒径和运动方式的差异,造成了气流中的含沙量在距地表不同高度的密度不同,含沙量随高度迅速递减,在较高气流层中搬运的沙量少,而贴地面含沙量大。大量试验观测表明,气流搬运沙量的绝大部分沙粒(约90%)都在离地表30 cm的高度内通过的,尤其是集中在0~10 cm的高度(约占80%)(见表3-5),也就是说风沙运动是一种近地面的沙粒搬运现象。

表 3-5　不同高度风沙流中含沙量的分布($v = 9.8$ m/s)

高度(cm)	0~10	10~20	20~30	30~40	40~50	50~60	60~70
沙量(%)	79.32	12.3	4.79	1.50	0.95	0.40	0.74

3. 输沙量随风速变化

风沙流中含沙量不仅随高度变化,也随风速变化,当风速显著超过起动风速后,风沙流中的含沙量急剧增加(见表3-6)。它们之间呈指数函数关系

$$q = e^{0.74v} \tag{3-6}$$

式中　q——绝对含沙量;

　　　v——风速;

　　　e——常数($e = 2.718$)。

表 3-6　风速与含沙量的关系(新疆莎车)

离地面 2 m 高处风速(m/s)	4.5	5.5	6.5	7.4	13.2	15.0
0~10 cm 高度的含沙量(g/(cm·min))	0.37	1.04	1.20	2.27	19.44	35.58

随风速变化,在近地表 10 cm 内的含沙量分布也不是均匀的。含沙量随高度迅速递减,而且高度与含沙量(百分比值)对数尺度之间呈线性关系(见图3-4)。在同一粒径沙粒组成的地表上,无论风速大小,近地表气流中总有一层(2~3 cm 处)的含沙量是相对稳定的(占15%~20%),随着风速增大,下层气流中的沙量(%)相对减少,上层气流中的沙量(%)相对增加,但由于输沙总量随风速增大而增大,所以上下层绝对含沙量都增加(见表3-7)。

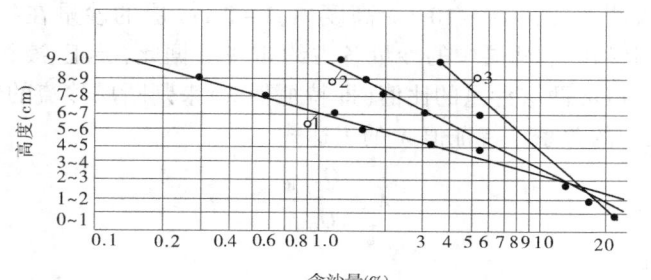

1— v_1=4.5 m/s;　2— v_2=7.3 m/s;　3— v_3=13.3 m/s

图 3-4　不同风速下含沙量与高度的关系

表 3-7　不同风速不同高度输沙量　　　　　　　　　　　　　　　　(%)

高度 (cm)	风洞轴部气流速度(cm/s)				高度 (cm)	风洞轴部气流速度(cm/s)			
	21	35	46	57		21	35	46	57
10	0.96	1.65	1.67	1.87	5	4.84	6.11	6.88	7.59
9	1.30	2.10	2.16	2.49	4	7.70	8.88	9.70	9.45
8	1.78	2.65	2.55	3.16	3	12.14	12.95	13.70	13.20
7	2.38	3.52	3.56	4.15	2	20.96	20.18	21.21	19.96
6	3.36	4.52	4.85	5.40	1	44.58	37.44	33.73	32.73

4. 风沙流结构数与特征值

近地表气流层沙粒分布性质,即风沙流的结构决定着沙粒吹蚀与堆积过程的发展。通

过风洞对风沙流结构特征与沙粒吹蚀和堆积关系的试验研究发现,在不同风速下 0~10 cm 气流层中沙粒的分布特点为:地面以上 0~1 cm 的第一层沙量随着气流速度的增加而减少;不管速度如何,第二层(地面之上 1~2 cm)的沙量保持不变,等于 0~10 cm 层总沙量的 20%;平均沙量(10%)在 2~3 cm 层中搬运,这一高度保持不变,并不以速度为转移;气流较高层(从第三层起)中的沙量随着速度的增加而增加。

为了反映上述风沙流结构特征,苏联学者兹纳门斯基提出用结构数 S 表征,并以此作为判断风蚀过程的方向性。其表达式为

$$S = \frac{Q_{max}}{\overline{Q}} \tag{3-7}$$

式中　S——风沙流结构数;

　　　Q_{max}——气流 0~1 cm 层内的最大含沙量;

　　　$\overline{Q}$——气流中 0~10 cm 内每 1 cm 的平均含沙量。

随 S 增大,表明近地面风沙流的含沙量所占比例增加。当 S 值增大到某一值时,近地面的含沙量会达到饱和,这时将有部分沙粒脱离气流而沉积下来。因此,S 值就成为判别风蚀发展趋势的指标。研究发现,对各种粗糙表面,在正常搬运情况下(非堆积搬运),S 的平均值为 2.6;当有部分沙粒出现下落堆积时,S 的平均值为 3.8。

我国一些学者观测发现,在 0~10 cm 高度内,1~2 cm 层的沙量在各种风速下保持在 20% 左右,在该层以上和以下两层中的沙量各占约 40%。据此,吴正、凌裕泉等提出以风沙流中 0~1 cm 和 2~10 cm 两层沙量的比值(即特征值 λ)来判断风沙流的饱和程度,反映沙子的吹蚀、搬运和堆积的关系。特征值 λ 的表达式

$$\lambda = \frac{Q_{2~10}}{Q_{0~1}} \tag{3-8}$$

式中　λ——特征值;

　　　$Q_{2~10}$——2~10 cm 层内的沙量;

　　　$Q_{0~1}$——0~1 cm 层内沙量。

当 $\lambda = 1$ 时,表示由地面进入风沙流中的沙量与从风沙流中落回地面的沙量基本相等,表现为风沙流对地面的吹蚀量和堆积量相等,因而地面呈现无风蚀也无堆积状态;当 $\lambda < 1$ 时,下层沙量增加,风沙流为饱和状态,因气流能量消耗使从风沙流中落回地面的沙量大于地面吹蚀进入风沙流中的沙量,形成沙的堆积。当 $\lambda > 1$ 时,下层沙量减少,风沙流为不饱和状态,气流还有能力挟带更多的沙量,表现为风沙流对地面的继续吹蚀。

S 和 λ 两个指标,共同反映了气流对沙粒的搬运能力。当气流的动能小于沙的阻力时,气流无力搬运更多的沙量,风沙流为饱和状态,形成沙的堆积。

也有的学者根据 0~10 cm 层内沙量随高度分布的特征,直接用 0~1 cm、1~2 cm、2~10 cm 三层内的输沙量和输沙率来反映风沙流的结构特征,称为结构式,其表达式为

$$\sum \rightarrow Q_{2~10} \rightarrow 40\% \quad 变动$$

$$\sum \rightarrow Q_{1~2} \rightarrow 20\% \quad 略变$$

$$\sum \rightarrow Q_{0~1} \rightarrow 40\% \quad 变动 \tag{3-9}$$

可利用上下两层输沙量和输沙率的变化表示风流沙的变化规律。

（四）沙尘暴及其影响因素

1.扬沙与沙尘暴

当风力增大,将地面沙尘吹起,出现空气相当混浊,水平能见度为 1～10 km 的天气现象,称为扬沙;而当强风将地面大量沙尘卷入空中,出现空气特别混浊,水平能见度低于 1 km 的恶劣天气现象,则称为沙尘暴。沙尘暴是一种强烈的风力侵蚀现象。

黑风暴是大风天气中的一种特强沙尘暴天气,其标准是大风吹扬起的沙尘使最小水平能见度降到 0 级(≤ 50 m),瞬间风速大于 25 m/s 的一种灾害性天气现象。由于发生强度和特强沙尘暴时天色昏暗,甚至伸手不见五指,所以人们又根据天色昏暗的程度形象地称为黄风和黑风。

沙尘暴前锋呈高墙状称其为沙尘壁,沙尘壁移动迅速,呈现上黄、中红、下黑三种颜色的旋转式沙尘团。这种呈现不同颜色的天气现象主要与沙尘暴中悬浮颗粒对太阳光的反射、散射、遮挡等作用有关。

沙尘暴多发区是指沙尘暴发生的频率高、强度大、灾情重的地区。根据我国西北地区各气象台站的沙尘暴日数,规定年平均沙尘暴日数接近或超过 10 d 的地区为沙尘暴多发区,其中 10～20 d 为中频率区,20 d 以上的为高频率区。沙尘暴天气按其发生的范围可以分为区域性和局地性。区域性可以进一步分为小范围和大范围。由系统性天气引发邻近地区 2 站以上的沙尘暴天气,称为区域性沙尘暴天气;由非系统性天气(如局地强对流等)引发的零星 1～2 站沙尘暴天气,称为局地性沙尘暴天气。

2.沙尘暴形成因素

沙尘暴形成的基本条件:一是大风,二是地面上有裸露沙尘物质,三是不稳定的空气。三者同步出现时方能产生沙尘暴。三因素中强风是引起沙尘的动力,丰富的沙尘源是形成沙尘暴的物质基础,而不稳定的空气乃是局地热力条件所致,使沙尘卷扬得更高。因此,可以说沙尘暴是特定气象和地理条件相结合的产物。

(1)天气因素。干旱少雨、大风频繁、冷热剧变、寒潮过境、不稳定的空气在对流层底部形成强对流天气等,均为沙尘暴的形成提供了有利的天气背景。

大风是沙尘暴产生的动力,大风频繁是干旱地区的重要环境特点,由于具备了此环境特点,才有利于沙尘暴的形成。据报道,强沙尘暴风速达 30 m/s 时,地面粗沙通过跃移进入地面以上数厘米高度,细沙可进入地面高度 2.0 m 以上,粉沙可带到 1.5 km 以上,粉粒悬浮于整个对流层中,可搬运到 1.2 km 之遥。显而易见,大风可形成强沙尘暴。

不稳定空气是沙尘暴产生的热力条件,在沙尘暴多发区局地不稳定的大气条件具有触发沙尘暴的作用。如果低层空气稳定,受风吹动的沙尘将不会被卷扬得很高,如果低层空气不稳定,那么风吹动后沙尘将会卷扬得很高。如果两个地方风力、沙源条件相同,那么空气是否稳定对黑风暴发生与否起决定性作用。

(2)地形因素。沙尘暴的路径除受高空气压场制约外,地形是不可忽视的因子。我国沙尘暴路径主要分为四条:西路、西北路沙尘暴东移,主要是受秦岭及阴山纬向构造山系的导向作用,沿途所经过的下垫面主要为戈壁、沙漠,不仅为沙尘暴提供丰富沙源,而且由于湍流热交换量的增加,造成强烈热力对流,从而增强了沙尘暴动能,强化了沙尘暴强度。由于秦岭纬向山系及大兴安岭—太行山系斜接,形成沙尘暴的东壁南界,一般沙尘暴很难逾越这两条地形界线;北路、东路沙尘暴所以能爆发式南下,主要是内蒙古高平原地形坦荡,使源于贝加尔湖的冷空气能长驱直入,肆虐于内蒙古高平原、鄂尔多斯高平原。但一般很难危害大兴安岭、太行山以东地区。

(3)物质因素。沙尘暴的沙尘源分为两大类:一类是自然的第四纪沉积物,如沙漠风成沙、戈壁砂砾、第三纪红色砂砾岩、现代流水冲积物、湖积物、黄土、沙黄土;另一类是人类生产活动的人工堆积物,如尾矿砂、废弃土堆积等。当发生沙尘暴滚滚而来的"黑风墙"过境时,这些物源类型将为其提供大量尘埃。

(4)人为因素。沙尘暴是系统性锋面大风天气过程与地形效应、地面沙尘物质相互作用而形成的。人为过度垦荒、过度放牧、滥伐森林、不合理利用水资源、土地不合理经营方式、工业废弃物的堆放等,是加强和诱发沙尘暴的重要因素。

人为建设绿洲边缘林带,在降风、固沙、积沙、阻沙方面作用显著。保护地面植被和建设人工植被,对减缓、防御沙尘暴的形成有着重大作用。就目前而论,由于人类对系统性锋面大风天气过程控制能力有限,而加强和诱发沙尘暴的人为不合理活动这一重要因素是可以控制的,所以防治沙尘暴灾害的实质是对人类活动的控制和管理。研究人为因素与沙尘暴的关系尤为重要。

沙尘暴自古以来就存在,从历史上看,16世纪以前发生次数较少,16世纪以后突然增多,到20世纪发展到高峰。这种现象同气候的周期性变化也许有一定联系,但与人类活动影响环境的关系非常密切。这是由于人类社会中人口的增长,在生产和生活过程中对自然资源的开发利用,打乱和破坏了自然生态系统的正常运行,如森林的大量砍伐、土地的大规模开垦、工矿的开发、交通道路的修筑等,都要大规模地破坏自然植被,使土地失去覆盖物的保护和水源涵养能力,从而产生严重的环境问题,使得大面积土地沦为沙漠化土地,为沙尘暴的形成提供了物质基础。

3.沙尘暴的沙源分布

沙尘暴天气的沙源区主要分布在我国西北地区的巴丹吉林沙漠、腾格里沙漠、塔克拉玛干沙漠、乌兰布和沙漠、黄河河套的毛乌素沙地周围。尤其是塔克拉玛干沙漠、古尔班通古特沙漠、巴丹吉林沙漠、腾格里沙漠是我国沙尘暴的主要沙尘源区(见图3-5)。

4.沙尘天气的空间分布

(1)沙尘暴天气的空间分布。我国西北、华北大部、青藏高原和东北平原地区沙尘暴年平均日数普遍大于1 d,是沙尘暴的主要影响区,其中110°E以西、天山以南大部分地区沙尘暴年平均日数大于10 d,是沙尘暴的多发区;塔里木盆地及其周围地区、阿拉善和河西走廊东北部是沙尘暴的高频区,沙尘暴年平均日数达20 d以上,局部接近或超过30 d,如新疆民丰36 d、柯坪31 d、甘肃民勤30 d等。

(2)扬沙天气空间分布。扬沙的影响范围比沙尘暴要广,一直延伸到长江中下游地区,扬沙年平均日数大于等于20 d的多发区涵盖了西北大部、青藏高原大部、内蒙古中西部、辽河平原和海河平原地区,其中塔里木盆地及其周围地区、阿拉善、鄂尔多斯及河西走廊的东部和北部是扬沙的高频区,年平均日数达40 d以上,局部接近或超过80 d,如内蒙古吉兰泰96 d、宁夏盐池85 d、新疆皮山93 d、民丰81 d等。

(3)浮尘天气的空间分布。浮尘的影响范围更广,其影响区域一直延伸到四川盆地和南岭北侧。

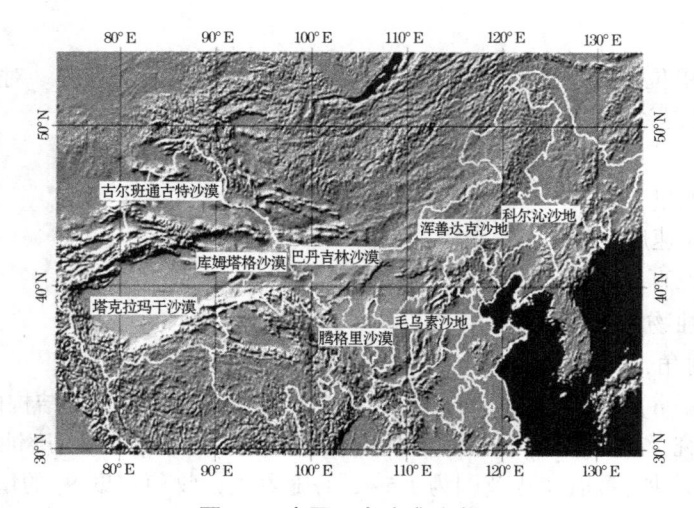

图 3-5 中国八大沙漠分布图

沙尘暴和扬沙的易发区大多属中纬度干旱和半干旱地区,这些地区受荒漠化影响和危害比较严重,地表多为沙地和旱地,植被稀少,大风过境,容易形成沙尘暴和扬沙天气。沙尘天气在我国分布的一般特点表现在:①影响面积大,受沙尘暴、扬沙和浮尘不同程度影响的省(市、区)分别为 17 个、25 个和 27 个;②高频区集中在塔里木盆地周围地区、阿拉善高原、河西走廊东北部及邻近地区;③与沙漠和沙地密切关联,沙漠和沙地为沙尘暴和扬沙天气的出现提供了极为丰富的物质源;④天气系统、地形走向、地表覆被状况、雨量分布等都对沙尘天气的地理分布产生显著影响。

三、风力作用过程

风力作用过程包括风力侵蚀作用、风力输移作用和风力沉积作用三个过程。

(一) 风力侵蚀作用

风和风沙流对地表物质的吹蚀和磨蚀作用,统称为风蚀作用。其中风将地面的松散沉积物或基岩上的风化产物吹走,使地面遭到破坏,称吹蚀作用;而风沙流以其所含沙粒作为工具对地表物质进行冲击、磨损的作用称磨蚀。如果地面或迎风岩壁上出现裂隙或凹坑,风沙流还可钻入其中进行旋磨,其结果是大大加快了地面破坏速度。

风的侵蚀能力是摩阻流速的函数,可用下式表示

$$D = f(v_*)^2 \qquad (3\text{-}10)$$

式中 D——侵蚀力;

v_*——侵蚀床面上的摩阻流速。

地表附近风速梯度较大,使凸出于气流中的颗粒受到较强的风力作用。颗粒越大,凸出于气流中的高度越高,受到风的作用力也越大。然而,这些颗粒由于质量较大,需要更大的风力才能被分离。能够被风移动的最大颗粒粒径,取决于颗粒垂直于风向的切面面积及本身的质量。粒径为 0.05~0.5 mm 的颗粒都可以被风分离,以跃移形式运动,其中粒径为 0.1~0.15 mm 的颗粒最易被分离侵蚀。

风沙流中跃移的颗粒增加了风对土壤颗粒的侵蚀力。因为这些颗粒不仅将易蚀的土壤颗粒从土壤中分离出来,而且还通过磨蚀,将那些小颗粒从难蚀或粗大的颗粒上分离下来带

入气流。

磨蚀强度用单位质量的运动颗粒从被蚀物上磨掉的物质量来表示。对于一定的沙粒与被蚀物,磨蚀强度是沙粒的运动速度、粒径及入射角的函数

$$W = f(v_p \, , d_p \, , S_a \, , \alpha)$$ (3-11)

式中　　W——磨蚀量,g/kg;

　　　　v_p——颗粒速度,cm/s;

　　　　d_p——颗粒直径,mm;

　　　　S_a——被蚀物稳定度,J/m^2;

　　　　α——入射角,(°)。

哈根(L.J.Hagen)用细沙壤、粉壤和粉黏壤土做磨蚀对象,以同一结构的土壤及石英砂做磨蚀物进行研究,结果表明沙质磨蚀物比土质磨蚀物的磨蚀强度大;磨蚀度随磨蚀物颗粒速度 v_p 按幂函数增加,幂值变化范围为 1.5~2.3;随着被蚀物稳定度 S_a 的增加,磨蚀度 W 非线性减小。当 S_a 从 1 J/m^2 增加到 14 J/m^2,W 约减小 10;入射角 α 为 10°~30° 时,磨蚀度最大;当磨蚀物颗粒平均直径由 0.125 mm 增加到 0.715 mm 时,磨蚀度只有轻微的增加。

风对土壤颗粒成团聚体的侵蚀过程是一个复杂的物理过程,特别是当气流中挟带了沙粒而形成风沙流后,侵蚀更复杂。

(二) 风力输移作用

当风速大于起动风速时,在风力作用下,土壤和沙粒物质随风运动,其运动方式有悬移、跃移、蠕移三种形式,运动方式主要取决于风力强弱和搬运颗粒粒径大小。

风沙运动与水流中泥沙运动不同,以跃移运动为主。造成这种差异的原因,是风和水的密度不同。在常温下,水的密度(1 g/cm^3)要比空气的密度(1.22×10^{-3} g/cm^3)大 800 多倍,所以水中泥沙反弹不起来。沙粒在水中的跳跃高度只有几个粒径,而在空气中的跳跃高度却有几百或几千个粒径。沙粒在空气中跳跃高,便会从气流中获得更大的能量。下落冲击地面时,不但本身会反弹跳起,而且还把下落点附近的沙粒也冲击溅起。这些沙粒在落到地面以后,又溅起更多的沙粒。因此,沙粒在气流中的这种跳跃移动具有连锁反应的特性。高速跃移的沙粒通过冲击方式,靠其动能可以推动比它大 6 倍或重 200 多倍的表层粗沙粒(> 0.5 mm)蠕移运动。蠕移速度较小,每秒仅向前 1~2 cm;而跃移的速度快,一般可以达到每秒数十到数百厘米。

在一定条件下,风的搬动能力主要取决于风速,与被搬运物的粒径关系不密切。同样的风速可搬运较多数量的小颗粒或较少的大颗粒,其搬动总质量基本不变。

切皮尔(W.S.Chepil)研究了悬移质、跃移质和蠕移质的搬运比例,不同土壤中团聚体及颗粒的大小有不同的搬运比例,而与风速无关。在团聚良好的土壤上,无论其结构很粗或很细,悬移质都很少而蠕移质较多;在粉沙土和细沙土上悬移搬运相对增多。对各种土壤,跃移质搬运总是大于蠕移质和悬移质。三种搬运方式的土壤颗粒所占比例为:悬移质占 3%~38%,跃移质占 55%~72%,蠕移质占 7%~25%。

拜格诺研究了沙丘沙和土壤的搬运,得出风的搬运能力与摩阻流速的三次方成正比,即

$$Q = f\left(\frac{\rho}{g} v_*^3\right)$$ (3-12)

式中　　Q——输沙量;

v_*——摩阻流速。

而自然界影响风搬运能力的因素十分复杂,它不仅取决于风力的大小,还受沙粒的粒径、形状、比重、湿润程度、地表状况和空气稳定度等影响。因此,目前多在特定条件下研究输沙量与风速的关系。我国研究了新疆莎车一带近地表 10 cm 高度内输沙量与 2 m 高度的风速关系,为

$$Q = 1.47 \times 10^{-3} \times v^{3.7} \tag{3-13}$$

式中 Q——输沙率,g/(cm·min);

v——风速,m/s。

气流搬运沙量的多少是由风力大小决定的。在一定风力条件下气流可能搬运的沙量称为容量(相当于水流的挟沙力),气流中实际搬运的沙量称风沙流的强度,容量和强度的单位可取 g/(cm²·h)。强度与容量的比称为风沙流的饱和度,这也是一个无量纲参数。此比值越小风沙流的风蚀能力就越大。若风沙流容量减小,则侵蚀力下降或发生沙粒的堆积。土壤颗粒被风搬运的距离取决于风速大小、质量、地表状况、土壤颗粒或团聚体的粒径和路径。风沙流从侵蚀到堆积所经的距离称为风沙流的饱和路径。

从搬运方式来看,蠕移质搬运距离很近,若被磨蚀作用崩解成细小颗粒,可转化成悬移和跃移方式。跃移质多沉积在被蚀地块的附近,在灌丛、土埂的背后堆成沙垄。沙丘沙中的粗粒堆积于沙丘迎风坡,细粒沉积在背风坡。悬移质及受打击崩解而进入气流中的悬浮颗粒,搬运距离最长。这部分颗粒数量虽少,但多是含有大量土壤养分的黏粒及腐殖质。

(三)风力沉积作用

风沙流运行过程中,由于风力减缓或地面障碍等原因,使风沙流中沙粒发生沉降堆积时称风积作用。在风沙搬运过程中,当风速变弱或遇到障碍物(如植物或地表微小起伏),以及地面结构、下垫面性质改变时,都会影响到风沙流容量而导致沙粒从气流中跌落堆积。经风力搬运、堆积的物质称为风积物。

1.沉降堆积

当风速减弱,使紊流旋涡的垂直分速小于重力产生的沉速时,在气流中悬浮运行的沙粒就要降落堆积在地表,称为沉降堆积。沙粒沉速随粒径增大而增大(见表 3-8 和图 3-6)。

表 3-8 沙粒直径与沉速的关系

沙粒直径(mm)	沉速(cm/s)	沙粒直径(mm)	沉速(cm/s)
0.01	2.8	0.10	167.0
0.02	5.5	0.20	250.0
0.05	16.0	2.0	500.0
0.06	50.0		

2.遇阻堆积

如果地表具有障碍物,气流在运行时会受到阻滞而发生旋涡减速,从而削弱了气流搬运沙粒的能量(容量减小),使风沙流中多余部分的沙粒在障碍物附近大量堆积下来,形成沙堆。这种因障碍(包括地表的急剧上升或下降)形成的堆积,称之为遇阻堆积。堆积的强度取决于障碍物的性质和尺度,障碍物愈不透风,涡流减速范围愈大,沙粒的堆积也愈强烈,形

成较大的沙堆。风沙流因遇障阻发生减慢，可以把部分沙粒卸积下来，也可能全部（或部分）越过和绕过障碍物继续前进，在障碍物的背风坡形成涡流（见图3-7）。

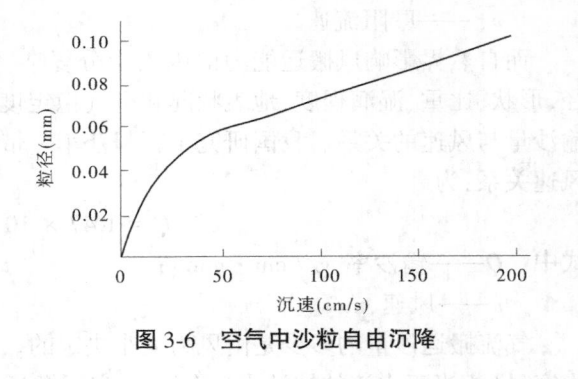

图3-6 空气中沙粒自由沉降

风沙流遇到山体阻碍时，可以把沙粒带到迎风坡小于20°的山坡上堆积下来。当风沙流的方向与山体成锐角相交时，一股循山势前进，另一股沿着山体迎风坡成斜交方向上升，并因与山坡摩擦而减缓风速，沙粒就卸堆在迎风坡上。地表的草木和沙丘本身，也都成为使风速降低和沙粒堆积的障碍。

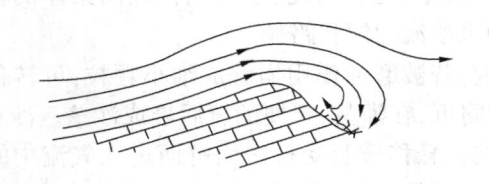 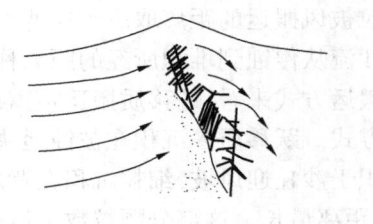

图3-7 遇阻堆积

另外，风沙流在运行过程中，遇到了湿润或较冷的气流会被迫上升，这时部分沙粒不能随气流上升而沉积下来。两股风沙流相遇，即或在风向几乎平行的条件下，也会发生干扰，降低风速，减小输沙的能力，从而使部分沙粒降落下来。在风沙流经常发生的地区，粒径小于0.05 mm的沙粒悬浮在较高的大气层中，遇到冷湿气团时，粉粒和尘土成为雨滴的凝结核随降雨大量沉降，成为气象学上的尘暴或降尘现象。

3.停滞堆积

地面结构、下垫面改变，地表风逐渐变弱，使容量减小而引起沙粒堆积，称为停滞堆积。这种堆积主要是由于不同表面结构具有不同的输沙率和不同的风沙流结构所致。根据风洞试验和野外观察，沙粒在坚硬的细石床面（如砂砾戈壁）上运动和在疏松沙床上运动是不同的。前者沙粒产生强烈地向高处弹跳，增加了上层气流搬运的沙量，并且沙粒在飞行过程中飞得更远，在沿下风方向的一定范围内，和地面冲撞的次数减少了，因而气流因补给沙粒动量而消耗的能量也减少了，所以对于气流的阻力减少。后者沙粒的跃移高度和水平飞行距离都较小，在搬运过程中向近地面贴紧，下层沙量增加很大，也就增加了近地面气流的能量消耗，减弱了气流搬运沙粒的能力。

因此，在一定风力作用下，松散沙床面上的输沙率比坚硬细沙床面上的输沙率要少得多。正是由于松散的沙质床面上的输沙率低，风易被沙所饱和。所以，我们在野外常会看到在疏松的沙土平原上一般要比砂砾戈壁上积沙多，易于形成沙堆。当然砂砾戈壁上在没有障碍物（地形起伏或人为障碍）的情况下，一般不易于积沙的原因，还与其沙粒的供应不充分（沙粒因受细石的掩护，在一般风力下不易起沙）、风不易为沙粒所饱和有关。

(四)沙丘的移动

沙漠中各种类型的沙丘都不是静止和固定不变的,而是运动和变化的。沙丘的移动是通过沙粒在迎风坡风蚀、背风坡堆积而实现的。沙丘的移动是相当复杂的,它与风力、沙丘高度、水分、植被状况等因素有关。

1.沙丘移动的方向

沙丘移动的方向取决于有一定延续时间的起沙风的风向,随着起沙风方向的变化而变化。移动的总方向是和起沙风的年合成风向大致相一致,但不完全重合,二者之间有一交角。根据气象资料,我国沙漠地区,影响沙丘移动的风主要为东北风和西北风两大风系。受它们的影响,沙丘移动方向,表现在新疆塔克拉玛干沙漠广大地区及东疆、甘肃河西走廊西部等地,在东北风的作用下,沙丘自东北向西南移动,其他各地区都是在西北风作用下向东南移动。

2.沙丘移动的方式

沙丘移动方式取决于风向及其变律,分为下面三种情况(见图3-8):第一种方式是前进式,这是单一的风向作用产生的,即在单一的风向作用下终年保持向某一方向移动。如我国新疆塔克拉玛干沙漠和甘肃、宁夏的腾格里沙漠的西部等地,是受单一的西北风和东北风的作用,沙丘均以前进式运动为主。第二种是往复前进式,它是在两个方向相反而风力大小不等的情况下产生的往复向前移动。如我国沙漠中部和东部各沙区(如毛乌素沙地等),则都处于两个相反方

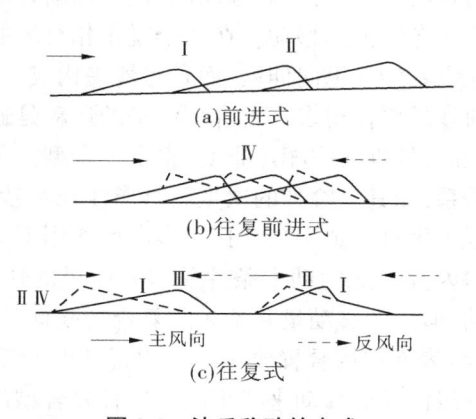

图 3-8 沙丘移动的方式

向的冬、夏季风交替作用下,沙丘移动具有往复前进的特点。冬季在主风西北风作用下,沙丘由西北向东南移动;在夏季,受东南季风的影响,沙丘则产生逆向运动。不过,由于东南风的风力一般较弱,所以不能完全抵偿西北风的作用,故总的说来,沙丘慢慢地向东南移动。第三种是往复式,是在两个方向相反风力大致相等的情况下产生的往复移动,这种情况一般较少,沙丘将停在原地摆动或仅稍向前移动。

3.沙丘移动的速度

沙丘移动的速度主要取决于风速和沙丘本身的高度,如果沙丘在移动过程中,形状和大小保持不变,则向风坡吹蚀的沙量应该等于背风坡堆积的沙量。在这种情况下,沙丘在单位时间里前移的距离与背风坡一侧堆积的总沙量 Q 有如下关系(见图3-9)。

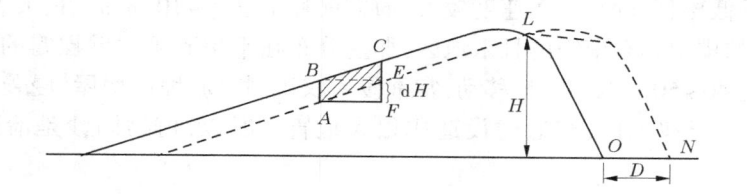

图 3-9 沙丘移动的几何图解

$$Q = \gamma DH \quad \text{或} \quad D = Q/(\gamma H) \tag{3-14}$$

式中 Q——单位时间内通过单位宽度,从迎风坡搬运到背风坡的总沙量;

D——单位时间内沙丘前移的距离;

H——沙丘的高度;

γ——沙子的容重。

由式(3-14)可以看出,沙丘移动速度与其高度成反比,而与输沙量成正比。沙丘移动速度除了主要受风速和沙丘本身高度的影响外,还与风向频率、沙丘的形态、密度和水分状况以及植被等多种因素有关。因此,在实际工作中,通常采用野外插标杆、重复多次地形测量、多次重合航片的量测等方法,以求得各个地区沙丘移动的速度。

不同类型的沙丘,其移动速度和方向不同。横向沙丘由于走向与主风向垂直,在同等风力条件下有效作用面积最大,因此在各种类型的沙丘中移动速度是最快的。纵向沙丘除横向移动外,还有纵向移动的特点,以新月形沙垄为例,它不仅沿着垂直于沙脊的方向移动,还沿着脊线方向移动。在两个锐角相交风的作用下,运动的总方向既不与沙垄垂直,也不单纯地沿着沙垄纵向伸展,而是与沙垄构成一个斜交的角度,交角介于 25°~40°,移动速度比横向沙丘要慢得多。复合型沙垄的运动是通过覆盖在其上的新月形沙丘和沙丘链的运动来实现的,根据航空相片查明,整个复合型沙垄基本上平行于合成风向,或两者呈小角度的斜交关系,而其上叠加的次生新月形沙丘和沙丘链,它们和整个垄体构成90°的交角,且与风向近于垂直。金字塔沙丘是多向风作用下的一种典型沙丘类型。它虽属裸露沙丘地貌形态,但因其形成的动力条件是多方向风的作用,且各个方向风的风力较为均衡,故沙丘来回摆动,但总的移动量并不大。复合型横向沙丘(如复合型新月形沙丘和复合型新月形沙丘链等)表面层层叠置着次一级的新月形沙丘和沙丘链,沙丘的移动则是通过覆盖在其上的次一级沙丘的移动来实现的。这种复合型沙丘移动速度比简单类型沙丘慢许多。

沙丘移动速度除了受风速和沙丘本身高度的影响,还与沙丘的水分含量、植被状况及下伏地貌条件的差异性等多种因素有关。沙丘在湿润时,沙粒的黏滞性和团聚作用较强,不易被吹扬搬运,所以影响到沙丘移动的速度降低。沙丘下伏地面有起伏时也能降低其上沙丘移动的速度。植被对沙丘移动速度的影响,在于沙丘上生长了植被后增加了其粗糙度而消弱了地表风速,减少了沙粒吹扬搬运的数量,从而使沙丘移动速度大大减慢,甚至完全静止。根据观测研究,在古尔班通古特沙漠、腾格里沙漠中许多湖盆附近、乌兰布和沙漠西部、毛乌素沙地的大部、浑善达克沙地、科尔沁沙地及呼伦贝尔沙地等,由于水分、植被条件较好,沙丘大部分处于固定、半固定状态,移动速度很缓慢;只有在植被破坏、流沙再起的地方,沙丘才有较大的移动速度。在广大的塔克拉玛干沙漠和巴丹吉林沙漠的内部地区,虽然属于裸露的流动沙丘,但因沙丘十分高大、密集,所以移动速度也很小,不超过 2 m/a。而在沙漠的边缘地区,沙丘低矮且分散,移动速度较大,通常前移值达 5~10 m/a。最大者,如塔克拉玛干沙漠西南缘的皮山和东南缘的且末地区,那些分布在平坦砂砾戈壁裸露的低矮新月形沙丘,前移值可达 40~50 m/a。沙丘移动,常常侵入农田、牧场、埋压房屋、侵袭道路(铁路、公路),给农牧业生产和工矿、交通建设造成很大危害。所以,植物固沙是治理沙漠的重要措施。

四、土壤风蚀与荒漠化

荒漠化是指在干旱区、半干旱区和亚湿润区,由于气候变异及人类活动在内的种种因素造成的土地退化现象,包括水土流失、土壤的物理化学性质和生物特性退化以及自然植被长期丧失等引起的土地生产力的下降或损失。其中,以风力侵蚀为主要侵蚀营力的风蚀荒漠化是荒漠化的主要类型之一,它是在干旱多风的沙质地表条件下,由于人为强度活动,破坏脆弱生态平衡,在风力侵蚀作用下,产生风蚀劣地、粗化地表、片状流沙堆积及沙丘形成等风沙活动现象的土地退化过程。因而,风蚀荒漠化过程在外形上表现为沙漠、戈壁、风蚀劣地等景观的形成和扩大;在实质上是土壤性质的一系列变化,导致土地生产力降低,农业生态系统崩溃。

(一)风蚀荒漠化的成因

风蚀荒漠化的形成与发展既有自然因素的作用,又有人类活动的干扰与影响。

1.自然因素

(1)地理环境与荒漠化。中国干旱、半干旱及亚湿润干旱地区深居大陆腹地,远离海洋,加上纵横交错的山脉,特别是青藏高原的隆起对水汽的阻隔,使得这一地区成为全球同纬度地区降水量最少、蒸发量最大、最为干旱脆弱的环境地带。加之全区处在西伯利亚、蒙古高压反气旋的中心,从西到东、从北到南大范围频繁的强风,为风蚀提供了充分的动力条件;而局部地区的起伏地形,深厚、疏松的沙质土壤,助长了风蚀的发生,加剧了荒漠化的程度。

(2)气候变化与荒漠化。在荒漠化的自然因素中,气候干旱是决定性的。撒哈拉地区的研究资料表明,荒漠化过程主要是在持续干旱期间发生和加强的。撒哈拉地区特别是它的中部和南部降水情况的变化,基本上取决于地球表面冷暖变化导致的热带辐合带的位置和几内亚湾季风的进退。在全球气候变暖时期,热带辐合带北移,几内亚湾的夏季风能更深地向北深入。全新世最佳期的夏季风可达到北纬30°,促使撒哈拉特别是它的南部区域有良好的湿润条件。但在5 300~4 900年以前、3 600~3 400年以前、3 100~2 400年以前和2 100~1 800年以前的几次全球变冷时期(所谓新冰期),热带辐合带分布在赤道附近,因而撒哈拉南部区域(萨赫勒)就处在干燥性风的影响范围内,降水剧减成为明显的干燥期,而地理和考古的证据则表明在这一干旱时期,荒漠化明显地加剧了。

最近500年来在撒哈拉的南部地区(萨赫勒和苏丹地区)可划分出三个降水剧减少期,即1681~1687年、1738~1756年和1828~1839年,在这些干旱年份荒漠化几乎出现在整个苏丹萨赫勒地区。在最近80~100年来根据直接观测的大气降水资料,撒哈拉南部的苏丹萨赫勒地区,在1913~1916年、1944~1948年、1968~1973年出现了持续的干旱期,其中1968~1973年干旱尤为严重,降水量比正常年份减少10%~20%,个别年份的降水量甚至减少50%以上,撒哈拉的界线向南移动了几百千米。在个别最旱的年份,热带稀树草原带作为一个独立的地理气候带,在某些地方已经消失了。也就是这次严重的沙漠化过程引起了国际社会的广泛关注,沙漠化作为一个社会问题被提上了联合国的议事日程。

近几年来我国学者对晚更新世以来我国北方东部沙区沙漠变动的研究证明,人类历史时期以来,由于气候经历几次波动而使这一地区环境几经变迁。例如在内蒙古东部呼伦贝尔沙地固定沙丘垂直剖面上,普遍存在三层有机质含量比较丰富的并有很多根孔和虫孔的埋藏黑沙土夹于黄色细沙中。据考古推测最下层埋藏黑沙土层形成的时代距今7 000年左右,也就是相当于全新世中期的高温期。这种埋藏黑沙土也曾在科尔沁沙地、松嫩平原和大兴安岭东坡山麓台地上的固定沙丘剖面中看到,这说明它不是一个局部现象,而是由于气候变化引起区域自然条件改变的结果。到了距今大约3 000年前开始的晚全新世以来,气候又转为寒冷干燥。其中以公元前100年、公元400年、1200年和17~19世纪四次寒冷期最明显,气温普遍比现在低1~2 ℃,旱灾暴风频繁发生。在干冷多风环境下固定沙丘及发育的黑沙土,普遍受到风蚀破坏,流沙再起,又一次出现沙漠扩张,即产生所谓的沙漠化。另据有关资料,近40年来中国干旱、半干旱地区及亚湿润干旱区的部分地区降水呈减少的趋势,另一些地区气温则有增高的趋势,导致蒸发力的增大,助长了土壤盐渍化的形成。这些都在一定程度上加剧了荒漠化的扩展。近年来频繁发生于中国西北、华北(北部)地区的沙尘暴,就加剧了这些地区的荒漠化过程,导致了极为严重的后果。

因此,众多学者断言,气候变化(包括长期的变迁和短期的波动),旷日持久的干旱是招致荒漠化尤其是沙质荒漠化的主要因素。并且认为,只有对土地及其资源给予合理、正确的使用,才能避免由于干旱而引起荒漠化的巨大灾难。

2.人类活动与荒漠化

在我国北方草原及干草地区,常常因扩大耕地面积造成强烈风蚀,随风蚀深度的加深、土壤粗化、肥力降低、土地单位面积生物产量下降,迫使部分被垦殖的农田弃耕;随着人口和牲畜压力增大,促使再度扩大从而导致更强烈的风蚀过程,如此循环往复,使沙质荒漠化土地面积不断扩展。此外,其他如过度放牧、樵采、不合理用水等也造成荒漠化土地发生、发展。因而,荒漠化的发生也与社会经济活动密切联系,人为的不合理经济活动为风蚀的产生和发展创造了条件,起到了诱导作用,加速了荒漠化的发生和发展。特别在我国北方,现代沙质荒漠化土壤中94.5%为人为因素所致(见表3-9)。可见,人为不合理活动已成为现代荒漠化发生发展的主导因素。

表3-9　我国北方现代荒漠化土地成因

成因类型	占北方沙质荒漠化土地百分比(%)	成因类型	占北方沙质荒漠化土地百分比(%)
过度农垦	23.3	水资源利用不当	8.6
过度放牧	29.3	工矿交通城镇建设	0.8
过度樵采	32.4	风力作用下沙丘前进入侵	5.5

人口增长对土地的压力,是土地荒漠化的直接原因。干旱土地的过度放牧、粗放经营、盲目垦荒、水资源的不合理利用、乱樵采、过度砍伐森林、不合理开矿等是人类活动加速荒漠化扩展的主要表现。以人口密度与草地退化为例,宁夏、陕西、山西3省(自治区)的干旱区、半干旱区由于人口密度较高,草地退化比例高达90%~97%;新疆、内蒙古、青海3省(自治区)的干旱区、半干旱区及亚湿润干旱区的人口密度较低,草地退化比例为80%~87%;而人口密度最低的西藏,平均退化比例仅为23%~77%。

过度放牧是草地退化的主要原因。以内蒙古为例,由于过牧严重,导致13.3万 hm² 以上草场严重退化,迫使4个苏木的175户牧民迁移他乡。目前,干旱区、半干旱区及亚湿润干旱区许多草场的实际载畜量都远远超过了理论载畜量,成为草场退化的重要原因。

樵采、乱挖中药材、毁林等则是直接导致土地荒漠化的人类活动。柴达木盆地原有固沙植被200万 hm² 以上,到20世纪80年代中期因樵采已毁掉1/3以上。新疆荒漠化地区每年需燃料折合成薪柴350万~700万t,使大面积的荒漠植被遭到破坏。而额济纳绿洲的萎缩、居延海的干涸、民勤绿洲大片人工林的干枯和衰退,都是由于人为活动的影响导致大面积土地荒漠化的实例。

除了上述情况,人为活动还包括不合理地利用水资源、战争破坏水利设施、筑路、工业建设、采矿、住宅兴建以及机动车辆运输等活动,在环境脆弱地区,它们也都能不同程度地导致荒漠化。

人为过度的经济活动,除了直接破坏生态环境,对荒漠化的自然因素起诱发和促进作用,还能够导致局部和地表小气候的恶化。因为多年生植被被减少,无疑地增加了地表对太阳辐射的反射能力,促使地面和大气层相对变冷,减少了大气的对流,从而减少了降水,这就是所谓生物地球物理反馈机制。因此,有人把人类对萨赫勒地区下垫面的直接影响看做是20世纪60~70年代这一地区发生旱灾的原因。大气数值模拟研究结果证实了地面特性的变化对萨赫勒的持续干旱所起的作用。

(二)风蚀荒漠化的分布

根据《联合国防止荒漠化公约》规定的指标,中国可能发生荒漠化的地理范围,即干旱区、半干旱区及亚湿润干旱区的总面积为331.7万 km^2 的地区,在此范围内实际已发生荒漠化的面积为262.2万 km^2,占该地区面积的79.0%,占国土面积的27.3%。其分布范围为东经74°~119°,北纬19°~49°,经度横跨45°,纬度纵跨30°,几乎从海平面到高寒荒漠地带,垂直跨越数千米,地域辽阔,气候类型及地貌类型多样,塑造了形成荒漠化的主导因素的丰富多样,水蚀、风蚀、冻融侵蚀、土壤盐渍化无不存在,从而造就了中国荒漠化类型的多种多样。其中风蚀荒漠化160.7万 km^2,是荒漠化的主要类型之一。风蚀荒漠化主要分布在干旱、半干旱地区,在各类型荒漠化土地中是面积最大、分布范围最广的一种荒漠化类型。其中分布在干旱地区的有87.6万 km^2,占风蚀荒漠化总面积的54.5%;半干旱地区分布有49.2万 km^2,占30.6%;此外,在亚湿润干旱地区也有零散分布,总面积为23.9万 km^2,占风蚀荒漠化土地的14.9%。

我国干旱地区,风蚀荒漠化大体分布在内蒙古狼山以西、腾格里沙漠和龙首山以北包括河西走廊西部以北、柴达木盆地及其以北、以西至西北部的大片土地。此外,在准噶尔盆地和塔里木盆地及天山以南、孔雀河以北广大地区也有分布。在半干旱地区,风蚀荒漠化大体分布在狼山以东向南,穿杭锦后旗、磴口县、乌海市,然后向西纵贯河西走廊中、东部直到肃北蒙古族自治县呈连续大片分布。从行政区划上看主要分布在内蒙古东部西侧,在藏北高原为斑块状分布。

在亚湿润干旱区,从毛乌素沙地东部至内蒙古东部(东北西部)大体呈东北—西南向带状分布,其带宽为5~125 km,而在东经106°以西以及从青海到西藏北部主要为斑块状分布。

从风蚀荒漠化程度来看,轻度风蚀荒漠化为44.0万 km^2,占风蚀荒漠化面积的27.4%,主要分布在半干旱区和半湿润干旱区东部的巴丹吉林沙漠及腾格里沙漠以东的地区,其中连续分布区大体在东经108°~119°。中度风蚀荒漠化为25.0万 km^2,占15.6%,呈不连续分布,但较为集中地分布在准噶尔盆地和内蒙古中北部的半干旱区和干旱地区,亚湿润干旱区则较少分布。重度风蚀荒漠化为91.7万 km^2,占57.0%,主要分布在干旱区(占70.5%),在东经103°以西即腾格里沙漠、巴丹吉林沙漠及其以西,新疆准噶尔盆地以北、以东及南疆、西藏西北地区,为大片连续分布;而半干旱地区则分布较少,亚湿润干旱区几无分布(占 13. 5%)。

风蚀荒漠化的程度分布规律充分显示出风蚀荒漠化的进程受气候、特别是受干湿程度的影响较大。这是由于在风蚀过程中,土壤的水分含量与其抗蚀力呈正相关关系。此外,干湿程度的变化决定了植被类型及覆盖度的高低。干旱气候类型下,植被盖度低,使表土裸露。另外,干旱区许多植物为短生植物,对雨水反应极为灵敏,只有在雨季到来甚至一场降雨后,植物才葱郁地生长,而一年中更多的时间则处于干枯状态,为风蚀的发生提供了有利条件。因而,风蚀荒漠化的程度大体随气候类型区由亚湿润干旱区—半干旱区—干旱区变化,也呈轻度—中度—重度的变化趋势。即随着气候类型的变干,风蚀荒漠化程度越来越严重,其程度分布的范围也越来越大,由零散分布趋向大片连续分布。

(三)风蚀荒漠化的危害

风蚀作用是由风的动压力及风沙流中沙粒的冲击、磨蚀作用,使地表物质被吹蚀和磨蚀,造成土壤养分流失、质地粗化、结构变差、生产力降低、沙丘及劣地形成等土地退化的作用过程。因而,风蚀荒漠化的实质就是土地的风蚀退化过程。强劲的风是风蚀荒漠化形成的主要营力,是塑造荒漠地表形态的动力。在风力侵蚀作用下,土地退化表现在如下几个方面:

(1)土壤流失。由于风及风沙流对地表土壤颗粒剥离、搬运作用,使土壤产生严重流失。赵羽等根据沙土开垦后风蚀深度的调查,推导出科尔沁大青沟地表风蚀量可达 23 250 t/(km² · a);林儒耕推算出乌盟后山地区伏沙带风蚀量为 56 250 t/(km² · a),吕悦来等用风蚀方程估算出陕北靖边滩地农田土壤风蚀量为 1 450 t/(km² · a)。大量的土壤物质被吹蚀,使土壤质地变差、生产力降低、土地退化。同时,被吹蚀的土壤物质的沉积又造成淤塞河道、埋压农田、村庄,甚至堆积形成流动沙丘,如呼伦贝尔地区的碴岗牧场,20 世纪 50 年代初期,开垦的 23 333 hm² 耕地中,到 80 年代形成的流动沙丘及半流动沙丘面积占复垦区面积的39.4%;从宁夏中卫区到山西河曲段,由于风蚀直接进入黄河干流的沙量达 5 321 万 t/a。

(2)土壤质地变化。由于风力搬运的分选作用,导致土壤质地的变化,最细的土壤物质以悬移状态随风漂浮到很远距离;跃移物质则沉积在地边及田间障碍物附近;粗粒物质停留在原地或蠕移到很短的距离。这种侵蚀分选过程使土壤细粒物质损失,粗粒物质相对增多(见表 3-10),原有结构遭受破坏,土壤性能变差,肥力损失,地力衰退,导致整个生态系统退化并出现风沙微地貌。这种粗化过程随风力的变化而间歇式发生,在大风初期持续一定时间,当风力不再增加,处于相对稳定状况时,风蚀强度随之减弱,只有当风力再度增加时,粗化又重复出现。多次的风蚀粗化作用使土壤耕作层不断粗化,直至不能继续耕作而被迫弃耕,甚至最终形成风蚀劣地、砾石戈壁和沙丘分布等荒漠景观。

表 3-10 不同类型荒漠化土地表层沙粒含量的变化(内蒙古科尔沁沙地)

荒漠化土地类型	土层深(cm)	沙粒(1~0.01 mm)含量(%)
固定沙地	0~10	79~89
半固定沙地	0~10	91~93
半流动沙地	0~10	93~98
流动沙地	0~10	98~99

风蚀的这种粗化作用,在粒径变化幅度较大的土壤中,表现得尤为突出。

(3)养分流失。土壤中的黏粒胶体和有机质是土壤养分的载体,风蚀使这些细粒物质流失导致土壤养分含量显著降低。对于质地较粗的土壤来说,随风蚀过程的继续,土壤质地变得更粗,养分流失导致肥力的下降更为严重。表土中的养分含量较底土高,而表土又在侵蚀过程中首先流失,从而使土壤肥力不断下降,直至接近母质状态(见表3-11)。

表 3-11　内蒙古伊盟牧场不同沙质荒漠化程度土壤养分含量

沙质荒漠化程度	上层深(cm)	有机质(%)	全 N(%)	P_2O_5(%)	K_2O(%)
潜在	0~10	0.491	0.121	0.112	2.30
中度	0~10	0.177	0.032	0.085	2.35
极度	0~10	0.173	0.037	0.088	2.50

(4)生产力降低。土壤生产力是土壤提供植物生长所需要的潜在能力,是土壤物理性质、化学性质及生物性质的综合反映。风蚀通过养分的流失、结构的粗化、持水能力的降低、耕作层的减薄及不适宜耕作或难以耕作的底土层的出露等方面降低土壤生产力。对不同的土壤,在同样侵蚀条件下,生产力降低的途径及程度有所不同。

作物产量是衡量土壤生产力最直观的指标。为评价风蚀对生产力的影响,莱尔斯、朱震达等建立了风蚀深度与作物产量的关系,再根据风蚀方程推算的风蚀量来预测作物产量的变化过程。

(5)磨蚀。由风力推动沙粒沿地面的冲击力而引起的磨蚀作用,不仅使土壤表层的薄层结皮被破坏,造成下层土壤暴露出来,使不易蚀的土块和团聚体被冲击破碎,变得可蚀了。同时,磨蚀作用也对植物产生危害(俗称沙割),影响苗期的存活率及后期生长和产量,作物受害程度取决于作物种类、风速、输沙量、磨蚀时间及苗龄。

(四)土壤风蚀的影响因素

风蚀作用的大小、强弱除与风力有关外,还受土壤抗蚀性、地形、降水、地表状况等因素影响。

1.土壤抗蚀性

土壤抵抗风蚀的性能主要取决于土粒质量、土壤质地、有机质含量等。

风力作用时,受作用力的单个土壤颗粒(团聚体或土块)的质量(或大小)足够大,不能被风力吹移、搬运;若颗粒质量很小,极易被风吹移。常把粗大的颗粒称为抗蚀性颗粒,把轻细的颗粒称为易蚀性颗粒。抗蚀性颗粒不仅不易被风吹移,还能保护风蚀区内的易蚀性颗粒不被移动。由此可见,土壤中抗蚀性颗粒的含量多少能够表示土壤抗蚀性强弱。

在持续风力的作用下,任何表面相对平滑的地表都会随风蚀过程而变得粗糙不平。这是因为抗蚀性颗粒不仅难以起动,而且保护下边的颗粒免受风蚀,阻碍了风蚀的发展,只有那些易蚀性颗粒随风搬迁,使风蚀得以继续,从而造成地表细微起伏。

抗蚀性颗粒的机械稳定性影响风蚀的进一步发展。若抗蚀性颗粒(或团聚体)形状大(或成复粒),在风沙流的冲击和磨蚀作用下,仅被分离成较大的颗粒或不易分离,表示颗粒稳定性高;相反,易分离的颗粒稳定性差。颗粒稳定性与土壤质地、有机质含量有关。

在不同质地的土壤中,砂土和黏土是最易被风蚀的土壤。因为质地较粗的砂土中缺少黏粒物质,不能将沙粒胶结成有结构的土壤;黏土易于形成团聚体和土块,但稳定性很差,特别是冻融作用和干湿交替而使其破碎。切皮尔的分析表明,当土壤中黏粒含量约在27%时,最有利于抗风蚀性团聚体或土块的形成;小于15%时,很难形成抗风蚀的团聚结构。极粗沙和砾石很难被风所移动,有助于提高土壤的抗蚀性。

我国干旱区风成沙的粒度成分以细沙(0.25～0.10 mm)为主,其次为极细沙和中沙,粉沙含量不多,粗沙最少,几乎不含极粗沙(见表3-12)。半干旱风沙区,受风沙的侵蚀和埋压,地带性土壤发育很弱,且与风成沙相间分布,从毛乌素沙区各地带性土壤的粒度组成可看出,表层土壤中黏粒含量均在10%以下(见表3-13)。这样的土壤质地很难形成抗风蚀的结构单位,因而造成干旱、半干旱风沙区土壤极易被吹蚀的特点。

表 3-12　我国干旱区主要沙漠沙的粒度组成

沙漠名称	各粒级(mm)					
	>1.00	1.00～0.50	0.50～0.25	0.25～0.10	0.10～0.05	<0.05
塔克拉玛干沙漠	—	0.02	4.54	34.15	41.97	19.32
古尔班通古特沙漠	—	8.70	68.20	19.10	4.00	
巴丹吉林沙漠	—	3.40	23.40	61.40	9.82	1.98
腾格里沙漠	0.01	1.60	6.61	86.88	4.90	
乌兰布和沙漠	0.01	0.78	17.31	72.11	9.52	0.27
库布其沙漠	—	1.10	1.90	85.30	11.70	
宁夏河东沙地	—	0.16	17.99	75.05	6.16	0.67
平均	微量	1.00	11.49	69.01	14.74	3.75

表 3-13　毛乌素沙地地带性土壤的机械组成

土壤名称	表层各粒级(mm)						质地
	1～0.25	0.25～0.05	0.05～0.01	0.01～0.005	0.005～0.001	<0.001	
普通淡栗钙土	5.44	80.53	2.08	0.90	3.81	7.24	沙壤土
薄层淡栗钙土	13.18	58.41	20.69	1.66	2.87	3.19	紧沙土
碳酸盐淡栗钙土	11.08	61.36	17.64	1.43	6.67	1.81	紧沙土
原始栗钙土	57.68	38.00	1.60	1.04	0.50	0.28	松沙土
碳酸盐棕钙土	5.29	51.86	34.52	2.26	3.93	2.14	紧沙土
原始棕钙土	37.26	55.16	1.29	0.31	0.97	2.98	松沙土
沙化棕钙土	—	—	—	—	—	—	
淡黑垆土							沙壤土

土壤有机质能促进土壤团聚体的形成,对增强土壤结构稳定性和土壤抗蚀性有积极意义。因而,在生产中常通过增施有机肥及植物秸秆来改良土壤结构,提高抗蚀能力。

2.地表土垄

由耕作过程形成的地表土垄,能够通过降低地表风速和拦截运动的泥沙颗粒来减慢土壤风蚀。阿姆拉斯特(D.V.Armbrust)等研究了不同高度土垄的作用得出:当土垄边坡比为1:4、高5~10 cm时,减缓风蚀的效果最好,低于这个高度的土垄在降低风速和拦截过境土壤物质方面,效果不明显,而当土垄高度大于10 cm时,在其顶部产生较多的涡旋,摩阻流速增大,从而加剧了风蚀的发展。

3.降雨

降雨使表层土壤湿润而不能被风吹蚀。切皮尔在美国大平原地区的研究表明,当地上15 cm高处风速为8.9~14.3 m/s、表层土壤实际含水量相当于水分张力在1 520 Pa时土壤含水量0.81~1.16倍的状态下,风蚀可能发生。比索尔(F.Bisal Etal,1966)等在加拿大的研究也得出类似的结果。然而,表层土壤湿润持续时间很短,在强风作用下很快干燥,即使下层很湿,风蚀也会发生。

降雨还通过促进植物生长间接地减少风蚀。特别是在干旱地区,这种作用更加明显。由于植物覆盖是控制风蚀最有效的途径之一,作物对降雨的这种反应也就显得特别重要。

降雨还有促进风蚀的一面。原因是雨滴的打击破坏了地表抗蚀性土块和团聚体,并使地面变平坦,从而提高了土壤的可蚀性。一旦表层土壤变干,将会发生更严重的风蚀。

4.土丘坡度

在水平地面及坡度为1.5%的缓坡地形上,一般风速梯度和摩阻流速基本不变。但对于短而较陡的坡,坡顶处风的流线密集,风速梯度变大,使高风速层更贴近地面。这就使坡顶部的摩阻流速比其他部位都大,风蚀程度也较严重。切皮尔计算出不同坡度沙丘坡顶及坡上部相对于平坦地面的风蚀量如表3-14所示。

表3-14 不同坡度沙丘坡顶及坡上部相对风蚀量

坡度 (%)	相对风蚀量(%)	
	坡顶	坡上部
0~1.5	100	100
3.0	150	130
6.0	320	230
10.0	660	370

5.裸田地块长度

风力侵蚀强度随被侵蚀地块长度而增加,在宽阔无防护的地块上,靠近上风的地块边缘,风开始将土壤颗粒吹起并带入气流中,接着吹过全地块,所挟带的吹蚀物质也逐渐增多,直到饱和。把风开始发生吹蚀至风沙流达到饱和需要经过的距离称饱和路径长度。对于一定的风力,它的挟沙能力是一定的。当风沙流达到饱和后,还可能将土壤物质吹起带入气流,但同时也会有大约相等质量的土壤物质从风沙流中沉积下来。

尽管一定的风力所挟带的土壤物质的总量是一定的,但饱和路径长度随土壤可蚀性的不同而不同。土壤可蚀性越高(抗蚀性越低),则饱和路径长度越短。切皮尔和伍德拉夫的观测表明,当距地面10 m高处风速约18 m/s时,对于无结构的细沙土,饱和路径长度约50

m,而对结构体较多的中壤土,则在 1 500 m 以上。

若风沙流由可蚀区域进入受保护的地面时,蠕移质和跃移质会沉积下来,而悬移质仍可能随风飘移;风沙流再进入另一可蚀性区域时,又会有风蚀发生。

6.植被覆盖

增加地面植被覆盖(生长的作物或作物残体)是降低风的侵蚀性最有效的途径。

植被的保护作用与植物种类(决定覆盖度和覆盖季节)、植物个体形状和群体结构、行的走向等有关。高而密的作物残茬,其保护作用常与生长的作物相同。

当地面全部为生长的植物覆盖时,地面所受的保护作用最大;单独的植物个体或与风向垂直的作物也能显著地降低风速,减少风蚀。在植物周围和风障前后,常可见土壤物质的堆积现象。

风障及防风林带降低风速的作用与其高度及孔隙度(疏透度)有关,这一点有关防护林的书籍中有详细的论述,此处不再赘述。

(五)风蚀荒漠化防治基本原理

荒漠化是全球性的重大环境问题,自 20 世纪 70 年代以来,已引起国际社会的广泛关注。1992 年联合国环境与发展大会通过的《21 世纪议程》,把防治荒漠化列为国际社会优先采取行动的领域,充分体现了当今人类社会保护环境与可持续发展的新思想。1994 年签署的《联合国防治荒漠化公约》,是国际社会履行《21 世纪议程》的重要行动之一,体现了国际社会对防治荒漠化的高度重视。土地荒漠化所造成的生态环境退化和经济贫困,已成为 21 世纪人类面临的最大威胁,因而防治荒漠化不仅是关系到人类的生存与发展,而且是影响全球社会稳定的重大问题。

制定风蚀荒漠化防治的技术措施主要依据土壤风蚀原因及风沙运动规律,即蚀积原理。产生风蚀必须具备一定的条件,即一要有强大的风,二要有裸露、松散、干燥的沙质地表或易风化的基岩。根据风蚀产生的条件和风沙流结构特征,所采取的技术措施有多种多样,但就其原理和途径可概括为下述几个方面。

1.增大地表粗糙度,降低近地层风速

当风沙流经过地表时,对地表土壤颗粒(或沙粒)产生动压力,使沙粒运动,风的作用力大小与风速大小直接相关,作用力与风速的二次方成正比,即有 $P = 1/2C\rho v^2 A$。所以,当风速增大,风对沙粒产生的作用力就增大,反之,作用力就小。同时,根据风沙运动规律,输沙率也受风速大小影响,即有 $q = 1.5 \times 10^{-9}(v-v_t)^3$,风速越大,其输沙能力就越大,对地表侵蚀力也越强。所以,只要降低风速就可以降低风的作用力,也可降低风挟带沙子的能量,使沙子下沉堆积。近地层风受地表粗糙度影响,地表粗糙度越大,对风的阻力就越大,风速就被削弱降低。因此,可以通过植树种草或布设障蔽以增大地表粗糙度、降低风速、削弱气流对地面的作用力,以达到固沙和阻沙作用。

2.阻止气流对地面直接作用

风及风沙流只有直接作用于裸露地表,才能对地表土壤颗粒吹蚀和磨蚀,产生风蚀。因而,可以通过增大植被覆盖度,使植被覆盖地表,或使用柴草、秸秆、砾石等材料铺盖地表,对沙面形成保护壳,以阻止风及风沙流与地面的直接接触,也可达到固沙作用。

3.提高沙粒起动风速,增大抗蚀能力

使沙粒开始运动的最小风速称为起动风速,风速只有超过起动风速才能使沙粒随风运动,形成风沙流,产生风蚀。因而只要加大地表颗粒的起动风速,使风速始终小于起动风速,地面就不会产生风蚀作用。起动风速大小与沙粒粒径大小及沙粒之间黏着力有关。粒径越大,或沙粒之间黏着力越强,起动风速就越大,抗风蚀能力就越强。所以,可以通过喷洒化学胶结剂或增施有机肥,改变沙土结构,增加沙粒间的黏着力,提高抗风蚀能力,使得风虽过而沙不起,从而达到固沙作用。

4.改变风沙流蚀积规律

根据风沙运动规律和水土流失规律,以风(水)力为动力,通过人为控制增大流速,提高流量,降低地面粗糙度,改变蚀积关系,从而拉平沙丘造田或延长饱和路径输导沙害,以达到治理目的。

第二节　植物治沙的基本原理

植物治沙以其比较经济、作用持久、稳定,并可改良流沙的理化性质,促进土壤形成,改善、美化环境及提供木材、燃料、饲料、肥料等原料,具有多种生态效益和经济效益的优点,成为防治土地沙质荒漠化最有效的首选措施。植物是流沙上重建人工生态系统的最主要的角色,植物治沙需要具备植物成活、生长、发育的必要条件。因而,利用植物改造沙质荒漠化土地,首要问题是植物在流沙上如何成活与保存,及其改造流沙环境的生态功能。

一、植物对流沙环境的适应性原理

流沙上分布的天然植物的种类和数量很少,但它们却有规律地分布在一定的流沙环境之中。它们对不同的流沙环境有各自的要求与适应性。这种特性是长期自然选择的结果,是它们对流沙环境具有一定适应能力的反映。

由于自然界已经产生了能够适应流沙环境的植物,我们便可以利用这些植物在流沙地区去恢复和建立植被,这便是植物治沙的物质条件和理论基础。

流沙环境具有多种条件,因而在长期的自然选择过程中,形成植物对流沙环境有多种适应方式和途径,这就为人们选择更合适的树种提供了依据。

严酷的流沙环境对植物的影响是多方面的。其中干旱和流沙的活动性是影响植物最普遍、最深刻的两个限制因素,是制定各项植物治沙技术措施的主要依据。

(一)植物对干旱的适应性

流沙地区的气候和土壤条件决定了它的干旱性特征。由于流沙是干燥气候下的产物,因而降水量低、蒸发强烈、干燥度大、气候干燥是流沙地区最显著的环境特点。在长期干旱气候条件下,流沙上分布的植物产生一定的适应干旱的特征,表现为:

(1)萌芽快,根系生长迅速而发达。流沙上植物发芽后,主根具有迅速延伸达到稳定湿沙层的能力,同时具有庞大的根系网,可以从广阔的沙层内吸取水分和养分,以供给植物地上部分蒸腾和生长发育需要。

(2)具有旱生形态结构和生理机能。如叶退化,具较厚角质层、浓密的表皮毛,气孔下陷,栅栏组织发达,机械组织强化,贮水组织发达,细胞持水力强,束缚水含量高,渗透压和吸水力高,水势低等。

(3)植物化学成分发生变化。如含有乳状汁、挥发油等。挥发油含量与光有密切关系,也即与旱生结构有密切关系。

(二)植物对风蚀、沙埋的适应

沙丘流动性表现在其迎风坡可能遭受风蚀,其背风坡可能遭受沙埋。沙生植物对流沙的适应性,首先表现在抗风蚀和沙埋上。分布于流动沙丘上的植物对风蚀、沙埋的适应能力,根据其适应特征,可归纳为四种类型,即速生型、稳定型、选择型和多种繁殖型。

1.速生型适应

很多沙丘上的植物都具有迅速生长的能力,以适应流沙的活动性,特别是苗期速生更为重要。因为幼苗抗性弱,易受伤害,同时一般认为植物的自然选择过程,主要在发芽和苗期阶段,像沙拐枣、花棒、杨柴等植物,种子发芽后一伸出地面,主根深已超过 10 cm,10 d 后根可达 20 cm 深,地上部分高于 5 cm。当年秋天,根深大于 60 cm,地径粗约 0.2 cm,最大植株高大于 40 cm。主根迅速延伸和增粗,可减轻风蚀危害和风蚀后引起的机械损伤,根愈粗固持能力愈强,植株愈稳定。同时根愈粗风蚀后抵抗风沙流的破坏能力也愈大,植株不易受害。而茎的迅速生长,可减少风沙流对叶片的机械损伤危害,以保持光合作用的进行,同时植株愈高,适应沙埋的能力也就愈强。

属于苗期速生类型的植物有沙拐枣、花棒、杨柴、梭梭、木蓼等。而在沙丘背风坡脚能够安然保存下来的植物,则是那些高生长速度大于沙丘前移埋压的积沙速度的植物,如怪柳、沙柳、杨柴、柠条、油蒿、小叶杨、旱柳、沙枣、刺槐等。

苗期速生程度取决于植物的习性,而成年后能否速生与有无适度沙埋条件以及萌发不定根能力有关。

2.稳定型适应

有些沙生植物及其种子具有稳定自己的形态结构,以适应沙的流动性,如杨柴种子扁圆形,表皮上有皱纹,布于沙表不易吹失,易覆沙发芽,其幼苗地上部分分枝较多,分枝角较大,呈匍匐状斜向生长,对于风沙阻力较强,易积沙而无风蚀,稳定性较好。沙蒿则以种子小,数量多,易群聚和自然覆沙,种皮含胶质,遇水与沙粒结成沙团,不易吹失,易发芽、生根,植株低矮,枝叶稠密,丛生性强,易积沙等特点适应沙的流动性。这类植物在流沙上全面撒播或飞播后,当年发芽成苗,效果较好,苗期易产生灌丛堆效应。

3.选择型适应

花棒、沙拐枣、沙柳等植物的种子呈圆球形,上有绒毛、翅或小冠毛,易为风吹移到背风坡脚、丘间地或植丛周围等弱风处,通常风蚀少而轻,有一定的沙埋,对种子发芽和幼苗生长有利。植物生长迅速,不定根萌发力强,极耐沙埋,愈埋愈旺。这类植物能够以自身的形态结构利用风力选择有利的环境条件发芽、生长,以适应沙的活动性。

4.多种繁殖型适应

很多沙生植物,既能有性繁殖,又能无性繁殖。当环境条件不利于有性繁殖,以适应流沙环境时,它就以无性繁殖进行更新。这类植物有白刺、沙拐枣、红柳、骆驼刺、沙柳、麻黄、杨柴、沙蒿、沙竹、牛心朴子、沙旋复花等。

上述四种类型是沙生植物适应流沙风蚀、沙埋的基本类型(或基本特征),但是有些植物可以归属多种适应类型,而属于同种适应类型的不同植物种之间也有强烈差异。

可以看出,沙生植物对流沙环境活动性的适应途径主要是避免风蚀,适度沙埋。风蚀愈深,危害愈严重。适度沙埋则利于种子发芽、生根,可以促进植物生长,有利于固沙。但过度沙埋则造成危害。研究表明,沙埋的适度范围可用沙埋厚度与灌木本身高度的比值 A 来衡量。$A=0\sim0.7$ 为适度沙埋,$A>0.7$ 为过度沙埋。

分布于流沙中的天然灌木、半灌木,常常利用自己近地层的浓密枝叶覆盖一定沙面,以阻截流沙形成灌丛堆,产生灌丛沙堆效应,以消除风蚀,适度沙埋,促进生长发育,适应流沙环境。

(三)植物对流沙环境变异性的适应

流沙是一个不断发生变化的环境,尤其是在生长植物以后,随着植物的增多,流沙活动性减弱,流沙的机械组成、物理性质、水分性质、有机质含量、土壤微生物种类和数量、水分状况及小气候等均发生变化。随着这种环境的变化,植物的种类、组成、数量和结构也会相应的变化。根据国内外有关学者的研究,植物对环境变异的适应性变化,亦遵循一定的方向,一定的顺序,是有规律的。这种适应规律亦即沙地植被演替规律,这是恢复天然植被和建立人工植被各项技术措施的理论基础。

二、植物对流沙环境的作用原理

(一)植物固沙作用

植物以其茂密的枝叶和聚积枯落物庇护表层沙粒,避免风的直接作用;同时植物作为沙地上一种具有可塑性结构的障碍物,使地面粗糙度增大,大大降低近地层风速;植物可加速土壤形成过程,提高黏结力,根系也起到固结沙粒作用;植物还能促进地表形成"结皮",从而提高临界风速值,增强了抗风蚀能力,起到固沙作用。其中,植物降低风速作用最为明显也最为重要。植物降低近地层风速作用大小与覆盖度有关,覆盖度越大,风速降低值越大。内蒙古林学院通过对各种灌木测定,当植被盖度大于30%时,一般都可降低风速40%以上。

不同植物种,对地表庇护能力也不同。据新疆生物土壤研究所测定,老鼠瓜的覆盖度为30%时,风蚀面积约占56.6%;覆盖度为45%时,风蚀面积约占9.4%,覆盖度达72%时完全无风蚀。而沙拐枣覆盖度为20%～25%时,地表风蚀强烈,林地常出现槽、丘相间地形,覆盖度大于40%时,沙地平整,地表吹蚀痕迹不明显,林地已开始固定。

当沙面逐渐稳定以后,便开始了成土过程。据陈文瑞研究,宁夏沙坡头地区在植被覆盖下的成土作用,每年约以1.73 mm的厚度发展。地表形成的"结皮"可抵抗25 m/s的强风(风洞试验),因此能起到很好的固沙作用。

(二)植物的阻沙作用

根据风沙运动规律,输沙量与风速的三次方呈正相关,因而风速被削弱后,搬运能力下降,输沙量就减少。植物在降低近地层风速,减轻地表风蚀的同时,因风速的降低,可使风沙流中沙粒下沉堆积,起到阻沙作用。

据新疆生物土壤研究所测定艾比湖沙拐枣和老鼠瓜一般在种植第二年开始积沙,年平均积沙量可达3 cm以上。同时,灌木较草本植物和半灌木单株阻积沙量多,也比较稳定,半灌木和草本植物积沙量有限且不稳定,全年中蚀积交替出现。

另据陈世雄测定,植被阻沙作用大小与覆盖度有关,当植被覆盖度达40%～50%时,风沙流中90%以上沙粒被阻截沉积。

由于风沙流是一种贴近地表的运动现象,因此不同植物固沙和阻沙能力的大小,主要取决于近地层枝叶分布状况。近地层枝叶浓密,控制范围较大的植物其固沙和阻沙能力也较强。在乔、灌、草三类植物中,灌木多在近地表处丛状分枝,固沙和阻沙能力较强。乔木只有单一主干,固沙和阻沙能力较小,有些乔木甚至树冠已郁闭,地表层沙仍继续流动。多年生草本植物基部丛生亦具固沙和阻沙能力,但比之灌木植株低矮,固沙范围和积沙数量均较低,加之入冬后地上部分全部干枯,所积沙堆因重新裸露而遭吹蚀,因此不稳定。这也正是在治沙工作中选择植物种时首选灌木的原因之一。而不同灌木其近地层枝叶分布情况和数量亦不同,其固沙和阻沙能力也有差异,因而选择时应进一步分析。

(三) 植物改善小气候作用

小气候是生态环境的重要组成部分,流沙上植被形成以后,小气候将得到很大改善。在植被覆盖下,反射率、风速、水面蒸发量显著降低,相对湿度提高。而且随植被盖度增大,对小气候影响也愈显著。小气候改变后,反过来影响流沙环境,使流沙趋于固定,加速成土过程。

(四) 植物对风沙土的改良

植物固定流沙以后,大大加速了风沙土的成土过程。植物对风沙土的改良作用,主要表现在以下几个方面:①机械组成发生变化,粉粒、黏粒含量增加。②物理性质发生变化,比重、容重减小,孔隙度增加。③水分性质发生变化,田间持水量增加,透水性减慢。④有机质含量增加。⑤氮、磷、钾三要素含量增加。⑥碳酸钙含量增加,pH 值提高。⑦土壤微生物数量增加,据中国科学院沙漠所陈祝春等测定,沙坡头植物固沙区(25 年),表面 1 cm 厚土层微生物总数 243.8 万个/g 干土,流沙仅为 7.4 万个/g 干土,约比流沙增加 30 多倍。⑧沙层含水量减少,据陈世雄在沙坡头观测,幼年植株耗水量少,对沙层水分影响不大,随着林龄的增长,对沙层水分产生显著影响。在降水较多年份,如 1979 年 4~6 月所消耗的水分,能在雨季得到一定补偿,沙层内水分可恢复到 2%左右;而降水较少年份,如 1974 年,仅降雨 154 mm,补给量少,0~150 cm 深的沙层内含水量下降至 1.0%以下,严重影响着植物的生长发育。

陈文瑞在沙坡头研究结果表明,沙坡头人工林下形成的土壤已经发育到明显的结皮层(A_0)和腐殖质层(A_1),剖面分化比较明显,与流沙相比,在物理性质方面具有质地细、容重低、孔隙度高、持水性强、渗透性慢等特征;在化学性质方面,养分含量高,碳酸钙积累显著,易溶性盐含量增加等;在抗蚀强度方面,结皮层可抗 11 级大风。但所形成的土壤土层仍较薄,25 年生人工林下,平均土层厚度 4.33 cm,每年平均成土速度 1.73 mm,土层中粗粉沙含量高,黏粒少,较松脆,故应防止人畜践踏。

第三节　风蚀荒漠化防治原则与措施体系

荒漠化防治实质上是如何保护濒临荒漠化危险的土地,解除荒漠化威胁和已经发生荒漠化的土地恢复生产力的问题。探讨荒漠化过程和追究其原因、机理,监测荒漠化发展趋势,都是为了从根本上改造和拯救这一部分土地。土地荒漠化整治的基本目标就是重建和恢复生态环境的良性循环,在荒漠化地区建立一个既保持良性生态环境,又有较高生产力的人工生态经济系统,确保自然资源的永续利用和社会经济的可持续发展。

一、风蚀荒漠化防治原则

(一)以防为主、防治并举原则

以防为主是针对任何自然灾害采取的通用原则,即防患于未然。在荒漠化防治中,先拯救濒临荒漠化危险的土地,先轻后重地整治,就是以防为主、防治并举原则具体运用。

(二)整治与开发的双向目标原则

要在改善和保护生态环境的前提下,因地制宜地开发环境资源,发展区域经济,才能在环境治理的同时获得经济收益。开发和治理是一对矛盾的统一体,要从治理中求效益,以效益促开发,以开发促治理,寓"开发和经济效益"于治理中,实现良性治理循环,这也是符合农业持续发展的要求的。

(三)资源开发的适度利用原则

在荒漠化整治开发过程中,要遵守生态系统能量与物质收支平衡的原则,将资源开发活动限制在适度的阈值之内。不同的经营方式都有各自适宜的资源利用程度,如草地的载畜量、农田的复垦指数,林地的采伐作业方式等,把开发利用再生资源的程度限定在足以保持自我复苏潜力的范围内,以达到永续利用的目的。

(四)多项互补原则

在潜在和正在发展中的荒漠化地区,由于脆弱的生态条件,开发利用这一地区的资源所采用的社会经济系统应尽可能地保持复合状态,使其内容复杂多样,具有较强的弹性,以便在该系统的某一部分受到障碍时,其他部分有可能为之补偿,这便是采用多项互补原则的出发点。所谓多项互补,是指在生产系统内,由多种经济部门、经营行业构成的具有整体功能特性的总体。它体现在下述三个层次:①农林牧部门与工商等行业的相互结合,达到互为补充的作用;②农林牧之间形成合理结构,加强彼此间相互补充的功能;③种植业内部进行不同作物的合理配置,形成对土壤有机物质及营养元素的补缺作用。

(五)综合系统原则

荒漠化的防治是一项巨大的系统工程。在优化的系统结构和管理的情况下,系统功能大于部分功能和达到正系统效应。荒漠化过程产生于人类与环境之间的关系网络中,处于经济、社会、自然的复合大系统之内,为有效地控制荒漠化过程,取得社会效益、经济效益和生态效益协调一致,不仅要克服荒漠化发生的主导因素,而且还要在整体上制定综合措施,从建立整个社会功能体系出发,着眼于社会学、经济学、自然科学之间的结合,建立包括教育、法制等综合措施在内的系统防治体系。

二、荒漠化防治的技术措施体系

荒漠化的成因及类型有多种,因而防治措施也各异。在荒漠化防治中,无论哪种措施都很少单独使用,在具体应用时,往往针对荒漠化危害类型及自然条件,将各类措施相互结合,构成一定的防治体系,才能更有效地发挥防止荒漠化危害的作用。根据国内外荒漠化防治的理论与实践,荒漠化防治措施体系可概括为如下内容(见图3-10)。

(一)规划经营措施

以区域系统为单位,把其作为一个开放的生态经济系统,进行分析评价,以建立生态经济型防护林体系为核心,进行荒漠化综合规划治理,在详细调查土地资源及科学评价生产力的基础上,合理调整、规划农林牧用地结构,确定适宜的用地比例,加强水资源和生物资源的合理利用,以防止过度利用导致荒漠化。

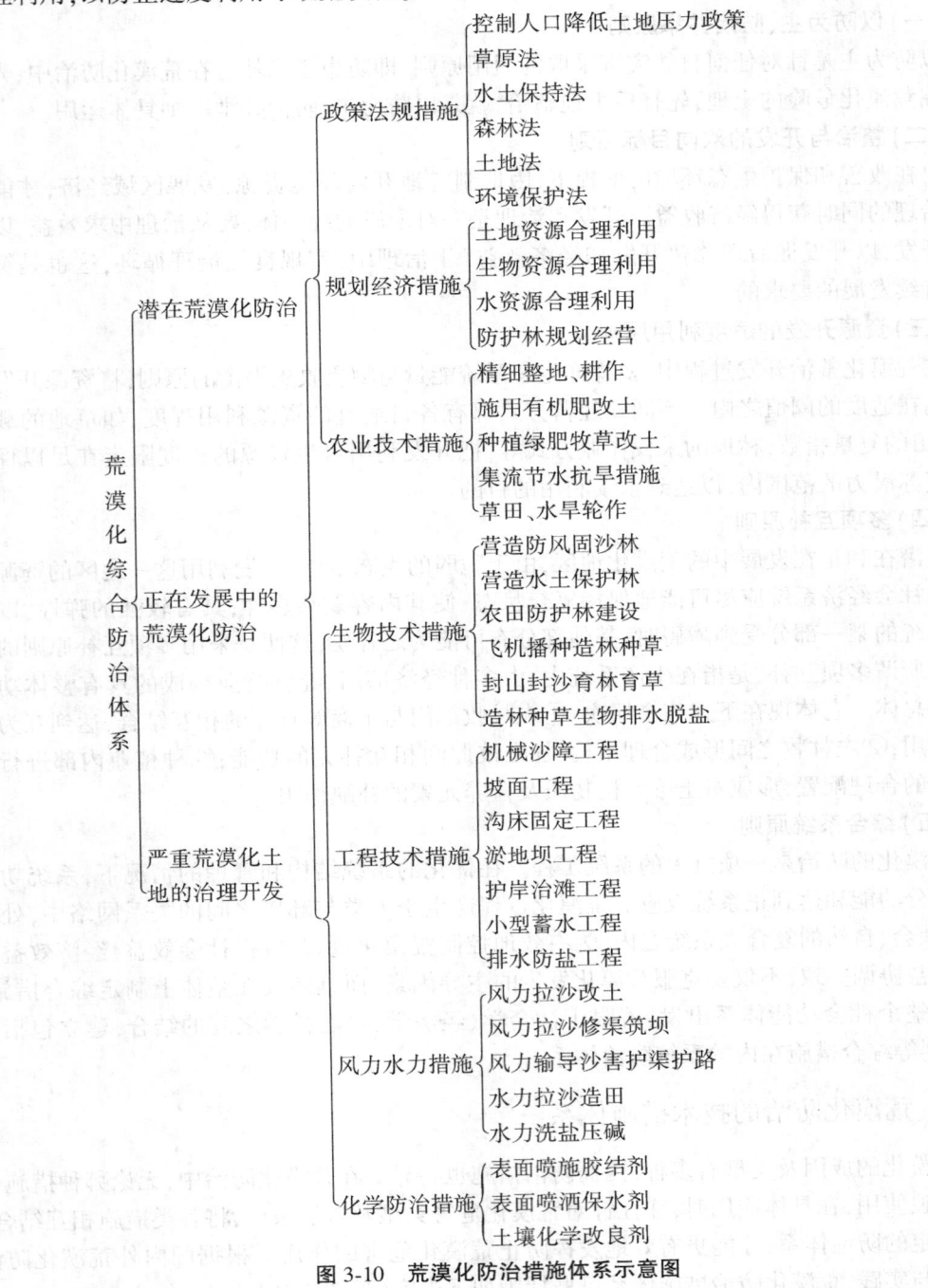

图 3-10　荒漠化防治措施体系示意图

(二) 生物技术措施

在一定区域内,为涵养水源,保持水土,防风固沙,排水脱盐,改善生态环境和增加经济收益,采用人工造林,封山封沙育林、育草等技术措施,建设生态经济型防护林体系,提倡多林种多树种及乔灌草相结合。

（三）工程技术措施

工程技术措施即应用工程原理为达到保护、改良及合理利用山区（沙区）水土资源、防治水土流失和风蚀沙化的目的而修筑的各项工程,包括坡面工程、沟道固定工程、小型蓄水工程、山洪及泥石流排导工程,机械沙障工程(高立式沙障、半隐蔽式沙障、平铺式沙障)、灌水排水工程等。

（四）农业技术措施

农业技术措施即采用改变微地形,增加地面粗糙度和植被覆盖率,或增加土壤抗蚀性等方法,以保持水土,改良土壤,提高农业生产的技术措施。主要有改变微地形,增加粗糙度的整地耕作措施,如沟垄种植、等高耕作、水平犁沟等;增加植被覆盖的措施,如间作套种、草田轮作、宽行密植等;增加抗蚀性的措施,如留茬、秸秆覆盖、增施有机肥等。

（五）风力、水力、化学措施

风力治沙是根据风沙运动规律,以风为动力,采取各种措施,降低粗糙度,使风力变强,使风沙流非饱和,人为地控制风沙的蚀积搬运,造成沙粒移动或地表风蚀,以拉平沙丘或疏导沙害的一种治沙方法。水力治沙则以水为动力,利用水土流失规律,通过人为控制影响流速的坡度、坡长、流量及地面粗糙度各因子,使水流大量集中,形成股流,造成土壤侵蚀,以拉平沙丘造田的一种改造利用沙漠的方法,其实质是利用水力定向控制蚀积搬运达到除害兴利的目的。在盐渍化土壤治理中,也根据水力下渗侵蚀规律,利用灌水,洗盐压碱。

化学措施在风蚀及水蚀荒漠化防治中,主要是通过施用胶结剂或保水剂,以增加土壤颗粒的黏着力,增加抗蚀性,以抵抗风蚀和水蚀作用,而在盐渍化防治中则通过施用一定改良剂,改变土壤胶体吸附性离子的组成和调剂土壤酸碱度,以达到改善土壤物理化学性质。

（六）政策法规措施

政策法规措施即为防止人为因素过度的经济活动导致荒漠化发生所制定的各种政策和法规。如控制人口、减少土地压力政策,实施水土保持法、森林法、水资源法、草原法、土地法等法律法规,以限制人为过度活动,有效防止荒漠化发生发展。

应当指出,各种措施间是相辅相成、相互促进的,在应用中应注意发挥各种措施的群体作用。同时在规划各种措施时,必须与改善当地经济状况相结合,充分发挥治理区内自然和社会条件的优势;将配置各项治理措施与发展当地商品生产相结合。同时随着人们对环境质量要求的提高,要考虑所用措施美化环境的效应,有条件地区可与发展旅游事业相结合。

第四节　荒漠化地区植被建设技术

由于历史时期和现代人类长期不合理的经济活动严重破坏植被,导致了在干旱地区、半干旱地区和干旱的亚湿润地区气候条件下荒漠化土地的形成。在我国北方特定的气候、土质、经济条件下,风蚀荒漠化(即沙质荒漠化,亦称沙漠化)成为土地荒漠化中最主要、最基本、最普遍的形式,其中半干旱草原的农牧交错区是沙质荒漠化最严重的地区。该区的生态系统由于人类长期的掠夺性经营,乱砍、滥伐、乱樵、乱垦,草场长期过牧、农牧业粗放经营,加之历来不注意植被保护而遭到破坏,使本就脆弱的"系统"日趋退化,失去平衡,以致彻底崩溃,成为流沙或沙荒地,严重影响生态环境和社会经济发展。

植物治沙以其比较经济、作用持久、稳定，并可改良流沙的理化性质，促进土壤形成，改善、美化环境及提供木材、燃料、饲料、肥料等原料，具有多种生态效益和经济效益的优点，成为防治土地沙质荒漠化最有效的首选措施，植物是流沙上重建人工生态系统的最主要的角色。荒漠化地区植被建设技术主要包括封沙育林育草恢复天然植被技术、飞机播种造林种草固沙技术、人工植物固沙技术等。

一、封沙育林育草恢复天然植被技术

在干旱半干旱地区原有植被遭到破坏或有条件生长植被的地段，实行一定的保护措施（设置围栏），建立必要的保护组织（护林站），把一定面积的地段封禁起来，严禁人畜破坏，给植物以繁衍生息的时间，逐步恢复天然植被，即为封沙育林育草。封育是防治荒漠化土地，促进荒漠化地区天然植被恢复的重要措施之一。在中国防沙治沙工程十年规划中，封育治沙面积达 266.7 万 hm^2，占治沙面积的 40%，比人工造林（占 20%）和飞机播种（占 10%）两项之和还多，可见封育措施的重要性及其应用的广泛性。封育不仅可以固定部分流沙地，也可以恢复大面积因植被破坏而衰退的林草地，尤其是因过牧而沙化退化的牧场。因此，这一技术在恢复建设植被方面有重要意义。

（一）封沙育草带宽度与规模

封沙育林育草的面积大小与位置要考虑需要与可能，因干旱沙区沙源物质、风力强度、绿洲规模、绿洲水源和植被破坏程度不同，封沙育草带的宽度与规模应有所差别。各地方应根据绿洲迎风侧沙源状况和残留植物多少加以确定。如果沙源广（流动沙丘高大，连绵分布），残留植物少，植被覆盖度低（<10%），则封育面积大，封育带宽度应在 1 000 m 以上，如果沙丘较低矮，残留植物覆盖度较高（>10%），则封育宽度可规划为 500~1 000 m。在能构成对绿洲生存威胁的地段，均应划出封沙育草带，形成绿洲外围的生物保护屏障。通过封育，促进沙生植物的生长和固沙效益的发挥。

封育时间的长短要看植被恢复的情况。封育要重视时效性，封育区必须存在植物生长的条件，有种子传播、残存植株、幼苗、萌芽、根蘖植物的存在；南疆要有夏洪与种子同步的条件等。在以往植被遭到大面积破坏，或存在植物生长条件，附近有种子传播的广大地区，都可以考虑采取封育恢复植被的措施，以改善生态环境。

（二）封沙育草类型的划分

依据沙地类型，划分重点封育和一般封育两个类型，流动沙丘及危害绿洲沙丘的主要风口地段，应划分为重点封育类型治理区，进行重点投入，未治理好前，进行全封闭管理，严禁一切形式的开发利用。其他区段可划入一般封育治理类型，主要是进行监护，促进天然植物的自然更新。育草技术要因地制宜和根据可能进行。多数情况，在春季或秋季可以进行人工撒播沙生旱生草种，促进植物繁殖，条件许可和立地条件较好地段，可辅以飞机播种；有些地段可以利用绿洲灌溉尾水灌溉，改善育草环境。

在我国半干旱风沙地区，封育是常用的措施，在几年内可使流沙地达到固定、半固定状态。以内蒙古为例，在 20 世纪 50 年代全区封沙育草 260 万 hm^2，使大面积流沙基本得到固定。在半干旱地区辽宁的建平、台安、锦县、盖平等地，通过封育使 35 km 长的大凌河两岸沙地长满了各种乔灌草植物，很快覆盖了沙面。内蒙古鄂尔多斯伊金霍洛旗毛乌聂盖村从 1952 年起封沙育草 17 300 多 hm^2，至 1960 年已由流沙变成以沙蒿为主的固定沙地。据调查,鄂托克旗开垦的荒漠化草原,一经弃耕封禁,天然植被很快繁生,1~2年以星星草、灰藜、狗尾草、蒺藜为主,总盖度达70%,3~5年赖草、白草等根茎植物繁生,6~10年恢复到接近当地的稳定植被。我国东北沙区和西北沙区重点封育植被类型有:

(1)沙地樟子松封育。在呼伦贝尔草原沙地,分布着大片天然樟子松林。20世纪50年代前修建中东铁路,樟子松林遭到严重破坏。50年代后在红花尔基等地建立了林业机构,通过封育,使这片濒临灭绝的松林,得到迅速恢复和发展。红花尔基属森林草原地带,年均气温-2.4℃,1月均温-28.3℃,绝对最低气温-49.3℃,7月均温20.5℃,年均降水322.8 mm,年蒸发量1 403.8 mm,无霜期110 d。樟子松天然更新能力强,林带两侧和单株、团块母树周围都有更新幼苗,封育后效果显著。1956年第一次清查时,林地面积为0.89万 hm^2,1974年再次清查时,林地面积已发展到年11.15万 hm^2,等于1956年的11.7倍,平均每年纯增林地0.58万 hm^2。其防护措施主要是:严禁滥砍、滥伐、滥牧,加强防火防虫工作,分道设卡,严格检查。该地樟子松林的迅速恢复,反映了森林、草原之间的变化规律,如图3-11所示。

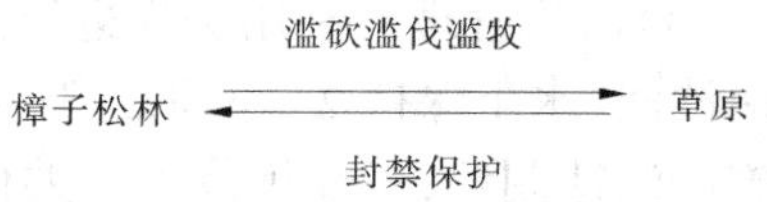

(2)梭梭林的封育。梭梭在亚洲荒漠区有大面积分布,形成独特的荒漠林景观,是亚洲荒漠区分布最广泛的荒漠植被类型,西至里海东岸,东至蒙古赛音素,北抵俄罗斯斋桑盆地,南至柴达木盆地东部。中亚和哈萨克斯坦梭梭林面积达1 050万 hm^2,我国有200多万 hm^2。梭梭林是荒漠无价之宝,有良好的防风固沙、改善小气候环境的生态效益,嫩枝又是驼、羊春秋冬季饲料。梭梭有沙漠活煤之称,是极好的生物能源,其根上寄生的肉苁蓉是名贵药材。梭梭植株生长迅速,恢复能力强。据阿拉善畜牧处资料,围栏封育三年的梭梭,盖度由8%上升到20.3%,有多种植物侵入。

滥砍滥伐滥牧
樟子松林 ←———————→ 草原
封禁保护

图3-11 森林与草原的演变

(3)干旱区绿洲边缘天然植被封育。绿洲阻沙林带与外围高大密集流沙群之间,是一片由流动沙丘、固定、半固定沙丘及沙质荒漠组成的过渡地带,也是干旱区域沙源向外扩张的区段。防止沙源物质向外扩张,对其进行封沙育草保护治理,是改善生态环境建设的重要环节。由于本区接近高大密集流沙中心,沙源物质丰富,水分条件干旱,离绿洲较远,因而造林难度大,但沙层底部基质常有土质堆积,沙层厚度亦相对较薄,地下水位较浅(一般2~3 m),仍然具备超旱生灌木与草本的生长条件,过去或多或少生长有植株。对曾生长或现仍残留天然稀疏植被的这一地带,可通过封育恢复天然植被,控制沙漠化发展。在干旱区绿洲边缘封沙育草,保护天然植被已成为绿洲防护体系建设的重要内容之一。由于封育,形成一定宽度的固沙植物带,灌丛沙堆上生着柽柳、白茨等植物,丘间低地和平沙地生长甘草、苦豆子、油蒿、骆驼刺、籽蒿、芦苇、芨芨草、胖姑娘等植物。由于大气落尘、植物枯枝落叶、植株分泌物、苔藓地衣及微生物的作用,沙表形成结皮,成土过程加速,沙层变紧实,抗风蚀能力大大提高。吐鲁番四周300多km风沙线及绿洲内部封沙育草面积达13.3万 hm^2。乌兰布和沙漠北部与后套绿洲接壤地带,结合营造防沙林带建立的封沙育草区长达135 km,宽1~2 km,植被盖度已恢复到40%~50%以上,有的达70%~80%,成为保护绿洲的生态屏障。新疆、甘肃、内蒙古通过封育胡杨、梭梭、柽柳等遭受破坏的林地都取得了大面积恢复植被的效果。敦煌周围通过封育恢复胡杨、柽柳及多种荒漠植被几十万亩,改善了生态环境。

封育恢复植被是非常有效的,又是成本最低的措施。据计算,封育成本仅为人工造林的

1/20(灌溉)到1/40(旱植),为飞播造林的1/3。敦煌市综合封育成本为45元/hm²(彭庆光,1993),可在干旱、半干旱、亚湿润地区推广。封育同时可以人工补种、补植、移植和加强管理,加速生态逆转。植被恢复到一定程度可进行适当利用。

(三)封沙育草带的管理

建立健全管理体系,是实现封沙育草带管理目标的关键。这一管理体系,一是要确立管理目标,二是要确定管理内容,三是要依法管理,四是要确立行政责任。

(1)管理目标。主要是控制沙漠化发展方向,通过封育措施,使流动沙丘向固定沙丘转化,这一目标的实现,意味着不仅封沙育草带的生态环境得到良性发展,更表明干旱区绿洲体系得到稳定和提高。

(2)管理内容。主要是环境保护和资源的合理利用。对沙漠化严重地段,管理内容是严禁滥垦、滥樵、滥牧、滥挖,实行全封育管理。随着流动沙丘的不断被固定,资源的质量将会有所提高,数量将会有所增加,当流沙被固定,植被覆盖度达到30%以上时,便可适当放牧和适当樵采,其利用强度应当控制在天然草场能良性循环范围内。

(3)法规管理。利用法规进行规范管理,是建立健全管理体系的重要环节。应依据防沙治沙法、水土保持法、草原法、环境保护法,以及地方法规,进行有效的管理,对违法违规行为施以法律制约,只要规范了人类行为,封沙育草目标是容易实现的。

(4)行政管理。明确不同行政级别领导的责任和不同部门的管理分工,实行管理目标责任制,运用奖惩、监督、职务提降手段,调动一切管理部门的积极性,使封沙育草尽快取得成效。

二、飞机播种造林种草固沙技术

飞播造林种草是治理风蚀荒漠化土地、恢复植被的重要措施之一,也是绿化荒山荒坡的有效手段,具有速度快、用工少、成本低、效果好的特点,尤其对地广人稀,交通不便,偏远荒沙、荒山地区恢复植被意义更大。一架运5飞机每天飞播量相当于500人劳动量。我国从1958年开始飞播治沙试验,1985年起在北方地区推广飞播技术,已在榆林、伊克昭盟、赤峰、阿拉善、河北、新疆及黄土高原地区大面积推广飞播造林种草治沙、保持水土、建设草场,取得了很好的效益。今天,我国的飞播治沙技术经过不断改进,已居于世界领先地位。在降水不足200 mm的荒漠草原飞播沙拐枣、籽蒿、花棒等取得成功。飞播的成功与否受多种因素影响,必须掌握飞播技术才能取得成功。

(一)飞播的技术问题

1.流沙地飞播植物种选择

因流动沙丘迎风坡有剧烈风蚀,背风坡有严重沙埋,故要求飞播植物种子易发芽、生长快、根系扎得深,地上部分有一定的生长高度及冠幅,在一定的密度条件下,形成有抗风蚀能力的群体。同时还要求植物种子、幼苗适应流沙环境,能忍耐沙表高温。并不是任何植物都能飞播的,经过大量试验,在草原带飞播最成功的植物有花棒、杨柴,还有籽蒿、沙打旺;在荒漠草原有花棒、蒙古沙拐枣、籽蒿等;其他植物种,或不能发芽,或不能保苗,或固沙能力差等不宜在流沙上飞播。

2.沙地飞播种子的发芽条件及种子处理

飞播在沙表的种子能否顺利发芽,与地表性质、粗糙度、小气候及种子大小、种子形状等许多因素有关,不是裸露在沙表经过曝晒的种子都能顺利发芽。在流沙上的种子需要自然覆沙过程,研究表明,东南起沙风容易促进种子自然覆沙,西北起沙风也能使种子自然覆沙,但效果不如东南风。就种子本身而言,扁平种子易覆沙,大粒、轻而圆的种子覆沙较差。当然沙丘不同部位受风力作用不同,覆沙也有明显差别。

就种子的发芽条件来看,需要有一定的温度、水分条件和氧气。一般来说,温度和氧气不成大问题,但在选择某些材料进行种子处理时需注意其透气性,而水分条件则是种子发芽的关键。

在流动沙丘上,为防止某些体积大而轻的种子(如花棒)被风吹跑发生位移,可在种子外面包上一层黏土,使种子质量增加5~6倍,制成种子丸,叫种子大粒化处理。这种处理不影响种子发芽,但能大大提高种子的抗风能力,防止位移,提高了飞播成效,但是也增加了质量和体积,不利于飞播。为此,1993年榆林治沙所和榆林种子站的科技人员用骨胶和沙子来代替黄土进行大粒化改进试验,取得了成功。方法是:如要大粒化50 kg花棒种子,则用骨胶2 kg,加水25 kg,在大锅里熬4 h,准备好过筛的细沙40 kg,在容器中将熬好的胶水倒在花棒种子上,立即搅拌,接着将沙子倒进,趁热迅速搅拌均匀,使每个种子都沾一层胶水,外面沾满沙子;拌匀后铲出晾在毡布上,晒干收好备用。种子实际仅沾沙子25 kg,质量上增加种子的一半,体积增加不多,达到了既提高固结力,又减轻质量的目的,应用效果良好。

3.飞播期选择

适宜的飞播期要保证种子发芽所必需的水分和温度条件以及苗木生长足够的生长期,使种子能迅速发芽从而减少鼠害虫害,又能使苗木充分木质化以提高越冬率,还能保证苗木生长一定的高度和冠幅,满足防蚀的需要。适宜播期还要考虑种子发芽后能避开害虫活动盛期,减少幼苗损失。

榆林沙区飞播期宜选在5月下旬至6月上旬。为保证播后降雨,必须研究该区气候,利用气象站长期资料进行统计,搞清播期降雨保证率,以保证播后有雨和阴天使种子发芽。

4.飞播量的确定

合理的播量是沙地飞播成功的关键因素之一。播量大小影响造林密度、郁闭时期、林分质量、防护效益,在一定程度上决定着飞播成败。对流沙飞播来说,第一年幼苗密度影响到能否消弱风力、减轻风蚀,最终影响飞播成败。每种飞播植物当年生长季末都要达到一定高度和冠幅,要使沙丘由风蚀转变为沙埋,还要求苗木有一定密度。根据实际调查资料,花棒一年生幼苗1 m² 需要20株,杨柴16株可抵抗风蚀。单位面积播种量,除必需的幼苗密度外,还要考虑种子纯度、千粒重、发芽率、苗木保存率和鼠虫害损失率等,计算公式如下

$$N = nG/(10^6 \times P_1 \times P_2 \times P_3 \times P_4) \tag{3-15}$$

式中　N——公顷播量,kg/hm²;

　　　n——每公顷面积计划有苗数;

　　　G——种子千粒重,g;

　　　P_1——种子纯度;

　　　P_2——种子发芽率;

　　　P_3——种子受鼠鸟虫害后保存率;

　　　P_4——苗木当年保存率。

根据式(3-15)计算,杨柴播量11.25~15 kg/hm²,花棒15~22.5 kg/hm²。近年由于飞播

技术的不断改进,播量不断下降,花棒、杨柴播量降到 6.75 kg/hm²,沙蒿原播量 7.5 kg/hm²,降到 4.5 kg/hm²。明显地节省了种子用量,或者说同样的种子量大大地扩大了播种面积,降低了飞播成本。实践证明,混播效果优于单播,有更好的群体固沙效果,如能使沙生先锋植物与后期耐旱植物混播成功,固沙效果会更稳定。

5. 飞播区立地条件选择

飞播区立地条件是影响飞播成效的重要因素,飞播立地条件的选择对飞播成效有重要意义。榆林流动沙地基本上可分为两大类型:一种是沙丘高大密集(沙丘密度为 0.75～0.82),沙丘间低地较窄,地下水较深;另一种是沙丘比较稀疏(沙丘密度 0.54),丘间地较宽阔,地下水较浅。后者水分条件较好,飞播出苗率、保存率高,植株生长量大,易形成大面积幼苗群体,因而飞播成效高。阿拉善飞播成功,也与飞播区是平缓流沙地有关。

6. 兔鼠虫病害的防治

飞播花棒等豆科植物种子受鼠虫害较严重,小面积播种可能受害 90% 以上,大面积播种种子受害达 13%～64%。花棒、杨柴发芽后受大皱鳃金龟子危害严重,该虫活动高峰正值种子发芽期,其幼虫在地下危害根系。兔害在播种当年结冻前及次年解冻后,可成片咬断受风蚀的幼株,受害率可达 17%～31%。因此,对兔鼠虫害必须防治。

对鼠害可采取化学和机械、生物捕杀措施。防治金龟子可用人工捕杀或放鸡捕食,1 只公鸡 1 d 可食 300 只金龟子,还可营造紫穗槐隔离带防治。兔害可狩猎捕杀,设套捕杀,或用胡萝卜丝拌磷化锌毒杀。如发现花棒幼苗立枯病,应采用化学药剂防治。

7. 飞播区的封禁管护

飞播后数年,飞播区要严加封禁保护,防止人畜破坏。河北的"飞—封—造"的经验也值得在沙区推广。只有把飞播区封禁起来,幼苗才能顺利成长,并促进自然植被的恢复,加上飞播植物以后的更新,最终恢复飞播区植被。管护工作除保护飞播区防止人畜破坏,还可移密补稀,以及在飞播区条件好的地方,栽植松树容器苗。在封禁管护下榆林红石峡播区(20 世纪 70 年代中后期飞播),今天的植被盖度已达到 70% 左右,可进行适度利用。播区管护需要专门组织形成保护网络,有专人负责,也需要对群众进行广泛深入地宣传,真正提高群众的认识,把护林变成群众自觉的行动。

(二)飞播作业

飞播作业首先需选好飞机,我国目前飞播用的飞机有伊尔-14、运 5 两种。伊尔-14 载重可达 2 250 kg,飞行高度 300～400 m,播幅可达 120～130 m,日播 2 667～3 333 hm²;运 5 载重 900 kg,飞行高度 100～200 m,播幅 75～87 m,日播 667～1 333 hm²,飞行速度为 160 km/h。目前撒种装置为电动开关,通过可调的定量盘和扩散器喷撒种子,但在机上不能调整撒种口,故不能随时调整播量,这一点极需改进。

1. 播前准备工作

设计人员要绘制详细的飞播作业图(1/10 000)和播区位置图(1/200 000),提供给机组人员。飞播作业图应附作业计划表,标明按航带号顺序的每架次植物种、播种面积、播量,各航带用种量,每架次装种量、作业方式。图上绘出播区位置桩号平面图。机组人员播前到现场踏察、熟悉情况、试航,然后可正式飞播。

2. 航向与作业方式

航向是指播带方向,考虑到风对飞播的影响,航向应与主风向一致。作业方式为单程式、复程式、交叉式三种。根据播带长短、每架次播种的带数来确定飞行方式。单程式每架次所载种子仅单程播完一带,适用播量大、播带长的播区。复程式每架次所载种子可往返播两带或多带,适用播量小、种子小的播区。交叉式播时,播种地覆盖两次种子,每次用种子一半,第二次和第一次成直角飞行,可保证种子分布均匀。

3.航高与播幅

影响播幅的因素很多,如果其他因子相同,航高提高可加大播幅。但是播小粒种子易受风速影响,故播幅要小、航高要低。籽蒿、沙打旺小粒种子,航高 50~60 m,大粒种子花棒航高 70~80 m。飞播撒种不均匀,中间密,两边稀,为提高均匀度,播带两边要增加 20%~30% 重叠系数。飞播时要保证按设计播量播种,必须调整好定量盘(出种口),以适当航高保证播幅,及时开启出种箱。

风对飞播质量有很大影响,风速增大,播幅加宽。侧向风大时造成种子飘移,甚至飘出播带。因此,作业时,侧向风速不能超过 5.4 m/s,侧风角不能大于 40°,顺逆风时,播大种子风速不宜超过 6~8 m/s,播小种子风速不宜超过 6 m/s。

除指挥、联系、保卫、交通、装种、后勤等工作外,要及时测定每一带播幅,落种密度,做好航带两端、中点地面导航。应用 GPS 导航系统可以节省人力,目前导航质量尚不够理想,需研究改进。

4.播后调查

用路线(航带中央)调查方法,飞播当年在发芽后和生长季结束后各调查 1 次,调查路线上每隔 5 m(背风坡 6 m)设 1 m² 样方。当成苗面积率过小时,抽样数不足,可增设一条调查线,以保证精度。调查项目包括地形部位、有苗株数、株高、冠幅、地径、蚀积情况,天然植被情况。计算发芽面积率(1 m² 样方有 1 株以上健壮苗为统计单位)。还可以根据需要进行沙地水分、风蚀、风速的定位观测。

$$有苗面积率=(有苗样方数/调查样方数)\times100\%$$

近年来,赤峰与内蒙古林学院科技人员协作设计研制出一种"喷播机",形成了一套近似飞播的机械喷播技术。该机由履带拖拉机牵引,在流动沙丘上进行播种作业。由于该机是将种子喷出去撒播沙表,喷撒部件可以转动,能保持播幅 50 m,该机可在面积不大的流动沙丘区机动灵活作业,或在没有飞机的条件下实现快速绿化。

三、人工植物固沙技术

人工植物固沙是通过人工造林种草等手段,达到防治沙漠,稳定绿洲,提高沙区环境质量和生产潜力的一种技术措施,它是沙漠治理最有效的途径。根据沙漠化发展程度和治理目标,人工植物固沙的内容主要包括建立人工植被,营造大型防沙阻沙林带,阻止流沙侵袭绿洲、城镇、交通和其他设施,营造防护林网,保护农田绿洲和牧场的稳定,防止土地退化。植物固沙的功能主要表现在:①能提高植被覆盖率,防止土地的风蚀,促进流动沙丘→半固定沙丘→固定沙丘→稳定沙地的转化。②可以促进贫瘠流沙向沙土方向转化,促进难利用沙漠向可利用沙地的转化,具有沙漠资源改造的基本功能。③可改善植被覆盖沙域的生境条件,促进沙地植物群落向良性方向发展,形成稳定的生态系统,有利于增加生物多样性。④通过植物固沙技术改造后,可把有植被防护的丘间平地开辟为基本农田、果园、瓜地或饲草料基地,提供适量的植物资源,可适度放牧、樵采和提供民用建筑材料,建立居民新村,逐步建立绿洲体系,完成沙漠向绿洲的转化。

不同的沙地类型,有其适宜的植物固沙措施,应用时应有针对性的选择,使各种措施相互结合,相互补充,共同构成完备的技术体系。

(一) 人工植物固沙方式

在荒漠化地区通过植物播种、扦插、植苗造林种草固定流沙是最基本的措施。流沙治理的重点在沙丘迎风坡,这个部位风蚀严重,条件最差,占地多,最难固定。解决了迎风坡的固定,整个沙丘就基本固定了。但在草原地区的流动沙丘迎风坡也可通过不设沙障的直接植物固沙方法来解决。

1.直播固沙

直播是用种子做材料,直接播于沙地建立植被的方法。直播在干旱风沙区有更多的困难,因而成功的几率相对更低。这是由于:①种子萌发需要足够的水分,但在干沙地通过播种深度调节土壤水分的作用却很小,覆土过深难以出苗;适于出苗的播种深度沙土极易干燥。②由于播种覆土浅,风蚀沙埋对种子和幼苗的危害比植苗更严重,且播下的种子也易受鼠虫鸟的危害。然而,直播成功的可能性还是存在的,沙漠地区的几百种植物绝大部分是由种子繁殖形成的。一些国家在荒漠、半荒漠区直播燕麦、梭梭成功的事例不少。我国在草原带沙区直播花棒、杨柴、锦鸡儿、沙蒿,在半荒漠直播沙拐枣、梭梭成功的事例也不少。鸟兽虫病害从技术上也可以加以控制。直播也有许多优点,如直播施工远比栽植过程简单,有利于大面积植被建设;直播省去了烦琐的育苗环节,大大降低了成本;直播苗根系未受损伤,发芽生长开始就在沙地上,不存在缓苗期,适应性强;尤其在自然条件较优越的沙地,直播建设植被是一项成本低、收效大的技术。从直播技术上选择适宜的植物种、播期、播量、播种方式、覆土厚度,此外采取有效的配合措施,都可以提高播种成效。就播期来看,春夏秋冬都可进行直播,生产的季节限制性比植苗、扦插小得多。我国西北7、8、9月降水集中,风蚀沙埋、鼠兔虫害均较轻,对直播出苗有利。但当年生长量较小,木质化程度低,次年早春抗风力弱,保苗力差。为延长生长季提至5月下旬至6月上旬,也有保证播种成功的降雨条件而获得好效果。

(1)播种方式。分为条播、穴播、撒播三种。条播按一定方向和距离开沟播种,然后覆土。穴播是按设计的播种点(或行距穴距)挖穴播种覆土。撒播是将种子均匀撒在沙地表面,不覆土(但需自然覆沙)。条播、穴播容易控制密度,因播后覆土,种子稳定,不会位移,种子应播在湿沙层中。条播播量大于穴播,以后苗木抗风蚀作用也比穴播强。如风蚀严重,可由条播组成带。撒播不覆土,播后至自然覆沙前在风力作用下,易发生位移,稳定性较差,成效更难控制。播大、圆、轻的种子需要大粒化处理。

(2)播种深度。即覆土深度,这是一个非常重要的因素,常因覆土不当导致造林种草失败。一般根据种子大小而定,沙地上播小粒种子,覆土1~2 cm,如沙打旺、花棒、杨柴、柠条等,过深影响出苗。对于出苗慢的草、树种,实际上在沙地上播种是不适宜的。

(3)播种量。播种量是一个重要因素,撒播用种最多,浪费大;穴播用种最少,最节省种子;条播用种居中。但直播固沙一般需适当密些,播种量要保证。

在草原区流动沙丘直播成功的植物种主要是花棒、杨柴、籽蒿。柠条、沙打旺虽能播种成功,但需选择较稳定的沙丘部位。在草原区东部或森林草原,直播更易成功。在半荒漠地区平缓流沙地播种沙拐枣、籽蒿、花棒也有大面积成功的范例,但生产上的应用应该比较慎重。

播种后要注意保护和防治病虫鼠兔害。

2.植苗固沙

植苗(即栽植)是以苗木为材料进行植被建设的方法。由于苗木种类不同,植苗可分为一般苗木、容器苗、大苗深栽三种方法。一般苗木多是由苗圃培育的播种苗和营养繁殖苗,有时也用野生苗。由于苗木具完整的根系,有健壮的地上部分,因此适应性和抗性较强,是沙地植被建设应用最广泛的方法。但从播种育苗、起苗、假植、运输、栽植,工序多,苗根易受损伤或劈裂,也易风吹日晒使苗木特别是根系失水,栽植后需较长缓苗期,各道工序质量也不易控制,大面积造林更为严重,常常影响成活率、保存率、生长量。因此,要十分重视植苗固沙造林的技术要求。

(1)苗木质量。它是影响成活率的重要因素。必须选用健壮苗木,一般固沙多用1年生苗。苗木必须达到标准规格,保证一定根长(灌木30~50 cm)、地径、地上高度。根系无损伤、劈裂,过长、损伤部分要修剪。不合格的小苗、病虫苗、残废苗坚决不能用来造林。

(2)苗木保护。从起苗到定植前要做好苗木保护。起苗时要尽量减少根系损伤,因此起苗前1~2 d要灌透水,使苗木吸足水分,软化根系土壤,以利起苗。起苗必须按操作规程保证苗根一定长度,机器起苗质量较有保证。沙地灌木根系不易切断,必须小心操作,防止根系劈裂。要边起苗、边拣苗、边分级,并立即假植,去掉不合格苗木,妥善地包装运输,保持苗根湿润。

(3)苗木定植。将健壮苗木根系舒展地植于湿润沙层内,使根系与沙土紧密结合,以利水分吸收,迅速恢复生活力。一般多用穴植,要根据苗木大小确定栽植穴规格,一般穴的直径不小于40 cm,能使根系舒展不致卷曲,并能伸进双脚周转踏实。穴的深度直接影响水分状况,我国半荒漠及干草原沙区,40 cm以下为稳定湿沙层,几乎不受蒸发影响。因此,穴深要大于40 cm。对于紧实沙地,加大整地规格对苗木成活和生长发育大有好处。

定植前苗木要假植好,栽植时最好将假植苗放入盛水容器内,随栽随取,以保持苗根湿润。取出苗木置于穴中心,理顺根系后填入湿沙,至坑深一半时,将苗木向上略提至要求深度(根茎应低于干沙表5 cm以下),用脚踏实,再填湿沙,至坑满,再踏实(如有灌水条件,此时应灌水,水渗完后)覆一层干沙,以减少水分蒸发。

当沙地疏松,水分条件较好,栽植侧根较少的直根性苗木时,也可用缝植法。操作是用长锹先扒去干沙层,将锹垂直插入沙层深约50 cm,再前后推拉形成口宽15 cm以上的裂缝,将苗木放入缝中,向上提至要求深度,再在距缝约10 cm处,插入直锹至同一深度,先拉后推将植苗缝隙挤实、踏平。该法造林工作效率较高。

(4)植苗季节。植苗季节以春季为好,此时土壤水分、温度有利于苗木发根生长,恢复吸收能力,地上长芽发叶,耗水又较少,能较好维持苗木体内水分平衡,利于苗木成活与生长。春植苗木宁早勿晚,土壤一解冻便应立即进行,通常是在3月中旬至4月下旬。如需延期栽植,需对苗木进行特殊的抑制发芽处理,如假植于阴面沙层中或贮于冷窖内。

秋季也是植苗的主要季节。此时气温下降,植物进入休眠状态,但根系还可生长,沙层水分较充足稳定,利于苗木恢复吸水,次年春生根发芽早。有时为避免冬春大风抽干茎干受害,也可截干栽植,留干长度可在地面上5~20 cm。

东北沙地秋栽樟子松,栽后用土将苗木全部埋好,次年早春将土扒开,保护苗木安全越冬。

秋季植苗期长,从苗木落叶至结冻前均可进行,一般在10月中旬至11月中旬。

在草原流沙地湿度条件下,采用适当深植、合理密植的方法,争取造林后1~2年就接近郁闭,可不扎沙障。如密植密度接近于沙障,一般深度也能成活,且栽后就能起到防风积沙作用。

(5)树种选择。实践证明,栽植固沙成功的植物种有沙蒿、紫穗槐、花棒、杨柴、沙柳等。

陕北定边长茂滩林场用沙蒿栽活沙障,选野生苗3~4年生不带或少带果枝,采用沟植法,沟宽20 cm,深30~40 cm,开沟后将苗子沿下沿垂直放好,使根系舒展,枝条均匀紧接,从上沿填入湿沙,分两次踏实,地上留枝梢,黑沙蒿成活率在80%以上,白沙蒿不到50%,秋栽比春栽成活率高。花棒、杨柴栽植,在草原区流动沙地不用沙障保护,采用适当深植,合理密植或带状栽植,沟状密植,可获成功;在半荒漠流沙地,在适宜的沙丘部位,不设沙障,深植70 cm,适当加大带内行间密度,采用株行距0.5 m×1 m,2行1带,带距2 m的疏中有密的配置方式,苗木生长与固沙效果也较好。紫穗槐在背风坡基部栽植生长良好,迎风坡因风蚀生长不良,采用密集式造林法,用1年生苗木成行密植,形成障蔽形式,从迎风坡下开始垂直主风等高带状开沟,沟深40 cm,宽25 cm,行距2 m,株距10 cm栽植,来年在行间栽樟子松,2~3年内就起到了防风固沙保护乔木生长的作用,为促进迎风坡苗木生长,每隔2~3年平茬1次,平茬下来的枝条铺在林地周围起防风改土作用,也可做饲料、燃料、肥料。在榆林沙区气温-30 ℃时枝梢冻干,第二年可在主干上生出新枝,只要不过度沙埋,便能正常生长。

3.扦插造林固沙

很多植物具营养繁殖能力,可利用营养器官(根、茎、枝等)繁殖新个体。如插条、插干、埋干、分根、分蘖、地下茎等多种培育方法。其中应用较广、效果较大的是插条、插干造林,简称扦插造林。其优点是:方法简单,便于推广;生长迅速,固沙作用大;就地取条、干,不必培育苗木。适于扦插造林的植物是营养繁殖力强的植物,沙区主要是杨、柳、黄柳、沙柳、柽柳、花棒、杨柴等。尽管植物种不多,但在植被建设中作用很大,沙区大面积黄柳、沙柳、高干造林全是扦插发展起来的。

(1)选插条。从生长健壮无病虫害的优良母树上,选1~3年生枝条,插条长40~80 cm,条件好用短枝条,条件差用长枝条;粗1~2 cm,于生长季结束到次年春树液流动前选割。用快刀一次割下,上端剪齐平,下端马蹄形,切口要光滑。

(2)插条处理。立即扦插效果较好(但紫穗槐条以冬埋保存者为好)。插条采下后浸水数日再扦插有利于提高成活率。若插穗需较长时间存放,可用湿沙埋藏;用刺激素(ABT等)进行催根处理可加速生根,提高成活率,促进嫩枝生长。

(3)造林季节和方法。一般在春秋两季扦插,多用倒坑栽植,随挖穴随放入插条(勿倒放),后挖取第二坑湿沙填入前坑内,分层踏实。再将第三坑湿沙填入第二坑,如此效率较高。插深多与地面平齐,沙层水分较差及秋插低于地表3~5 cm。

陕北、宁夏沙区群众用沙柳簇式栽植法,疏中有密配置,既可抗风蚀,又可解决过密造成水分养分不足的问题,以0.5 m×1.5 m穴行距簇式扦插(每丛4~5个插条)生长最好,风蚀最轻。赤峰巴林右旗林业局选取长150 cm以上的健壮枝黄柳插条,在巴彦尔登苏木沿河缓山坡流动沙丘上垂直主害风等高挖间距为2 m深的平行沟,沟宽25 cm,深80 cm,密植扦插,株距3~5 cm,在垂直主带间距2 m,平行挖副带扦插沟,扦插杨柴条,形成2 m×2 m规格网格活沙障固沙取得成功(1996年),次年春黄柳、杨柴成活发芽生枝,成活率在80%左右,流沙即得到固定。网格中可栽杨柴、种沙蒿、植樟子松苗,网格中还有发展牧草潜力。

(二)沙地立地条件类型的划分

人工固沙造林必须根据立地条件进行,遵循适地适树原则。所谓立地条件类型,就是指影响植物生长的自然因子(如气候、肥力、水文、沙地流动性等)相同或相近,植物生长的效果相同,在同样经济条件下应采取同样措施的地段总和。划分立地条件类型,实际上就是把环境条件一致或近似的沙地归类。

要确定沙地立地条件类型,首先要搞清楚制约沙地植物成活、生长、发育的主要生态因子及其分级标准。植物所依附的环境因子如下:①气候条件——光、温度、降水、风等;②沙地植物种类、覆盖度;③沙丘类型、沙丘高度、沙丘部位;④沙地机械组成、腐殖质含量、盐渍化程度、沙地紧实度;⑤沙丘地下伏物性质及下伏物分布深度、沙地黏质间层的厚度及分布深度;⑥地下水深及地下水矿化度。

气候带不同,沙地光、温、降水等都有差别。机械组成相同的沙地,因处于不同气候带,沙地持水能力虽相同,但沙地实际含水量不同,因为降水量不同。根据气候条件,我国分为五个森林植物条件类型区:森林区、森林草原区、草原区、荒漠草原区、荒漠地区。在荒漠草原区和荒漠地区,沙地造林仅靠降水已感不足,须特别注意地下水及矿化度。实际上在降水量400 mm以下的草原地区(高寒草原除外),大面积营造乔木林也是不适宜的。

植物种类和覆盖度是直接影响沙地流动性和水分养分的因子。覆盖度小于5%的沙地为流动沙地(丘),5%~15%的沙地为弱植被沙地(丘),15%~40%为半固定沙地(丘),大于40%为固定沙地(丘)。沙地主要植物种与植被演替阶段是一致的,它反映了沙地的水分、养分状况。如在草原带以黑沙蒿为主的固定沙地处在植被演替的旱生植物阶段,沙地水分比较缺乏,造林时必须注意整地的农业技术。

流动沙丘(地)要特别注意其流动性,沙丘高度和沙丘部位是划分类型的重要依据,二者结合起来把沙丘风蚀沙埋程度划为四级:

(1)强度风蚀。大沙丘迎风坡中下部及中小沙丘迎风坡。

(2)中度风蚀。大沙丘迎风坡中上部。

(3)弱度风蚀。沙丘的沙质丘间地。

(4)沙埋区。沙丘背风坡及其基部。

加也里按沙地水分状况把不同机械组成的沙地分为低容水沙地(田间持水量为4%~5%)和高容水沙地(田间持水量大于6%),二者在肥力和经济利用方面有很大不同。

按照沙地肥力状况可分为三个等级:

(1)贫瘠沙地。均属于低容水沙地。粗中粒沙地(田间持水量为2.5%~3.5%)、中细粒沙地(田间持水量为4%~5%)均属此类。一般流动沙地(丘)也多属此类。在这类沙地上,乔木生长很差。属森林草原带的冀西(老滋河)粗中粒沙地5年生刺槐高只有0.5 m,中粒沙地上4年生小叶杨高只有0.94 m,细粉粒沙地上刺槐才能生长较好,5年高达4.4 m。草原区的榆林细粒流动沙丘或固定沙地小叶杨、旱柳都长成了小老树。低容水沙地只有在特殊的地形部位(如沙丘背风坡基部)杨柳才有一定生长量。

(2)较贫瘠沙地。黏质沙土或有不厚沙壤质间层或黏壤土间层的沙地,营养条件比贫瘠沙地有所提高。但对大多数树种仍不能迅速生长。榆林这类沙地8年生旱柳只有2.75 m

高,已出现枯梢现象。只有耐瘠薄的樟子松、油松、刺槐、沙枣才能生长。

（3）较肥沃沙地。这类沙地有粉沙壤土、沙壤土,底层有黏壤土、黏土、沙土及有黏壤土、沙壤土间层,且间层较厚,分布不深的沙地,豫东沙地的睢杞林场属于此类沙地,表层为腐殖质较多的粉沙壤土,下层为粉沙土。油松、侧柏、国槐、毛白杨、五角枫、刺槐、梓树等纯林、混交林生长都较好,34年生毛白杨高为23 m,胸径34 m。

地下水深影响沙地水分。地下水位在1~2 m深,多数树种都能生长良好。地下水位小于0.5 m,需选择耐湿树种;大于5 m在草原区要选择耐旱树种,在干旱区乔木树种则不能生长。

植物根系分布范围内,地下水矿化度及所含矿物盐种类对植物生长有重要影响。地下水矿化度可分为四级:

（1）淡水及弱矿化水。地下水含干物质小于3 g/L,一般树种均能适应。

（2）矿化水。地下水含干物质大于3~10 g/L,耐盐树种可生长。

（3）强矿化水。地下水含干物质10~20 g/L,耐盐性最强树种才能适应。

（4）极强矿化水。地下水含干物质大于20 g/L,树木已经不能生长。

在干旱地区,土壤盐渍化比较普遍,须特别注意土壤含盐量。盐渍化程度（1 m厚土层内的含盐量百分数）分成四级:

（1）非盐渍化及弱盐渍化沙地。含盐量小于0.3%,一般树种都能生长。

（2）中盐渍化沙地。含盐量0.3%~0.7%,耐盐树种可以生长。

（3）重盐渍化沙地。含盐量0.7%~1%,必须改良土壤,否则不能造林。

（4）盐土沙地。含盐量大于1%,树木不能生长（盐土地表盐结皮层含盐量为15%）。

沙地紧实度是影响植物生长的因子。沙地在疏松情况下通气良好,适宜形成凝结水,利于植物根系发展,能在大范围土层中吸收养分和水分。紧实沙地,根系难以穿过紧实沙层,通气性不好,不利于植物生长。要特别注意整地方式以提高造林成活率和生长量。

沙地起源不同,下伏物也有几种:基岩、黄土、古冲积沉积物、埋藏土壤或黏土间层等。按其下伏物作用可分为两类:一类是妨碍根系生长的基岩及极坚硬黏土、盐渍土、盐层等,此类下伏物分布越深越好,小于2 m对植物不利;另一类不妨碍根系伸展且能增加养分,提高保水力,如埋藏黏土或黏质间层,若分布在0.5~2 m深,对植物生长最为有利。覆沙不深（20~30 cm）的埋藏土壤群众称之为“蒙金地”,有利于水分下渗与保存,不利于水分蒸发,极适于作物生长。

影响沙地植物的因子错综复杂,要全面正确分析和综合环境因素,掌握主要因子,确定主导因子。命名立地条件时只选择主导因子及1~2个主要因子命名。

也有根据不同条件下沙地植物的生物产量来划分立地条件类型并确定适宜植物种的。

我国在立地条件类型分类上基本采取四级分类系统,即:

（1）立地条件类型地区。以控制本区水热条件的基本因素为依据,反映地带性大尺度气候差异,地域上是相连的完整区域,是分类系统的高级、中高级单位。

（2）立地条件类型区。在上述大尺度地域划分的基础上,依据中尺度地域水热条件差异进一步划分,在地域上也是相对完整连片的区域,反映中尺度区域的气候差异。

（3）立地条件类型组。由地域不相连接,但能重复出现的、生态条件相似的立地类型组合,反映小尺度地域的差异（基质、水分、地形、地貌等）。

（4）立地条件类型。立地划分的基本单位,可落实到具体地块,是生态条件相同或近似的地段组合。

流动沙丘在分类系统中常划分为类型,但由于其生态条件的复杂性,为了更好地为生产服务,可以依据土质、水分条件和控制风蚀沙埋的地形因素及其他因素划分到亚型,可同时评价其宜林性,拟订造林技术措施,指明改造利用方向。榆林流动沙（丘）地立地条件类型见表3-15。

表 3-15　榆林流动沙（丘）地立地条件类型

立地条件类型地区	立地条件类型区	立地条件类型组	立地条件类型	立地条件亚型	宜林性质评价	固沙造林技术措施及改造利用方向
温带干草原地区	毛乌素沙地干草原区	沙丘类型组	流动沙丘	湿润沙质丘间地	湿润、贫瘠	乔灌混交用材林
				干旱紧沙土丘间地	干旱、贫瘠	整地松土,耐旱灌木林
				覆沙不深的干旱黄土丘间地	干旱、较肥沃	耐旱乔灌木,混交用材林
				中小型新月形沙丘迎风坡中下部	干旱贫瘠、强度风蚀	沙障固沙或密集式灌木固沙林
				新月形沙丘迎风坡中上部	干旱贫瘠、中度风蚀	密集式固沙造林,适度密播固沙林
				沙丘背风坡基部	沙埋、较贫瘠	高杆造林,乔灌混交林

（三）我国风沙区固沙造林树种

选择适宜树种对于保证固定目标的实现十分重要。适于我国半干旱草原、荒漠草原、干旱极干旱荒漠固沙造林的主要树种有以下几种。

1.梭梭

梭梭别名梭梭柴、盐木,藜科大灌木、小乔木。高度多在2~3 m,最高达5~6 m,主干扭曲,基径最大可达60 cm,寿命50年以上。叶退化,绿色嫩枝有同化作用,嫩枝粗短、浓绿、味咸。梭梭天然分布于荒漠地区新疆、内蒙古西部、甘肃河西走廊戈壁、黏土平地、盐土等多种生境,覆沙地、丘间地生长较好,耐旱、耐寒、抗盐碱,根系发达,成年梭梭根系必须接触地下水。嫩枝含盐量高达14%~17%,是典型积盐植物。土壤含盐量2%的立地条件最适合其生长,土壤含盐量5%时种子发芽不受影响,含盐6%~7%时发芽受抑制,含盐8%时丧失发芽力。

4~5年生能开花结实,5月初开花,夏季干热期休眠,10月下旬种子成熟。种子具半透明圆翅,千粒重2.7 g。新采种子发芽率95%,带翅贮存7个月即丧失发芽能力,去翅种子贮存干燥处半年至1年发芽率80%~90%,贮存2年发芽率为40%~50%。

梭梭木材发热量大,仅次于煤。1 hm² 近熟林可提供6~7 t薪柴。嫩枝是羊、骆驼的好饲料,枝干可提取碳酸钾,根部寄生的肉苁蓉是珍贵的药材。梭梭林是三大荒漠森林之一,是荒漠地区优良的薪柴、固沙及防护树种。

在准噶尔盆地冬天风小、有积雪地区可直播造林,可在秋冬及 1~2 月融雪前播种。春播 3 月份、风小、土壤水分多时,播种易成活,直播不覆土,播后流沙略覆盖即可发芽,但幼苗死亡率大。播种量去翅种子 2.1 kg/hm²,带翅 6 kg/hm² 较适宜。流动沙丘上植苗造林好,在民勤黏土沙障保护下 2~3 年可形成冠幅、高均为 1~1.5 m 灌丛,沙丘趋于固定。

2. 白梭梭

藜科大灌木,高 2~5 m,分布于沙质荒漠,生长在流动、半固定沙丘上。我国只分布在准噶尔盆地沙漠。嫩枝细长下垂、浅绿色、味苦,是典型的沙旱生灌木,靠雨水、沙层水分生活。其他特征同梭梭。

3. 柽柳

柽柳科灌木,丛生,高 1~5 m,分枝多,枝条纤细,叶鳞片状,互生。广泛分布在西北地区,华北、沿海也有分布,荒漠地区有大面积柽柳天然林,是三大荒漠林之一。我国有柽柳 10 多个种,以多枝柽柳、疏花柽柳、沙生柽柳为多。柽柳强喜光,耐盐碱(刚毛柽柳为最),对土壤要求不严,河湖边、潮湿环境、弱盐渍化沙土、壤土最好,不怕沙埋,积沙能形成柽柳沙堆。可做燃料及驼、羊饲料,可做防沙林树种,也可配置防护林带边缘,是良好薪炭林、盐渍化沙地固沙、防风、防沙林、(驼、羊)饲料林树种。扦插繁殖。

4. 胡杨

胡杨,别名异叶杨,杨柳科乔木,高 12~18 m,胸径 30~40 cm,2 m 以上者也有之。幼树、成年树叶形变化很大,共有 5 种不同的叶形。胡杨林是荒漠地区最主要的用材林和生态屏障,为三大荒漠林之首。主要分布在乌兰布和沙漠以西,荒漠河谷地带有大面积天然林,绿洲零星分布。洪积扇前沿地下水溢出带、湖泊周围均有分布,地下水位超过 6 m 时即趋枯死。耐盐,幼树耐盐 0.5%,老树可长在特强盐渍土上。抗风沙、耐沙埋,沙埋茎干部分可生出不定根。其水平根系特别发达,根蘖能力极强,单株可以成林。材质好,抗腐蚀力强,用处极多。扦插繁殖生根力低,须育苗造林,但种子很快丧失发芽力,要抢收抢种。可用特殊保存方法延长发芽期,育苗易得黄锈病,要特别注意防治。胡杨林受人为破坏严重,急需保护与恢复,大面积封育效果良好。

5. 沙枣

沙枣,别名桂香柳、银柳,胡颓子科亚乔木,高达 15 m,4 年生可结实,10 年进入盛果期。主要分布干旱地区。喜光稍耐阴,抗旱性较强,尤耐大气干旱。耐中度盐渍化,但不耐碱,主根弱,侧根发达。湿润沙质土、轻盐化草甸土、丘间地可直播造林,插杆也可以成活,多用植苗造林。盐渍化草滩大插杆造林生长好,重盐碱地开深沟造林效果好。其生长发育与土壤水分有密切关系,宜在地下水位低于 3 m 的立地条件栽植。可做防护林、用材林、薪炭林、固沙饲料林。大沙枣为经济干果类,小沙枣也有多种经济用途。沙枣是干旱区重要乔木树种。

6. 沙拐枣

沙拐枣,蓼科灌木,天然分布于西北荒漠,半荒漠区引入生长良好,是固沙先锋树种,种类较多,我国有 20 多种,以中亚和新疆为其分布中心,北非、中东也有分布。多数为小灌木,大灌木主要有乔木状沙拐枣和头状沙拐枣。耐干旱,抗风蚀,较耐盐碱,生长快,适应性强。按其果实形态可以分为:泡果派、翅果派、基翅派、刺果派(真果派),其根系十分发达,有的侧根长达 30 m 以上,有的垂直根深达 6 m,有的初期主侧根生长极快,枝茎生长也快。叶退化,绿色嫩枝有同化作用。枝茎折曲,种子极耐贮藏。枝干热值高,为好薪柴,1 年生枝为羊、驼饲料。造林可用播种、扦插、植苗、飞播等多种方法。可做优良固沙林、饲料林、薪炭林、防护林树种。

7.花棒

花棒,豆科大灌木,高 2~5 m,奇数羽状复叶,有的完全退化为绿色叶轴。花期 7~9 月,种子 10~11 月成熟,花极多。果实卵圆形,2~3 年开花结实。枝干火力强,种子价值很高,嫩枝叶是优良饲料。主侧根发达,植株生长迅速,适应流沙环境,为优良固沙先锋植物。主要分布巴丹吉林沙漠、腾格里沙漠和河西沙漠,戈壁也可见到,多散生。引种至榆林、赤峰沙地生长更好。草原带可直播、飞播造林,荒漠、荒漠草原主要用植苗造林,扦插也可。是极好固沙林、薪炭林、饲料林树种。

8.杨柴

杨柴,又名羊柴、踏郎。豆科灌木,高 1~2 m,少见 3 m,奇数羽状复叶,花期 6~9 月,种子扁圆。嫩枝叶为优良饲料。根茎繁殖力强,积沙可形成灌丛堆。主要分布在鄂尔多斯、科尔沁沙地、库布齐、乌兰布和沙漠。生长在流沙、半固定及固定沙地。根系发达,串根(茎)繁殖旺盛,抗逆性强,喜沙压,抗风蚀。适宜飞播,也可直播、植苗、扦插造林,是极好固沙林、饲料薪炭林树种。

9.柠条

柠条,豆科灌木,我国有 20 多种,常用有两种,小叶锦鸡儿和柠条锦鸡儿。是我国西北、华北、东北西部重要治沙和水土保持树种,也是饲料林主要树种。

小叶锦鸡儿,灌木,植株丛生,圆形,深绿色,高 1~2 m,偶数羽状复叶,托叶刺状,荚果近圆条形,种子较小。分布广,内蒙古中西部、陕北较集中,华北、东北、西北沙地、黄土地均可生长。

柠条锦鸡儿,大灌木,高 3~4 m,分枝少,粗壮通直,有时长成小乔木,沙埋或平茬后形成大灌丛。小叶两面密被灰白色柔毛,全株呈银白色,偶数羽状复叶,荚果较粗短,种子较大。以腾格里沙漠、巴丹吉林沙漠东南、毛乌素沙地、河东沙地分布较多,块状生长于固定、半固定沙地。引种青海、新疆生长良好。

二者均为强喜光树种,耐旱,耐寒,耐高温和变温,耐瘠薄,耐风蚀沙埋,抗逆性强,是干草原、荒漠草原地带旱生灌丛。黄土丘陵、山坡、流动沙地、丘间地、固定沙地均能正常生长,忌水分过多,水位过高。深根性,主侧根发达。初期生长慢,寿命长,萌蘖力强。直播、植苗造林。是优良的固沙、水土保持、饲料、薪炭及旱地草场和农田防护林树种。

10.沙蒿

沙蒿,菊科半灌木,固沙主要用三种,籽蒿、油蒿、差把嘎蒿。前两种主要分布于鄂尔多斯沙地、宁夏河东沙地、河西走廊沙漠,引至中卫、磴口均成功。后一种分布东北西部草原带沙地。籽蒿也叫白沙蒿,高约 1 m,分枝粗壮,枝干灰白色,稀疏,直立,较粗壮,叶深裂,互生。种子外有一层多糖物质,遇水溶胀,黏结沙粒形成大数十倍的种子团,不易位移,适于流沙上播种。种子可食,茎叶幼嫩期及霜后期可做饲料。籽蒿适应流沙环境,喜沙埋,根系浅,水平根发达。油蒿也叫黑沙蒿,多分布干旱区、半干旱区的固定、半固定沙地。枝条密集、繁茂,叶深绿,茎暗红色,嫩枝纤细,深根性。植株半圆形,紧贴地面,有极好固沙效果,对沙结皮的形成有重要作用。喜沙埋,不耐风蚀,在沙丘背风坡生长旺盛,多做活沙障。天然更新良好,常形成大面积固定沙地。差把嘎蒿枝条细柔,多分枝,匍匐状生长,外皮灰绿色,主侧根均发达,喜光耐旱,适应流沙环境。

沙蒿的共同特点是抗旱、耐瘠、抗风蚀、喜沙埋、结实丰富,蒴果宿存,采种容易。固沙作用强。可用撒播、飞播、植苗、扦插、分株法繁殖。常用播种法。除固沙、防风阻沙作用外,也是沙区、牧区的燃料来源。

11.黄柳

黄柳,杨柳科大灌木,高2~5 m,丛生,枝干暗黄色、光滑,叶线形或披针形,分布于东北及内蒙古东部沙地,陕北、甘肃、宁夏引种生长良好,是固沙先锋灌木。耐寒冷、耐干旱、耐瘠薄,极喜沙埋,怕风蚀,喜光不耐阴,萌芽力强,喜平茬,萌发早。根系极发达,垂直可达3.5 m,水平根常在20 m以上,适应流沙环境,可做固沙阻沙林、饲料林、薪炭林、防风林、旱地农田防护林,在沙区有很多种用途,极受群众欢迎,可种子繁殖,主要采用扦插造林。流沙上常用丛植法,品字形配置,或行状、带状开沟密植造林,长插条深埋是提高成活率的重要经验。

12.沙柳

沙柳,杨柳科灌木,丛生,枝条红色,高2~3 m,最高达6 m,水平根极其发达。主要分布鄂尔多斯沙地,在低湿丘间地、洼地常形成柳湾林。种子易发芽,但主要用扦插造林,沙柳喜湿润沙地,其造林方法、生物学、生态学特点及经济效益均与黄柳相似。近年利用其柔软枝条发展工艺编织业,利用其枝干发展纤维板工业,为沙区经济开发作出了贡献。

13.刺槐

刺槐,豆科落叶乔木,高可达25 m,奇数羽状复叶,2个托叶刺状,白色蝶形花,荚果扁条形,成熟宿存。分布长江流域至山东、辽宁、内蒙古、山西、陕西、河北、宁夏一线。浅根、速生,强喜光,不耐阴,喜干冷温暖气候,不耐严寒,喜肥耐瘠,不耐高温高湿,是沙地优良造林树种,更是黄土丘陵、山区最常用的水土保持树种,可营造用材林、水土保持林、防护林、薪炭林、固沙饲料林或灌木状栽培饲料林。嫩枝叶饲用价值很高,花为优质蜜源。

14.紫穗槐

紫穗槐,豆科灌木,丛生,多分枝,高1~4 m,根系发达,侧根多而密。奇数羽状复叶,顶生腋生总状花序,荚果短,稍弯,荚内1粒种子。适应性强,耐旱也耐湿,喜光也耐阴,喜肥也耐瘠,喜温也耐寒,耐轻中度盐碱,抗病虫,抗污染。长江以北分布很广,东北、华北、西北均有。经济利用价值极高,是优良饲料、绿肥、绿化、固沙、水土保持、防护林下木、经济林树种,耐平茬,是优良编织材料,尤其是公路、铁路两侧水保固沙林,山区绿化树种。可植苗、分株、扦插、播种繁殖。

15.沙打旺

沙打旺,豆科多年生草本,茎直立,高1~2 m,羽状复叶,荚果矩形,内有2排种子,分布于北方半湿润区、半干旱区、干旱区,适应性强,耐寒、耐旱、耐瘠薄、耐盐碱;抗风沙,生长快,产量高,是北方黄土区水土保持、风沙区固沙、草场建设、山区绿化的重要植物种。可直播、飞播繁殖,也是很好的饲用、绿肥植物。

16.樟子松

樟子松,松科常绿大乔木,高15~20 m,最高30 m,2针1束,针叶短而刚硬。天然分布大兴安岭北部,呼伦贝尔草原沙丘地天然林生长良好,引种辽宁、河北、陕北、内蒙古、甘肃、宁夏、新疆栽培都很成功,是三北地区主要优良造林树种。树干通直,生长迅速,适应性强,喜阳光和酸性土壤,极耐寒冷,耐土壤贫瘠,较耐旱,忌水湿与积水环境,寿命长(150~250年),材质好。前5年生长缓慢,以后加快。植苗造林时流沙须先固定而后造林。樟子松是极好用材林、防护林树种。

17.黑松

黑松,松科常绿大乔木,芽鳞白色,故也叫白芽松。2针1束,喜光速生,适应性强,要求土壤不严,北方海边沙地、山坡生长良好,喜肥极耐瘠薄,喜光稍耐阴,喜温暖湿润海洋性气候,有一定抗虫、耐旱、耐涝性,但怕长期积水,耐盐,抗海风海雾,抗风力强,不怕风蚀,有良好的防风固沙作用。植苗造林,黑松是北方沿海沙地防护林、用材林、薪炭林、绿化荒山荒沙的优良树种。

18.木麻黄

木麻黄,木麻黄科常绿高大乔木。小枝有节,细长下垂,叶子退化;果序小球形。我国热带、亚热带沿海沙地造林树种。强喜光,深根,根系发达;枝条柔韧,抗风力强;喜炎热气候,耐干旱贫瘠、耐盐渍、沙埋,喜中性、微碱性、含钙多的土壤,深厚湿润海岸沙质盐碱地最好,酸红壤也能生长,忌黏重、排水不良的土壤。高生长极快,前3年为最快,年均超过3m,10年达18m以上,寿命短,为华南沿海防护林、薪炭林、用材林、行道树及绿化树种。植苗或无性繁殖造林。

19.单叶蔓荆

单叶蔓荆,马鞭草科,牡荆属,落叶灌木,高多为0.5~1.0m,最大2.0m,丛幅大,可达几十到100 m²。主枝平卧地面,节部向上产生直立对生副梢,向下产生不定根,单叶对生,叶片卵圆形。主枝副梢前端呈假二叉分枝,最上1对对生芽极性最强,生长最快,向下依次减弱。平卧主枝生长极快,扩幅力强,常形成密丛,积沙成缓沙包,防风固沙能力强。

荆条春天发芽晚,发芽后生长快,新枝基部腋芽长成结果枝,顶生圆锥花序,核果灰黑色,球形,直径5~7mm。荆条喜光,喜湿润,喜沙埋,耐贫瘠,耐盐,抗海风海雾,有一定耐阴性,但怕积水,不抗涝,怕风蚀,随沙埋向上生长,为优良固沙灌木,可做海边沙地灌草带主要成分。

常无性繁殖,插条造林。选健壮主枝,截成25cm长,浸水数日,在沙地挖穴以45°斜插,地上留2芽即可。春季造林,株行距1m×1m,也可断枝成苗移栽,管理简单。果、根、叶均可入药。

20.小冠花

小冠花,豆科属多年生草本植物,原产南欧和地中海地区,喜温暖干旱气候,适应年均温10℃左右,降水400~600mm以上的地区种植,在我国种植生长良好。茎中空,柔韧,直立或平卧,奇数羽状复叶,伞形花序,顶生或腋生,花粉红色,果实细长指状,3~13节,成熟后逐节脱落,采种要及时,角果由绿变黄、褐色时成熟。种子绛红色,近圆柱形。硬实率高,播种前需进行种子处理。小冠花生长迅速,在肥沃的土地上第二年即形成庞大株丛,在极贫瘠的沙地上,第三年方长成茂密株丛。小冠花根系发达,主根深达2~4m,侧根多,根蘖力极强,增产潜力很大,每年可以1m以上速度扩大草地面积,因其每年有两次生长高峰,能形成繁茂草丛,故初植密度不宜过大,种子田更要稀植。小冠花在沙地耐贫瘠,且固氮改土能力强,耐旱耐寒,耐中度盐碱,但不耐水湿条件,怕水淹。产草量高,正常年份鲜草每公顷产可达75 000 kg左右。其营养价值很高,是牛羊反刍家畜的优良饲料。因含有多种有毒物质,鲜草不适于饲养单胃家畜。寿命可长达几十年,极少病虫害,是极好的固沙保土、荒山绿化及饲用植物,应在半干旱地区、半湿润地区和湿润地区推广。小冠花播种出苗较慢,在沙地上播种因需数天保持湿润,出苗有困难,更不宜飞播,应以栽苗为主。在沙区种植,开始1~2年因根系未发达,干旱时尚需灌水,以后不需灌水,如培育高产草地集约经营需增加肥水投入。

21.鹰嘴紫云英

鹰嘴紫云英,豆科黄芪属,多年生草本植物,20世纪70年代从欧洲引入,在北京、山西、陕西、辽宁表现良好,在沙土上最能表现其繁殖和根茎匍匐生长的习性。茎枝倾角大,匍匐半直立。根系发达,根瘤大,根茎粗壮强大,根茎出土成新枝;奇数羽状复叶,顶生、腋生,总状花序,花浅黄色;果实膀胱状,成熟黑色,内有种子1~13粒,肾形,近年籽实蜂危害严重。长寿多年生,耐沙地瘠薄,较耐寒耐旱,也喜湿,耐高温耐酸,但不耐盐碱与水渍。根茎繁殖发达,能形成繁茂草地;茎叶营养丰富,柔嫩多汁,尤其含硫氨基酸含量高,适口性好,各种家畜均喜食;含皂素低,不得膨胀病。种子硬实含量较高,播前需处理,可播种、茎枝扦插、根茎苗繁殖,沙地上以植苗为宜,播种需浇水保持土地湿润。生长快,产量高,成年草地产量可达52 500 kg/hm²,是优良的固沙保土、改土、绿化及饲料植物,栽培近似小冠花。

22.火炬树

火炬树,漆树科大灌木或小乔木,落叶,自北美引入,叶互生为矩形奇数羽状复叶,似臭椿,秋季叶子变红,十分美观。顶生圆锥花序,果实宿存,为华北、西北推广的水土保持树种。近年在干旱的亚湿润沙区栽培,表现出耐瘠薄,生长快,根蘖能力强,能迅速发展成一片,且耐粗放经营。在半干旱区、亚湿润区和湿润沙区水分条件好的沙地和沙丘背风坡均可发展,做固沙林、薪炭林和风景林。

23.榕树

榕树,豆科合欢属,落叶乔木,二回羽状复叶,羽片和小叶对生,头状花序,呈伞房状排列,花丝淡红色,雄蕊长2.5~4 mm,荚果条形,扁平,长8~17 cm,种子7~14粒。分布在黄河流域以南地区,在产区具有耐寒、耐旱、耐沙土贫瘠等特点,其树冠扁平,排列优美,花叶动人,既是荒山造林,又是沙地美化绿化风景树种,也是城市、道路行道树。在北京地区果实虫害严重,在天水地区果实种子饱满,很少虫害。

24.槐树

槐树,落叶乔木。奇数羽状复叶,小叶7~15片。圆锥花序,花淡黄色,荚果念珠状,长2~8 cm,成熟果绿色,果实肉质,含种子1~6个,黑褐色。分布在东北南部、内蒙古、新疆至南方。根系发达,生长较快,寿命极长,喜光稍耐阴,对土壤要求不苛刻,酸、中轻度盐碱均可。耐瘠、耐旱、耐寒,适应性强,沙区栽培生长良好,是优良道路林、防护林、绿化风景林树种及用材树种。

(四)沙地育苗与造林方法

1.沙地育苗技术

由于干旱区、半干旱区沙地自然条件比较恶劣,如用常规技术造林,成活率一般很低,甚至不能成活,导致造林失败。造林地苗木死亡原因很多,除风蚀、干旱、树种不当、苗木质量低外,根据实际调查,大部分原因是苗木在苗圃起苗时受了伤,加上栽植前风吹日晒,栽后需要较长的缓苗期,如遇到恶劣天气,受伤苗木首先死亡。近年来为提高干旱区造林成活率,采取了一些特殊的技术措施,原理上无非是一方面提高苗木质量,另一方面为新植幼树创造良好环境。在这两方面人们都付出了很大努力,在提高苗木质量方面许多国家都大力培育容器苗,以色列造林用的苗木全部是工厂化生产的容器苗,育苗技术已经相当现代化,其育苗大致可分为三个阶段:

(1)在发芽室内进行发芽处理,当苗根长到一定长度,进入第二阶段。

(2)将幼苗转入温室大棚苗床培养,全部采用滴灌、控温措施,待苗木稍大抵抗力提高后转入第三阶段。

(3)转入室外苗床容器中,在露天条件下精心培养。针叶苗木经过 8~10 个月,苗高长到 20 cm,根系已非常发达,待雨季降水达 50 mm 时,将苗木运到造林地造林,保存率在 70%以上。为了保证苗木生长健壮,容器培养土都是轻软保水的森林地被物、高质量腐殖土、吸水保水性能良好的物质(类似岩棉、蛭石),加上水肥科学管理。现在国外育苗容器所采用的材料多为黑色硬塑料钵或黑色软塑筒,规格很多,不仅针叶树苗,大型阔叶树苗木也可用容器苗。

容器苗是 20 世纪 30 年代开始研究,60 年代先在北欧一些国家应用,以后推广全欧、美洲、亚洲。在瑞典、芬兰、加拿大、以色列等国已大面积应用。我国 50 年代首先在南方造林不易成活的桉树、木麻黄等一些树种上试验应用取得成功,北方干旱地区应用研究较晚,应用范围也较小,应加强试验与推广。

容器育苗有如下优越性:

(1)缩短了育苗期。大田要用 3~4 年育成的针叶树苗木,容器苗 1~2 年或更短时间就能育成,工厂化育苗更快,由于人为控制,能形成良好环境,苗木生长加快。

(2)延长了造林期。由于容器苗根系发达,未受损伤,对恶劣环境适应能力强,只要土壤水分和温度适宜,就可以造林。

(3)苗木质量高。由于育苗过程中有意识培养苗木发达的根团,又未受损伤,可以提高造林成活率和保存率。

(4)容器苗培养便于机械化和工厂化。用单株苗木比较,育苗成本提高了,但与总的造林成本比较是降低了。由于提高了造林成活率、保存率,又基本上消除了缓苗期,生长较快,成材率大大提高,克服了年年造林不见林的现象。

我国过去由于经济条件限制,育苗容器多用报纸、牛皮纸、软塑料袋等廉价材料,近年黑塑料袋、硬塑料容器开始普及。一般容器规格多为高 12~20 cm,粗为 5~9 cm,育苗材料多用消毒腐殖土和有机肥。对付恶劣条件,容器苗规格应比常规苗大一些,小苗造林易失败。苗木干重应在 500 mg 以上,必须形成发达根系并完全木质化。

以往造林试验表明,大苗深栽和长插条深插都是造林成功的重要经验。常规育苗要培养根系发达、粗壮、地上部分粗矮健康、地下重/地上重比值大的苗木,造林才容易成活。如果苗木细高,根系弱小,造林成活较困难,成活了也难以长好,因为这样的苗木生活力、抗逆性都较差。

施肥能提高苗木抗旱能力。因为苗木成活还取决于苗木能否减少水分消耗和忍受缺水的能力,最佳的氮肥供应能培育出有最大抗旱能力的火炬松苗,磷与氮能增加美国赤松的抗旱力。矿质营养还影响苗木的蒸腾速度,钾对气孔开闭有重要作用,缺钾使蒸腾加快,平衡氮、磷、钾能增加长叶松的抗旱能力。苗圃后期不施氮,不增加苗木生长量,会使冬季霜害损失下降。钾素能提高苗木越冬保存率,并非是提高了抗寒力,而是减少了水分消耗,避免了生理干旱之故。因此,通过施肥提高苗木质量有很大潜力。对于沙地上营造针叶树种,如能接种外生菌根对改善树木的营养、提高抗性、加快生长大有好处。

2.沙(丘)地造林方法

流动沙丘在风力作用下,往往沿主风向前移埋压绿洲、渠道、居民点,危害极大。防护绿洲邻边和内部零星分布的流动沙丘是造林固沙的重点。治沙实践证明,采取生物固沙为主、辅以人工沙障,化学固沙制剂相结合的技术措施,便可达到固定流动沙丘、发展经济的目的。

流动沙丘的地表形态,大都由沙丘及丘间低地(沙湾)构成。沙丘极端干旱、流动性大、持水力差,直接造林易被风蚀,难具成效。若辅以沙障等人工措施,则固沙效果较佳。丘间低地因地形部位较低,水分条件较好,一般不需施加人工沙障措施,植物固沙便能成活。流动沙丘的生物固定技术,应依据立地条件差异,先易后难地进行。

由于流动沙丘地貌的特殊性及风沙危害的复杂性,常规方法造林成效极差。群众在长期治沙及生产实践中探索出一套沙丘地造林的特殊方法。这些方法巧妙地利用风沙活动特点,在草原乃至荒漠草原沙丘地一部分条件较好的湿润及较肥沃的立地类型上造林容易成活与生长,能较快地起到固沙作用,也可得到大量用材,甚至实现某些特定的要求,取得事半功倍的效果,至今仍有实用价值。

1)前挡后拉造林法

陕北群众在流动沙丘湿润丘间地背风坡前面营造乔木林或乔灌混交林,同时在沙丘迎风坡下部造灌木林。乔木林或乔灌混交林长成后可起挡沙作用,阻止沙丘前进;灌木林则起削弱沙丘流动作用。丘顶可被逐步削平,为以后全面造林创造条件。

(1)沙湾造林(前挡)。即在流动沙丘丘间低地造林。一方面,丘间地立地条件较沙丘优越,风力较小,风蚀轻,风力场平缓,沙粒较易受阻堆积,水分条件较好,植物较易成活,造林难度较小,可直接造林治沙,成效较快;另一方面可利用风力拉沙削沙丘,导沙入林,形成前挡后拉的治沙势态,经过数年,便可固定沙丘、改善生态环境和生产条件(见图3-12)。

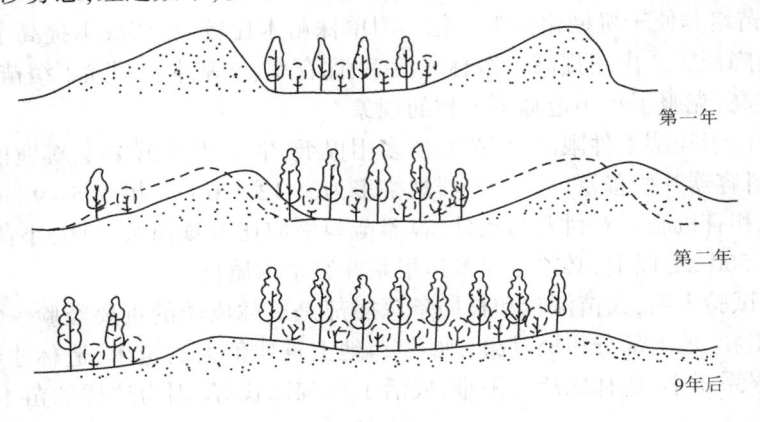

第一年

第二年

9年后

图 3-12　沙湾固沙造林示意图

①造林场地的确定。沙湾造林必须选择沙丘背风坡的丘间地,但不宜紧靠沙丘,要留出一段空地,其宽度应根据沙丘高度和沙丘年移动速度及林木生长高度来测算,根据鄂尔多斯市的测算,在高度 3 m 以下的小型流动沙丘地,春季造林时留出 6~7 m 空地,秋季造林留出

10~11 m空地;在高度为3~7 m的中型沙丘,春季造林留出的空地为3~4 m,秋季造林留出7~8 m。其余大部分丘间沙地,则可安排造林。普遍的做法是:距沙丘背风坡脚留出沙压带3~5 m后,开始插若干行沙柳,往外再栽几行乔木,林下种草苜蓿,次年在沙丘前移退出的退沙畔再造乔、灌木林和种牧草。这样连续造林种草3~4次,就可将沙丘拉平。对一个流动沙丘来说,前后的丘间低地都造林后,即构成了前挡后拉的固沙造林技术。

②造林树种的选择。造林成功与否与树种选择关系极为密切。固沙造林树种一般应选择耐旱沙生性能强、具有一定经济价值的树种。这些树种多数枝叶旱生形态突出,抗风蚀沙埋能力强,适宜瘠薄立地环境。适宜于半干旱干草原地带沙化土地的乔木树种有小叶杨、白榆、小青杨、加杨、桑树、旱柳、樟子松、油松,灌木及半灌木树种有油蒿、籽蒿、柽柳、紫穗槐、山竹子、沙棘、柠条、沙柳、乌柳、达乌里胡枝子等;适宜于干旱半荒漠(荒漠草原地带)的乔木树种主要有小叶杨、新疆杨、二白杨、沙枣、白榆、旱柳,灌木树种有油蒿、籽蒿、柠条、花棒、毛条、柽柳、踏郎(杨柴)、红砂、沙柳等;适宜于极干旱荒漠地带的乔木树种有新疆杨、青杨、白柳、白榆、旱柳、胡杨、小叶杨、沙枣,灌木沙拐枣、柽柳、梭梭、红砂等。

③造林季节的选择。干旱沙区的植苗和插条造林,应以春季为主。春季解冻后,土壤湿润、地温回升,苗木根系再生力旺盛,而芽基尚未发叶,蒸腾量最小,有利于苗、条的成活。在西北高寒沙区,气温回升比地温快,先造解冻早的沙丘地,后造丘间地。东部沙地秋季也可造林。如科尔沁和毛乌素沙地在秋季土壤封冻前10 d左右,栽植樟子松,定植后随即用沙将全株覆盖好,以防兔鼠危害和失水过多。翌年春季再扒掉覆沙,成活率可达90%以上。此外,剪去全部侧枝的杨树、柳树高杆造林,秋季造林成活率也可达到80%~90%。

④造林密度的确定。流沙地造林密度,以维持沙地水分平衡为基准,因地制宜。广大干旱荒漠地区的流沙地,在无灌溉条件、地下水又不能被树木根系利用的立地环境下,以稀植为宜。但株距稍小,而行距较宽,并横对主风向成行种植。根据中国科学院沙漠研究所的调查,在沙坡头地区每公顷3 000株左右为宜。半干旱草原地带的流沙地,沙地水分尚好,灌木固沙则宜株距小、行距宽,以后在灌木行间再营造乔木树种。由于沙地水分稀少,乔木则不宜过密,但株距可适当小些,并需及时抚育间伐。

⑤栽植和播种技术。流沙地带的造林,不论是灌木、乔木,也不论是插条还是植苗,因空气干燥,蒸发强烈,而土壤含水量低。因而,栽植时应采用深栽、实埋、少露苗的技术。造林实践证明,栽植苗出露地表越高,成活率越低,深栽深埋,成活率均较高。例如,黄柳扦插深度,枝条平行地表,全部埋入地表下3 cm,出苗93%以上。花棒的栽植深度,一般应在50 cm左右,并且必须把地表的干沙换上湿沙,压实,才能保证其成活。花棒、杨柴、柠条等条播时,覆土厚度3~5 cm。

(2)迎风坡造林(后拉)。即在流动沙丘迎风坡中下部固沙造林。固沙造林前,要先对流动沙丘设置人工沙障,减缓侵蚀,改善沙地条件,为固沙植物创造适生环境。沙障常用草方格沙障,草方格沙障是用麦草、稻草等材料直接插入沙层内,呈方格状的半隐蔽式沙障,具体设置方法为先在沙丘迎风坡横对主风方向画线,沿线平铺麦秸或稻草,用铁锹在草中部压入沙内约15 cm,地上露出15~20 cm,草厚5~6 cm。再用铁锹或刮沙板向草带拥沙,加固草带。横对主风方向的称主带,主带完成后,再与主带垂直,画竖线,竖带草的厚度可稍薄,但一定要与主带衔接好,如需要固定落沙坡时,要先从顶部做成一道道方格,依次向下作业,并先做竖带,后做主带。这种沙障的固沙作用与其规格大小有密切关系,如沙坡头的格状沙丘,草方格沙障规格以 1 m×1 m 为最适宜,其粗糙度比流沙的粗糙度提高 400~600 倍,使输沙量减少 99% 以上。

草方格沙障有截留降水和减少沙面水分蒸发的作用。根据腾格里沙漠沙坡头地区的观测,在流动沙丘上设草方格沙障后,2 m 厚沙层的湿度,可由原来的 1% 提高到 3%~4%。由此可见,草方格沙障不仅起到固沙作用,保护初期栽植或播种的固沙植物免受风蚀和沙埋,同时还改善了沙地水分状况,有利于植物的成活和生长。

2)撵沙腾地造林法

在荒漠、荒漠草原流动沙丘丘间地比较湿润的条件下,人工促进迎风坡风蚀,从而扩大丘间地造林面积,并在吹蚀下方造林,使沙子堆积在林内,用沙埋促进林木生长,经沙埋的树木有的树高生长量可达同龄林的几倍,堆积的沙子还可保墒,防止次生盐渍化。这种造林法被概括为"撵沙腾地,腾地造林,引沙入林,以林固沙"。

陕北把此种方法叫做又固又放造林法。做法是在一排排沙丘中把前后两排沙丘固定,中间沙丘用清除植被,大风时人工扬沙等方法促进沙丘移动,使沙粒堆积在前面固定沙地上,中间的沙丘则逐渐变成宽阔而较平坦的沙地,以作农田、果园之用。榆林县海流滩大队用此法开出农田后再采用上排下灌、改良土壤等措施,把沙丘地改造成旱涝保收的高产稳产田。

内蒙古鄂尔多斯达拉特旗展旦召治沙站在丘间地,为浅色草甸土、水分养分条件较好,但草根盘结不利于林木生长的流动沙丘区,选择迎风坡脚覆沙 1 m 处等高造林,此处既有薄层覆沙,又接近下层土壤及地下水,有利于林木生长,造林穴株距 1 m,穴深 90 cm,口径 30 cm,每穴栽带枝沙柳 4 株(每角 1 株),然后把地面 10 cm 以上枝条剪下均匀放在栽植行内,起临时防蚀作用,往往可形成 25~30 cm 细沙积成的沙埂。既保护林木不风蚀又因沙埋促进生长。沙柳长成后可拦截风沙流中的沙子,使下风沙地段气流不饱和,产生拉沙效果。正常情况,5~6 m 高沙丘可移动 8 m,在沙柳行前形成 8 m 宽平坦浅凹地,次年在新的迎风坡脚再栽沙柳。如此逐年推进,3~4 次可把沙丘拉平。

3)背风坡高杆造林

流动沙丘背风坡主要特点是沙埋,一般认为此处不能造林。内蒙古鄂尔多斯乌审旗谷起祥成功地创造了背风坡高杆造林方法。在草原地带地下水 2 m 以上的流动沙丘地造林,固定了大面积流沙。具体方法是:

(1)插杆选择与处理。清明前选 3~4 年生,粗 4~6 cm 旱柳枝条,截成长插杆(长度取决于沙丘高度,以造林后不过度沙埋为宜)。将插杆底部浸在水中,到清明后天气变暖,水温升高,再全部浸入水中 10~15 d,到谷雨将插杆取出栽植。此时已充分吸水,愈合组织已形成,表皮泡软,芽苞萌动,栽后易生根发芽。

(2)栽植部位与栽植技术。栽植部位选在落沙坡与丘间地交界处,此处有沙埋条件,保水力较强,肥力较高,少有杂草竞争水分。造林时随整地随栽植。整地时先将干沙层除去,再挖穴深 1~1.5 m,穴口径 0.5~0.6 m,将插杆放入,填湿沙砸实,株距 2~3 m,过 1~2 年沙丘向前移动,在新的落沙坡脚再行高杆造林。因杆长不怕风蚀、沙埋、干旱,成活率高达 90% 以上,且收益快。

此法缺点是:①因迎风坡未采取措施,虽成林但流沙未能完全固定;②挖深坑太费工;③大面积造林苗木来源困难等。

改进方法是:①落沙坡脚造林同时在迎风坡下部种草栽灌固沙;②挖穴应尽快实现机械化,采用挖穴机,以节省劳力和降低劳动强度;③除用旱柳高杆外,还可用杨树(河北杨、小叶杨、群众杨、合作杨等)大苗造林,以扩大苗木来源。

因草原带落沙坡脚有独特小气候条件,水肥、温度条件相对较好,高杆林的高、粗生长都大于一般沙地;根幅比一般沙地大7倍。生根发芽先后也不同,高杆造林先生根后发芽,一般造林先发芽后生根。

4)钻孔深植造林技术

中国林业科学研究院1981年由意大利引进杨树插杆钻孔深栽造林技术。在贺兰、永宁两县经几年试验,证明在地下水1~3 m条件下(水质含盐1.1 g/L以下),杨树大插杆深栽成活率达90%以上,节省了平地、打井、修渠等投资44%~70%。

造林技术:造林地选在水位1~3 m的沙土、沙壤土上,株行距4 m×6 m或5 m×6 m左右,用钻孔机钻孔到地下水位20 cm左右,孔径12 cm。苗木为3年生杨树截根插杆,高约5 m,胸径3 cm以上,苗干插到栽植孔底,后用干沙填孔,摇动树干分层捣实。栽后在幼树四周和株间翻土除草,钻孔前不要整地。钻孔机1 h可钻孔45个。

插杆造林在春秋两季,秋植在不灌溉条件下安全越冬而不发生枯梢。插杆栽在地下水位下面20 cm,冬季土温6~9 ℃均可缓慢地生长根系,有的根系达48条,总长达314 m。插杆浸水部分可通过皮部、切口和根系吸水。其成活率、生长量随栽植深度而增加,并认为干旱区杨树深栽必须使下端插入地下水中。在整个土层中插杆上均有根系生长,但在毛管水上升层根系数量最多。下部50 cm土层中的根系比上面总和还多。由于水分供应充足,枝条叶片水分亏缺比常规造林小,而蒸腾速率比常规造林高,树木生长良好。在有类似条件地区,钻孔深栽是个值得推广的造林方法。

5)大苗深栽与长插条深插

长期以来,人们一直在探索提高造林成活率和降低成本及有效固定流动沙丘的治沙技术,因为在流沙上造林,环境因素的不利影响(沙土水分不足、风蚀、过度沙埋等)难以消除。要消除风蚀,就要配合沙障保护,而沙障的设置是一项十分繁重而昂贵的工作,其费用要比苗木高得多,而且沙障仅解决风蚀问题,对沙地水分不足仍无能为力。在这方面大苗深栽与长条深插取得了较好的成绩,它是针对流沙的流动性和干旱两个主要限制因子而设计的固沙造林方法。

大苗深栽、长条深插在世界许多国家的流沙治理中得到应用,如苏联、巴勒斯坦、南斯拉夫、阿根廷、埃及、沙特等,用此法在沙丘上造林固沙都得到很好的效果。我国是最早在沙丘地上采用大苗深栽、长条深插技术的国家,内蒙古乌审旗谷起祥从1935年就开始在沙丘背风坡脚用旱柳长杆深插造林。

在草原带流动沙丘上采用花棒、杨柴大苗深栽,沙柳、黄柳、柽柳长条深插,合理密植的方法,不设沙障可把流沙固定。大苗、长条深栽深插优点很多:它增加了植物稳定性;有利于萌发不定根;深植湿沙层,植物不易遭受干旱危害;不怕风蚀;大苗不会受沙割危害;不用设沙障,降低了造林成本;提高了成活率,减少了补植工作;苗木生长快,成林快,较早发挥防护与经济效益,减少了管护年限,因而得到了广泛应用。要求尽快发挥效益的特殊林种,如沙区农田、牧场防护林等更要强调大苗深植造林方法。应用此法应选择生长迅速,丛生性强,萌发不定根能力强的植物种,如杨、柳、刺槐、黄柳、沙柳、柽柳等。

大苗深植、长条深插的技术规格因不同国家、不同地区具体条件及造林目的、要求和方法而不同,技术规格差异很大。总的来看,苗高1~4 m,条长在0.7~2 m或更长,植深在0.5~2.0 m或更深。

6)抗旱造林系列技术

20世纪80年代,赤峰敖汉旗创建了一整套抗旱造林系列技术,使造林成活率达95%以上。主要从两个方面入手提高造林成活率:一方面是提高苗木质量,特别是防止苗木失水(从起苗到造林全过程)以保证成活;另一方面是从整地角度和栽植方面提高抗旱能力和造林质量。其具体内容大致如下:

(1)良种壮苗。在采用优良品种同时培养壮苗,不合标准的苗木全部剔除,决不允许进入造林地。如1年生杨树苗高不到1 m,根系长度不到20 cm,根系受伤,根径不够标准,有病虫害的苗木,有残缺的苗木,一律不能用来造林。

(2)保障苗木不失水、苗根湿润。苗圃在起苗前几天灌足水,使苗木吸足水分,软化根区土壤;一律用机器起苗,保证苗木根系达20 cm以上;起苗后立即拣苗,严格按标准分级,不能运走的立即假植,如土壤湿度不够,假植后适当浇水保证土壤湿润。苗木运输过程中不得暴露,造成风吹日晒,使苗木失水,要用湿草帘盖严。

(3)苗木浸泡吸水。造林前必须将苗木全株浸泡水中1~2 d,使苗木吸足水分。造林取苗时,取大苗必须带特制大塑料袋,取小苗要带水桶。分好的苗木要放入大塑料袋或水桶中以防失水。

(4)整地时先用大犁开沟。拖拉机带动开沟器,按行距开大沟,深40~50 cm。

(5)沟底挖穴。开沟后在沟底部按株距挖植树穴。

(6)适当深栽。栽植时苗木立于穴中心,扶正,根系舒展,根颈要在穴平面下5 cm处。

(7)栽植时严格操作规程。认真做到“三埋两踩一提苗”。

(8)培抗旱堆。苗木栽好后,在苗木茎基周围培土厚20 cm,以延缓和减少土壤水分蒸发,叫“抗旱堆”。

严格执行以上各项措施,似乎有些麻烦,但确实解决了造林成活率问题,有利于苗木生长及成材。尤其是在有一定降水量的干草原、森林草原带是一项极有实效的技术,应在经济果树之外的各项造林中推广。

7)2行1带造林法

在较好的沙地条件下(平坦、细粉沙土)采用株距2 m,行距2 m,2行1带,带距10~25 m,用抗旱造林法营造速生树种(杨树为主)。特点是1带只有2行,带距较大,通风透光条件良好,也有利于吸收水肥,每行树木都能充分发挥边行优势,因而树木生长较迅速,生物量比对照高15%以上。不同带距比较,以25 m带距较理想。林带间可以根据实际需要和具体条件,发展灌、草、作物、药材等,若将带距再适当加大,则可建成林农牧果复合系统。可发展多项生产,发展生态农业,取得良好的生态效益与经济效益,是一个较好的沙地造林模式。

8)沙地杨树嫁接更新法

干旱贫瘠是影响沙地林木正常生长和成材、招致病虫害而影响质量、形成劣质林分最主要的因素。粗放经营条件下情况尤为严重。近年来河北秦皇岛海滨林场采取嫁接的方法更新改造劣质低产杨树林,使之形成速生优质用材林,效果极其显著,受到基层欢迎。具体做法是:

（1）秋季落叶后,选好良种杨树 1 年生 1 cm 粗健壮枝条,割下,长约 1 m,放于窖内或湿沙中贮藏,温度要控制在 0~4 ℃,既防失水,也防冻芽和发霉,作嫁接插穗备用。

（2）第二年春将劣质杨树主干从地面以上 5~10 cm 处伐掉,锯口要平整。此伐墩作为良种杨嫁接的砧木。当检查伐墩杨树皮能离骨时,将锯口用利刃刮光,准备嫁接。

（3）取出备用杨树枝条,由专人切成 8~10 cm 长接穗,留 3~5 个芽。将接穗下部用嫁接刀削成长圆形,放于盛水容器内备用。

（4）嫁接时先将接穗下部长圆接口部分进一步削薄漏出韧皮部,然后用镰刀头在砧木木质部与韧皮部之间撬开一道缝,将削好的接穗木质部向内插入、插牢;每株伐墩接几穗取决于伐墩粗细,20 cm 直径可接 4 个穗,15 cm 可接 3 个穗,10 cm 可接 2 个穗,分布要均匀。若伐树过早,伐墩表面已干,可先用镰将砧木老皮削下一片,直到韧皮部木质部,在削口处撬开一缝接 1 个穗。

（5）第三人将事先备好的黄土(或黏土)和水成糊状于小桶内,用此黄泥将接好插穗的外露缝隙全部抹严。

（6）其他人用锹在行间取湿土将伐墩接穗培土盖严,形成土堆,土堆厚度要超过接穗上端 6 cm 左右,培土动作要轻,勿使插穗移动。用锹将土堆轻轻拍实拍平。

（7）嫁接后砧木、接穗在气温回暖的情况下,不到 1 个月就会萌出大批嫩芽破土而出,在芽高 10~20 cm 时,将砧木上的萌芽全部去掉,接穗上发的芽只留一健壮者,余者去掉。以后还要多次检查,将插穗上新生枝条叶腋的芽子也及时去除。

（8）加强林地保护和水肥管理,防治病虫害,特别注意防治附近老杨树上透翅蛾的危害(可用性引诱剂除之)。

（9）数月后湿土培护下的插穗接口附近就会开始生出自生根。母树(伐株)根系 3 年后死亡,失去吸收水肥能力。死亡之前由于有强大的母株根系和自生根同时吸收水肥,新生幼株生长极快,当年可达 3~5 m 高,地径 3~5 cm 以上,叶片像向日葵叶片大小,表现了突出的生长优势。3 年后自生根已具规模,幼树已很健壮,为以后速生丰产打下基础。只要加强水肥管理,必能形成理想丰产林。

杨树嫁接是在干旱贫瘠沙地上改造劣质低产林分为优质丰产用材林的理想方法,它充分利用原根系极大的水肥优势,保证嫁接苗的快速生长。此法成本低、生长快、效益好,应在沙区改造更新低产杨树林分中大力推广。

9)沙地乔木萌蘖苗更新法

沙地因水肥不足,严重影响乔木正常生长,特别对林地更新带来困难。近年有些单位在沙地防护林更新中,利用某些乔木(毛白杨、刺槐等)萌蘖能力强的特点,伐后产生大量萌蘖苗,选择其中 1 株最壮者培养,余者均去掉,加强水肥管理,利用原根强大吸收水肥能力,促进萌蘖苗迅速生长,实现优质林分的更新,尽快发挥防护作用。赤峰太平地乡用此法培养防护林接班(更新)林,效果很好。它与嫁接原理近似,都利用原根系的水肥优势促进新株快速生长。此法更新简单,成本低,收效快,值得推广。除可用于防护林、用材林,还可用于饲料林,实现乔木的灌木状经营。

10)沙地乔木根蘖苗更新法

有些乔木树种根蘖繁殖能力强,这些乔木伐后挖去主根,留下支侧残根在土壤中,当年就会萌出一定数量的根蘖苗,通过加强水肥管理,调节密度,1 穴留下 1 株最好的,其他幼苗可以移出栽于无苗穴中,从而实现优秀林分的更新。根蘖能力强的树种主要有胡杨、山杨、毛白杨、河北杨、刺槐等。此法亦不失为有效快速、低成本更新方法。但此类更新苗可能出现苗木强弱高低不齐,有些栽植点可能无苗,而有些树穴可能苗木很多,因此需要加强管理。

11) 沙地樟子松造林

樟子松天然分布于内蒙古红花尔基沙地,几十年来由章古台治沙站引入并试验研究,已在该区大面积推广,形成了几万公顷沙地人工樟子松林海,受到各国专家赞扬。如今已引至陕北榆林地区、内蒙古中部沙地、宁夏、甘肃、新疆及其他许多省区安家落户,表现良好。

樟子松幼林生长随立地条件而异,天然固定沙地低地最好,其次是人工固定沙地丘间低地、背风坡为好,人工固沙地丘顶最差,迎风坡次之。造林技术注意以下几点:

(1) 整地。春季栽植要在前一年雨季或秋季整地,抑制杂草,保蓄水分。春天若随栽随整地土壤会很快风干,成活率低。为避免风蚀,要带状整地,整地带宽 60~70 cm,保护空留草带等宽或稍宽。若植被少也可铲草皮,铲去 4~5 cm。丘高 7 m 以上者,丘腹上部可块状整地(50 cm×50 cm)。

(2) 苗木。一般采用健壮 2 年生苗,规格:地径 0.35 cm 以上,高 12~15 cm,主根 20 cm 以上,顶芽要健全。用 1 年生苗,要求苗木健壮,整地细致,条件稳定,要加强管理。

(3) 造林时间。在章古台,春、雨、秋季均可造林,但春季最好;秋栽到冬春受风吹沙打、牲畜危害,为保护苗木,在入冬前要埋土越冬,次年 3 月下旬天变暖时扒开;雨季要在透雨后,趁阴天栽植。要随时保持苗根湿润,尽量不受风吹日晒,以保证成活率。

(4) 密度。初期生长慢,适合密植,株距宜小,行间抚育,行间留有草带,可保护幼苗免受风蚀沙打,行内可提早郁闭,利于幼树生长。密度 5 000~6 000 株/hm², 规格 1 m×2 m 或 1 m×1.5 m,簇植常用 3 m×3 m,每簇 3 株。

沙地造林除上述一些特殊措施外,要使林分长期稳定地生长发育还要正确解决沙地造林密度、植物种混交与配置问题。

(五) 沙地造林密度、混交与配置

1. 沙地造林密度

在干旱、半干旱地区水分是植物生长的限制因子,本区降水少、沙地持水量低使这一矛盾更加突出。植物密度又是制约流沙地风蚀沙埋的重要因素,植物固沙要求一定的密度,而沙地植物过密又会消耗过多的沙地水分抑制林木生长,因此必须解决好造林密度和水分不足这一对矛盾。

从水分条件看,不同地带条件不同,同一地带流沙地和固定沙地水分条件也不同,因而造林密度也不同。因立地条件差异,影响植物成活的因子也有了变化,流沙地制约植物成活的首先是风蚀,其次才是水分,而固定沙地主要是水分。

在沙地人工林培养中,有林分衰退甚至成片死亡的现象。究其原因既有密度过大水分不足的问题,也有因立地条件发生变化使原来树种不能适应的问题,即植物演替问题。后者是自然规律,单用密度是解决不了的(除非是顶级群落植物种),要靠混交与配置来解决。

在草原地带植物固沙比较容易。在植物群体固定了流沙,解决了风蚀问题之后,是否又因密度问题导致水分不足而最终失败?对此李滨生、周士威等进行过长期定位观测,结果表明,在草原带流动沙地较密的人工植物群体不仅初期抵抗了风蚀、保存了林地,后期虽有自然稀疏,但仍能成功地固定着沙地。实践说明,解决风蚀问题只要求一定密度,没必要过密,过密影响生长。在流沙环境中较密的群体有利于大量沙埋而促进生长,但在草原带固定沙地造林过密则水分竞争严重。

在半荒漠地带降雨量比草原带显著减少,植物固沙因水分不足而困难得多。生产上主要用草沙障固定沙丘,造林密度可以主要考虑沙层水分问题。对此,刘恕、石庆辉在《固沙植物的密度与配置的研究》一文中,提出确定适宜密度的三个方法:①由植物根系来确定密度,也就是用一定年龄的植物密集根幅平均值确定密度;②由植物耗水特点确定密度,即由植物生长旺盛期,沙层有效蓄水量和单株植物平均耗水量得到单株营养面积来确定密度;③调查各种密度的人工林地及天然植被,比较其生物量、生长势、盖度等来确定密度。前两者不易准确掌握,第三个简单易行。

2.固沙林的混交与配置

流沙地造林如是单一的固沙先锋植物,经过一段茂盛生长后会出现衰退现象。在半荒漠的沙坡头,花棒经过约20年就开始衰退,沙地变得干旱紧实。如无新的措施,沙地可能再度破坏。此时再造林,因沙地干旱,植物难以成活。因此,应在造林初期就选择能适应流沙刚固定的环境,又适应干旱环境的耐旱植物和前期先锋植物混交。建立混交林能增加覆盖度,增加地表粗糙度,提高固沙效果和林分稳定性。植物种设计应考虑固沙先锋植物与旱生植物结合(如花棒×柠条)、灌木与半灌木结合(如小叶锦鸡儿×油蒿)。

在配置形式上,半荒漠沙地常采用均匀造林(如1 m×1 m),因密度大,水分不足,出现生长不一致,有好有差,甚至死亡,形成了带状保存形式。据此,生产上也改为不同树种带状混交,2行1带,带间间隔2 m。这种布局疏中有密,可以节约水分,又可保证固沙效果,比较理想。

在半荒漠沙地造林中,不同树种(前期先锋植物和后期耐旱植物)混交、密度、配置都很重要,在草原地带同样如此,生产上常用的大面积纯林是不科学的。立地条件较好时更要考虑植物混交,造林毕竟不是单纯的栽树,必须考虑植物群体的稳定性,考虑到林分或群落的现在和将来能持久繁荣,持续发展。因此,要考虑乔灌草(或草灌乔、灌草乔)的结合,豆科与非豆科植物结合,固沙植物与绿肥、饲料、经济植物结合,针、阔树种结合及长寿与短寿、深根与浅根、喜光与耐阴植物结合。在西北干旱区、半干旱黄土区、风沙区大面积密集营造喜水肥的杨树,形成大批小老树,砍之可惜,留之无益,是一个不该重复的教训。

根据沙地立地条件,植物种特点及生态、生产需要确定适宜的植物种,采用适宜密度,合理的混交与配置是沙地造林绿化、建设植被的重要经验。

四、生物结皮固沙技术

草原或荒漠草原地带的流动沙丘经草沙障固定和建立人工植被,经相当的时间以后,草原地带植被覆盖度能达到50%～70%,荒漠草原地带一般仅能达到20%左右。但是以低等生物藻类等为主形成的沙结皮却有着重要作用,它固定了植物之间的沙表,越是植丛下面沙结皮越厚。

流沙表面这种藻类形成的沙结皮最早由Varming和Groebner指出。土壤藻类的生态作用,在于它是植物演替最初阶段的先锋植物,强调它有助于土壤的形成。秋山优等指出一般沙漠和火山地带演替最初阶段的土壤藻类是蓝藻和地衣构成的土壤皮壳,依靠它固定空气中的氮,使土壤有机化,依靠它分泌的黏液来保持土壤水分及防止黏土粒流出,给以后植物演替创造了条件。

陈隆亨和陈文瑞等(1980)对沙坡头铁路固沙带的沙结皮理化性质及微生物区系进行了测定,机械组成中黏粒随沙地固定程度提高,结皮中物理性黏粒(粒径小于0.01 mm)由0.36%提高到8.24%,而结皮下层从0.15%提高到5.61%,结皮层的黏粒比结皮下层显著增加;有机质、速效养分、易溶性盐类含量也随沙丘固定程度而增加。矿物含量分析结果,结皮层二氧化硅含量随沙丘固定而减少,流动沙丘为81.87%,固定沙地结皮层(0~0.5 cm)为71.16%;三氧化物含量则提高,流沙为11.48%,固定沙地结皮层为14.52%;氧化钙、氧化镁含量的变化也与三氧化物有相同的规律。

土壤微生物区系分析结果是,放线菌、细菌、芽孢菌随沙丘固定程度而增加,结皮下层多于结皮层,这可能是结皮层过于干燥的结果。微生物总量中,以细菌占优势,放线菌次之,真菌最少。

随着流沙转变为固定沙丘,沙结皮发育由薄到厚,颜色由浅到深(浅灰白—灰白—灰黑色—黑色),由粉末状到片状到块状,由松脆到紧密,抗风能力逐级增强,治理30~40年后的今天,植丛间空隙已形成黑色坚硬表层,植丛下形成块状(5~10 cm)结皮。硬壳凹洼处积沙,长出数种大量1年生小禾草(小画眉等),盖度很高。生态条件发生了变化。

结皮形成的重要因素是人工植被作用下的枯落物不断增加,草障多次扎设不断腐烂(沙坡头地段林地最多扎设沙障超过7~8次,用麦草达37 500~45 000 kg/hm²以上,若铺在地上有几十厘米厚),加上几次造林后死亡植株及1年生天然植被形成的有机物。植丛降低风速,拦截气流中微粒沉积地表,以及随蒸发带到表层的盐类及有机营养层中微生物及藻类低等植物大量繁衍才能形成这种沙结皮。

沙坡头铁路固沙人工植被区有雾冰藜、小画眉草、蒙古虫实、沙兰刺头、分枝鸦葱等多种草本植物侵入。平水年、丰水年固定较好的人工植被区草本植物形成密集草层,盖度可达30%~50%以上。

隐花植物对流沙成土过程和沙面结皮起着日益重要的作用。长尖扭口藓、银叶真藓在植丛下密集生长,植丛间裸地上呈不连续块状发展,无雨干燥时呈黑色,遇雨急剧繁生呈藓绿色。格状流动沙丘上基本没有藻类生长。初建人工植被区有兰藻、硅藻、细条羽纹藻、小头双尖菱板藻,在1956~1965年建立的人工植被区有兰藻11种之多。

藓类、藻类隐花植物并不显眼,但能固氮,其丝状体菌丝残体及分泌物与表土交织成网络形成固定沙表的结皮和表土层,这是半荒漠植物固沙极其重要的因素,也是沙地人工生态系统中值得重视的孢子植物群落。经兰州大学生物系鉴定,沙表土样中的兰藻与水中兰藻不同,它有较厚的胶鞘保护壳,这是它能在干旱区生长发育的重要条件,也是它耐高温的基本原因。这种颤藻在显微镜下布满全部结皮中,可说是结皮的编织者,空气中的氮可以被颤藻固定,肥力逐年增加,温湿条件逐年改变,菌类与藻类植物组成共生群落。

沙坡头铁路固沙多年实践表明,建立人工植被以后需十几年才能形成沙结皮。为加速沙丘固定,用人工方法促进沙结皮形成,对固定和绿化沙丘有重要意义。张继贤、杨达明在沙坡头沙丘上进行了人工沙结皮试验:①用0.01 mm细土1 kg/m²;②1 kg细土加10 g沙蒿粉;③不加措施的沙丘作对照。

将上述①、②中的物质撒于沙表,使之与表面的沙粒混合均匀,经6~8 m/s风速吹扬及降雨湿润又蒸发后,除对照外,上述处理的沙面均出现结皮。80 d后调查结皮保存面积,细土的为76.3%,细土加沙蒿粉的为90%,对照的无结皮形成。这表明,人工措施促进沙结皮形成是完全可能的,今后应进一步研究,这也是加速流沙固定的有效途径。

五、风沙区防护林体系

风蚀荒漠化地区干旱风沙严重,农牧业生产极不稳定。为此,必须因害设防,因地制宜地建立各种类型的防护林。因风沙区自然条件复杂,必须因地制宜地设计乔灌草种。总体上应是带、网、片、线、点相结合,构成完善体系,发挥综合效益。其体系组成主要有干旱区绿洲防护林体系、沙地农田防护林体系、沙区牧场防护林体系和沙区铁路防护林体系。

(一) 干旱区绿洲防护林体系

在干旱绿洲,防护体系是其生存与发展的生命线。绿洲防护林体系原则上由三部分组成:一是绿洲外围的封育灌草固沙带,二是骨干防风阻沙林带,三是绿洲内部农田林网及其他有关林种。现实生活要比典型介绍复杂得多,要根据实际情况灵活运用。

1.封育灌草固沙沉沙带

灌草固沙带为绿洲最外防线,它接壤沙漠戈壁,地表疏松,处于风蚀风积都很严重的生态脆弱带。为制止就地起沙和拦截外来流沙,需建立宽阔的抗风蚀、耐干旱的灌草带。其方法,一靠自然繁生,二靠人工培养,实际上常是二者兼之。新疆吐鲁番县利用冬闲水灌溉和人工补播栽植形成灌草带,莫索湾150团封禁3 000 hm² 被破坏的梭梭林地促其幼林恢复。灌草带必须占有一定空间范围,有一定的高度和盖度才能发挥固沙防蚀,削弱风速的作用。其必要的宽度,在有条件时,越宽越好,至少不应少于200 m,防护需要应与实际条件相结合。灌草带形成后,一般都有很好的生态效益及一定的经济效益,但利用时要格外慎重,不能影响防护作用及正常更新。

2.防风阻沙林带

防风阻沙林带是绿洲的第二道防线,位于灌草带和农田之间。其作用是继续削弱越过灌草带的风速,沉降沙流中的剩余沙粒,进一步减轻风沙危害。此带因条件不同差异很大,勿要强求统一模式。

1) 防风阻沙林带布设原则

阻沙林带是否合理布局,对于林带的成功与效益的发挥关系极大,其布局应考虑如下两个原则:

(1)因地制宜,因害防设原则。防风阻沙林带以沙丘的丘间低地,风蚀地,平缓沙地块、片、带状造林为主,尽可能少占用绿洲周边耕作或宜农土地,也不应远离绿洲,否则因生境水土条件差,造林不易成活,即使一时灌水成活,因缺水成林也会枯死。

(2)由近及远,先易后难原则。先在绿洲周边造林,逐渐向外扩展加宽。若为沙丘地段,先在丘间低地造林,前挡后拉,以丘间团块状林分隔包围沙丘。随着沙丘前移为丘顶被风力削平,在退沙畔再进行造林,以扩大丘间林地面积。这样,在不采取沙障工程措施直接固沙的情况下,也能够形成较为稠密的防风阻沙林带。

2) 防风阻沙林带的树种选择和林带结构

我国西北绿洲周边营造防风阻沙林带的乔木树种主要是沙枣、小叶杨、二白杨、新疆杨、钻天杨、箭杆杨、加杨、青杨、旱柳、榆树等,灌木树种为梭梭、柽柳、酸枣、柠条、花棒及沙拐枣等。

防风阻沙林带由乔灌木树种组成,以行间混交为宜,愈接近外来沙源一侧,耐沙埋的灌木比重应该增大,使之形成紧密结构,以便把前移的流动沙丘和远方来的风沙流阻挡在林带外缘,不致侵入林带内部及背风一侧的耕地。

在不需要灌溉的地方,当沙丘带与农田之间有广阔低洼荒滩地,可大面积造林时,应用乔灌结合,多树种混交,形成实际上的紧密结构。大沙漠边缘、低矮稀疏沙丘区以选用耐沙埋的灌木,其他地方以乔木为主。沙丘前移林带难免遭受沙埋,要选用生长快、耐沙埋树种,小叶杨、旱柳、黄柳、柽柳等生长慢的树种不宜采用。

为防止背风坡脚造林受到过度沙埋,应留出一定宽度的安全距离。其计算公式为

$$L = \frac{h - k}{s}(v - c) \tag{3-16}$$

式中　L——安全距离,m;

　　　h——沙丘高度,m;

　　　k——苗高,m;

　　　s——苗木年生长量,m;

　　　v——沙丘年前进距离,m;

　　　c——沙埋苗木高 1/2 处的水平距离,m,据生长快慢取 0.4 或 0.8。

若地势不宽林带较窄,林带应为乔灌混交林或保留乔木基部枝条不修剪,以提高阻沙能力。

营造多带式林带,带宽不必严格限制,带间应育草固沙。

在必须灌溉时,因水分限制,林带都较窄,20 m 左右即可,只有在外缘沙源丰富,风沙危害严重的地带才营造多带式窄带防沙林。其迎风面要选用枝叶茂盛抗性强的树种,后面则高矮搭配。

如果第一道防线作用很强,第二道防线则以防风为主。第一道防线近期防护效果差,第二道防线需要较大宽度,乔灌混交,紧密结构。如林内积沙,要清除出去铺撒在背风面。

3) 防风阻沙林带的宽度

防风阻沙林带的宽度取决于沙源状况,在大面积流沙侵入绿洲的前沿地区,风沙活动强烈,农业利用暂时有困难,应全部用于造林,林带宽度小者 200~300 m,大者 800~900 m 乃至 1 km 以上。流沙靠近绿洲,前沿沙丘排列整齐的地区,可贴近沙丘边缘造林,林带宽度为50~100。绿洲与沙丘接壤地区若为固定、半固定沙丘,林带宽度可缩小到 30~50 m。绿洲与沙源直接毗接地带,若为平缓沙地或风蚀地,因风成沙不多,防风阻沙林带的宽度可为10~20 m,最宽不超过 30~40 m。

4) 阻沙林带树种的栽植技术

阻沙林带由于位置处在绿洲外侧,水土条件较差,沙丘表层干燥,因此树种的栽植一般应按下述要求进行:如果是栽植乔木苗,栽植时应将根系深栽到湿沙层,表层亦应把干沙换成湿沙,踩实。栽时,乔木枝叶应修剪,以减少水分蒸腾,在可能情况下,适当灌水。灌木栽种时根系深埋到湿沙层,枝条紧贴地面或外露不超过 3~5 cm。如果是萌发力强的灌木,如黄柳、花棒,亦可用插枝办法栽植,枝条也必须埋在湿沙土层中,并将表土干沙换上湿沙,踏实。

3.绿洲内部农田林网

农田林网是绿洲的第三道防线,位于绿洲内部,在绿洲内部建成纵横交错的防护林网

络,其目的是改善绿洲的生态环境,形成有利于作物生长发育,提高作物产量和质量的生态环境。沙区护田林网除一般护田林作用外,最重要的任务是控制土壤风蚀,保证地表不起沙。这主要取决于主林带间距,即有效防护距离,该范围内大风时风速应减到起沙风速以下。因自然条件和经营条件不同,主带间距差异很大,林带结构对防护作用有重要影响。据不起沙的理论要求和实际观测,主带间距大致为(15~20)H(H为成年树高)。由于本区风沙危害严重,多采用小网格窄林带,如北疆主林带间距170~250 m,副带距1 000 m,南疆风沙更大,用250 m×500 m网格。乔灌混交或密度大时,透风系数小,林网内农田积沙,形成驴槽地,不便耕作。而没有下木和灌木,透风系数0.6~0.7的透风结构林带却无风蚀和积沙,为最适结构。

林带宽度影响林带结构,过宽结构太紧密。按透风结构要求不宜过宽,小网格窄林带防护效果好。一般3~6行乔木,5~15 m宽即可,"一路两沟四行树"是常用格式。

(二)沙地农田防护林

沙地农田因干旱多风土地易风蚀沙化,即使灌溉,也难以高产,营造农田林网对制止风蚀,保护农业生产有重要意义,是沙区农田基本建设内容。

半湿润地区降雨较多,条件较好,可以乔木为主,主带距300 m左右。半干旱地区沙地农田分布广,条件差,以雨养旱作为主,本区南侧多农田,北侧多草原,中部为农牧交错区。东部地区条件稍好,西部地区为旱作边缘,条件很差,沙化最严重。沙质草原一般不风蚀,但大面积开垦旱作,风蚀发展,极需林带保护。因条件差,林带建设要困难得多。东部树木尚能生长,高可达10 m,主带距150~200 m;西部广大旱作区除条件较好地段可造乔木林,其他地区以耐旱灌木为主,主带距仅50 m左右。干旱地区农田林网多处于绿洲灌溉农区,因有灌溉条件,林带营造技术较容易,但风沙危害多,采用小网格窄林带,北疆主带距170~250 m,副带距1 000 m;南疆风沙大,用250 m×500 m网格;风沙前沿用(120~150) m×500 m的网格,可选树种也多,以乔木为主。

此外,还要搞好农业防风沙措施,其中包括:①发展水利,扩大灌溉面积。②增施肥料(粪肥、绿肥……)改良土壤;③防风蚀旱农作业措施:a. 带状耕作;b. 伏耕压青;c. 种高秆作物和作物留茬等都是有效措施。

(三)沙区牧场防护林

我国沙区草原广阔,潜力极大。但因气候干旱,条件恶劣加上长期草场过牧,草地滥垦,乱挖药材,多年来缺乏有效的投入,以致草地荒漠化非常严重,主要表现在:①地表形态由平坦草原逐步变为灌丛沙堆以及斑、片、带状流沙,最终成为沙丘地貌。②植被由原来的草原植被变为沙生植被,中生不耐旱优良植物种减少以至丧失。旱生沙生耐瘠而低质甚至有害植物种增加,逐渐成为优势种。植物高度、密度降低,盖度减小,生物量、质量下降。③地表机械组成和理化性质变化。地表失去植被保护,裸露面积增加,土壤水分蒸发加剧,盐分上升,坡地草场造成水土流失,旱情加重,土壤、气候更加干燥,这就是草场退化、沙化、干旱化、盐渍化过程。据研究,超限度的极端气候因子直接危害家畜的健康,如超过7.123~7.542 kJ/(cm² · min)的太阳直接辐射,超过40 ℃气温和65 ℃的地表温度,过分的干燥和夏天干热风,冬季彻骨寒风,低于-30 ℃的暴风雪等,都直接伤害牲畜的生理活动,对幼畜危害更大,导致体质体重下降,疾病增加,甚至死亡。加之草场无林带保护,又饲草不足,抗灾能力差,每遇灾害必损失惨重。因此,建设草场防护林是绝对必要的。

1.护牧林营造技术

树种选择可与农田林网一致，但要注意其饲用价值，东部以乔为主，西部以灌为主。主带距取决于风沙危害程度，不严重者可以 25H 为最大防护距离，严重者主带距可为 15H，病幼母畜放牧地可为 10H；副带距根据实际情况而定，一般 400~800 m，割草地不设副带。

灌木带主带距 50 m，主林带宽 10~20 m，副林带宽 7~10 m，考虑草原地广林少，干旱多风，为形成森林环境，林带可宽些，东部林带 6~8 行，乔木 4~6 行，每边一行灌木。呈疏透结构，或无灌木的透风结构。生物围栏要呈紧密结构。造林密度取决于水分条件，条件好可密，否则要稀。西部干旱区林带不能郁闭。

营造护牧林时，草原造林必须整地。为防风蚀可带状、穴状整地，整地带宽 1.2~1.5 m，保留带依行距而定，钙积层要打破，整地必须在雨季前，以便尽可能积蓄水分。造林在秋季或次春，开沟造林效果好，先用开沟犁开沟，沟底挖穴。用 2~4 年大苗造林，3 年保护，旱时尽可能灌水，夏天除草、中耕、蓄水。灌木要适时平茬复壮。在网眼条件好的地方，可营造绿伞片林，既为饲料林，又做避寒暑风雪的场所。有流动沙丘存在时要造固沙林，以后变为饲料林。在畜舍、饮水点、过夜处等沙化重点场所，应根据畜种、数量、遮荫系数，营造乔木片林保护环境。饲料林可提高抗灾能力，提高生产稳定性，应特别重视。在家畜转场途中适当地点营造多种形式林带，提供保护与饲料补充。

牧区其他林种如薪炭林、用材林、苗圃、果园、居民点绿化等都应合理安排，纳入防护林体系之内。实际中常一林多用，但必须做好管护工作。

为根治草场沙化还应采取其他措施，如封育沙化草场，补播优良牧草，建设饲料基地，转变落后经营思想，确定合理载畜量，缩短存栏周期，提高商品率，实行划区轮牧等都是同样重要的。

2.牧场防护林体系的效益

100 多年前就有人指出护牧林的作用，然而利用森林保护牧场是到 20 世纪才开始的，1920 年苏联卡明草原试验站证明了林带对产草量、牧草组成、近地小气候的作用。1925 年苏联在半荒漠牧场营造了最早的防护林带。

牧场防护林的作用与农田防护林相同。据赤峰巴林右旗短角牛场 1971 年以来的研究表明，牧场防护林的防护效益与经济效益都十分显著。

（1）防护效益。林网内风速明显减弱，通风、稀疏、紧密结构林带，在 20H 范围内风速分别降低 49.2%、41.6%、25%。春天，林网内牧草比旷野早返青 4~6 d；秋天，早霜推迟 7~10 d，林网内蒸发比旷野减少 25.5%，空气湿度较旷野提高 3%。林网内土壤黏粒含量提高，物理性质改善，土壤有机质、养分、水分含量均明显提高。研究表明，土壤中粗、中沙含量减少，物理黏粒含量提高，土壤比重、容重降低，孔隙度提高，有机质提高 75.6%，全氮提高 1 倍，全磷提高 39.3%，全钾提高 100.6%，网格内豆科、禾本科牧草比重提高 53.3%，牧草高度平均提高 33 cm，产草量提高 21.6%。

（2）经济效益。载畜量提高 1.16 倍，牲畜死亡平均减少 5.9%，牧草、粮料增产显著，活立木价值 233.5 万元，林副产品价值已超过防护林总投资。每年提供干树叶 50 万 kg，增强了抗灾能力。

（四）沙区铁路防护林

沙区铁路防护有重大政治意义与经济意义，我国在该领域处于世界领先的地位。沙坡头铁路固沙获"科技进步特等奖"、"全球环境保护 500 佳"称号,铁路固沙推动了治沙事业。

1.铁路沙害

铁路沙害主要是风蚀路基,线路积沙,磨蚀机械传动部分、沿线通信设备和钢轨等几种形式。

1)风蚀

沙质路基易遭风蚀。路肩部位风速最大,风蚀最严重,坡脚部位易积沙。风蚀使路基宽度减小,枕木外露,甚至钢轨悬空。

2)积沙

线路积沙是铁路沙害最普遍的现象,积沙有以下三种形式:

(1)舌状积沙。风沙流经过路基,沙粒沉积成前低后高如舌状的沙堆。埋压道床钢轨,长度可达几米至几十米,高出轨面可达几十厘米。发生具突然性,大风时积沙极快。

(2)片状积沙。是线路积沙最普遍的形式,风沙流受线路阻碍,沙粒均匀地沉积在道床上。初期对线路影响不大,但对养护造成极大困难。当埋没钢轨时已危害严重,清除工作极为困难。

(3)堆状积沙。沙丘前移,流沙成堆状埋压在线路上。此类积沙便于预测和提前采取措施。如已形成险情,清除工作量很大。

不同路基形式积沙不同,路堤越高,路堑越深长,越不易积沙;平坦地段路基最易积沙,巡道时应予注意。线路积沙的危害主要有以下几种:

(1)造成机车脱轨,当积沙超过轨面 20 cm,长度超过 2~3 m 就可能使导轮脱轨,毁坏线路,甚至翻车。

(2)停运缓运,造成重大经济损失,影响经济建设。

(3)拱道,列车通过时震动使沙粒渗落床底,枕木和钢轨被抬高,因抬高不匀使车厢摇晃,甚至断钩脱轨。

(4)低接头,清除线路积沙会使道渣减少影响道床不实,造成钢轨接头下沉,也会造成车厢摇晃,有断钩危险。

(5)湿度增大,会腐蚀枕木,缩短使用寿命。

(6)流沙堵塞桥涵,排洪不畅,导致冲毁线路及设施。

3)磨蚀

风沙活动使钢轨、机械、通信设备受到严重磨蚀,影响使用寿命,并干扰通信,还可造成电线混线事故。

风沙活动还影响司机视线,不利正常行车;风沙严重使养路、巡道、维修工作不能进行。

2.铁路防护体系建设

沙区铁路自然条件差异很大,沙害原因、形式、程度不同,治理特点与难易程度也不同。在干草原地带,自然条件相对较好,沙害主要因植被破坏而造成,防治措施以植物固沙为主,工程措施为辅;半荒漠地带自然条件很差,植物固沙较草原区困难得多,沙害防治必须采取植物固沙和工程固沙相结合的措施;荒漠地带自然条件更加恶劣,降雨过少,不能满足植物需要,沙害防治以工程措施为主。只有具备引水灌溉条件时才能进行植物固沙。

1)草原沙区铁路防护体系

本区条件稍好,降雨 250~500 mm,有植物生长条件,以植物固沙为主,工程固沙为辅。

防护带宽度取决于风沙危害程度,防护重点在迎风面,一般以多带式组成防护体系,带宽在 20 m 左右,带距 15 m 左右。带内要除草,带间要育草,林带外缘留一定宽度育草固沙。林带要专人保护,严防人畜破坏。由危害严重、一般到轻微,迎风面可设 5 带、3 带到 1 带,背风面可设 3 带、2 带到 1 带。树种选择,在东部应当以乔木为主或乔灌结合,西部应选用耐旱灌木,条件差的立地,初期可设置平铺式、半隐蔽式、立式、立杆草把沙障保护苗木,以后不需再设沙障。

(1)树种选择与造林技术。东部区选择的乔木主要有适合当地条件的杨树、樟子松、油松、旱柳、白榆等;灌木有胡枝子、紫穗槐、黄柳、沙柳、小叶锦鸡儿、山竹子等;半灌木有差把嘎蒿、油蒿等。向西部应增加柠条、花棒、杨柴、籽蒿等,灌木半灌木比重增加,乔木比重减少,以至不用乔木。配置上,东部应乔灌草结合,条件好的地段可以乔木为主,较差地段以灌木为主;西部以灌木为主,能灌溉地段应乔灌草结合。

(2)在造林技术上强调注意:①远离路基(100 m 以外)的流动沙丘顶部、上部可不急于设障造林,待丘顶削低后再设障造林。②要根据立地条件和树种生物学特性合理配置树种,提倡针阔混交,提高树种多样性。③严格掌握造林技术规程,保证造林质量。④降水量大于 400 mm 的地区,造林应争取一次成功。

2)半荒漠沙区铁路防护体系

我国此类线路最长,有 750 km,沙坡头可作为成功代表。沙坡头年均降水不足 200 mm,蒸发 3 000 mm 以上,起沙风 900 h,沙丘高大,水位深,条件严酷。中卫固沙林场经 30 年实践建成了五带一体的铁路防护体系,有效保护了铁路安全运行,是我国乃至世界沙漠铁路建设史上的创举,受到国家和联合国的重大奖励。

该体系包括①固沙防火带(防火平台)、②灌溉造林带(水林带)、③草障植物带(旱林带)、④前沿阻沙带(人工阻沙堤)、⑤封沙育草带(自然繁殖带)五带,防护带宽度迎风面 300 多 m,背风面 200 多 m,共 500 多 m(见图 3-13)。

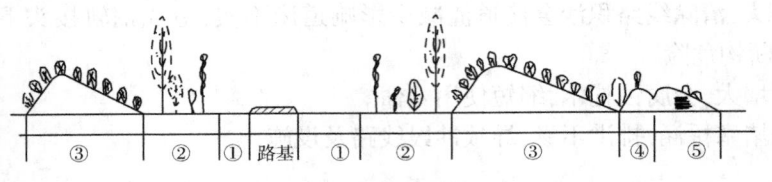

图 3-13 沙坡头铁路防护林体系配置示意图

(1)固沙防火带。在路基迎风面 20 m,背风面 10 m,因固沙防火需要,清除植物,整平沙丘,铺设 10~15 cm 厚的卵石、黄土或炉渣。

(2)灌溉造林带。利用紧靠黄河的水源条件,通过 4 级扬水,提水上沙丘。在固沙防火带外侧迎风面 60 m,背风面 40 m 范围整修梯田,修筑灌渠,梯田设障,灌水造林,3~5 年可形成稳定可靠的防护林带。

该带出现是由于沙坡头地段条件恶劣,干旱年份造林成活率不高,降雨只能维持稀疏耐旱灌木的生长,对成片灌木水分显得十分不足,植株枯萎退化,遇连续干旱、特别干旱年份植被大面积死亡,大有流沙再起之势,给人以不安全感。本着有水则水、无水则旱的原则,建立较高质量的灌溉林带是必要的。在实践中筛选出成功的乔灌木树种有二白杨、刺槐、沙枣、樟子松、柠条、花棒、黄柳、沙柳、紫穗槐、小叶锦鸡儿、沙拐枣等。实践中发现,尽管有水灌溉,但因肥力不足,灌木生长优于乔木,混交林仍应以灌木为主。黄河水中含有大量泥沙,利用得当有利于改良土壤,促进树木生长。通过试验与实践总结出灌水量与间隔期,乔木半月灌水 1 次,定额 495 m^3/hm^2,灌木 1 个月灌水 1 次,每次 990 m^3/hm^2,灌溉林带有很好的防护效益,极大地改善了铁路两侧的荒凉景观。

(3)草障植物带。本带是"体系"主体核心部分。在灌溉带外侧,迎风面 240 m 左右,背风面 160 m 左右,流沙全面扎设 1 m×1 m 半隐蔽式麦草方格沙障;然后 2 行 1 带(隔 1 行),株行距 1 m×1 m,栽植沙生旱生灌木(花棒、柠条等)。实际上扎沙障、造林都不可能一次成功,需反复多次,在此生物措施、工程措施是同等重要的。沙坡头地段流动沙丘迎风坡 20 cm 干沙层以下为含水量 2%~3% 的湿沙层,以下为稳定湿沙层,夏秋降雨有渗透性水分补给,可供沙旱生植物生长发育,这就是植物固沙的依据。

关于固沙植物种,造林初期试验过几十种乔灌草植物种,从中筛选出一批优良的固沙植物。主要有花棒、柠条、小叶锦鸡儿、头状和乔木状沙拐枣、黄柳、油蒿等。造林前应先划分立地条件,根据不同立地条件,结合植物种生物生态学特性,进行合理配置。

实践中发现,全面均匀造林效果不好,主要是水分问题。垂直主风带状栽植效果较好,通常 2 行 1 带配置,株行带距为 1 m×1 m×2 m,油蒿株距 0.5 m,混交类型中以柠条×油蒿、花棒×小叶锦鸡儿效果较好。造林在春秋两季进行,秋季为主,方法多为植苗造林,黄柳、沙柳用扦插,油蒿可于雨季撒播。直播因限制因子太多,生产上很少采用。

在麦草沙障和植物长期共同作用下,林地表面形成了沙结皮,这是治沙成功的标志,表明流沙正向土壤发育。表层沙土组成变细,黏粒增加,肥力提高,抗风蚀能力增强,微生物、低等生物数量大量增加。但沙结皮的存在影响了降雨时地表透水性能。

(4)前沿阻沙带。为保护草障植物带外缘部分的安全,用高立式沙障建立前沿阻沙带。该带用桎柳巴或枝条,地上障高 1 m,地下埋 30 cm,加固成折线形,设置在丘顶或较高位置,起阻沙积沙作用。

(5)封沙育草带。在阻沙带迎风面百米范围内,局部沙丘迎风坡采用封沙、设障、栽灌木的方法,促其自然繁殖,减轻阻沙带压力。加强管护,建立专门护林机构,严禁破坏。

因各地条件不同,不必照搬 5 带,但草障植物带是必备的核心部分。

3)荒漠地区铁路防护体系

我国目前尚无穿过大沙漠的铁路,穿过戈壁的铁路却有多处受到风沙危害,其特点是:来势猛、堆积快、形成片状积沙。

本区如无灌溉条件只能依靠机械固沙措施,西宁—格尔木铁路某段用高立式多列式竹篱防止风沙危害。兰新线在三十里井—巩昌河区间沙害严重,建立了灌溉植物防护带,带宽视沙害程度而定,重点保护迎风面,建多带式防护林。由危害严重、一般到轻微,迎风面可设 3 带到 1 带,背风面 1 带,带宽 30~50 m,带距 40~50 m。树种乔灌结合,结构前紧后疏。

(1)树种选择。灌溉造林可选用较多树种,乔木有二白杨、新疆杨、银白杨、沙枣等;灌木有桎柳、柠条、锦鸡儿、花棒、梭梭等。配置上乔灌结合,形成前紧后疏结构。

(2)造林方法。用开沟积沙客土造林法。戈壁上石多土少,需先开沟积沙,沟深 40~50 cm,宽 40 cm,自然积沙,蓄满后挖穴造林。

(3)灌溉方法。戈壁渗水快,要少灌勤浇,半月灌 1 次,每次 1 200 m^3/hm^2,4 月下旬开始至 10 月下旬,林内除草,带间育草。

第五节　工程治沙技术

工程治沙措施一般分为机械沙障固沙、化学固沙、水力风力治沙等,工程上采用何种方法,应从当地实际情况出发,因地制宜地选择。

一、机械沙障固沙

(一) 机械沙障的类型

机械沙障是采用柴、草、树枝、卵石、板条等材料,在沙面上设置各种形式的障碍物,以此控制风沙流动的方向、速度、结构,改变侵蚀面状况,达到防风、阻沙、固沙,改变风的作用力及地貌状况等目的,这类做法统称机械沙障固沙,它是工程治沙的主要措施之一。

机械沙障按照所用的材料、设置方法、配置形式以及沙障的高低、结构、性能等不同,有多种类型。根据防沙原理和设置方法的不同,可分为平铺式和直立式两大类(见表3-16)。

表 3-16　机械沙障类型

设置类型	设置形式及结构	沙障名称	沙障性能
平铺式	全面铺设式	土埋沙丘、卵石铺压、全面铺草、 全面化学固沙、泥漫沙丘	固沙型
	带状铺设式	带状铺草压卵石和泥土、带状化学制剂喷洒	
直立式	不透风结构	黏土沙障	固沙型
		防沙土墙	积沙型
	紧密结构	隐蔽式柴草沙障、低立式柴草沙障 立杆串草把沙障、立杆编枝条沙障	固沙型 积沙型
	透风结构	高立式柴草沙障、防沙栅栏	积沙型

另外,直立式沙障由于高矮不同又可分为三种类型:①高立式沙障,高出沙面50~100 cm;②低立式沙障,高出沙面20~50 cm,也可称半隐蔽式沙障;③隐蔽式沙障,几乎与沙面平,或稍露障顶。

(二) 机械沙障的作用原理

1. 平铺式沙障

平铺式沙障属固沙型沙障,利用柴、草、卵石、黏土铺盖在沙面上,以此隔绝风与松散沙面的接触,达到风虽过而沙不起,起到就地固定流沙的作用,但对过境风流中的沙粒截阻作用不大。采用土埋、泥漫沙丘等平铺式沙障,降雨不易渗入沙层,使沙丘水分条件变差,不利于植物生长。其他如柴、草、卵石铺盖沙面对水分的下渗影响不大,对固沙植物生长无影响。至于带状平铺沙障即使平铺带上有影响,造林种草可在平铺带间进行。

2. 直立式沙障

直立式沙障大多属积沙型沙障。风沙流所通过的路线上,无论碰到任何障碍物的阻挡,风速降低,挟带沙子的一部分就会沉积在障碍物的周围,以此来减少风沙的输沙量,从而起到防治风沙危害的作用。

风沙流中的沙子,有80%是悬浮于地表30 cm的气流以内,且大半又集中在贴近地表10 cm的高度内流动。因此,不需设置很高的沙障,就可以使流沙得到控制。

不同沙障高度,除影响其防护范围外,对风沙流并无本质的影响,可是把沙障的透风程度加以改变,将对风沙流产生本质的影响。透风程度的变化主要由沙障的孔隙度所决定的,而空隙度又决定设障时所用的材料和排列结构的不同而有区别。

1) 透风结构沙障

当风沙流经过沙障时,摩擦阻力加大,产生许多涡旋互相碰撞,消耗了动能,使风速削弱,载沙能力减低,在沙障前后就形成积沙。障前积沙少,沙障不易被沙埋,障后的积沙沙堆平缓地向纵向伸展。积沙范围较远,拦蓄沙粒的时间长,积沙量大。

2) 紧密结构的沙障

当风沙流经过沙障时,在沙障前被迫抬升,越过沙障后又急剧下降,在沙障前后产生强烈的涡动,消耗功能,减少了载沙能力,在沙障前后形成沙粒堆积。

3) 隐蔽式沙障

它是埋在沙层中的立式沙障,起控制风蚀基准面的作用,设置沙障后沙粒仍在动,但总的地形并不发生变化,虽有一定的风蚀,到一定程度后即不再往下风蚀。

（三）沙障类型的技术要求

1. 沙障空隙度

通常把沙障空隙面积与沙障总面积之比,称为沙障空隙度。它是衡量沙障透风性能的指标。空隙度越小,沙障越紧密,积沙范围越窄,即延伸距离越短。紧密结构的沙障的障前、障后的积沙范围约为障高的2.5倍,积沙的最高点恰在沙障的位置上,沙障很快就被积沙所埋没,失去继续拦沙的作用。空隙度大的沙障,积沙范围延伸得很远,积沙作用也大,防护的时间也长。一般多采用25%~50%的透风空隙。空隙度与积沙范围的关系见图3-14。

2. 沙障高度

一般情况下,积沙量与沙障高度的平方成正比。由于沙粒主要是在近地面层内运动,沙障的高度在15~20 cm就够用了,但沙障高度过低易受沙埋,达到30~40 cm即可收到显著效果。设置高立式沙障,沙障高度100 cm也就足够用了。

3. 沙障方向

沙障的设置应与主风方向垂直(见图3-15)。

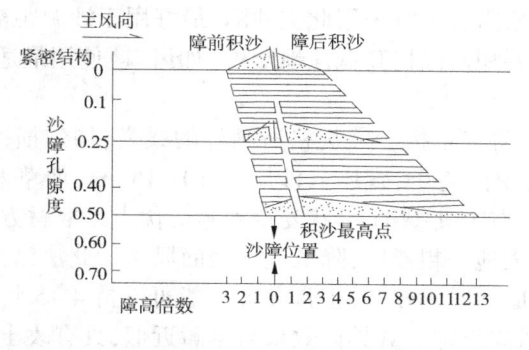

图3-14　沙障空隙度与积沙范围的关系

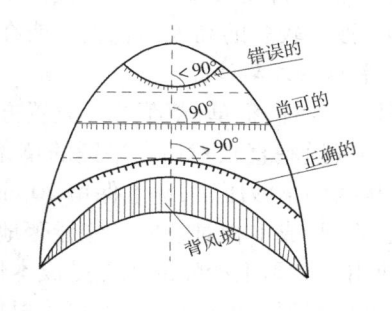

图3-15　风坡沙障设置方向示意图

4.沙障的配置形式

沙障的配置形式,归纳起来主要是行列式和格状式两种。行列式多用于单向起风沙为主的地区;格状式设置用于多风向地区。

5.沙障间距

沙障间距与地形坡度及沙障高低关系极大,除此之外,还要考虑风力强弱。沙障高度大,沙障间距就大,沙障低矮则间距就小;坡度平缓的间距大,坡度陡处间距小;风力弱处间距可大,风力强处间距就要缩小。在4°以下的平缓沙地上设置沙障时,障间距离为障高的15~20倍;在沙丘迎风坡设置时,要求下一列沙障的顶端与上一列沙障的基部等高或稍高出上一列沙障的基部。

6.沙障选用

当以防风蚀为主时,选用半隐蔽式沙障;当以截持风沙流为主时,选用透风结构的高立式沙障为宜;改变地形应选用紧密结构的高立式沙障。选材主要应考虑取材容易,价钱低廉,效果良好,副作用小。多采用麦草、板条、秸秆、芦苇、砾石和黏土。

(四)沙障设置方法

1.高立式沙障

地上高度在50~100 cm。材料:芨芨草、芦苇、板条和高秆作物。设置方法:把秆高质韧的草类截成70~130 cm 长度,在沙丘上规划好的线道上,随挖沟随均匀地插放沟中,沟深20~30 cm,梢端朝上,基部插入沟底,使之密接排紧,下部适当加些较短的梢头,使密度稍大些,两侧培沙,扶正踏实,培沙要稍高出沙面10 cm 左右,使沙障稳固(见图3-16)。插设季节以秋末冬初为好。

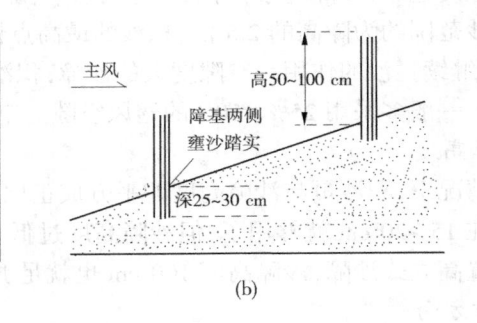

(a)   (b)

图 3-16　高立式沙障设置示意图

高立式沙障防沙效果好,但被保护对象附近不宜采用此类沙障,最好用于沙源距被保护区较远、沙量较多的高大沙丘上。或在需要积沙以提高低洼地形处(如风口)使用最适宜。

2.半隐蔽式草沙障

材料:麦秆、稻草、芦苇等。设置方法:将麦草按沙障规格所画好的线道,均匀横铺在线道上(与线道垂直),然后在平铺的草条的中段施压,直压入沙层中10~15 cm,使草两端翘起,再从两侧培沙压实,地上保留20 cm 左右。其中:①格状麦草沙障的优点是取材方便,施工方法简便,成本相对较低。能显著地增大地表粗糙度,降低流沙表面风速。此法已被大力推广使用。②黏土沙障的优点是成本低,固沙时间较长,正常设置一般可维持4~5年,施工简便,可呈行列式也可呈格状设置,根据风向决定。其具体效果与草障近似,具有改土效果。黏土障内栽植固沙植物,黏土慢慢与沙土掺和,可改变沙土结构,提高沙土肥力,有利于固沙植物生长。当4~5年沙障损坏时,障内植物可代替沙障起持久固沙作用。只是地区性强,只能在有黏土分布的沙区应用。

3.平铺式沙障

利用柴、草、卵石、黏土铺盖在沙面上。其中:①砾石沙障。既可稳定持久地发挥固沙效益,又有较强的保水性能,对植物的生长发育无任何不良影响。特别在沙区水库、铁路、公路、路堤及路堑边坡加固,防止风蚀等效果更为明显。②平铺泥土沙障。主要适用于绿洲内部孤立流动沙丘,或村庄附近、厂矿周围的零星沙丘。用此法彻底封固沙丘,可立即消除流沙危害,取得立竿见影的效果。但这种全包式影响降水下渗速度,使沙丘水分条件变差,不利于植物生长。而遇暴雨时又易产生径流,冲坏沙障。如能与行列式沙障结合,在行间铺一薄层土块,可消除上述缺点。

二、化学固沙

化学固沙主要是采用石油化学工业的副产品如沥青乳剂等,在流动沙地上喷洒化学胶结物质,使其在沙地表面形成一层有一定强度的防护壳,避免气流对沙表面的直接冲击,达到固定流沙的目的。化学固沙收效快,但成本高,一般多用于风沙危害能造成重大经济损失的地区,如机场、国防设施和重要工矿区,并常和植物固沙相配合,作为植物固沙的辅助性措施。

(一)化学固沙作用的原理

化学固沙作用的原理是利用稀释了的具有一定胶结性的化学物质,喷洒于松散的流沙沙地表面,水分迅速渗入到沙层以下,而那些化学胶结物质则滞留于一定厚度(1~5 mm)的沙层间隙中,将单粒的沙子胶结成一层保护壳,以此来隔开气流与松散沙面的直接接触,从而起到防止风蚀的作用。这种作用是属于固沙型的,只能将沙地就地固定不动,而对过境风沙流中所挟带的沙粒却没有防治效能。

沥青乳液又名乳化沥青,它是一种在乳化剂作用下,沥青以微粒(直径0.1~10 μm)形式分散于水中。这种乳液又称水包油式乳液。用沥青乳液固沙则滞留于一定厚度的表面沙层中,将沙子胶结成为多孔状的固结沙层,以达到固沙的目的。因此,乳化沥青要求具有很高的稀释稳定性和较高的分散度,以便于喷洒并渗入沙层中,而这一性质是由乳化剂的性质和使用量所决定的。用硫酸处理(亚硫酸法或苛性钠法)后的造纸废液是一种较为理想的乳化剂。使用碱金属脂肪酸盐做乳化剂,要求水的硬度不能大于80 mg/L,否则乳化剂的使用量要大大增加。用纸浆废液做乳化剂,水的硬度则影响不大。

(二)化学固沙材料的选择标准及化学固沙物质的种类和组成

1.化学固沙材料的选择标准

选择化学固沙材料应注意:①保护壳要有一定强度和耐久性;②成本低;③使用简便,不需要特殊设备;④对植物发芽和生长没有影响;⑤不污染环境。

2.化学固沙物质的种类和组成

(1)沥青乳液固沙。组成:石油沥青,乳化剂(用硫酸处理过的造纸废液或油酸钠),水。

(2)沥青化合物固沙。组成:30%~35%的沥青或黏油,30%~50%的矿石粉,30%~35%的水。

(3)涅罗森固沙。组成:含氮物质0.3%,石碳酸0.3%,酚类化合物21%,沥青质酸0.7%,中性沥青质13.3%,中性油、烃和中性氧化物64%。

（4）油-胶乳固沙。组成：橡胶乳。

（5）沙粒结块固沙法。在沙中加黏结剂，增加沙粒团聚成分，同时栽植固沙植物，以此来达到固定流沙的目的。

目前，国内外用做固沙的胶结材料主要是石油化学工业的副产品。一般常用的有沥青乳液、高树脂石油、橡胶乳液和油-橡胶乳液的混合物等。其中以沥青乳液使用最广，因为它在常温下具有流动性，便于使用，价格也较低。

（三）化学固沙物质的配制及使用方法

1.沥青乳液的配制及使用

1）沥青乳液的配制

沥青乳液所用材料为沥青和乳化剂。沥青是 200 号石油沥青与 30 号石油沥青混合使用；乳化剂则为亚硫酸造纸废液。有时为了增加乳液的稳定性和分散度常加入水玻璃或烧碱。一般要在 10 t 乳液中加入 0.5 kg 烧碱。

（1）沥青乳液一号配方。乳化液的组成由亚硫酸盐造纸废液（pH<7，比重 1.28）12%，硫酸（工业用，比重 1.83）1.2%，水 86.8%；沥青材料则为 30 号石油沥青∶200 号石油沥青 ＝3∶2；乳化液∶沥青材料 ＝1∶1（体积比）。

（2）沥青乳液二号配方。乳化液组成由硫化钠蒸煮废液（pH>7，比重 1.04）50%，硫酸（工业用，比重 1.83）1.5%，水 48.5%；沥青材料由 30 号石油沥青∶200 号石油沥青 ＝2∶1组成；乳液则由乳化液∶沥青材料 ＝1∶1（体积比）组成。

沥青乳液生产工艺的主要生产设备为狭缝式胶体磨，蒸汽锅炉，沥青加热锅，乳化液调配池，乳液贮存池。沥青乳液生产过程，按照配方，将沥青加热至 120～160 ℃，以降低沥青的黏度。在另一容器内将配好的乳化液加热到 65～70 ℃，两种材料经过滤后按体积比 1∶1 的关系同时放入胶体磨的进料漏斗中，混合料经搅拌后，经过 0.1～0.5 mm 的狭缝后被乳化。乳液经出口流入贮存池。

沥青乳液质量的好坏依据沥青乳液的颜色、分散度、稀释稳定性等指标判断，在质量检查时应分别检验这些指标。沥青乳液的颜色以棕色为最好，棕黑色次之，黑棕色最差，不宜使用。分散度的检验可用玻璃棒插入沥青乳液中，取出时待乳液不再下滴时，观察玻璃棒上的漆膜，如果漆膜细腻不见颗粒，则分散度高，沥青乳液质量为佳；反之，漆膜粗糙，分散度低，沥青颗粒不够均匀，不成膜，则沥青乳化不好，或未乳化，不能使用。此时应检查配方比例是否正确或胶体磨转速是否正常，如没有差错应继续研磨。稀释稳定性的检验，一般在喷洒前按比例稀释时，通过搅拌，如稀释均匀，则稳定性好，质量高；如果不易稀释或极不均匀，则不宜使用。经过质量检查后符合标准的乳液就是配制好的沥青乳液，可以使用。

根据中国科学院兰州沙漠研究所的材料，固沙用的沥青乳液，以亚硫酸盐纸浆废液（木质磺酸盐）做乳化剂，其配方（按重量计）为：沥青（60 号～200 号任何一种）占 40%～50%，水占 60%～50%，纸浆废液干涸物占用水量的 12%～14%。水与纸浆液混合而成的水溶液（乳化液），pH 值 7～8，比重 1.06（20 ℃）。亚硫酸盐纸（木）浆废液或苇浆废液可不经过处理直接使用，但为增强乳化沥青的稳定性和分散度，也可选用下述任一种方法加以处理：①加入 Na_2CO_3 27 g/L（就水溶液而言）；②加入 Na_2SO_4 37 g/L；③加入 Na_2SO_4 约 3 g/L 和 H_2SO_4 约 5 g/L，二者对纸浆废液中 CaO 的置换量分别为 80% 和 20%。

2）沥青乳液的使用

（1）用量。各地不一，以每平方米几克到几百克都有，主要取决于当地的水文条件和风速，如果水文条件好，风较小，用量可小，否则应大。

（2）高度。喷头不要距地表过低或过高，一般 1 m 左右为宜，否则会影响喷洒质量。

（3）方向。风向对喷洒质量影响很大，不宜迎风和顺风喷洒。迎风喷洒不易控制，并易溅得满身沥青，顺风喷洒易使背风坡出现小蜂窝，造成质量不良，以侧向略迎风喷洒为好。

（4）喷洒方式。全面喷洒法和带状喷洒法。当喷洒沥青与植物固沙同时进行时，应在栽上植株后立即喷洒。在降水或喷水后喷洒沥青效果更好。

2.沥青化合物的配制和使用

（1）配制。将 MG:70/30 沥青或黏油、矿物粉和水按规定的比例配好，装入灰浆搅拌机中进行强力搅拌即可制成。

（2）使用。将制成的化合物进行稀释，可采用 1:1 ~ 1:10，用泥浆泵喷洒即可。用量一般为 6 ~ 8 L/m²，渗入沙层厚度为 10 ~ 30 mm。一次用量不宜太大，可分多次喷洒，间隔半月到 2 个月再喷。

3.油-胶乳的配制和使用

（1）配制。将油 100 份，水 15 ~ 30 份，油酸 2 ~ 4 份，三乙醇胺 1 ~ 2 份，混合在一起装入搅拌机中，然后以 50 r/min 的速度，转动 15 ~ 20 min，即可制成良好稳定性的油胶乳液。

（2）使用。使用时可以直接用配制好的油-胶乳溶液向沙面上喷洒。

（四）沥青乳液固沙效果评价

（1）抗风蚀。喷洒沥青乳液形成的固结沙层（平均厚度 20 ~ 30 mm），有一定的抗风蚀能力。根据铁道科学研究院西北研究所的试验，沥青用量为 0.5 ~ 1.0 kg/m²（用水 15 kg/m²）时，能抵抗 30 m/s 的风速，其中喷洒量为 0.5 kg/m²，在 30 m/s 风速下持续吹 280 min，局部有风蚀洞（8 mm）；喷洒量为 1.0 kg/m²，在 30 m/s 风速下持续吹 320 min，表面无风蚀现象。一般可使用 4 ~ 5 年，如喷洒质量好，未遭人畜破坏的可使用 10 年以上。

（2）透气性。喷洒沥青乳液后，对沙子的透气性影响不大。喷与未喷沙层中的二氧化碳和氧气的量基本相同。

（3）保水性与透水性。有一定保水性，喷洒乳液沙层中的含水量比天然条件下沙层中的含水量高，说明其保水性好。透水性则说法不一，需进一步研究。一般喷洒量大基本不透水，喷洒量小则透水性较好。

（4）蒸发量。沥青乳液能促使水分的扩散凝结，减少沙地水分蒸发。蒸发量很小时，无明显差异；而在蒸发量很大时，喷洒量对蒸发量的大小影响很明显，使沙地水分状况得到改善，有利于植物生长。

（5）温度。沙面铺沥青后，对土壤温度影响是有季节变化的。在夏季，高出地面 3 cm 的地方和地表以下 5 cm 处，铺沥青的地方均低于未铺沥青的地方，往下温度差别不大，一般在 1 ~ 1.5 ℃ 以内。在春秋两季，温度出现相反的变化，有沥青防护层下的沙层温度均有提高，在 25 ~ 100 cm，提高 0.5 ~ 0.8 ℃；200 cm 深处提高 1.3 ~ 3.0 ℃。

（6）对植物生长的影响。沥青乳液使植物免除遭受风蚀、沙埋、沙打、沙割的危害；改善了沙地土壤的水文条件，有利于植物的生长；春秋两季沥青层下温度较高，延长了植物的生长期；夏季温度低于未铺沙层，免遭日灼的危害，有沥青层保护的地段，种子发芽可提早 4 ~ 6

d,生长速度可以增加 1.3~2 倍,死亡率可减少 50%。从而对植物生长有一定影响。

沥青中的微量放射性物质对植物也有一定刺激作用,使植物生长效果好。在喷洒沥青乳液的沙丘上所栽植和直播的柠条、沙蒿、沙拐枣等植物,生长情况良好。

三、风力治沙

(一) 风力治沙的意义及原理

1.风力治沙的概念

风力治沙是以风的动力为基础,根据风沙流蚀积规律,人为地干扰控制风沙的蚀积搬运,因势利导,变害为利的一种治沙方法。从风沙运动规律来看,风力治沙是指应用空气动力学原理,采取各种措施,降低粗糙度,使风力变强,减少沙量,使风沙流非饱和,造成沙粒移动或地表风蚀的一种治沙方法。

2.风力治沙的意义

风力治沙的意义在于:①应用地区广泛。风力治沙不受自然条件好坏所限,不论条件优劣都可以采用,所以应用范围很广。②行之有效的治沙方法。在认识风沙运动规律的基础上,运用辩证统一规律,创造一定条件,使风变害为利,化消极因素为积极因素,为治理流沙危害增加了切实可行的方法。③固输结合,效果显著。④风是沙区的宝贵能源之一。风力治沙本身就是利用风力代替人力、机械做功。我国沙区有丰富的风能资源,风力治沙是利用自然规律来改变自然地貌。

3.风力治沙原理

(1)辩证统一规律是风力治沙的理论基础。变害为利是风力治沙的指导思想。在害转利的过程中,风与沙是基础,必须考虑风的强弱、风沙流的饱和非饱和、沙粒的停走、地表的蚀积、措施的固输,这 5 对矛盾 10 个方面的辩证统一规律。风力治沙要本着以固促输,断源输沙,以输促固,开源固沙的方针,在辩证统一规律的指导下,利用和创造各种条件,使 5 对矛盾各自向其对立面转化,达到除害兴利的目的。

(2)非堆积搬运和饱和路径学说是风力治沙的理论依据。风沙地貌在景观上的最大特征就是沙丘与丘间地相间分布。要使防护地段免受积沙危害,就要在气流逐渐被沙子饱和的路径上,取去一部分沙子,那就可以在一定长度的地段上达到非堆积搬运,延长饱和路径,使之在这个地段内不堆积,或使风占优势,或使简单的搬运占优势,就可以在防护地段内不造成积沙危害,也可以使被沙埋压的地段将沙搬运走。

(3)伯努利方程的应用。伯努利方程为

$$p \times v_1^2/2 + P_1 = p \times v_2^2/2 + P_2 \tag{3-17}$$

式中　p——空气密度;

v_1、v_2——两点的气流速度;

P_1、P_2——两点静压力。

此方程指出,气流中任意一点的速度大,则静压力小;反之,速度小,则静压力大。在风力治沙的许多具体措施中,应用这一原理达到输沙的目的。

(二) 风力治沙的技术措施

风力治沙的基本措施是以输为主,兼有固。固输结合,则效果更佳。

1.以固促输,断源输沙

要防止某地段被沙埋压或清除其上的积沙,就在该地段上风区,用可行的治沙方法固定流沙、切断沙源,使流经防护区的风沙流成为非饱和气流,使此处的积沙被气流带走或以非堆积搬运形式越过防护区,使被保护物免受积沙危害。

2.集流输导

集流输导是聚集风力、加大风速、输导防护区的积沙,防止沙埋危害。集中风力的方法很多,最常见的有聚风板,常用聚风下输法、水平输导法(即八字形输导)、垂直输导法(见图3-17)。

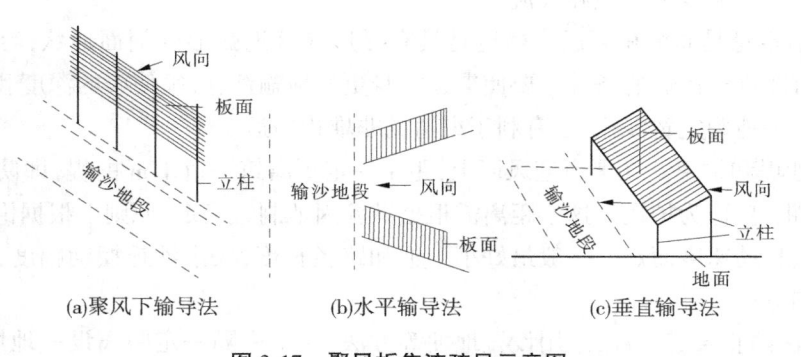

(a)聚风下输导法　　　(b)水平输导法　　　(c)垂直输导法

图 3-17　聚风板集流疏导示意图

聚风下输法设置时向主风向倾斜,聚风输沙被输地段与主风方向交角成45°~90°,输导积沙的效果较好,如果与主风方向的交角小于30°,则必须采用反折侧导法来输导积沙。

3.反折侧导

被保护物如果遭受从锐角方向吹来的流沙危害时,可以用促使近地表气流换向的措施,改变流沙的输移方向,避开被保护物。

1)反折侧导的原理

沙障与主风斜交,在以下时,能产生近地表的次生风换向,风沙流吹近沙障后,气流受到一定的压缩换向,部分沙粒在障前停下。但由于受压气流换向后风速加大,沿沙障行列前进,开始时降落在沙障附近的一部分沙粒,又因受新来的沙粒撞击,重新卷入风沙流沿着沙障的行列方向前进,使被保护区避免障后积沙的危害。

2)反折侧导的设置

一般用不透风的机械沙障进行侧导,在设置前,首先要了解地形和输导方向,地形是否有利于流沙的折向输走,确定沙障的位置和角度,导走流沙的处理场所。一般采用1m左右高的不透风沙障或导沙板,排列成连续的沙障。

3)改变地表状况,促进流沙输导

(1)创造平滑的环境条件。在防止积沙的被保护地段,要尽量清除障碍,筑成平滑坚实的下垫面,要使防护地段输沙,就须把陡坡变缓筑成圆滑弧形,使气流附面层不产生分离而出现涡流,达到输沙目的。

(2)加大上升力进行输沙。上升力的大小取决于气流近地表层的速度与较高层速度的差数,由于粗糙表面对近地表面层气流的阻力,加大了上升力。所以,在防护区铺设一些砾石或碎石,增加跃移沙的反弹力,加大上升力,调节风沙流结构,减少较低层的沙量,造成防护区风蚀,起到输沙目的。

(3)附面层风速变化规律的应用。近地表层的风速随高度的增加而增加,所以在公路防沙时,路基要高出附近地表,以增大风速,便于输沙。

(三)风力治沙措施的应用

1.渠道防沙

(1)基本要求。渠道防沙的要求是在渠道内不要造成积沙,这就必须保证风沙流通过渠道时成为不饱和气流,即渠道的宽度必须小于饱和路径长度,或者采取措施,从气流中取走沙量,使过渠气流成为非饱和气流。

(2)渠道本身是非堆积搬运。渠道是具有弧形或接近弧形的剖面形状,容易产生上升力,所以具有非堆积搬运的条件。要使渠道本身更好地输沙,必须使渠的深度和宽度在一定的范围内,合理地确定宽深比,才有利于渠道的非堆积搬运。

(3)防沙堤和护道。在渠道迎风面上,距岸一定距离筑一道 1 m 的堤,即防沙堤。堤到渠边的一定距离,称为护道。这个距离需根据试验因地制宜确定,原则上根据饱和路径长度和沙丘类型、移动速度而定。一般最好小于饱和路径长度,大于沙丘摆动幅度,使渠道处于饱和路径的起点。

我国沙区防止渠道积沙,采用设置地埂等方法,在田中隔一定距离设一地埂,耕地时不动,形成大粗糙度,使地面均匀积沙不形成沙丘。既可以掺沙改土、保墒压盐,又可以造成非饱和气流,使风沙流处于非堆积搬运状态。再加上护渠林营造合理,就可以有效地控制风沙流防止渠道积沙。

2.拉沙修渠筑堤

利用风力修渠筑堤,共同方法是设置高立式紧密沙障,降低风速,改变风沙流结构,使沙子聚积在沙障附近,当沙障被埋一部分后,或向上提沙障,或加高沙障到所需要的高度。

修渠可按渠道设计的中心线设置沙障,先修下风一侧,然后修上风一侧。沙障距中心线的距离一般可按下式计算

$$I = 1/2(b + a) + mh \tag{3-18}$$

式中　I——沙障距渠道中心线的距离;

　　　b——渠堤底宽;

　　　a——渠堤顶宽;

　　　m——边坡系数(沙区一般为 1.5~2);

　　　h——渠堤高度。

筑堤是指在干河床内横向修筑堤坝,引洪淤地,改河造田。

3.拉沙改土

拉沙改土是利用风力拉平沙丘,使丘间低地掺沙,改良土壤。沙丘以输为目的,丘间低地以积沙为目的,既改变沙丘,又改良丘间沙地。黏质土壤掺沙改土不仅可以改变土壤机械组成,而且可以改善土壤水分和通气条件,对抑制土壤盐渍化也有作用。

风力拉沙改土首先要有一定的沙源,保证较短时间内供给足够的沙子;其次要造成很有效的积沙条件。

四、水力治沙

(一)水力拉沙的意义和原理

1.水力拉沙的概念

水力拉沙是以水为动力,按照需要使沙子进行输移,消除沙害,以改造利用沙漠的一种方法。其实质是利用水力定向控制蚀积搬运,达到除害兴利的目的。

2.水力拉沙的意义

水力拉沙的意义在于:①增加沙地水分,为植物生长发育创造条件,还可以增强地表的抗蚀性。②改变沙地的地形,沙区地势起伏不平,经水冲沙塌,冲高淤低,把各种不同的沙丘地形改造成平坦地,并能节省劳力,提高工效。③改良土壤,使沙地的理化性质得到改善。可改变机械组成,溶解并增加无机盐类,促进团粒结构的形成。④改善沙区小气候。⑤促进沙地综合利用,由于水利治沙改变水分、地形、土壤、小气候等自然条件,为农林牧渔等各项生产事业创造了有利条件。

3.水力拉沙原理

水力拉沙是运用水土流失的基本规律,以水力为动力,通过人为的控制影响流速的坡度、坡长、流量及地面粗糙度等各项因子,使水流大量集中形成股流,造成一个水的流速(侵蚀力)大于土体的抵抗力(抗蚀力)。同时,沙粒由于有较大渗透力,水量超出渗透速度后,沙被水饱和形成浑水泥浆后,水流继续冲淘,即形成径流,水和泥沙顺坡流走。由于沙粒本身是无结构的,机械组成较粗,又极松散,经水力冲刷后很快形成侵蚀沟,此时侧蚀加强,向两侧淘蚀严重,沙丘本身落沙坡面的自由安息角被破坏,沟坡大量崩塌,塌下的泥沙又大量随水流走,这样继续扩展冲淘,沙随水走,使丘体破碎,慢慢被水输移到下游平坦及低洼地上流速变缓而沉积下来。最后达到拉平沙丘,改变沙丘地貌,建造成大面积基本农田和林、牧业基地的目的。

水土流失的快慢与流速、沙粒重力及粒径有关,即粒径与起动流速的平方成正比,沙粒的重力又与其粒径的三次方成正比,所以沙粒的重力与流速的关系可用下式来表示

$$G \propto vD^6 \tag{3-19}$$

式中　G——沙粒重力;

　　　v——流速;

　　　D——沙粒粒径。

根据这一关系式,我们就可以通过控制流速的办法,解决水力拉沙和沙粒沉积的问题,一旦沙丘拉平即进入防风防沙和沙地利用阶段。

(二)引水拉沙修渠

拉沙修渠是利用沙区河流、海水、水库等的水源,自流引水或机械抽水,按规划的路线,引水开渠,以水冲沙,边引水边开渠,逐步疏通和延伸引水渠道。它是水利治沙的具体措施。

1.特点及作用

由于沙区特殊的自然条件,在拉沙修渠时的规划、设计、施工、养护等方面的特点是:适应地形、灵活定线、弯曲前进、逐步改直;沙粒松散、容易冲淤、比降宜小、断面宜大;引水拉沙、冲高填低、水落淤实、不动不夯;引水开渠、以水攻沙、循序渐进、水到渠成。

引水拉沙修渠的根本目的是为了开发利用和改造治理沙漠及沙地。其直接目的是在修

渠的同时,可以拉沙造田,扩大土地资源;引水润沙,加速绿化,为发展农、林、牧业创造条件;拉沙压碱,改良土壤;拉沙筑坝,建库蓄水,实行土、水、林综合治理。所以,引水修渠要与拉沙造田、拉沙筑坝等治沙方法紧密结合、统筹兼顾、全面规划;使开发利用与改造治理并举,水利治理与植物治理并举;消除干旱、风沙、洪水、盐碱等危害,使农、林、牧、副、渔得到全面发展。

2.规划设计

修渠之前要勘察水源、计算水量、了解水位和地形地势条件,确定灌溉范围和引水方式,选择渠线,布设渠系。沙区水十分宝贵,必须充分利用和开发水源,积蓄水量,对地表水和地下水的季节变化都要进行详细的调查,根据水量、水位确定引水方式,水量不足时,可建库蓄水;水位较高时,可修闸门直接开口,引水修渠;水位不高时,可用木桩、柴草临时修坝壅水入渠;水位过低时,可用机械抽水入渠。

选择渠线。利用地形图到现场确定渠线的位置、方向和距离,由于沙丘起伏不平,渠道可按沙丘变化,大弯就势,小弯取直。干渠通过大的沙渠和沙丘时,应采用拉沙的办法夷平沙丘,使渠岸变成平坦台地,台地在迎风坡一侧宽50 m,背风坡宽20~30 m。为防止或减少风沙淤积渠道,干渠应基本顺从主风方向或沿沙丘沙梁的迎风坡布设。此外,布设渠系时,要使田、林、渠、路配套,排灌结合,实行林网化、水利化。拉沙筑坝的渠道一般不分级,能满足施工即可。拉沙造田的渠道则应尽量和将来的灌溉渠系结合,统筹兼顾,一次修成。

引水量的大小依据灌溉面积、用水定额、渠道渗漏情况来确定。通常应适当加大渠道断面,增加引水流量,以备将来灌区的发展,也有利于渠道防淤防渗。渠道的比降,沙渠比土渠要小。清水渠道引水量小于0.5 m³/s,比降采用1/1 500~1/2 000,浑水比降可增至1/300~1/500;当引水量增大到1.0~2.0 m³/s 时,清水比降采用1/2 500~1/3 000,浑水渠道采用1/1 500~1/2 000。沙渠大都采用宽浅式梯形断面。渠底宽为水深的2~3 倍较适宜,边坡比采用1:1.5~2.0,具体规格按引水流量的大小确定。渠岸顶宽支渠一般为1~1.5 m,干渠为2~3 m,岸超高为0.3~0.5 m。

3.施工和养护

施工过程是从水源开始,边修渠边引水,以水冲沙,引水开渠,由上而下,循序渐进。做法是在连接水源的地方,开挖冲沙壕,引水入壕,将冲沙壕经过的沙丘拉低,沙湾填高,变成平台,再引水拉沙开渠或人工开挖渠道。

渠道经过不同类型的沙丘和不同部位时,可采用不同的方法。机械抽水拉沙修渠,为渠道穿越大沙梁施工创造了条件。可将抽水机胶管一端直接放在沙梁顶部拉沙开渠。

沙区渠道修成之后,必须做好防风、防渗、防冲、防淤等防护措施,才能很好地发挥效益。

(三) 引水拉沙造田

引水拉沙造田是利用水的冲力,把起伏不平、不断移动的沙丘,改变为地面平坦、风蚀较轻的固定农田。这是改造利用沙地和沙漠的一种方法,是水利治沙的具体措施。

1.拉沙造田的规划设计

拉沙造田必须与拉沙修渠进行统一规划,分期实施。造田地段应规划在沙区河流两岸、水库下游和渠道附近或有其他水源的地方。拉沙造田次序应按渠道的布设,先远后近、先高后低,保证水沙有出路,以便拉平高沙丘、淤填低洼地。周围沙荒地带可以利用余水和退水,引水润沙,造林种草,防止风沙,保护农田,发展多种经营。

2.拉沙造田的田间工程

引水拉沙造田的田间工程包括引水渠、蓄水池、冲沙壕、围埝、排水口等（见图3-18）。这些田间工程的布设，既要便于造田施工，节约劳力，又要照顾造出的农田布局合理。

引水渠连接支渠或干渠，或直接从河流、海子开挖，引水渠上接水源，下接蓄水池。造田前引水拉沙，造田后大多成为固定性灌溉渠道。如果利用机械从水源直接抽水造田，可不挖或少挖引水渠。

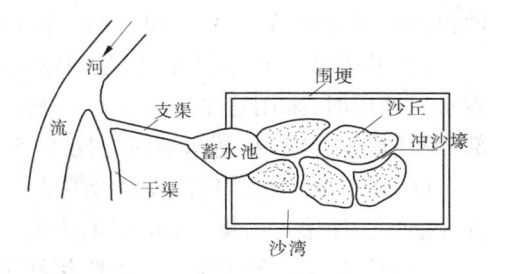

图3-18 拉沙造田田间工程布设示意图

蓄水池是临时性的贮水设施，利用沙湾或人工筑埝蓄水，主要起抬高水位、积蓄水量、小聚大放的作用。蓄水池下连冲沙壕，凭借水的压力和冲力，冲移沙丘平地造田。在水量充足压力较大时，可直接开渠或用机械抽水拉沙，不必围筑蓄水池。

冲沙壕挖在要拉平的沙丘上，水通过冲沙壕拉平沙丘，填淤洼地造田块，冲沙壕比降要大，在沙丘的下方要陡，这样水流通畅，冲力强，拉沙快，效果好。冲沙壕一般底宽0.3~0.6 m，放水后越冲越大，沙丘逐渐冲刷滑流入壕，沙子被流水挟带到低洼的沙湾，削高填低，直至沙丘被拉平。

围埝是拦截冲沙壕拉下来的泥沙和排出余水，使沙湾地淤填抬高，与被冲拉的地段相平。围埝用沙或土培筑而成，拉沙造田后变成农田地埝，设计时最好有规格地按田块规划修筑成矩形。

排水口要高于田面，低于田埝，起控制高差、拦蓄洪水、沉淀泥沙、排除清水的作用。施工中常用田面大量积水的均匀程度来鉴定田块的平整，经过粗平后，就要把田面上的积水通过排水口排出。排水口应按照地面的高低变化不断改变高差和位置，一般设在田块下部的左右角，使水排到低洼沙湾，引水润沙，亦可将积水直接退至河流及河道。排水口还要用柴草、砖石护砌，以防冲刷。

3.拉沙造田的具体方法

在设置好田间工程后，即可进行拉沙造田。由于沙丘形态、水量、高差等因素的不同，拉沙造田的方法也各有差异。一般按拉沙的冲沙壕开挖部位来划分，有顶部拉、腰部拉和底部拉三种基本方式，施工中因沙丘形态的变化又有下列多种综合法：

（1）抓沙顶。适于引水渠位高于或平于新月形和椭圆形沙丘顶部时采用。当水位略低于沙丘顶部时，只要加深冲沙壕也可应用。采用抽水机械时，只需将水泵抽水管连通水源，放在沙丘顶部拉沙。在不同形态的沙丘上施工，胶管的角度部位可以自由变换。此法比自流引水拉沙操作自如，目前采用越来越多。

（2）野马分鬃。一般在渠水位低于或平于大型新月形沙丘、新月形沙丘链时采用。在沙丘靠近蓄水池一端，先偏向沙丘一侧挖一段冲沙壕，放水入壕拉去一段，接着在缺口处筑埝拦水，然后偏向沙丘另一侧，挖一段冲沙壕，再拉去一块，由近及远，如此左右连续前进，即可拉平沙丘。在施工中要保证冲沙壕的水流不中断，由于冲沙壕左右分开，形如马鬃，所以叫野马分鬃。

（3）旋沙腰。在渠水位只能引到沙丘腰部时采用，需水量多。做法是：在沙丘中腰部开挖冲沙壕，利用水的冲击力量，逐渐向沙丘腹部淘蚀，形成曲线拉沙，齐腰拉平。

（4）劈沙畔。一般在沙丘高大，渠水的水位低，水无法引至沙丘顶部或腰部，可在沙丘坡角开一道冲沙壕,由外及里,逐步劈沙入水,将整个沙丘连根拉平。

(5)梅花瓣。在水量充足、范围较大的地段,当几个低于或平于渠水位的小沙丘环列于蓄水池四周时,采用这个方法。另一种梅花瓣拉沙法是在一个大沙丘上,把水引至沙丘顶部,围埂蓄水,然后在蓄水池四周挖4~5条冲沙壕,同量放水向四周扩展,拉平沙丘。

(6)羊麻肠。在沙丘初步拉垮削低后,还残存有坡度很小的平台状沙堆,就可由高处向低处开挖"之"字形冲沙壕,引水入壕,借助水流摆动冲击,将高出地面的平台状沙丘削低扫平。

(7)麻雀战。多在拉沙造田收尾施工时采用。主要用来消除高1~2 m的残留沙堆。将拉沙人员散开,每个沙堆旁安排一两名,然后放水,各点的人员分别引水,冲拉沙堆,摊平沙丘。此法因与游击战中的"麻雀战"相似而得名。

(四)引水拉沙筑坝

引水拉沙筑坝即利用水力冲击沙土,形成沙浆输入坝面,经过脱水固结,逐层淤填,形成均质坝体。用这种方法进行筑坝建库,称为引水拉沙筑坝,俗称水坠筑坝。

1.沙坝的设计

拉沙筑坝材料以沙为主,为防止透水,条件允许时可用黏土做心墙,坝体外壳用引水拉沙冲填。此外,在选料时沙土中最好有一定的黏粒和粉粒,这样可减少渗水损失。

沙坝设计的关键是确定合理的坝坡坡比。因沙坝的坝坡风浪淘蚀严重,若不做砌石护坡,就要放缓坡比,坝高超过40 m,库容大于100万 m^3,可酌情放缓坡比。

沙坝透水性强,蓄水后坝体浸润和坝坡风浪淘蚀严重,因此必须设置反滤体和进行护坡以保证坝角稳定和坝坡完整,防止坝坡崩塌和滑坡。在石料来源方便的地方,采用斜卧式或棱式反滤体,沙坝上游的坝面,采用砌石护坡;在石料缺乏的沙区可采用植物护坡。

2.沙坝的施工

施工前要准备好有关的材料物资,在坝址上游要有充足的水源。用于拉沙的沙场要临近坝址,最好高出坝顶10 m以上。自流水源要设置引水渠、冲沙壕等田间工程,机械抽水要少设田间工程。依据沙丘形状和高差,采用抓沙顶等方法,引水拉沙输入坝面。畦块的大小和多少,主要根据坝面、水量、气温、劳力、沙源等决定。小畦一般为0.1 hm^2 以下,大畦为1 hm^2 以上。畦块多少,一般有1坝1畦、1坝2畦和1坝多畦几种形式。修筑围埂主要起分畦淤沙、阻滑吸水和控制坝坡的作用。一般埂高为0.8~1 m,均为梯形。

提水或引水到沙场进行拉沙,将水流变为沙浆送至坝面,待沙浆经过沉淀、脱水、固结然后填筑第二层。填筑方式取决于沙是一边或两边,若一面拉沙,即1端1畦冲填;若两面拉沙,即2端1畦冲填。沙浆入畦,要低于围埂,冲填厚度为埂高的7/10,沙土一次冲填厚度一般为0.5~0.7 m。在沙浆能流动的情况下,浓度越稠越好,一般含沙量为50%~60%较合适。沙区拉沙筑坝的相间周期要根据土质、气温、冲填厚度等因素决定,一般只要隔夜施工就能保证质量。

第六节　风蚀荒漠化防治的新思路

21世纪中国防沙治沙思路是"预防为主,防治结合,综合治理"。预防为主是指全面防治沙漠化的发生和发展,不仅要保护现有天然林、草原等现有植被,还要保护沙区的水面、湿地等,制止盲目开发,防治产生新的沙化土地。防治结合是应把控制沙化速度、防治沙化发生作为主攻目标,集中使用有限的治沙经费,防止和治理对群众产生直接危害地段,如村庄、城镇、工矿区的四周,沙漠、沙地边缘,农田、河流、水面的四周,公路铁路两侧等,通过植树种草不断扩大治理范围。综合治理不仅要把点上的沙漠化土地治理好,而且要防治大面积土地沙漠化的发生。

一、建设三大屏障,遏制土地沙化

我国八大沙漠、四大沙地本身是一种自然景观,治沙不是在戈壁滩上、大沙漠里种树,而是遏制沙化扩展的趋势,是在一定的周边治理。在中国有沙地及沙尘暴存在是一个长期的过程,但是通过林草生物固沙遏制住土地沙化是可以做到的。

(一)对现有沙地植被、荒漠植被进行保护

沙地植被是维护荒漠生态系统的一个主体,破坏容易恢复难,因此要把保护荒漠植被放在第一位,不然所有的治理、植树造林等最后都将功亏一篑。大沙漠里胡杨林的固土作用十分明显,树龄达几百年、几千年,红柳、梭梭、榆树、柠条、沙棘等也是很好的抗沙树种,必须保护,没有这些荒漠植被的维系,治沙的效果将大打折扣。

(二)因害设防,建立防风固沙林草带

沿八大沙漠、四大沙地周边建立大型防风固沙林草带,在沙漠与绿洲之间依法建立大型固沙防护林网。政府要统筹规划、分步实施,划出地块,精心组织群众逐年完成。

(三)沙化耕地退耕还林还草

对风沙危害严重的干旱耕地,推广免耕法,即"把根留住"耕作法;扩大越冬作物种植面积,减少春季翻耕播种扰动土地,减轻风蚀及沙尘暴灾害;对沙化耕地实行退耕还林还草。

二、以人为本,创新思路

我国在县级财力不到1 000万元/年、群众收入不到1 000元/年的基础上从事生态建设的伟大事业,困难不少。监测、分析表明中国土地沙化问题的主要原因,一是干旱的气候原因,二是人为因素,其中"五滥"是主要原因,即滥垦、滥牧、滥采、滥挖、滥用水。然而,这些都是表象,核心问题是环境及人口容量的问题,人口过多,生存与发展对自然资源消耗过度。为解决这个问题,要提倡以人为本,天人合一、人与自然和睦相处,在国家的政策法规制定上必须为群众的生存与发展着想,按人口、资源、环境相协调的可持续发展战略开拓创新思路。

三、明确责任目标,分区分类综合治理

(一)对草场沙化、退化地区,实行以牧为主,封禁沙化退化土地

内蒙古自治区北部半干旱地区由于历史和地理原因,是我国比较完整的一块草原。但是30多年来,牧区垦荒面积越来越大,使土地急剧沙漠化。半农半牧区,虽然其水热条件比牧区相对优越,但由于长期轮荒旱作的结果,沙化面积越来越扩大,包括科尔沁沙地、浑善达克沙地、库布齐沙漠及其他零星分布沙地,都是不同程度的退化草场,有些地方相当严重。中南部半农半牧区由于农业人口增长快,虽然人均拥有耕地0.33 hm²,但单产低,这个地区发展牧业生产潜力更大,只要加以封禁和适度利用沙化土地与退化草场,经过5~6年可见成效。各地实践表明,在流动沙地上,当草灌覆盖度达30%以上时,流沙就基本上被固定,当灌木覆盖度在40%以上时,沙化土地面积可以控制。

(二)合理利用草原,保护草原植被

草原的经营管理和合理利用是一个较复杂的问题,它与各地的自然条件、生产发展水平和科学技术、技术经济状况有密切的关系,目前必须做到以下三点:①实行以产草量确定载畜量,草畜平衡;②合理放牧,科学养畜;③应树立草原植被资源的商品概念。

(三)按沙化类型确定主攻方向及相应的治理措施

各地应在以往防沙治沙经验基础上,全面启动土地沙化治理工程,工程建设内容主要应包括:切实保护好现有林草植被,积极开展节水型林草带建设和沙化草原治理,加大沙化耕地退耕还林和荒山荒沙造林种草力度,实施小流域综合治理。重点治理已遭沙丘入侵、风沙危害严重的地段,进行全面规划,因地制宜地进行综合整治,同时每一项工程建设都要增加科技含量,运用先进技术,要按科学规律办事。

(1)建立人工植被,形成综合防护体系。为了防止固定及半固定沙丘活化、半流动及流动沙丘在风力作用下前移侵占原非沙漠化土地类型,除在其外围沙漠边缘地带进行封沙育草,保护天然植被的工作外,其前沿地带还要营造乔木灌木结合的防沙林带或防沙片林,其内部建立农田(草场)防护林网,形成"乔、灌、草","网、片、带"结合的综合防护体系。

(2)调整农业产业结构。风沙灾害严重地区,应以种树、种草为主,坚持发展林业、园艺业与牧业。

(3)采取综合措施,解决能源问题。应大力营造沙漠薪炭林,大力开发太阳能、风能,在农村广泛推广节柴炉灶,减少生物能源的浪费。总之,采取各种有效措施,保证沙漠植被不再遭破坏。

(4)控制人口增长速度。沙化土地地区人口的增长,必将增加对沙漠水、土、生物资源的需求量,因此控制人口发展速度,提高人口素质,建立一个人口、土地资源、环境相协调均衡发展的生态系统,对防治风沙灾害有着重要的意义。

(5)生物防护和工程防护相结合。采取工程防治措施,其目的是抑制沙地风蚀过程的发生发展和改变风沙流的搬运、堆积的形成条件。由于沙漠干旱少雨,水资源较为紧缺,在缺乏水源的地方,可利用柴草、树枝、化学材料或其他材料,在流沙地设置沙障,拦阻沙源,固阻流沙,阻挡沙丘前移,或采取工程设施输导流沙,达到控制风沙灾害的目的。

四、治沙工程管理,责任到人

目前,国家花大量的资金和粮食搞生态建设,但个别地方群众反映工程质量差,钱粮不到位,"豆腐渣"工程等问题很多。各级人民政府必须本着对党、对人民高度负责的精神,强化工程管理质量,应做到以下四点:

(1)实行地方政府工程管理"一把手"责任制制度。

(2)加强工程质量监督管理力度。

(3)加强资金使用"阳光"管理工作力度。

(4)目标责任管理落实到人。

五、健全六大体系,完善管理制约手段

(一)健全组织领导和管理体系

依照2002年1月1日施行的《中华人民共和国防沙治沙法》的有关规定,在国务院领导

下,从中央到省(市、区)、市(地、盟)、县(旗)、乡(镇)成立荒漠化(防沙治沙)协调领导小组,在林业部门常设办公室,沙化严重地区林业部门应设立治沙行政(事业)职能部门并设荒漠化监测中心(站)。

(二)完善政策体系

尽快出台与法律相配套的政策、法规等规章制度。建立适应工程需要、有利于鼓励非公有制参与治沙的资金扶持、税赋优惠、土地利用政策和保护治理者合法权益等方面的政策法规体系。

(三)健全科技支撑、技术推广体系

制定防沙治沙标准、规程、规则和办法,大力推广先进技术和科研成果,加强与工程配套的科技攻关研究,建立技术分级培训制度,做好科技支撑组织保障建设。

(四)建立沙化监测、预警、实行定期通报制度

建立国家、省、县三级荒漠化、沙化监测和预警体系,实施有效监控,实行定期通报制度。

(五)健全执法体系,实现依法治沙

做好《中华人民共和国防沙治沙法》、《中国 21 世纪议程》、《中国防沙治沙工程规划》、《北京宣言》、《联合国防治荒漠化公约》及"世界防治荒漠化和干旱日"(6 月 17 日)的宣传、落实与执法等工作。

(六)履行公约,建立治沙国际合作体系

通过中国履约执委会秘书处向联合国公约秘书处、国际组织及发达国家组织沟通、宣传,并积极寻找引资合作机制,拓宽治沙技术、政策及国内外合作领域。21 世纪的中国,土地沙化问题严重,防沙治沙工作困难重重,坚信中国政府会在党中央、国务院强有力的领导下,努力工作、尽职尽责,并与世界各国人民一道同舟共济、携手合作,完成造福子孙万代的艰巨使命,让大地尽快绿起来,让大地尽快美起来,再还我们一个"山川秀美"的绿色家园。

第七节　矿区与城镇沙害防治

我国西北地区干旱少雨,风大沙多,自然环境条件十分恶劣,但却拥有极其丰富的煤、石油、天然气、金属矿、放射性元素以及食盐、芒硝、天然碱等宝藏。就连沙子本身也是制造玻璃、烧制砖瓦的主要原料。然而,由于严酷的环境条件,极大地制约着能源矿藏资源的开发。尽管如此,目前仍然建起了不少煤矿、油井、盐场、天然碱等大中型厂矿企业。这些矿区的建设对沙区经济的发展,发挥着积极的作用。如内蒙古自治区阿拉善地区的吉兰太盐场,每年的上缴利润就占全盟国民经济总收入的 60%。但是,由于风蚀沙埋,沙尘暴危害,给工矿企业生产带来极其不良的影响。因而,加快矿区沙害防治,对保障西北沙区工矿企业生产,促进西部经济发展有着极其重要的意义。

一、矿区沙害防治

(一)风沙对矿区的危害

自改革开放以来,尤其是自西部大开发实施以来,西部能源矿藏资源开发迅猛发展,极大地推动了区域经济的发展。然而,人们开掘矿井,挖掘采坑,抛弃废弃物,修建场区,建筑铁路、公路等建设活动中,由于只采不治、重采轻治,使大面积植被遭到破坏,荒漠化土地迅

速蔓延。同时也带来了新的水土流失,使河道变窄,行洪受阻,加剧了该区生态环境的恶化,风沙及沙尘暴危害日益严重,严重危及矿区安全生产和人民生活。矿区的风沙危害主要表现在以下几个方面:

1.土地的风蚀沙化

工矿区的生产建设活动不仅加剧了水蚀,而且加剧了风蚀。自然界的风力主要受大气环流的控制,但在工矿区,风蚀除受当地气候条件的影响外,更主要的是受工程建设者活动过程中对地表扰动程度的控制。露天开采和工程建设破坏了地表植被和土壤层,对土壤、岩石形成扰动,使地面变得疏松,甚至使原地貌面目全非,出现大面积的风蚀沙化土地。地下开采也常常因地面塌陷、地下水渗漏而导致植物生长不良甚至死亡,从而加剧工矿区土地的风蚀沙化。

在风力侵蚀作用下,土地风蚀沙化主要表现在两个方面:一是土壤流失,由于风及风沙流对地表土壤颗粒剥离、搬运作用,使土壤产生严重流失。赵羽等根据沙土开垦后风蚀深度的调查,推导出科尔沁大青沟地表风蚀量可达 23 250 t/(km² · a);林儒耕推算出乌盟后山地区伏沙带土壤风蚀量为 56 250 t/(km² · a),吕悦来等用风蚀方程估算出陕北靖边滩地农田风蚀量为 1 450 t/(km² · a)。大量的土壤物质被吹蚀,使土壤质地变差、生产力降低、土地退化。同时被吹蚀的土壤物质的沉积又造成淤塞河道,埋压农田、村庄,甚至堆积形成流动沙丘,如呼伦贝尔地区的磕岗牧场,20 世纪 50 年代初期开垦的 23 333 hm² 耕地中,到 80 年代形成的流动沙丘及半流动沙丘面积占复垦区面积的 39.4%;从宁夏中卫区到山西河曲段,由于风蚀直接进入黄河干流的沙量达 5 321 万 t/a。二是土壤质地变化,由于风力搬运的分选作用导致土壤质地的变化,最细的土壤物质以悬移状态随风飘移到很远的距离;跃移质则沉积在地边及田间障碍物附近;粗粒物质停留在原地或蠕移到很短的距离。这种侵蚀分选过程使土壤细粒物质损失,粗粒物质相对增加,原有结构遭到破坏,土壤性能变差、肥力损失,地力衰退,导致整个生态系统退化并出现风沙微地貌。这种粗化过程随风力的变化而间歇式发生,在大风初期持续一定时间,当风力不再增加,处于相对稳定状况时,风蚀强度随之减弱,当风力再增加时,粗化又重复出现。多次的风蚀粗化作用使土壤耕作层不断粗化,直至不能继续耕作而被迫弃耕,甚至最终形成风蚀劣地、砾石戈壁和沙丘分布等荒漠景观。风蚀的这种粗化作用,在粒径变化幅度较大的土壤中,表现得尤为突出。

2.水地变旱地

水地变旱地主要是由于采矿和地下水超采引起地表水渗漏、地下水位下降、泉水和河流干枯、地面裂隙毁坏农田水利设施等,导致水源枯竭或不能充分利用,使大面积灌溉农田丧失灌溉条件或灌溉不充分,最终变为旱地。如山西省霍州十里铺塬万亩灌区,是 20 世纪 70 年代初期建成的重点水利工程,由于霍州矿务局地下开采,灌区内土地裂隙越来越多,到 70 年代末已无法灌溉。80 年代初,该区投资近百万元重建的 33.33 hm² 喷灌工程也很快因地表裂陷扩大,主干渠严重塌陷而报废。后又改为钢管渠系,也因裂隙和地基下沉而无法通水,近万亩水地变旱地,从而为风蚀创造了条件。

3.土地生产力水平降低

土地生产力是土壤提供植物生长所需要的潜在能力,是土壤物理性质、化学性质及生物性质的综合反映。风沙区工矿建设破坏和扰动,使土地风蚀沙化、养分流失、质地粗瘠化,生产力水平降低。土壤中的黏粒胶体和有机质是土壤养分的载体,风蚀使这些细粒物质流失导致土壤养分含量显著降低。对于质地较粗的土壤来说，随风蚀过程的继续，土壤质地变得更粗，养分流失导致肥力的下降更为严重。表土中的养分含量较心土高，而表土又在侵蚀过程中首先流失，从而使土壤粗化，肥力不断下降，直至接近母质状态。据有关研究表明，毛乌素沙地每年土壤被吹失 5~7 cm，每公顷土地损失有机质 7 700 kg，氮素 387 kg，磷素 549 kg，小于 0.01 mm 的物理黏粒 3.9 万 kg。中国科学院测算，沙漠化致使全国每年损失土壤有机质及氮、磷、钾等达 5 590 万 t，折合化肥 2.7 亿 t，相当于 1996 年全国农用化肥产量的 9.5 倍。

此外，工矿区建设使原来的农、林、牧业用地变成其他用地，特别是主要沟道内的川台地、水浇地被大量占用，中低产田面积相对扩大；同时，由于农民投资转向，使大量土地荒芜，也使总土地生产力水平下降。

4.土地污染

土地污染包括废水排放河流或矿坑水直接灌溉农田导致的土地污染，粉尘污染导致的土地和作物污染等。土地污染常常引起土地结构变差，质量下降，使作物幼苗枯死，光合效率降低，粮食大幅度减产等。

5.空气污染

工矿区的生产建设活动不仅造成土地退化，而且矿区的粉尘污染空气，损害人畜健康。由于矿区建设破坏、扰动，以及废渣弃土堆放、尾矿库等成为新的沙尘源，在风力作用下粉尘、细粒物质随风进入空气，污染空气。以地表蠕移和跃移状态的风沙流以及细沙以上各种沙质沉积物的污染，主要限于沙漠地区的工矿区，而以悬浮状态运动的细沙、粉尘物质，则可以扩及更远的广大空间，尤以与大风伴生的沙尘暴的污染最为强烈，成为我国环境污染影响范围最大、危害严重的最大污染源，涉及我国大部分地区。风沙物质不仅妨碍人类的活动，同时这些由沙石、矿粉、微量元素等组成的沙尘物质进入人的口、眼、鼻、喉及食物中，经常引起精神不快，眼睛、呼吸道和盲肠发炎，影响人们身心健康。

6.埋压矿床，损坏生产设施

矿区风沙危害的最主要形式就是严重地淤积沙埋矿床，损坏生产设施。如吉兰太盐湖盐层厚度在 1 m 以上有开发价值的泥沙矿床面积为 37.19 km²，自 21 世纪 60 年代后期开发以来周围植物遭到严重破坏，至 1983 年已有 10.3 km² 被流沙覆盖达 0.5 m 以上，而且在雨季还经常有从贺兰山下来的洪水流入湖内，淤积大量的泥沙及杂质覆盖在盐床之上。雅不赖盐场矿床面积 13.7 km²，每年湖内进沙 42 万 m³，1982 年比 1956 年沙层厚度增加 0.7 m，现在采区内平均覆盖风积沙 1.5 m，致使每生产 1 t 盐就需清除 3 m³ 的沙子。额济诺尔盐湖新中国成立初期产盐面积为 15 km²，由于植被破坏，每年有大量风积沙和淤泥涌入，现在产盐区不足 5 km²。内蒙古鄂尔多斯北大池盐湖原为 28 km²，现在还剩 17 km²。这些充分说明风沙和水土流失给矿产资源所造成的危害。由于盐湖地势低，地形平坦，又无植被生长，积沙的形式多为均匀的片状积沙。个别地段地处流动沙丘边缘，由于沙丘的前移而形成堆状沙埋。内蒙古伊金霍洛旗精煤矿区由于风沙流运动，沙丘平均每年前移 1 m。马家塔露天采煤坑在风速 9.4 m/h 时，2 h 内平均每平方米进沙量达 331.1 g。

流沙埋压铁路、公路，中断交通，风蚀还使路基被淘空，影响路基的稳定，增大矿区交通养护费用。初步估计，全国受沙埋沙害影响的公路、铁路总长为 2 000 km。包兰铁路乌吉（乌海—吉兰泰）支线于 1967 年建成通车，但 1970 年以来线路因沙害造成大的脱轨事故 22

次,沙埋铁路最深达1.7 m,沙埋1 m以上的线路约2 km,几年中铁路部门用于防沙的投资达200多万元。风沙活动还使流沙埋压矿井、房屋、农田或耕作层表土被吹蚀,影响矿区农业生产。风沙流还加大了精煤含沙量,影响了精煤质量。当风沙流运动剧烈时,能见度差,影响交通通视,甚至中断矿区生产。同时,由于风沙影响,增加了机械器具磨损,降低了寿命,增加了生产成本。对矿区机械使用单位调查表明,动力机器进沙后,其外部零件使用寿命降低1/5以上,内部燃烧、润滑和动力系统则降低1/3~2/5。

工矿区土地荒漠化也有一定的区域性,工矿建设中心区问题比较严重,农耕地遭受土地破坏、压占和荒漠化多重挤压,近中心区则主要受水地变旱地及水土流失等威胁,而远离中心区受到的威胁较小。

(二)矿区防沙的重要意义

我国荒漠化地区矿藏资源十分丰富,已探明储量的矿种占全国的74.14%,其中以盐湖、煤矿、石油、天然气等资源尤为丰富,广泛分布于山西、陕西、内蒙古、宁夏、甘肃、青海、新疆、西藏和吉林等西北内陆区。按地质储量计,仅新疆区煤炭即达1 600亿 t,石油也在200亿 t以上,均位居全国第一;水力资源占全国12%以上,在各大区中位列第二;区内还富有太阳能和风力资源,仅新疆达板城与阿拉山口,每年风力发电量可达100亿 kW·h以上。新疆的铁、锰、铬、钛、金、铜、铅、锌、镍、铍、锂、钽、铌等金属矿和芒硝、岩盐、石膏、磷、硫、云母、石棉、玉石等非金属矿,储量都很丰富,是全国重要矿种都全的9个"一类"省区之一。其中铍和云母位居全国第一,玉石和宝石驰名中外。青海省已探明的矿产共60种,其中居全国第一位的就有钾盐、池盐、镁盐、溴、石棉、化灰岩和硅石等8种。柴达木盆地盐湖中,已探明储量的有氯化钾2亿 t以上,占全国可溶性钾盐的97%;氯化钠533多亿 t,占全国56%,可供全国10亿人口食用100 Ma。甘肃省的镍、铂、锇、铱、钌、铑、硒、铸型黏土和重晶石等10种矿藏也都位居全国第一(《人民日报》1984年8月22日第3版)。

内蒙古干旱荒漠地区拥有成盐矿数135个(见表3-17)。盐湖富含钠、钾、钙、镁等多种无机盐类,比海盐含量要高得多,而且盐是人民生活中不可缺少的要素,又是化学工业的重要原料(据盐业部门介绍,它可做70多种化工产品的原料),素有"化学之母"之称,在国民经济中占有重要的位置。

表3-17　内蒙古盐湖分布统计

盟别	湖泊数	其中成盐矿数				
		合计	食盐矿	碱矿	芒硝矿	石膏矿
阿拉善盟	70	37	21	3	13	—
鄂尔多斯	59	27	7	11	8	1
锡林郭勒盟	54	46	24	6	10	6
乌兰察布盟	7	3	3			
呼伦贝尔盟	46	19	6	2	11	
巴彦淖尔盟	3	3	3			
赤峰市	1	—				
总计	240	135	64	22	42	7

这些盐、石油、天然气、煤等矿藏资源大部分分布在沙漠的腹地,严酷的环境条件和风沙

危害,对矿区生产极为不利,增加了生产难度,提高了生产成本,降低了产品质量。如吉兰太盐湖因沙埋矿床给采盐生产所带来的严重损失:一方面若要开采有沙埋地段的盐层,就必须清理盐层以上的流沙,仅按现有的覆沙情况(见表3-18),如果在0.5 m以上的覆沙盐层上采用机械清沙,日用10辆解放翻斗车,每日拉沙10趟,每车每次拉3.5 t,每年按300 d工作计算,需149.7年才能清完,以每开采1 t盐需消耗1.31元计,每年就需消耗13.8万元,全部清完即要耗资2 056万元;另一方面风沙给湖盐质量及工艺流程带来麻烦,为了剔除混在盐中的沙粒,生产纯净的优质盐,在生产流程中需要增加一道过滤工序,过滤器的孔径为0.5 mm,但覆沙中还混有大于0.5 mm粒径的沙粒(见表3-19)不能除去,为了清除此粗沙,还得增加设备、劳力,又将提高生产成本,降低利润而受到损失。

表3-18　不同覆沙等厚线下开采1 t盐需清沙量表

覆沙厚度 (m)	面积 (km²)	覆沙量		占盐矿床面积 (%)	盐储量 (×10⁴ t)	占总盐储量 (%)	平均盐层厚度 (m)	每开采1 t盐需清沙量	
		(×10⁴ m³)	(×10³ t)					(m³)	(t)
1.5~1.0	2.52	315	7 875	6.8	626	5.72	2.5	0.50	1.25
1.0~0.5	2.64	198	4 950	7.1	792	7.20	3.0	0.25	0.63
0.5~0.2	4.64	116	2 900	12.5	1 392	12.6	3.0	0.08	0.20
总计	9.80	629	15 725	26.4	2 810	25.52			

表3-19　大于0.5 mm粒径的覆沙量表

覆沙线(m)	0.5 mm粒径的沙量所占比例(%)	总覆沙量(×10³ t)	0.5 mm以上粒径的覆沙量(t)
1.5~1.0	1.0	7 875	78 750
1.0~0.5	2.7	4 950	133 650
0.5~0.2	1.8	2 900	52 200
总计		15 725	264 600

在青海现已开采的查卡盐湖和察尔汉盐湖2个盐湖,无论是从面积还是蕴藏量来讲,都远远超出内蒙古现已开采的8个盐湖的几十倍,盐层厚度超过60 m。此外,还有神府东盛煤矿、陕北天然气田、塔中油田等,所有这些矿藏均地处风沙区,受风沙危害影响。保护好这些宝藏,使之免遭风沙埋压的危害,减轻采掘中的困难,提高产量和盐的质量,其意义是非常重大和深远的,关系到我国经济建设的腾飞,是一项具有战略意义的工作。

因此,加快矿区沙害防治,改善矿区生态系统,对有效保护和开发能源矿藏资源,恢复土地生产力,实现水土资源及矿产资源的可持续利用,加快西部脱贫致富,加速我国西部乃至全国经济腾飞,促进社会安定有着重要意义。

(三)矿区防沙技术措施

1.矿区沙害防治原则

矿区沙害防治的最终目标是重建良好的矿区生态系统,恢复土地生产力,实现水土资源及矿产资源的可持续利用,最终实现良好的生态经济效益。因此,矿区沙害防治应遵循以下原则：

（1）保护优先原则。即以预防和保护为主。工矿区沙害防治，植被保护是基础，要尽最大努力保护好现有沙区植被，防止造成新的破坏。同时，要将工矿区的沙害防治纳入工程和采矿建设的总体设计中，实行谁破坏，谁治理的原则。

（2）协调发展原则。即要协调好整体与局部的关系。工矿区的沙害防治应与周围区域的荒漠化防治协调一致，这是整体与局部关系的处理问题。沙害防治与区域经济发展是辩证统一的关系，防治沙害的根本目的是促进工矿区生态改善和地方经济发展，要将矿区沙害防治与农民脱贫致富、区域经济发展紧密结合起来，以治理保开发，以开发促治理。

（3）综合施治原则。工矿区沙害防治是一项复杂的系统工程，要统筹规划，综合治理，因地制宜，分类施策。防治技术应满足工矿区生产建设综合性和层次性要求，因地制宜，综合防治。根据不同情况，采取不同措施，以生物措施为主，生物措施和工程措施相结合，临时措施与永久性防护工程相结合，灾害防治与环境美化相结合。

（4）统筹兼顾原则。工矿区的沙害防治，应充分考虑利用当地的自然、社会、经济条件，以及企业自身的经济承受能力，须做到生态效益与经济效益兼顾，开发和保护兼顾，经济上合理，技术上可行。

（5）重点突破原则。要重点抓好"牛鼻子"工程，先易后难，集中治理，重点突破。

（6）循序渐进原则。矿区沙害防治是一项长期而艰巨的事业，要把长远规划和近期突破紧密结合起来，一步一个脚印，稳扎稳打，治理一批，保护一批，见效一批。

（7）科技支撑原则。加强攻关研究，搞好技术示范与推广，提高建设质量，实现科学治理。同时，广泛开展交流与合作，不断提高科技水平、管理水平和工程建设水平。

（8）协同作战原则。在统一规划部署下，充分发挥工矿企业、地方政府各相关部门以及当地群众的作用，通力合作，齐抓共管，共同为沙害防治事业贡献力量。

（9）利益驱动原则。要采取物质激励措施和优惠政策充分调动和吸引工矿企业、国内外各方面力量踊跃投入矿区沙害防治事业，谁治理谁受益。

（10）治管结合原则。注重治理与管护相结合，在加强预防和治理的同时，要建立健全监督管理机构，加强治理质量的监督和治理后的管护工作，防止边治理边破坏现象的发生。

（11）依法防治原则。要加快法制进程，完善法律体系，严格执行《防沙治沙法》，建立强有力的执法体系，保障防治工作的顺利进行。

2.矿区沙害防治的基本原理

风蚀作用是由风的动压力及风沙流中沙粒的冲蚀、磨蚀作用，使地表物质被吹蚀和磨蚀，造成土壤养分流失、质地粗化、结构变差、生产力降低、沙丘及劣地形成等土地退化的作用过程。因而制定工矿区风蚀沙害防治的技术措施主要依据土壤风蚀原因及风沙运动规律，即蚀积原理。根据风蚀产生的条件和风沙流结构特征，矿区沙害防治所采取的技术措施多种多样，但就其原理和途径同样符合风蚀荒漠防治的基本原理，即：增大地表粗糙度，降低近地层风速；阻止气流对地面的直接作用；提高沙粒起动风速，增大抗蚀能力；改变风沙流蚀积规律。

3.矿区沙害防治的技术措施

1）营造防风阻沙林带

在矿区外围营造防沙林带，应考虑地带性的差异。一般地，在半干旱地区，降雨量较多，水分状况好,适宜的乔、灌木树种也较多,造林的成功率也较高,可考虑乔灌混交林,但要以灌木为主营造防沙林带,使林带下部具有一定的紧密度,提高防风阻沙的效果。在干旱地区,进行矿区防沙林营造时,应充分估计环境条件的严酷性及本地区的特点和经济条件。一般来说,水分补给应是主要的方面。根据内蒙古吉兰太盐矿区试验研究情况,选用造林措施应考虑以下几方面:

(1)防风阻沙林带布设应遵循"因地制宜,因害防设"的原则。

(2)由近及远,先易后难,先在绿洲矿区周边造林,逐渐向外扩展加宽。

(3)以天然植被的封育保护为主,有效保护矿区外围天然植被。

(4)充分利用矿井排水资源,对井下开采需要排除的废水,经过适当处理,补充固沙造林水源,可用来补灌造林,提高矿区防风固沙林带造林成活率和生长量。如何布局可根据防护区的具体情况而定,采取片状、块状或带状均可。最后在矿区外围形成一条或数条防护带即可。

防风阻沙林带的树种选择和林带结构应以灌木为主,乔木为辅,混交造林,并适当加大造林密度,加上灌溉条件,效果是极其显著的。乔木树种主要有沙枣、小叶杨、二白杨、新疆杨、钻天杨、箭杆杨、加杨、青杨、旱柳、白柳、榆树等,灌木树种为梭梭、柽柳、酸枣、柠条、花棒及沙拐枣等。防风阻沙林带由乔灌木树种混交组成,以行间混交为宜,愈接近外来沙源一侧,耐沙埋的灌木比重应该增大,使之形成紧密结构,以便把前移的流动沙丘和远方来的风沙流阻挡在林带外缘,不致侵入林带内部及背风一侧的工矿设施或农田。林带的宽度应根据沙源状况和沙害程度确定。

2)营造水土保持林

西北干旱沙区降水少,但集中,且多以暴雨形式出现,因而容易产生水土流失。在因水土流失而造成矿区生态环境恶化的地区,应考虑营造水土保持林。水土保持林要因地形而异,比如,额济诺尔湖、二连浩特盐湖和吉兰太盐湖因水土流失而造成盐湖表面淤积泥沙,危害采盐生产。可采取以下措施:

(1)在盐湖周围的坡地上,沿等高线进行水平沟或鱼鳞坑整地,在沟埂内或坑内沿斜坡栽树,既可截流,又可对林木起灌溉施肥作用。水平沟的规格及间距,视当地降雨量大小、坡面植被状况、坡度及表土的坚实程度而定。一般采用2~3 m长,上口宽60~70 m,沟底30~40 cm,间距2~3 m即可,呈品字形排列。

(2)在洪水较大地段,针对因洪水下泄,给矿床造成大量泥沙杂质沉积而危害矿业生产的情况,常营造防洪淤澄植物带,具体植物带的配置规格,考虑植物种的生长特点,发挥林草结合的最大效能,可在1~2 km宽的范围内设置若干条林带,带宽采用30~40 m,带间距50 m左右,带间采取封育措施,树种采取乔灌混交,以灌木为主,株行距可采用1 m×1 m或1 m×2 m较大密度,乔木可与灌木进行株间混交,乔灌比例1:3或1:4均可。如乔灌采取行间混交,乔木的株距可加大到4~6 m。

3)植被恢复与重建工程

在工矿开采、建设过程中,产生剥离、堆放等人为扰动破坏,植被严重破坏,加剧了风沙危害,因此应采取积极措施,恢复和重建植被,改善工矿区生态环境。工矿区植被恢复与重建工程类别如表3-20所示。

表 3-20　工矿区植被恢复与重建工程类别

类别	场所	工矿区类型
松散堆垫场地	煤矸石、排渣场、尾矿库、粉煤灰场	地下开采矿、露天矿山及其他矿山、选矿、火力发电厂
密实堆垫场地	各种人工夯实碾压形成的工程边坡	道路边坡、水库、坎坡等
挖损地	未填充矿坑、取石场、取土场	露天采矿残坑、建材及工程建设残留的取土、取石场所、路堑等
塌陷地	塌陷地	地下开采矿山的采空区等
工程建设场地	水利工程及周围场地、民用工用建筑场地	水库、引水工程、工业广场及生活区等
工矿区周围防护区	工矿区周围	

　　沙地工矿区植被恢复与重建工程大体可通过两种途径来实现:一是改地适树,即通过整地、施肥、灌溉、混交、土壤管理等措施改变造林地的生长环境,使其适合于原来不适应的树种生长;二是选树适地或改树适地,即在地和树之间某些方面不太相适的情况下,通过选种、引种驯化、育种等方法改变树种的某些特性使它们能够相适。在选择造林地及其树种的配置时,应该本着优先发展优良乡土树种的原则,因为乡土树种对当地的自然条件适应性强,造林易成功,种源丰富,且乡土树种具有改善生态的能力,人们对乡土树种的培育技术也最熟悉。当然,也可以引进外来树种,但是所选择的外来树种必须是在本地已经驯化的或做过一定时间和一定规模的引种试验,证明比乡土树种具有明显优势的才可以引种。总的来说,所选树种应满足以下条件:①适应能力较强;②有固氮能力;③根系发达,生长迅速;④较易播种栽植,成活率高;⑤抗污染,能净化空气等。

二、风沙对矿区城镇的危害

(一)矿区城镇沙害的类型

　　风沙对城镇、居民点危害主要表现在:积沙埋压房屋道路;吹扬沙尘恶化镇区及居民点环境卫生状况,直接危及人民的身心健康;同时由于沙尘的吹扬,对城镇内的厂矿、企业设备急剧磨损消耗带来不良后果。这都严重威胁着人民的生活和生产。

　　这类情况无论是历史的还是现实的都有具体实例。自然环境的历史变迁,导致了很多古城遗址的出现。如新疆塔克拉玛干沙漠南缘及雅河下游三角洲上的精绝遗址,库尔勒附近孔雀河下游的楼兰遗址,内蒙古西部额济纳旗境内弱水下游东河三角洲上的居延黑城遗址等。陕西靖边县北部的统万城遗址,当时为西夏国都城,建城时尚无流沙,400 年后(公元822 年),曾出现堆沙高及城堞的记载。风沙埋压吞噬,人们背井离乡逃亡外地求生,才使这些地区变成了荒野。

　　另外,城镇及居民点都是人类生活比较集中的地方,人类经济活动增加对周围自然资源的压力,使原来相对稳定的生态系统遭到破坏,自然环境急剧恶化,土地沙漠化迅速形成和发展,城镇环境条件也就随之恶化。如内蒙古乌海市,从 1958 年开始建设到 1980 年 22 年时间,城镇周围沙漠化土地扩大了 5.5 倍,占全市总土地面积的 40%。又如内蒙古阿拉善左旗吉兰太盐湖区,在 20 世纪 60 年代初手工开采时,人口仅几百人,盐湖周围遍布梭梭林,盐湖看不出沙害现象。从 60 年代后期采用机械化作业后,火车修通,人口剧增,一跃成了一个具有数万人口的城镇。由于樵采烧柴等,吉兰太盐湖周围分布的 7 万 hm² 梭梭林遭到严重破坏,仅剩 2 万余 hm²,而且在吉兰太镇区四周几十千米的范围内,几乎见不到像样的梭梭林。到 1983 年,盐湖可采区已被沙埋将近 30%,平均覆沙厚度达 50 cm,镇区内一遇起沙风天气,街心沙尘飞扬,遮天蔽日,严重影响着人们的生产、生活及身心的健康。有些地区居民住房遭到流沙的埋压倒塌,被迫迁居。

(二)矿区城镇防沙及环境绿化的意义

城镇防沙及镇区绿化是绿化祖国、美化环境、调节气候、净化空气,建设社会主义城镇精神文明、物质文明的一个重要方面。它可以净化空气,减轻污染,美化城镇,改善城镇面貌,维护生态平衡,保护人类生存环境,并能为工农牧业生产,改善环境条件和提供原材料。

1.促进工农牧业生产

搞好绿化植树可积蓄大量木材,支持各项建设。各种绿化树种根据材质、用途,长到一定年龄或规格后,可以就地间伐,用于建造房屋、家具、农具、矿柱等,还可以增柴节煤,为工农牧业生产,为人民生活之用。另外,树多则叶多,树叶、种子及果实还可为家畜提供饲草、饲料,促进畜牧业发展。在一些庭院内还可以栽种一些果树,为家庭生活提供一定量果品。

2.美化环境,改变城镇面貌

城镇绿化是美化城镇、改善环境的一个重要手段,可以运用各种植物的不同形状、颜色、用途和风格,因地制宜地配置一年四季色彩,富有季相变化的各种乔木、灌木、花卉、草皮,层层叠叠镶嵌在城镇工厂等各建筑物中,利用藤本植物发展垂直绿化、覆盖墙面,利用灌木、地被植物发展屋顶绿化,扩大绿化面积。还可以在室内用盆花、盆草等进行家庭绿化,为人们提供游览、休息、开展文体活动场所。

3.调节和改善小气候

树木具有吸热、遮荫和蒸腾水分的作用。通过绿化对城镇不同地段的温度、湿度等效气候环境起到良好调控,为矿区居民提供舒适的人居环境。

(1)提高空气湿度。绿地能蒸腾水分,提高空气中的相对湿度。夏季沥青路面上的地表空气相对湿度为 37%,草地上空为 50%,而树木在生长过程中,要形成 1 kg 的干物质,需要蒸腾 300~400 kg 的水,因为树木吸进水分的 99.8% 都要蒸腾掉,只留下 0.2% 用做光合作用,所以森林中空气湿度比城市高 38%,公园中的湿度也比城市中其他地方高 27%。1 hm² 阔叶林在夏季能蒸腾 2 500 t 水,相当于同等面积的水库蒸发量,比同等面积的土地蒸发量高 20 倍。每公顷加拿大白杨林的蒸腾量为每日 51.2 t,每公顷油松林每日蒸腾量为 43.6~50.2 t。由于树木强大的蒸腾作用,使水汽增多,空气湿润,使绿化区内湿度比非绿化区大 10%~20%,为人们在生产、生活创造了舒适的气候条件。

(2)调节气温。绿化区的气温常较建筑区低,这是由于树木可以减少阳光对地面的直射,能消耗许多热量用以蒸腾从根部吸收的水分和制造养分,尤其夏季绿地气温较非绿地低 3~5 ℃,较建筑物区低 10 ℃左右,森林公园或浓密成荫的行道树下效果更为显著。即使在没有树木成荫的草地上,其温度也要比无草皮的空地低些。

(3)降低风速。树木防风效果是显著的,冬季绿地不但能减低风速的 20%,而且静风时间较未绿化地区长。树木适当密植,可以增加防风的效果。春季多风,绿地减低风速的效果随风速的增加而增加,这是因为风速大,枝叶摆动和摩擦也大,同时气流穿过绿地时,受树木的阻截、摩擦和过筛作用,消耗了气流的能量。秋季绿地能减低风速 70%~80%。

(4)保持水土。绿地除通过树冠截留雨水和减弱雨滴打击土壤外,地上的枯枝落叶和草本植物层又可提高地表的吸水性,拦阻地表径流。1 亩林地较无林地多蓄水 20 m^3。据经验估算,陆地上 20 cm 深的表土层,因不同的植被盖度,被雨水冲刷干净所需时间差别很大,林地需 57 年,草地需 48 年,耕地需 46 年,裸地只需 18 年。

另外,由于绿地减轻了风速,地表又为草本植物和枯枝落叶所覆盖,即使疏松的沙质地也很难将沙粒吹蚀走,这就大大减少了城镇内因风吹沙扬影响环境的现象发生。

4.其他

诸如吸收二氧化碳,释放氧气,使人们在树林茂密的地方感到空气新鲜;杀死致病细菌,1 hm^2 的刺柏林每天能分泌出 30 kg 杀菌素,可以杀死白喉、肺结核、伤寒、痢疾等病菌。有人调查,在每立方米空气中细菌含量在有林地的地方比没有树林的市区街道少 85%;在绿化区医院庭院中为 7 624 个,而在远离绿化区的医院庭院中为 12 374 个,在火车站附近热闹的街道为 54 880 个。另外,绿地还具有吸滞烟灰和粉尘,吸收有毒气体,吸收隔挡噪音;防火、防震和有利于战备以及监测环境污染等多种作用。

第八节　戈壁地区生态环境恢复

一、戈壁的概念

戈壁一词源自蒙古语,原意为"难生草木的土地"。以往许多学者对它有过研究,Berkey 和 Morris(1927)用戈壁侵蚀面描述了蒙古高原上砾石覆盖的平坦地形,苏联学者(格拉西莫夫,1955;察岑金,1957)在戈壁定义中指出,戈壁是比较平坦的、干旱无水的、植被稀少的砾石覆盖区,并强调是典型的干旱荒漠之一,在景观上隶属干旱荒漠和荒漠草原带。我国戈壁包括剥蚀戈壁(相当于石质荒漠)和堆积戈壁(相当于砂砾质荒漠)两种主要类型(杜榕恒,1992;赵松乔,1962)。

上述对戈壁的这些景观或地貌上的定义及称谓,很久以来在认识和研究现代干旱荒漠方面曾起过积极作用,但是,它们均未反映出戈壁区与其他地区的砾石堆积、剥蚀残山或裸露基岩有什么质的不同,因此概念上较为模糊。目前,地学科学者及沙漠学家对戈壁已作了进一步深入的探讨研究,从沉积相和沉积环境的角度出发,将戈壁定义为干旱大气与砾石堆积体和裸露基岩表面相互作用的界面,由这个面覆盖的区域称做戈壁(王贵勇等,1995)。由此可见,戈壁仅为干旱区所特有,它形成干旱区的砾质堆积体和基岩面,但并非干旱区的所有砾质沉积和基岩都是戈壁,因为它主要强调干旱大气与砾石、基岩相互作用形成的特殊界面。例如,在干旱区由最新的崩塌、滑坡、泥石流和冲积、洪积等外力作用形成的各种砾质堆积,以及最新的火山喷发、断裂等内力作用形成的火山岩和新鲜基岩面,因为出露时间短,尚未经过干燥大气的充分作用,其表面未留下明显特征,因此只能以其成因类型称谓,不能称之为戈壁。

二、戈壁与沙漠的关系

在等级分类序列中,沙漠与戈壁都是干旱区和极端干旱区内荒漠的组成部分或一种类型,具有相似的自然环境和优势资源,在有水的条件下具有相同的开发前景。例如,充足的光照、较大的温差,十分有利于光合作用的进行和干物质的积累;丰富的风、热资源,具有大力发展和利用太阳能、风能的潜力。沙漠和戈壁都是绿洲的背景和重要基地,利用高山冰雪水形成的内陆河流和流量较大、水量稳定的常年性外流河进行灌溉,可把荒凉不毛的沙漠、戈壁改造为肥沃、丰美的农田、牧场。变沙漠为绿洲,改戈壁为良田,在世界上已取得显著成效。譬如,新疆玛纳斯河流域(石河子垦区)是改造沙漠的典型,而吐鲁番盆地则为改造戈壁的范例(赵松乔,1987)。

戈壁与沙漠都是干旱气候的产物,形成过程的自然条件和地理背景基本一致,地域分布具有相关性。二者的空间组合关系随着地势的高低变化形成层状结构,一般由高到低依次为剥蚀(侵蚀)戈壁—堆积戈壁—沙漠。这种层状结构格局是一种普通的结构形式,比如,吉兰泰盐湖的西北部有巴音乌拉山,为剥蚀石质戈壁,随着高度降低分别为砾质戈壁—白刺堆—流动沙丘和风蚀洼地—滩地(马世威,1990)。世界上的沙漠、戈壁大多分布于盆地及其边缘,所以环形层状结构也是常见的形式。沙漠与戈壁也有斑块镶嵌组合形式,往往呈带状、块状、斑点状彼此交错、互相穿插,分布在面积占优势的另一种类型背景上。特别在沙漠的边缘有面积不等的戈壁,在戈壁中也常有小面积的沙丘或覆有不同厚度沙的沙质地,如在河西走廊西端疏勒河谷地为冲积-洪积砂砾戈壁与绿洲及小块沙质地相交错分布(刘胤汉,1991)。若在较大的地域范围,这种结构更为显著。在沙漠地区任选一条河床,自上而下是石漠—砾漠—沙漠,地表物质由粗而细,石漠在上游山地,砾漠在山麓或河道出口的洪积-冲积扇部位,沙漠在河床中下游。由于沙漠与戈壁在空间和时间的组合关系与联系方式,决定了二者之间的固体物质搬运、化学元素迁移、水体运动等能量转化与物质循环过程都有着十分密切的关系。因此,戈壁或其中大部分也是沙漠学研究的重要内容之一。

戈壁与沙漠在高级分类序列中有相同或相似的属性,二者有衔接和联系;在次级分类序列中则有区别和分异。这种分异属地方性或地域分异,它是在地带性和非地带性地域分异的背景上,因地面组成物质、地表形态、潜水状况等引起的分异,造成温度和水分状况在地域上的差异,使土壤和植被发生相应的变化(刘胤汉,1991)。戈壁地表多以碎石、砾石、部分沙、砾为主,地面较平坦。在中地貌类型上,往往有剥蚀类的石质低山残丘镶嵌于砾质戈壁中,或覆有薄沙乃至部分沙丘与戈壁共存;在大地貌类型上,往往有高、中山环绕着戈壁,如亚洲内陆戈壁多被高山封闭。在沙漠中因风沙作用,常形成大小不等、形态各异的沙丘,在戈壁中因强风作用也可形成砾丘。比如,新疆的阿拉山口风速常超过 40 m/s,最高达 60 m/s,可将砾石吹起,堆成砾波和砾丘。

三、戈壁的成因与分布

(一)戈壁的成因

戈壁的形成与自然地理特征密切相关。戈壁区气候干旱、水源贫乏、土壤瘠薄、植被稀少、地表裸露,使风化作用、风力和水力的侵蚀作用、搬运作用和堆积作用以及重力作用均十分显著而深刻。在以剥蚀、侵蚀作用为主的地区,地表以基岩为主,形成岩漠(石质戈壁)。

例如,北非撒哈拉、澳大利亚、西南亚伊朗,以及中国马鬃山—北山、阴山等蒙古高原边缘山地和山前地带,均有大片岩漠分布,都曾经受了长期而强烈的风化剥蚀、水力与风力侵蚀,使地表逐渐准平原化,基岩裸露,砾石堆积较少,水土十分缺乏。在以堆积作用为主的地区,地表砾石堆积层深厚,形成砾漠(砾质戈壁)。例如,塔里木盆地、准噶尔盆地、柴达木盆地等内陆盆地边缘以及山麓地带的砾漠,都是周围高大山地经长期剥蚀和侵蚀产生了大量岩屑碎石,再经流水搬运(也有部分冰川和风力作用)和重力作用堆积于盆地边缘和山麓地带的。据已知资料,昆仑山北麓砾质戈壁带宽可达20~30 km,柴达木盆地南缘诺木洪一带砾石层厚达180 m,酒泉、玉门附近的祁连山北麓砾石层厚达700~800 m(赵松乔,1962),是目前世界上已知的最厚的砾石堆积区。在西北非阿特拉斯山、库西山等山前地带和撒哈拉一些冲积扇表面,澳大利亚及阿拉伯半岛、西南亚的干旱山地、山麓地带,都有由粗大砾石组成的砾质戈壁,但其厚度比中国的要薄。另外还有一种砾漠,是形成于较为平坦的石质台地,由于长期受风化,地表岩层逐渐破碎为大块砾石,细小颗粒被流水及风力蚀去,使砾石残留成为砾漠,这种砾漠在北非利比亚沙漠内的石质地区分布较多。

(二) 戈壁的类型及其分布

戈壁类型的划分首先主要依据成因、地面组成物质及其性质、剥蚀类型和堆积类型,其次再分为若干亚类。

1.剥蚀(侵蚀)类型——岩漠(石质戈壁)

该类型在形成过程中,以剥蚀(侵蚀)作用占主导地位。主要分布在干旱区的主风向上方、河流上游基岩裸露地区或准平原化的高地、丘陵和低山上,如亚洲中部的阿尔泰山、东准噶尔高地、马鬃山、北山、阴山西部和北部、柴达木盆地北部、非洲阿特拉斯山和阿哈加尔高原、西南非高地、西南亚伊朗和阿拉伯半岛的山地、澳大利亚西部高原和麦克唐奈山、美国西南部山区等。本类型地面组成物质较粗,基本上由大片残积的石质岩块组成,基岩时常裸露,地表起伏不平,但切割程度比较微弱。砾石堆积很薄,水土较为缺乏。以中国石质戈壁为例,又可分为以下两个亚类:

(1)剥蚀(侵蚀)石质戈壁。本亚类主要以狭带状分布于东准噶尔高地、马鬃山、北山等山地及其山前地带,准平原化现象显著,地面几乎全部为戈壁,而且戈壁上基本没有或很少有堆积物,因而大部分地方基岩裸露。少量覆盖的砾石是因基岩就地风化,或从附近山地搬运而来。砾石表面往往油黑发光,远远望去一片漆黑。这就是戈壁区最典型的具有荒漠漆的"黑戈壁",而且砾石多是遭受风力磨蚀形成的风棱石,多具有三棱形或长棱形。在北山以东、弱水以西的高地低山区,这种现象特别普遍(宋德明,1989),使这里素有"黑戈壁"之称。在阿尔泰山南麓地带的第三纪地层构造面上,有时暴露大片原生石英砾石层,形成"白戈壁"(B.A.奥布鲁契夫,1958)。山地基本被削平,只以零星残丘存在,因此山麓剥蚀面及岛山较为多见。地面略有起伏,微形凹下的侵蚀沟广布,但缺乏常流河。地下水埋深达10~20 m以上。土壤瘠薄,以粗骨质石膏棕漠土和石膏灰棕漠土为主。植被极为稀疏,覆盖度1%左右。植株高度多在30 cm以下,时常处于休眠状态,以散生的泡泡刺、勃氏麻黄、红砂等为主。在侵蚀沟里的小沙堆上,植被生长情况较好,覆盖度可达5%~10%。

(2)剥蚀(侵蚀)坡积洪积粗砾戈壁。本亚类在内蒙古高原的乌兰察布地区和阿拉善部(即阴山北部和西部)分布最广,马鬃山南麓、天山东段南坡、柴达木盆地北部和准噶尔盆地边缘地带也有狭带状分布。地面组成物质以直径5~20 cm的坡积和洪积粗粒砾石组成,砾面多带棱角,有荒漠漆,分选作用与磨圆度不佳,堆积物厚度一般不到 1 m,其下即为削平的基岩,但在一些陡坡地形区,砾石厚度能达数十米以上。距山地愈远,堆积物颗粒愈细,厚度愈大。地面基本平坦,自山地向两侧缓缓倾斜,坡度一般 3°～5°。侵蚀沟发达,但常流河不多,地下水埋深可达 10 m 以上。土壤瘠薄,以砾质灰棕漠土(阿拉善地区)和棕钙土(乌兰察布地区)为主,植被在阿拉善地区以红沙、泡泡刺、珍珠、包大宁等为主,一般覆盖度 1%～5%。

以上两个亚类的戈壁区,总的来说,改造利用难度较大,但在局部地带仍有较有利的条件,如侵蚀沟是水土较好的地带,因此在保护天然植被的前提下,适当开沟种植耐旱耐瘠薄的灌木和牧草,进行一部分拦洪灌溉等水利工程,逐渐扩大灌、草面积,就可以逐步改善戈壁区的生态环境。

2. 堆积类型——砾漠(砾质戈壁)

本类型在形成过程中,以堆积作用占主导地位。主要分布在干旱区岩漠与沙漠之间、内陆盆地边缘及山麓地带。如亚洲中部的蒙古大湖盆地边缘和塔克拉玛干沙漠、古尔班通古特沙漠、柴达木盆地边缘以及昆仑山、阿尔金山、天山、阿尔泰山、祁连山等山麓地带分布范围较广,在北非和西南非的部分山地山麓地带及高原边缘、澳大利亚沙漠周围的山地山麓地带、阿拉伯半岛西部山地的山麓地带等也都有砾漠分布。砾漠物质源自内陆盆地、沙漠周边的高大山地,经过长期的剥蚀和侵蚀之后,产生了大量岩屑碎石,堆积于山麓地带及盆地边缘,地面由山麓向盆地倾斜,坡度为 3°～10°。砾石层较厚,厚度由几米到几百米,最厚可达800 m 以上。宽度由几十米到几十千米,最宽可达 200 km。地面组成物质多为粗大砾石和碎石,水土条件比岩漠区好。以中国砾质戈壁为例,又可分为以下三个亚类:

(1)坡积洪积碎石和砂砾戈壁。本亚类主要分布于山间盆地的边缘和山麓地带,如在马鬃山、北山、阿尔泰山、天山、昆仑山、祁连山等山区均有这一类型。戈壁分布特点是与石质低山及山间盆地相错综,有时宽广成片,有时比较零星。戈壁的地区性差异十分显著,例如马鬃山地区,地质构造上是前寒武纪阿拉善地台的一部分,长期以来为一个稳定的隆起地区,古老岩层被剥蚀和侵蚀成低山残丘,第三纪中叶喜马拉雅运动在这里主要是断块作用,造成一系列东西向的陆梁,其间则为下陷的堆积场所,戈壁即分布于下陷地区的边缘,由强烈剥蚀风化的石老岩层就近坡积和洪积而成。地面基本平坦,坡度仅达 3°～5°,由碎石砾砂组成。砾石成分基本与山地基岩相同,多为花岗岩、片麻岩、石英片岩等,砾径多达 3～10 cm,一般具有显著的漆皮,当地称为"黑戈壁"。地表径流稀少,地下水深度多达 10～20 m。土壤贫瘠,土层厚度仅 50～60 cm,为石膏棕漠土。植被以耐旱、耐瘠薄的红沙、泡泡刺、合头藜、勃氏麻黄等为主,覆盖度一般在 10% 以下。在祁连山,情况有所不同,地质构造是一个地槽,自古生代末期隆起以来就极不稳定,喜马拉雅运动以后,上升断块作用十分强烈,形成许多 NW—SE 向相互平行的高山,其间为山间盆地,由洪积坡积所成的戈壁则位于山间盆地的边缘,面积并不广大,并多限于海拔 2 200 m 以下地区。组成物质为较大的砾石和碎石,分选作用不明显。地面坡度较大,达 5°～10°。又由于地势较高,降水较多,水文网较密,地下水深度为 10～15 m。植被较好,个别地方覆盖度可达 30% 左右,种属较多,有盐爪爪、红沙、勃氏麻黄、泡泡刺等。

(2)洪积冲积砾石戈壁。本亚类分布面积在堆积类型中最为广泛,戈壁沉积物主要由第四纪洪积冲积物组成,是由源出山地的河流和溪流,在洪水期间挟带的大块岩石和粗粒砂砾在山口和山麓地带堆积而成,地貌部位上相当于山前扇形地或山前冲积平原的靠山麓部分。在塔里木盆地和柴达木盆地边缘、天山南麓、祁连山北麓、马鬃山和北山南麓、贺兰山和桌子山山麓地带等都有广泛分布。戈壁砾石经流水搬运,磨圆度较好,分选也较为明显,砾石层堆积很厚,但地区性差异很大。例如马鬃山和北山南麓倾斜平原,由于物质来源不够丰富,砾质戈壁为一条东西向的狭带,砾石层厚 10~20 m,砾径 2~10 cm,均带有棱角,具有漆皮,成分以矽质石灰岩、石英片岩、花岗石、石英等为主,为银灰色或暗灰色。地面基本平坦,自北而南缓倾,但由于侵蚀沟的分割,微微作波状起伏。地面径流缺乏,雨季时有部分洪流。地下水埋深一般为 5~10 m。土壤为瘠薄的石膏棕漠土。植被以散生红砂、泡泡刺、膜果麻黄、木旋花等为主,一般覆盖度不到1%。在物质来源比较丰富的祁连山北麓扇形地,砾质戈壁作一条东西向的宽带,砾石层厚度一般为 100 m 左右,但在玉门、酒泉附近可达 700~800 m。砾径一般为 2~20 cm,磨圆度较好,呈灰色及灰黑色,成分以石灰岩、大理岩及多种变质岩为主。地面基本平坦、自南向北缓倾,许多河流由戈壁南缘破山而出,切入砾石层达20~30 m,最后在戈壁北缘流入绿洲。戈壁上侵蚀沟很发达,地下水埋深 5~10 m,北缘又是许多泉水出露地带。土壤以普通棕漠土为主,砾石中央有沙壤。植被以红砂、泡泡刺、合头藜、勃氏麻黄、骆驼蓬等为主,覆盖度1%左右。总的来说,自然条件比马鬃山、北山的戈壁区优越。

(3)冲积洪积砂砾戈壁。本亚类沿现代和古代河床以及洼地分布,例如疏勒河、黑河、乌伦古河、额尔齐斯河等较大河流的中下游两岸分布较多,也散见于绿洲、盐碱低地、风蚀地和沙漠中,组成物质多沙,或者沙、砾数量相差无几,主要由河流洪积和冲积而成,砂砾相间沉积,结构剖面具砂、砾交互层特点,水平层次明显。砾石均由较远山地搬运而来,磨圆度较好,分选作用显著。砾径以 1~5 cm 居多,水分条件良好,有河水可供利用,地下水深不到5 m。土壤为肥力较高的冲积土,细黏物质较其他戈壁上土壤为多,土层也较厚,植被也较好,以骆驼刺、泡泡刺、膜果麻黄等植物为主,在沿河两岸还有面积较大的梭梭林带、胡杨林、沙枣林和柽柳林等。这类戈壁分布区水土条件均较好,利用价值最大。

(三)戈壁的空间分布规律

荒漠地区的主要景观类型岩漠、砾漠、沙漠、泥漠、盐漠,无论是水平分布还是垂直分布,都有联系和区别,严格服从克鲁宾(Krumbein) $Y=mb^{-ax}$ 数学公式,即颗粒沉积由近而远,由粗而细的机械分异程序。因此,在水平分布上,从基岩山地或地表组成十分粗糙的地区先出现岩漠,后出现砾漠,多呈条带状或环状分布在沙漠的边缘,尤其在主风向上方或河流上游更为明显,这种分布规律在中国荒漠地区最为典型。例如,在荒漠区任一条河流,自上游、中游、下游,岩漠多发育于上游山地,砾漠发育于山麓或河流出口的洪积-冲积扇部位,泥漠则发育于河流的终端或尾闾。又如塔里木盆地塔克拉玛干沙漠外围,呈环状依次分布着砾漠和岩漠。在垂直分布上,岩漠与砾漠分布的地势较高,其中以岩漠为最高,泥漠地势较低,多分布于平原或平地,盐漠地势为最低。这种依地势高低的分布规律,也充分说明了物质运移由近而远、由粗而细的分异规律(陈林芳,1981)。

四、戈壁的特征

(一)戈壁的自然特征

戈壁有不同的类型,但其自然待征大致相同,主要有以下几点:

（1）气候干旱,光能、风能资源丰富。从热量带讲,全球的戈壁主要分布于热带地区、亚热带地区和温带地区。这些热量带的戈壁具有干旱气候的共同特征,但有更大的极端性。年降水量一般在 200 mm 以下,干燥度 2.5 以上(赵松乔,1962)。蒸发强烈,年蒸发量超过年降水量的几倍至几十倍,但因戈壁中水源缺乏,又缺少植被,因此戈壁面上实际蒸发到空气中的水汽是极少的,所以空气中的相对湿度特别小。气温高,最热月平均气温在 30 ℃ 以上。气温变化剧烈,但温带戈壁的温差高于热带、亚热带戈壁区。温带戈壁(中亚地区、内蒙古、新疆、甘肃等地)气温年较差一般在 40 ℃ 以上,日较差也在 30 ℃ 以上。热带亚热带戈壁(北非、东非、阿拉伯、澳大利亚、北美、南美等地)气温年较差一般在 10~20 ℃,日较差在 30 ℃ 左右(周淑珍等,1979)。因此,热带亚热带戈壁区的气温变化较为和缓,但也远远大于同纬度其他任何地区。所有戈壁区在热季地温相当高,就温带戈壁而言,夏秋季午间地面温度一般达 60 ℃ 以上,最高可达 80 ℃。由于戈壁区气候干燥,天空晴朗少云,因此日照强烈,太阳辐射量大,年日照时数在 3 000 h 左右,年辐射量在 6 000 MJ/m² 以上。因此,戈壁区有着丰富的光热资源,只要有水或水资源充足,植物在白天可进行充分的光合作用合成有机物,又因较大的日温差,夜间气温低,使植物呼吸作用缓慢,损耗有机物较少而积累较多,因此对发展优质高产的农作物十分有利。例如,吐鲁番生产的长绒棉、哈密瓜、无核葡萄等驰名中外,而且农作物 1 年两熟,又是稳产高产区。另外,戈壁区风力一般非常强盛,主要因气候干燥,昼夜温差剧变,从而形成垂直与水平的强大气压梯度,经常发生超过 5 m/s 的起沙风速(陈林芳,1981),最大风力可达 10~12 级,甚至 12 级以上。不小于 5 m/s 的风速即是具有利用价值的风能,因此戈壁区广泛存在着巨大的风能资源。

（2）地表组成物质粗,以粗大的砾石或裸露基岩为主。一方面,在以堆积作用为主的内陆盆地边缘及山麓地带,由于周围山地经长期剥蚀和侵蚀,产生大量岩屑碎石,搬运堆积在山麓及盆地边缘,形成广阔而深厚的砾石层,例如,中国酒泉、玉门附近的祁连山北麓,砾石层厚达 700~800 m(赵松乔,1962)。砾石层改造利用难度很大。但另一方面,它不仅起着保护底层水分和细黏物质的作用,还可以作为建筑用材,特别是在沙区进行公路、铁路建设时,可供路基、护路、护坡、防风固沙等施工用料。在以剥蚀、侵蚀作用为主的高原及其边缘山地,因地壳相对稳定,准平原化现象显著,戈壁面上很少或基本上没有堆积物。有些地方覆盖少量砾石,是从附近山地搬运而来或是基岩风化就地堆积,厚度一般不超过 1 m。

（3）地面比沙漠更平坦。由于长期处于干旱气候条件下,以及地质构造相对稳定,长期的剥蚀相侵蚀作用已使大部分山地基本削平,只以零星的残丘存在。地面平坦,但也略有起伏,特别是微形凹下的侵蚀沟分布较多,造成比较良好的水土和气候条件,植物生长也较好,可以此为基地,适当地改造利用并逐渐扩大变为绿洲。

（4）水源贫乏。在干旱缺雨及地面组成物质粗等条件下,戈壁区几乎完全没有当地产生的常年性河流,只存在一些间歇性河流和临时性地表径流,以及少数由附近高山冰雪和雨水补给的较大河流。地下水是戈壁区最主要的水源,但其分布具有很大的地区差异性,一般是山麓地带、盆地边缘及河流沿岸地下水贮量较丰富,水质也较好。目前在中亚、西南亚及新疆等地的戈壁荒漠地区,人们已在山麓修建许多坎儿井、滴灌或喷灌工程,以利用地下水浇灌农田、牧场、果园等,进行绿洲化工程建设。

（5）土壤肥力低、土层薄,以棕漠土、灰棕漠土等荒漠土系列为主。由于是在极端干旱气候条件下和粗骨母质上发育的土壤,它们具有较为相近的特点,以中国戈壁区为例,荒漠土土层极为浅薄,厚度通常在 50 cm 以下,很少超过 50 cm,机械组成粗,以粗骨部分为主,细土物质最多含量达 30% 左右。土壤表层具有多孔状和漠境结皮层,但棕漠土表层发育较差。有机质含量很低,一般为 0.1%~0.5%。石灰含量高,且表聚性强,在表层或亚表层,石灰含量一般为 4%~10%。石膏和易溶盐在土壤剖面不大的深度内聚积,有明显的残余盐化现象,在棕漠土内这种现象更为明显,石膏和易溶盐大量聚积于地表附近,最高含量大于 30%,土层中甚至出现盐盘层。在灰棕漠土内,石膏在 10~40 cm 聚积,最高含量达 20%~30%。另外,棕漠土和灰棕漠土的剖面中上部存在着较明显的残积黏化和铁质染红特点(黄秉维、郭敬辉等,1981)。

(6)植被极为稀疏。戈壁区生态环境异常严酷,只适合强旱生、旱生、石生、砾生、沙生、盐生植物系列生存,以灌木、半灌木荒漠群落为主。例如,亚洲戈壁区主要植物有:膜果麻黄、泡泡刺、琵琶柴、戈壁藜、驼绒藜、短叶假木贼、梭梭、裸果木、合头藜、霸王、绵刺、珍珠、红砂、沙拐枣、四合木、沙冬青、戈壁短花菊等。非洲戈壁区主要有沙蓬、沙拐枣、假木贼、麻黄、紫茉莉等属的部分植物以及生长在岩石后面的苔藓、地衣等(苏世荣,1983)。这些植物种中,绝大部分分布范围有限,是某一特定地段内的特有种。因此,戈壁区植被稀疏,种类简单,覆盖度低,一般为 1%~5%,许多地方甚至寸草不生。但也有部分地区的水土条件稍好,植被覆盖度可达 20%~30%。从另一方面讲,极其严酷的干旱荒漠生境,却是一些古老物种基因得以保存的天然场所,也是新型物种发生的宝贵摇篮和新型种群系统形成的特殊氛围。例如,中国戈壁区的绵刺、沙冬青、四合木等都是古老残遗植物(刘钟龄等,1985),旱生、强旱生特征是经过长期干旱环境逐渐适应演化形成的。因此,戈壁区的植物普遍具有高度抗性,不仅是培育抗旱、抗盐作物与饲草的珍贵材料,而且许多植物还具有神奇的药用价值和其他资源用途,对人类有极大贡献。

(二)戈壁的地质、地貌特征

在干旱大气环境下,暴露在干旱区地表的砾石堆积体或基岩表面经历了机械风化作用、盐分风化作用、盐分微地貌作用、风力作用及荒漠漆发育等内外力作用,形成一系列与其他地区砾石和基岩不同的地质、地貌特征。

(1)机械风化形成的特征。戈壁区裸露的地面,昼夜、冬夏温差大,导致岩石频繁地膨胀与收缩而崩解,即机械风化作用。被崩解的岩石既可以是卵石,也可以是基岩,因此有的崩解产物既有磨圆面,也有裂开面和棱角。大量的崩解产物——棱角状碎石覆盖于砾质堆积体或基岩表面,这是戈壁的主要特征之一。它与山麓边缘暂时性流水堆积的棱角状碎石的主要区别在于:它是干旱区机械风化作用残留原地的崩解产物,裂开面上不具磨圆度。而由暂时性流水堆积的棱角状碎石中,具有一定的磨圆度。

(2)盐分作用形成过程的地表特征。干旱区蒸发远大于降水,尤其是戈壁区更为突出。强烈的蒸发作用使含盐溶液沿砾石的孔隙、裂隙或极少的毛细管向上运移(类似灯蕊效应)。溶液蒸发失水后,盐分就在地表或附近结晶积累下来,因此地表普遍积盐,在地表以下数十厘米是盐分最富集的范围,常可见到粉末状石膏,或在砾石间的胶结物中也常见石膏晶体。当盐分积累到一定程度,吸水膨胀,在砾石内部产生强大的应力,从而又使岩石崩解破碎。就目前所知,盐分风化是最彻底的一种物理风化作用,可使岩石完全粉碎,以致无法辨认其岩性,这种现象在地球上也只有戈壁区表现得最明显,崩解的碎屑可达沙至粉沙级。Goudie(1986)的试验结果也显示,盐分风化可以产生大量的沙至粉沙级碎屑,这种碎屑可能是干旱区沙漠、黄土的主要物源之一。

（3）盐分微地貌的特征。在以石膏为主的盐分富集戈壁区，因为石膏在吸水、脱水过程中体积膨胀和收缩达30%（南京大学地质系岩矿教研室，1978），经过多次反复，砾石层表面裂开，并充填沙土、石膏等，形成一种独特的微地貌——多角土（王贵勇等，1995），其直径1.5~3.0 m不等。因为多角土在剖面中呈楔形，因此也称石膏楔。多角土（或石膏楔）在地面呈不规则多边形裂隙，裂隙宽10~40 cm，在充填裂隙的沙土中有时长有少量肉质、盐生植物，所以多角土又称草多边形。

（4）风力作用形成的特征。戈壁区植被稀疏，强烈的风力对地表作用形成明显的特征，表现在两个方面。①由风蚀作用形成。由于风力吹走碎屑沉积物的细物质，残留下粗碎屑，使戈壁面物质的机械组成不断粗化或砾质化，最终在表面形成砾石保护层。当表面砾石进一步崩解、风化，再次遭受风蚀，下部砾石又出露地表，如此循环往复，戈壁面的高度不断下降，形成新戈壁面（Young，1931），这是不同地区的戈壁普遍具有的一个特征。另外，戈壁上强烈的风沙流还对岩石表面有磨蚀作用，在砾质戈壁区主要是打磨表面砾石，形成大量的风棱石，而在石质戈壁区，岩石表面常形成独特的风蚀窝、蜂窝状麻面、蜂窝石、摇摆石、风蚀壁龛、风蚀柱、风蚀穴和风蚀城堡等，这也是因风蚀作用，在戈壁区形成的重要特征。②由风积作用形成的特征。在部分戈壁区，因风力强盛且风向较为稳定，常把较粗大颗粒吹动堆积在主风向的垂直线上，形成高起的条带状砾浪。砾浪的颗粒直径一般为1~2 cm，较大者可达3~4 cm。另外，在风沙流运动的垂直方向上，当风沙流运动受阻或风力减弱时，出现风沙堆积形成沙丘，但规模不大，常呈斑点状分布，局部地段也有连片沙丘。这些沙丘在后期流水或风力侵蚀、搬运和堆积过程中，部分因砾石覆盖而保留下来，在戈壁剖面中成为古风成沙，但沙丘形态已大大改变，古风成沙的每个下伏界面就是一个古戈壁面。

（5）戈壁区荒漠漆特征。戈壁砾石或基岩表面常有一层光亮的褐黑色薄膜，通常称荒漠漆，厚2~5 μm，具有明显的微层理结构，形成一般需数千年，其矿物成分主要是铁锰氧化物及高岭石、伊利石、蒙脱石等。荒漠漆是干旱气候的典型产物，因为在干燥状态下，荒漠漆比较坚硬，利于保存。但极端干燥状态下生成较慢，若湿度略有增加可以加速漆皮形成。而在湿润气候条件下，生物作用形成大量有机质，阻碍荒漠漆的形成发育。荒漠漆的物源以大气尘埃为主，富锰漆皮由混生氧化锰的微有机质的生物化学作用形成，Dorn等（1982）强调了霉菌作用，而Smith等（1988）则认为，铁锰富集的漆皮与碳酸盐岩表面的碱性环境有关。

荒漠漆易发育于表面光滑的岩石上，如经过风力磨蚀而成的风棱石，而且岩石须有较强的耐风化能力，如石灰岩、石英岩和部分火山岩等，而砂岩、花岗岩表面则少见。在岩型适宜的石质荒漠区和砾质荒漠区，荒漠漆尤为发育，如我国河西走廊西北部的石质戈壁区，荒漠漆特别发育，以致被称之为"黑戈壁""戈壁中的戈壁"（杜榕恒、赵松乔，1962）。

（6）风化、重力、水力作用形成的特征。在荒漠地区，风化作用、重力作用以及流水作用对地貌的影响是深刻而普遍的，但其综合作用，以石质山区最为典型。在石质基岩山区，大量风化碎屑产物，平时在重力作用下沿坡向下移动，聚集山脚，一旦发生暴雨，便由强大的片状洪流将其运走，堆积在山麓带，形成砂砾洪积扇群。而山坡则重新暴露，重遭风化，碎屑产物再次沿坡下移并为片状洪流所运移。风化作用、坡地重力作用和片状洪流作用反复进行下去，结果就使山坡不断地平行后退，因而在山麓形成一种缓缓倾斜的平整基岩面，上覆薄层松散堆积物，称为山麓剥蚀面或简称山足面。山坡不断后退，山麓剥蚀面不断扩大，山体愈亦缩小,最后,许多山麓剥蚀面连成一大片,成为山前夷平面,其上残留着孤立的岛状山(简称岛山)。在构造稳定的干旱区,如内蒙古高原西部、非洲北部、澳大利亚西部等地区,都可以见到规模较大的山前夷平面及岛山。

五、人类开发建设对戈壁地区生态环境的干扰与破坏

(一)戈壁地区生态环境干扰类型

工程建设施工对戈壁地区生态环境的干扰可以分为以下几个不同的类型:

(1)公路交通修建。公路作业带自然生态系统永久转变为公路,不具有恢复性。如西气东输管道建设,伴行公路仅新疆段长达 660 km,这些区域的植被和生态环境受到干扰和破坏,将永久不能恢复。

(2)开挖扰动破坏。工矿开发建设中,大面积开挖作业范围内,土壤和下面的母质层都受到翻动干扰,地上植被也全部被破坏。

(3)重型机械碾压和掘土机翻动。由于重型机械碾压扰动,土壤表层稳定结构被破坏,土壤紧实化,植被地上部分基本被破坏。

(4)三废污染影响。在开发建设过程以及人类生活过程中,产生的废气、废水、废渣三废污染,以及机械噪音污染等,严重干扰和影响区域生态环境。这种干扰在施工期间尤为严重。

(5)人类樵柴、放牧、农垦影响。人类是自然环境最大的受益者,也是最大的破坏者。随着西部开发建设,人口不断增加,对生态环境压力日益增强。

(二)戈壁区生态环境恶化的表现及原因

(1)由于开发建设对该区域植被的破坏,冬春多风季节由于缺少地表植被拦阻,邻近地区流动和半固定沙丘迁移,产生对工程设施和农田的埋压破坏。

(2)由于没有形成新的生态保护环境,开发建设区域的就地起沙和土壤搬移,埋压工程设施和农田,使农作物等遭受"沙割"危害。

(3)缺乏保护的裸露工程,在没有重新形成植被保护和表层土壤尚未板结或钙化前,多风气候造成剥蚀土壤,破坏工程并埋压工程设施。

(4)施工建设中的弃土、弃渣没有进行适当的覆被处理,形成危害更大的沙源,此问题往往在工程开发建设设计中最易忽略,特别是表层沙(砂)质的土壤或原本钙化坚硬但被施工破坏结构后即变成松散无黏性沙(砂)的区域危害最重。

(5)不合理的设计方案或缺乏生态保护内容的不完整设计,更易于从宏观上造成运行管理及生产中的被动,生态失衡的危害难以消除。

六、戈壁地区生态环境保护及修复措施

(一)戈壁地区工程建设过程中的环境保护措施

(1)在工程勘测、规划和设计过程中的各个阶段,必须要对工程沿线的周边地貌、植被、土壤结构和性质、风向等自然环境因子作好深层次周密充分的调查,必须要把生态环境的保护、重建当做工程内容的重要部分,根据不同条件制定出不同措施和方案,保证实施经费可靠的保障。

(2)生态修复实施的步骤,应当贯彻及早积极主动预防的方针,减轻或消除危害,根据

实际需要提早实施或与工程建设同步进行,贯彻"三同时"制。

（3）工程规划设计方案必须考虑运行生产的长远利益,即工程及周边环境保护、治理与重建的可行性与实施的效果及难易程度,有利于减轻危害和长期安全运行,如地形条件允许的情况下,渠线布置应与该地区主风方向平行或尽量缩小其夹角,最大程度减轻冬春风季风沙在渠内回旋,风速降低而造成的积沙。

（4）工程施工弃土弃渣必须推出适当距离,堆积在指定位置,做好挡渣墙等挡护工程,堆渣不得高出墙顶堆积,特别是砂质土壤类还必须马上采取生物措施和工程措施进行治理和恢复植被。穿越植被稀疏、风沙潜在危害严重的地段同样必须采取工程措施和生物措施同步进行或提早治理。

（5）工程措施方案的选择。工程措施主要有压扎麦草方格、撒黏土方格或铺盖黏土"被"。黏土料必须绝大多数为块状,少量的粉末;易风化的泥质页岩碎屑也可代替土料,只要治理区内取土容易即可采用,耐久性和治理效果好于麦草方格,经风吹雨淋黏土沫可使方格沙面覆盖薄的板结黏土盖,压沙效果好,但堆的方格土塄高度应达到 8 ~ 10 cm。根据当地风的走向及强度,工程两侧迎主风方向保护范围应达到 150 ~ 200 m,背风面保护范围有 100 m 左右即可。如果明沙厚、范围广,且植被稀疏、季风强度又大,方格规格以控制长宽 100 cm 为宜。

（6）必须明确这样的概念:工程措施只是临时应急的保护措施,最终达到长远防护目的的还是生物措施。在开发建设前和实施过程中,在仅有降雨的条件下大范围大量的栽植苗木不仅难保成活而且工作量也难承受,在明沙区特别是在工程措施的各类方格内人工撒播沙生植物草籽是最佳的办法。

（7）农业开发建设初期,除了积极营造防护网,还应在开发建设的过程中采取科学合理的安排与步骤,必要的预防保护措施,才能最大限度地降低因生态失衡所带来的风沙危害。

（8）灌区荒地的开垦应集中连片开发,不留夹散、零星荒地,保证各种配套设施全部建成到位,开发一片投入生产一片,切忌开垦后又不投入生产,疏松裸露的土地不仅使肥沃的表土被风侵蚀搬移,而且危害邻近农作物的生长。

（9）除农田、道路、渠道外,包括林带及其他一切荒地要人工撒草籽,仍以沙蒿为主,保证在防护林网未能发挥作用前形成速生生物屏障,阻止农田以外地表风沙对农田的埋压及损伤作物,减轻生态失衡后的危害程度。

（二）戈壁地区生态环境的治理及重建措施

1.格状沙障的应用与机理

关于草方格沙障与风沙流相互作用的物理力学特征,有学者进行过研究。凌裕泉假设障内沙面为一段圆弧,沙面最高点处圆的弦切角为干沙的休止角,进而从理论上得出草方格沙障内最大风蚀深度与方格边长之间的解析关系。王振亭等针对草方格沙障内部有涡流存在的特点,在引入适当假设的基础上,提出一个单排理想涡流模型,利用流体力学方法,计算了沙障不同草头高度 h_0 所对应的最大间距 L_{max},其中,当沙障高度 $h_0 = 15 \sim 20$ cm,间距 L_{max} 在 81 ~ 108 cm。如塔克拉玛干沙漠公路防沙体系中新设置的芦苇方格沙障高度 $h_0 = 15 \sim 20$ cm,间距 $L = 100$ cm,与上述计算结果基本吻合。韩致文等对 2.5 m×2.5 m、5 m×5 m 和 10 m×10 m(高度 $h = 50 \sim 80$ cm)三种立式格状沙障防沙机理与效果进行了风洞模拟试验,在 $u_\infty = 7.0$ m/s、10.0 m/s 和 15.0 m/s 试验风速下,通过测定各试验对象的流场和蚀积状况发现,格状沙障前沿流速逐渐增大,最大值出现于迎风第一格上空,而后逐渐阻滞减速,至 $15 \sim 20$ m 处趋于稳定,区内积沙均匀。刘贤万在风洞实验室 $u_\infty = 10$ m/s 指示风速下,通过纵向流场测定和堆积试验,对单行、多行及格状沙障作用机理的模拟试验结果显示,单行沙障前后各有一由沙障对流体阻滞引起的湍化加剧低速区,障顶偏后有一加速区,加速区与低速区之间动量交换的速度取决于沙障保护范围大小和回流的强弱,障体愈密闭,交换速度愈快,保护区越小,沙障中心沙粒的起动风速随沙障规格和深宽比 h/L 的增加而减小,对于 10 m×10 m 正方格沙障模型,来流方向 $\alpha = 45°$(对角线方向)时障内沙粒起动风速较高,对于 20 m× 10 m 长方格沙障模型,来流方向 $\alpha = 25°$ 时起动风速为高。

2.高分子吸水、保水材料的应用

采用高分子树脂高强吸水剂,稀释后浸泡处理各类沙生植物种子,将略为浸泡的种子摊开凉晒不粘团,即可在早春无雨季节撒播或掏坑埋种。由于高强吸水剂能从空气和土壤中吸取自重 $500 \sim 1\,000$ 倍的水分,因而能使处理后的种子包裹很大的湿团(如绿豆大的花棒种子外围包裹直径 $1 \sim 1.5$ cm 的蛋青色粘团),从而保证了干旱季节种子的发芽和幼苗的生长及成活,当年即能使沙生植物地上部茎秆木质化并达到 $30 \sim 50$ cm 的高度,当年冬和次年春完全能够起到防风固沙的作用。

3.前沿阻沙措施及降风阻沙作用

Hagen.L.J 等在密度为 40% 的单排栅栏的下风侧地表 30 cm 高处,分别测得距风障水平距离为风障高度 $4h$、$6h$、$9h$、$12h$(h 为风障高度)处的风速为上游主风速的 50%、54%、63%、70%,表明单排风障能有效地降低风速。J.D.Bilbro 与 D.W.Fryrear 为了确定风障下游风速与主风速比值的百分率(P_{uv})与下风向距离 L 的关系,对几种风障进行了观测:用安置在风障中线上风侧 10 m 处距地表 20 cm 高处的风速仪测定来流风速,在风障下风侧 $5h$、$10h$、$15h$、$20h$ 和 $30h$ 处距地表高 20 cm 处观测风障降风效率,结果显示,下风侧 $30h$ 处风速恢复为上风向来流风速。风障密度指数(D_i)、下游风速为主风速的百分率(P_{uv})和下风向距离 L 之间具有一定关系:$P_{uv} = 87.7/A + 88.2/B - 79.3/(AB)$,其中:$A = 1 + (D_i/175.5)^{2.25}$,$B = 1 + 1/(0.088L)^{3.83}$。

屈建军等在试验风速下对不同孔隙度和与主风向成不同交角的尼纶网栅栏的风沙阻导效应和积沙效应进行了风洞模拟试验,指出尼纶网栅栏的作用兼有疏透和通风两种性能最佳孔隙度,具有一定导沙性能;凌裕泉等在包兰铁路沙坡头地区对荆条笆、树枝、玉米秸和竹条笆等几种材料阻沙栅栏的试验结果表明,影响栅栏防护效果的主要因素为栅栏的孔隙度、高度、设置部位、风况和沙源,而与材料性质无关,孔隙度、高度与主风向成一定交角的栅栏,阻沙效果较好,其有效保护范围较大;韩致文等对紧密型、疏透型和通风型三种不同结构复膜沙袋阻沙措施的流场特征和蚀积状况进行了风洞模拟试验,指出复膜沙袋阻沙体附近存在拐角阻滞绕流区、阻沙体顶下方抬升加速区、阻沙体后回流区、阻沙体后贴地层低速回流区等功能区,其规模大小和能量强弱决定着降风阻沙效应,紧密型、通风型和疏透型复膜沙袋阻沙措施,分别对不同沙害状况和防护标准的流动性沙漠地区工业设施具有良好的防护效果。

4.直立植物、戈壁砾石覆盖及其组合措施

国内外对砾石的风蚀抑制效应进行了许多研究。薛娴等以敦煌莫高窟顶风蚀防护为例,对戈壁砾石的防护效应进行了风洞试验与野外观测研究,发现砾石的形状和高度对增加地表粗糙度,抑制风蚀起着非常重要的作用,指出风蚀作用停止后的稳定床面有其特定的粒径配置和砾石覆盖度,相同覆盖度和低风速及近地面状况下,砾石形状参数 λ($\lambda = s/h$,s 为顶面积,h 为高度)对粗糙度的影响大于砾石高度,但是在高风速及距地面较高范围内,则反之。Gillette、Neuman 等认为,砾石对风蚀的抑制机制是通过吸收地表风动量,降低可蚀床面上的剪切力,从而达到抑制风蚀的效果,并且将砾石对风蚀的抑制方式量化为侵蚀率 R_0 和临界摩阻速率 U_t;刘连友等把砾石覆盖对吹蚀速率的抑制作用表达为砾石铺压的密度效应和空间排列效应,发现在一定的风力条件下,吹蚀速率随砾石覆盖密度的增加呈现指数递减变化,在一定铺压密度下,不同铺压方式表现出不同的吹蚀抑制效应,从小到大依次是:平行条带铺压、簇状铺压、斜交条带铺压、垂直条带铺压、随机铺压。Bachavov 曾指出,砾石高度可影响风速廓线的弯曲高度,因为不同形状和高度的砾石吸收地表的风动量不同,起到的抗风蚀效果自然也有所区别。Willetts 和 Rice 在风洞中证明风积沙在风蚀作用下,其粒配有可能重新分布,Gillette 也表述了地表物质的粒径分布对风蚀起动风速具有重要作用。Plate 在风洞中测定了不同疏透度栅栏的阻力系数;Hagen 与 Skidmore 通过野外风速廓线观测,计算了不同疏透度栅栏的阻力系数;Marshall 在风洞中测定了不同密度植物的阻力系数,并根据阻力系数讨论了植物在土壤风蚀中的作用。董治宝、Fryrear.D.W 等通过风洞模拟试验,研究了直立植物防沙措施的粗糙特征及其影响因素,指出在一定风速下,对数风速廓线中的粗糙度值 Z_0 随植物密度的增加呈幂函数增加,幂函数的指数小于 1;在各种植物密度条件下,Z_0 随风速增大而减小,遵循单分子增长曲线型的指数函数。

各种防治风蚀的措施旨在削弱风力的侵蚀能力或增大地表的抗蚀力。干旱半干旱地区植物与砾石覆盖组合措施可获得理想的防风蚀效果,董治宝等研究认为直立植物和砾石覆盖防止风蚀措施最理想而经济的参数为:0.72 的植物侧影盖度或 0.22 的砾石覆盖度。

5.化学黏合剂固沙

化学固沙是通过喷洒黏合剂等化学物质,在流沙表面形成一层具有一定强度的刚性壳层、柔性固结层或弹性固结层,使沙丘表面形成保护层,隔绝气流与松散沙层的直接作用,达到防治沙害的目的。固沙剂一般都具有黏结性和渗透性,而沙粒之间存在约 8 μm 的微小通道,当固沙液喷至流沙表面,液滴渗入沙体,除与沙粒以简单黏结作用胶结外,还存在固沙剂颗粒的电性或功能团与沙粒之间产生电荷作用、分子内力作用等复杂过程,形成连续或非连续网状结构,将沙粒黏结在一起,使流沙表面形成一定厚度的结皮。

苏联 1934 年开始沥青乳液固定流沙试验,后来又进行了聚丙烯酰胺、丁二烯苯乙烯等化学固沙材料的试验研究。美国自 1950 年起先后进行了石油树脂乳液、尿素-甲醛、尿素-双氰胺和 AM-9(聚丙烯酰胺)制剂等固沙试验。英国、以色列及澳大利亚等国家也都进行了化学固沙试验。董治宝、韩致文、程道远、胡英娣等也在塔克拉玛干沙漠公路、包兰铁路沙坡头段等风沙危害防治中进行了化学固沙试验,在固沙材料配方、稳定性、渗透深度、固结层抗风蚀性等多方面进行了探讨,取得了一定进展,对沙漠、戈壁沙害防治有积极意义。

(三)荒漠戈壁地区风沙危害防护体系的合理宽度

作为风沙工程学研究的重点与难点之一,风沙防护体系的合理宽度问题引起许多学者的关注。

徐崚岭在研究包兰铁路沙坡头段麦草方格沙障防护带宽度时,综合考虑了保证铁路安全畅通运营、流沙掩埋防护带的方式和速度、麦草方格沙障的有效使用年限等因子,提出防

护带宽度计算公式

$$S = nl + L \tag{3-20}$$

式中　S——防护带宽度；

　　　n——沙障有效使用年限；

　　　l——防护带边缘年平均沙埋宽度；

　　　L——预留安全宽度。

冯连昌给出的草方格沙障防护带宽度模型为

$$W = nv + Q \sum_{i=1}^{n} \left(H - \sum_{j=1}^{n} h_j \right)^{-1} + L \tag{3-21}$$

$$Q = k \sum_{i=1}^{m} T_i v_i \tag{3-22}$$

式中　W——防护带宽度，m；

　　　v——沙丘移动速度，m/a；

　　　n——草方格沙障有效使用寿命，a；

　　　Q——单位宽度的年输沙量，$m^3/(a \cdot m)$；

　　　H——草方格沙障外露高度，m；

　　　h_j——草方格沙障年损失高度，m；

　　　L——风沙流进入腐朽草方格沙障防护带后，其挟带沙粒的沉落距离，一般为 20~30 m；

　　　T_i——第 i 次起沙风作用时间；

　　　v_i——第 i 次起沙风平均风速；

　　　k——地区性输沙系数（由野外观测资料计算可得）；

　　　m——一年中风沙的总出现次数。

刘贤万在风洞实验室基础上，提出了临界保护宽度（L_0）（即风速随高度和距离的变化趋于稳定、过沙量趋近于零的防护宽度），平坦地表上的草方格固沙带 L_0 为 30 m，并考虑到野外地形和气流的复杂性，又提出了实际防护宽度公式

$$L = vt + L_0 \tag{3-23}$$

式中　L——实际防护宽度，m；

　　　L_0——临界保护宽度，m；

　　　v——当地风沙流或沙丘前移压埋草方格的速度，m/a；

　　　t——保护年限，a。

凌裕泉则在对包兰铁路沙害治理防护体系宽度问题研究中指出，根据沙丘移动速度计算防护体系宽度更有意义，并以风沙运动规律、格状沙丘主梁的移动速度及铁路有效使用年限为依据，提出了防护体系的基本宽度，王训明等在考虑了诸多因子的基础上，建立了塔克拉玛干沙漠公路机械防护体系宽度理论模型。

尽管许多研究者从不同角度出发，尝试建立了风沙防护体系的理论宽度模型，但至今还没有一个令人满意的具有普适性的结果。因此，还有待今后进一步研究探讨。

第四章 水蚀荒漠化防治原理与技术

水力侵蚀(简称水蚀)是土壤侵蚀退化的主要形式之一。我国水土流失区分布很广,面积很大,据 1990 年水利部统计,全国土壤水蚀面积达 179.42 万 km²,其中干旱区、半干旱区和亚湿润干旱区因水力侵蚀使土地退化形成的水蚀荒漠化面积达 20.5 万 km²,成为我国荒漠化形成的主要原因之一。

第一节 水力侵蚀作用

一、水流的基本特性

(一)水流的流态

1.层流与紊流

层流与紊流是水流的两种基本流态。层流一般发生在坡面薄层水流和水库的缓流中,由于层流中不产生垂直流向的向上的分力,所以不能卷起泥沙。而紊流中质点间相互干扰,产生水层间的大小涡旋运动,形成向上的作用力,能够掀起泥沙,侧向力则引起岸边侧蚀。

对于明渠水流来说,临界雷诺数 Re 只要大于 500,就为紊流,即对于水深为 0.2 cm 厚坡面薄层水流,只要流速大于 25 cm/s 就为紊流。因而,细沟、浅沟、切沟等水流均属紊流。

2.涡流

涡流又称旋涡流。它是水流在周界的影响下,流速减慢,而水体中部流速大,导致流速梯度较大而出现的。根据伯努利定律,流速大的水体,压力小,流速小的水体压力大,使已产生的旋涡向河面、河心移动,并扩散到整个水体中,使水体具有紊流的特性。这种涡流一方面对周界产生剥蚀,同时又使侵蚀物质进入整个水体,使其具有基本相同的含沙量。

3.横向环流与螺旋流

水流运动受河槽周界的制约而形成曲流。曲流的水体在离心力和科里奥力(简称科氏力)的作用下,产生横向环流和螺旋流。离心力的大小可用下式表示

$$F = \frac{G}{g}\frac{v^2}{r} \tag{4-1}$$

式中　F——离心力,t/m;

　　　G——水的重力,t/m;

　　　v——水流平均流速,m/s;

　　　r——弯曲河道平均半径,m;

　　　g——重力加速度,m/s²。

在离心力作用下,引起水面横比降 J_F,其大小为

$$J_F = \frac{F}{G} = \frac{v^2}{gr} = \tan\alpha \tag{4-2}$$

由式(4-2)可见,横比降的大小取决于v和r,当v很大、r很小时,J_F就大;反之则小。它是表面水体向凹岸集中的结果,一旦形成断面横比降,则断面靠凹岸处水深变深,凸岸处水深变浅,于是底部出现压力差,使水流由凹岸流向凸岸,构成了曲流中的横向环流。在整个河段中水流还向下游不断运动,这两种运动的合成运动,即螺旋流。

科里奥力(F_c)实质是由地球的自转运动产生的偏向力,其大小为

$$F_c = 2\omega v \sin\varphi \frac{G}{g} \tag{4-3}$$

式中 ω——地球自转角速度;

φ——某点的地球纬度,科氏力在北半球始终作用于水流流向的右岸,在南半球则作用于左岸。

由科氏力引起的横向环流水面比降J_c为

$$J_c = \frac{2\omega v \sin\varphi}{g} \tag{4-4}$$

将$\omega \approx 7.272 \times 10^{-5}$ rad/s 和$g = 9.8$ m/s^{2}代入式(4-4),于是

$$J_c = \frac{v \sin\varphi}{67\,400} \tag{4-5}$$

可见,在中纬、高纬度区,科氏力引起的河水横比降是较大的,若与离心力叠加,则对凹岸产生的侵蚀力是十分可观的;当两者相反时,则塑造的作用减弱。

(二) 水流的速度

1.坡面流流速

坡面广泛存在于自然界,约占陆地表面的80%以上。大气降水或融雪到坡面上,除蒸发、下渗和地表不平整处的"填洼"作用外,剩余部分沿地面向下流动形成坡面流。坡面流大小,主要取决于降雨性质和下渗速率。降雨的强度在降雨过程中是不断变化的,对雷暴雨,一开始强度就很大,而对普雨,开始小,中间大,结束时再次减小。而岩土的下渗速度总是开始时大,随时间推移渗透速度减小,直至达到一个稳定值。

降雨和下渗的不同组合,形成两类产生径流的方式:一是蓄满产流,即土壤(实际为表层某一厚度)孔隙被下渗水分充填,达饱和状态,地表接收再降水形成径流;二是超渗产流,即降雨强度超过下渗速度,多余部分形成地表径流。若降水至入渗率极小的岩面上,也可形成无渗产流。

坡面流水层厚<2.0 cm 时,黏滞性起主要作用,水流是层流,其流速分布公式为

$$v = \frac{\gamma_\omega J}{\mu}\left(hy - \frac{y}{2}\right) \tag{4-6}$$

平均流速为

$$v = \frac{1}{h}\int_0^h v\,\mathrm{d}y = \frac{1}{3\mu}\gamma_\omega h^2 J \tag{4-7}$$

式中 v——流速;

μ——黏性系数;

h——水深;

J——水面比降;

γ_ω——比重。

由式(4-7)可见,层流平均流速与水层厚度和坡度密切相关。

坡面水层厚度随坡面长而加大,一般大于 2.5 mm,单宽流量超过 5 cm³/s,此种情况下,水体惯性力就占主导作用地位,雷诺数增大,水流呈现紊流。稳定、均匀的二元流流速,可用曼宁公式表示

$$v = \frac{1}{n}h^{2/3}J^{1/2} \tag{4-8}$$

式中　n——糙率系数;

其他符号含义同前。

2.沟道流流速

坡面流兼并汇集形成股流,随流量、流速增大,将坡面冲刷成不同大小形态的沟谷,包括细沟、浅沟、切沟等,水流被局限于沟道内,称为沟道流。

沟道流属紊流,水力学中给出恒定、均匀流情况下的流速公式——谢才(Chezy)公式,即

$$v = C\sqrt{RJ} \tag{4-9}$$

式中　R——水力半径,反映过水断面特征的长度,其值为过水断面面积 W 与湿周 χ 之比;

J——床面比降;

C——阻力系数,可用曼宁式 $C = \frac{1}{n}R^{1/6}$ 或巴甫洛夫斯基公式 $C = \frac{1}{n}R^y$ 求得,其中

$$y = 2.5\sqrt{n} - 0.13 - 0.75(\sqrt{n} - 0.10)\sqrt{R}$$

3.侵蚀起动流速

水流能够冲刷推动泥沙运动的最小流速,称为起动流速或临界流速。它分为滑动起动和滚动起动两种。

对于床面静止泥沙所受的作用力有水流的推移力、上举力、泥沙重力及其分力和坡面的摩擦力等。若要使静止泥沙沿坡面滑动,必须满足水流推移力与反作用力平衡的关系,而要使其沿坡面滚动,则应使滚动力矩与反力矩平衡。由此可推导出泥沙颗粒的滑动起动流速 v_d 和滚动流速 v_{do}

$$v_d = K_1\sqrt{d} \tag{4-10}$$

$$v_{do} = K_2\sqrt{d} \tag{4-11}$$

式中　d——颗粒粒径;

K_1、K_2——系数,可由泥沙受力分析求得。

由此可见,泥沙起动流速大小与粒径大小密切相关。砂砾粒径总是与流速平方成正比,而泥沙的体积或重量又与粒径立方成正比,因此搬动的砂粒颗粒的体积或重量总与流速的 6 次方成正比,即 $G \propto v^6$,这就是山区河流能够搬运粗大的颗粒巨石的原因。

泥沙的起动流速除与泥沙粒径有关外,与颗粒沉速、水深等也有密切关系,沙玉清和苏联沙莫夫分别根据试验资料求得起动流速的经验公式:

沙玉清公式　　　　　$$v_0 = 37.7\frac{d^{\frac{3}{4}}}{\omega^{\frac{1}{2}}}R^{\frac{1}{5}} \tag{4-12}$$

沙莫夫公式 $$v_0 = (0.01 + 4.7d)^{\frac{1}{2}}\left(\frac{h}{d}\right)^{\frac{1}{6}} \qquad (4\text{-}13)$$

式中 v_0——起动流速；

　　　d——泥沙粒径；

　　　ω——平均沉降速度；

　　　R——水力半径；

　　　h——水深。

其中式(4-12)适用于粗沙、细沙，式(4-13)适用于粗沙。

二、水力侵蚀形式

水力侵蚀是由水营力引起的侵蚀过程和一系列土壤侵蚀形式。水营力有雨滴击溅、地表径流和下渗水三种不同形态，其对土壤作用方式如图4-1所示。

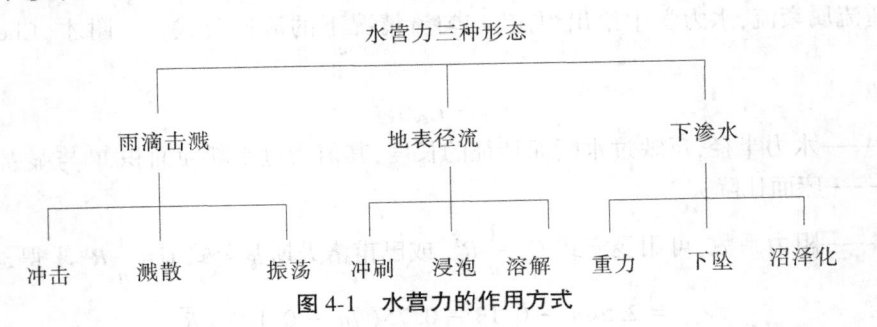

图 4-1　水营力的作用方式

由于水营力作用方式的不同，对土壤产生的侵蚀形式也不同。从土壤侵蚀现象看，水力侵蚀形式主要有溅蚀、面蚀、沟蚀、河沟山洪侵蚀和下渗水引起的重力侵蚀。

(一) 溅蚀

溅蚀是指裸露坡地受到雨滴的击溅而引起的土壤侵蚀现象。它是在一次降雨中最先导致的土壤侵蚀。裸露的坡地受到较大雨滴打击时，表层土壤结构遭到破坏，把土粒溅起，溅起的土粒落回坡面时，坡下比坡上落得多，因而土粒向坡下移动。随着雨量的增加和溅蚀的加剧，地表往往形成一个薄泥浆层，加上汇集成小股地表径流的影响，很多土粒随径流而流失，这种现象称为溅蚀。溅蚀破坏土壤表层结构，堵塞土壤孔隙，阻止雨水下渗，为产生坡面径流和层状侵蚀创造了条件。

(二) 面蚀

面蚀是指由分散的地表径流冲走坡面表层土粒的一种侵蚀现象，它是土壤侵蚀中最常见的一种形式。凡是裸露的坡地表面，都有不同程度的面蚀存在。由于面蚀面积大，侵蚀的又都是肥沃的表土层，所以对农业生产的危害很大。根据面蚀发生的地质条件，土壤利用现状的不同及其表现的形态差异，又可分为层状面蚀、鳞片状面蚀和细沟状面蚀。

(三) 沟蚀

沟蚀是指由汇集成股的地表径流冲刷破坏土壤及其母质，形成切入地表以下沟壑的土壤侵蚀形式，根据侵蚀程度及形态，可分为浅沟侵蚀、切沟侵蚀、冲沟侵蚀和坳沟侵蚀等不同类型,也是沟谷发育的几个不同阶段。

(四)河沟山洪侵蚀

山洪侵蚀是指山区河流洪水对沟道堤岸的冲淘、对河床的冲刷过程或淤积过程,山洪因其流速高,冲刷力大,因而破坏力大。

(五)下渗水引起的重力侵蚀

由于水流下渗,使土体内摩擦力和黏聚力减小,土体质量增加,使土壤及母质发生移动。其直接作用力是重力,故也叫重力侵蚀,根据侵蚀形式分为泻溜、崩塌、滑坡等。

三、水力作用过程

水流对地表泥沙作用过程包括侵蚀、搬运和堆积作用过程。

(一)水流侵蚀作用

水流及其挟带的泥沙通过冲蚀、碰撞和磨蚀等作用破坏地表,并冲走地表物质的作用叫水力侵蚀作用。根据作用方向,侵蚀作用分为下蚀和侧蚀两种方式。

水流切深床面称为下切侵蚀,简称下蚀或切蚀。下蚀强度取决于水流动能、含沙量及河面组成物质的抗蚀性能,水流动能愈大,含沙量愈小,地面组成物质愈松散,下切速度愈快;相反,下切速度愈慢。而水流在源头与床面坡度突变处不断切深床面,并向上发展,使形成的沟谷源头后退,指向源头的侵蚀作用,又称塑源侵蚀,塑源侵蚀导致沟谷的伸长。侧蚀(或叫旁蚀)则是水流拓宽床面的作用,它主要发生在水流弯曲处的凹岸,其作用强度受环流离心力和水流冲刷力控制。

水流对土壤的侵蚀强度,常用侵蚀模数、侵蚀深度、沟谷密度及地面割裂度等指标来表征。土壤侵蚀模数是指单位面积上每年侵蚀土壤的平均重量。可用下式计算

$$M_s = \sum \frac{W_s}{FT}$$ (4-14)

式中　M_s——侵蚀模数;

　　　W_s——年侵蚀总量;

　　　F——侵蚀(产流)面积;

　　　T——侵蚀(产流)时限(年)。

侵蚀深度(h)是将上述 M_s 转化成土层深度(mm),表示侵蚀区域每年平均地表侵蚀的土层厚度。

$$h = \frac{1}{1\,000} \frac{M_s}{\gamma_s}$$ (4-15)

式中　γ_s——侵蚀土壤容重。

沟谷密度和地面割裂度则是用单位面积上沟谷的长度和沟壑面积占流域总面积的百分数来形象地反映已经侵蚀的强度大小。

根据《土壤侵蚀分类分级标准》(SL 190—2007)中规定,把水力侵蚀强度分为微度、轻度、中度、强度、极度和剧烈侵蚀六级(见表4-1、表4-2)。

表 4-1 水力侵蚀强度分级指标

级别	侵蚀模数($t/(km^2 \cdot a)$)	年均流失深度(mm)
微度侵蚀(无明显侵蚀)	<200,500,1 000	<0.16,0.4,0.8
轻度侵蚀	(200,500,1 000)	(0.16,0.4,0.8)~2
中度侵蚀	2 500~5 000	2~4
强度侵蚀	5 000~8 000	4~6
极度侵蚀	8 000~15 000	6~12
剧烈侵蚀	>15 000	>12

注:由于各流域成土自然条件的差异,可按实际情况确定土壤允许流失量的大小,从200、500、1 000 $t/(km^2 \cdot a)$起点,但允许值不得小于 200 $t/(km^2 \cdot a)$或超过 1 000 $t/(km^2 \cdot a)$。

表 4-2 不同水力侵蚀类型强度分级参考指标

级别	面蚀		沟蚀		重力侵蚀
	坡度 (坡耕地)(°)	植被盖度 (%)	沟壑密度 (km/km²)	沟蚀面积占总面积 的百分数(%)	滑坡、崩塌、泻溜面积占坡 面面积的百分数(%)
微度侵蚀	3	>90			
轻度侵蚀	3~5	70~90	<1	<10	<10
中度侵蚀	5~8	50~70	1~2	10~15	10~25
强度侵蚀	8~15	30~50	2~3	15~20	25~35
极度侵蚀	15~25	10~30	3~5	20~30	35~50
剧烈侵蚀	>25	<10	>5	>30	>50

(二)水流搬运作用

水流挟带泥沙及溶解质,并推动坡面物质移动的作用,称为水流搬运作用,泥沙随水流搬运方式有悬移和推移两种。悬移是较细小的泥沙在水流上举力作用下起动并进入水流,以与水流相同的速度呈悬浮状态搬运的一种方式。悬移质的悬浮主要受紊流的旋涡流影响,它的数量与水流流速、流量及流域的组成物质有关。

起动泥沙颗粒较大时,可在水流中回落到床面上时,对床面泥沙有一定的冲击作用,使另一部分泥沙跃起进入水流,或起动泥沙沿床面滚动、滑动,称为推移。推移质与悬移质之间,以及河床上泥沙之间存在着不断的交换现象,这一交换,使水流含沙量分布连续,泥沙颗粒较均一。

在一定水流条件下,能够搬运泥沙的最大量称水流挟沙能力,或饱和挟沙量。如果水流中实际含沙量超过挟沙能力,河床就要淤积;反之,河床就要冲刷。水流挟沙能力与断面平均流速、水力半径、悬沙粒径及泥沙的平均沉降速度等因素有关。M.A.雅里加诺夫在分析各因素基础上建立了坡面流挟沙能力经验公式

$$S = \alpha \frac{v^3}{gh\omega} \qquad (4\text{-}16)$$

式中 S——水流挟沙能力(径流含沙量);

v——水流流速,

h——坡面流水深;

ω——泥沙颗粒沉速;

α——系数,随降雨对水流的紊动不同而变化。

黄河水利委员会根据黄河干支流的实测资料,得出水流挟沙能力经验公式为

$$S = 1.07 \frac{v^{2.25}}{R^{0.74}\omega^{0.77}} \tag{4-17}$$

式中 R——水力半径;

其他符号含义同前。

长办根据精密泥沙测验资料得出: $S = 1.07v^3/(gh\omega)$。

这些经验公式因为推求时所用的资料不同,因而每个公式都有一定的适用范围,应用时要慎重。

由于水力侵蚀作用,单位面积坡面上可能最大的产沙量,被称为侵蚀率 ε,其表达式为

$$\varepsilon = \frac{Sq}{L} \tag{4-18}$$

式中 S——水流挟沙能力;

q——单宽径流量;

L——坡长。

利用式(4-8)、式(4-16)、式(4-18)及 $q = CIL$ 整理后可得下式

$$\varepsilon = \frac{\alpha}{n^3} \frac{CIhJ^{\frac{3}{2}}}{g\omega} \tag{4-19}$$

式中 ε——侵蚀率;

C——径流系数;

I——降雨强度;

J——坡度;

h——坡面流水深;

$\dfrac{\alpha}{n^3}$——系数,其中 α 与降雨有关,n 是地表糙率系数。

可见,坡面侵蚀与径流系数、降雨强度、坡长和坡度呈正相关关系,与地表粗糙程度及泥沙沉速呈反相关关系。水土保持正是通过改良土壤、增加粗糙率、减少径流和改变地形、减小坡度等措施实现对土壤侵蚀的防治。

（三）泥沙堆积作用

当水流能量降低,水流中含沙量大于挟沙力时,搬运泥沙就要发生沉积,亦称堆积,堆积先从推移质中的大颗粒开始,最后悬移质转化为推移质,继而在床面上停积。

水流挟带的泥沙在重力作用下下沉时,同时又受水流阻力影响。当重力与水流阻力相等时,泥沙以等速下沉,这个速度称为泥沙的沉速。根据重力与水流阻力相等关系式,可得泥沙沉速公式

$$\omega^2 = \frac{4}{3\lambda} \frac{(\gamma_s - \gamma_\omega)d}{l} \tag{4-20}$$

式中 ω——泥沙沉速;

　　　λ——阻力系数。

　　水流的侵蚀、搬运、堆积作用是同时进行的,且不断地转化。但就水流某一段来说,总是以某一作用为主。图 4-2 表示出侵蚀、搬运、堆积的关系,横坐标为泥沙粒径大小,纵坐标为水流的摩阻流速,$v_* = \sqrt{\tau_0/\rho}$ 或沉速 ω,其中 τ_0 为作用于床面的水流切应力。这样可以利用临界摩阻流速 v_{*c} 代替泥沙起动时的水流切应力 τ_0,作为泥沙起动的判断值。当摩阻流速相当于泥沙沉速时,泥沙才能悬移运动。

　　根据图 4-2 中 COD 线(不同粒径泥沙的临界摩阻流速 v_{*c})和 EOF 线(泥沙的沉速)两条曲线的相对位置,泥沙的沉积条件可以分为三个不同区域:

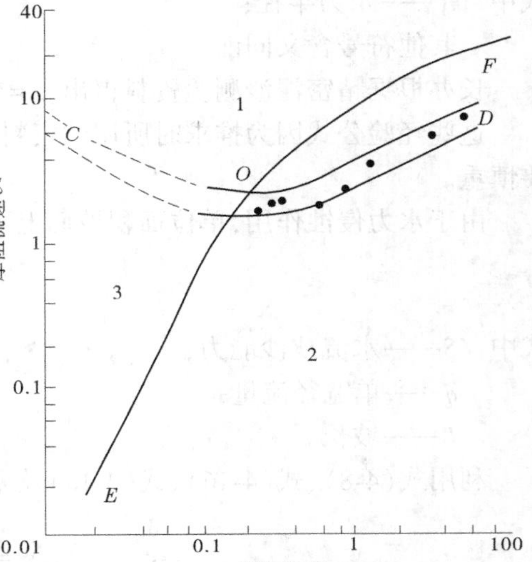

　　(1)在 COD 线以上:$v_* > v_{*c}$,运动泥沙与床面泥沙有可能发生交换,只有当上游来沙量超过水流挟沙能力时,泥沙才开始沉降;反之,如上游来沙量不及水流挟沙能力,河床就会发生冲刷。其中 FOD 部分的泥沙运动以推移为主,其余泥沙以悬移为主。

　　(2)在 EOD 线以下:$v_* < v_{*c}$ 及 $v_* < \omega$,水流既不能冲刷床面泥沙,使之搬运而去,又不能足以支持上游来沙,使之继续在水中悬移,因此泥沙迅速淤积。

　　(3)在 COE 线左侧,$\omega < v_* < v_{*c}$,水流不足以自河床中取得泥沙补充,但只要上游来沙,则因该段的紊动强度能够支持其继续悬移运动,将上游来沙输送下去,不发生过多沉积。

图 4-2　泥沙沉积条件分区

第二节　土壤水蚀规律

　　水力侵蚀过程中剥蚀、搬运和沉积三种状态的发生,归根结底都是在不同具体条件下,水的破坏力大于土体的抵抗力的结果。由于水营力三种状态的不同,对土壤作用形式不仅表现在作为流体力学性质,而且表现在流体的物理性质和水的化学性质上。水土流失不仅是由地表径流水所引起的,还有雨滴击溅和下渗水的作用。

　　水是土壤肥力不可少的因素,在土壤肥力形成过程中,它是水分循环和营养循环最基本的,也是具有决定性的因素。但有时水也能引起土壤肥力的减低和破坏。水的三种不同形态以各种方式对土壤进行侵蚀,引起水土流失,造成土地退化。

一、雨滴击溅侵蚀

　　降雨雨滴动能作用于地表土壤而做功,产生土粒分散,溅起和增强地表薄层径流紊动等现象,称为雨滴溅蚀作用,或击溅侵蚀。雨滴溅蚀主要表现在下列三方面:

　　(1)破坏土壤结构,分散土体成土粒,造成土壤表层孔隙减少或者堵塞,形成"板结",引起土壤渗透性下降,利于地表径流形成和流动。

(2)直接打击地面,产生土粒飞溅和沿坡面迁移。

(3)雨滴打击增强地表薄层径流的紊动强度,导致了侵蚀和输沙能力增大。

这三方面在溅蚀过程中紧密相联,互相影响,就其过程而言,大致分为四个阶段:降雨初期,地表土壤含水分少,雨滴打击使干燥土粒溅起,为干土溅散阶段;接着表层土粒逐渐被水分饱和,溅起的是湿土粒,为湿土溅散阶段;在击溅同时,土壤团粒和土体被粉碎和分散,随降雨的继续,地表出现泥浆,细颗粒出现移动或下渗,阻塞孔隙,促进地表径流产生,雨滴打击使泥浆溅散;降雨继续进行,上述过程的演进加上雨滴对地面打击的压实作用,导致表层土壤密实和微起伏变化,形成地表板结,孔隙率减少,加快径流形成。当雨滴打击在坡面薄层径流时,增强了水流的紊动,保持分离土粒悬浮于水中,从而增加了水体能量,形成更加严重的侵蚀和更高的挟沙能力(可比原来大12倍以上)。这种影响随地表径流深增加而增加,但当径流深超过一定值后(>3 cm),水层具有消能作用,因而对径流侵蚀力和浑浊程度的影响比较小。

击溅侵蚀强度随时间延长而渐小,这是由于黏粒下移,表层土壤变得紧密的结果。当土壤结构破坏,细小黏粒分散后会下移到周围表层土壤孔隙中,堵塞孔洞,除造成表层紧实外,还导致渗透速度大大降低。埃利森研究表明,对渗透影响最大的首先是雨滴速度,其次为雨滴大小,降雨强度影响最小,这显然是冲击力破坏更多的团粒结构,细粒堵塞孔隙更严重,形成结皮,最终增加了地表径流。

雨滴击溅侵蚀能力大小取决于降雨性质,即雨滴大小、降雨强度、雨量等。威斯迈尔在前人研究的基础上,经过大量寻优计算,找到了一个反映侵蚀力的复合参数指标,即降雨侵蚀力指标 R,即

$$R = EI_{30} \tag{4-21}$$

式中　E——该次降雨的总动能;

　　　I_{30}——该次暴雨过程中出现最大的 30 min 强度,从自记雨量计的记录纸中选取曲线最陡的一段计算出来。

江忠善提出我国黄土高原降雨侵蚀力指标 R

$$R = EI_{30}; E = \sum eP \tag{4-22}$$
$$e = 27.83 + 11.55\lg I$$

式中　P——相应时段雨量;

　　　I——相应时段雨强;

　　　E——动能。

鉴于 E 值求解的困难,中国科学院水利部水土保持研究所、西北林学院等单位在研究了黄土区降雨侵蚀特征后,提出侵蚀力指标的计算式

$$R = PI_{30} \tag{4-23}$$

式中　P——该次降雨量;

　　　其他符号含义同前。

刘秉正依据我国自记雨量资料少、系列短的实际情况在对陕西渭北地区 23 个县 28~33 年降水资料分析计算和侵蚀相关分析基础上,提出了新的年降雨侵蚀力指标 R 的计算方程

$$R = 105.44 \frac{(P_{6\sim9})^{1.2}}{P} - 140.96 \qquad (4\text{-}24)$$

式中　$P_{6\sim9}$——某年 6~9 月降雨量；

　　　P——该年年降雨量。

经检验相对误差不超过 10%。

雨滴击溅侵蚀除了受降雨侵蚀力影响外，同时受土壤可蚀性大小影响，即受土壤质地、结构、地表植被、坡度等影响。在侵蚀力不变情况下，溅蚀量决定于影响土壤可蚀性诸因子（包括内摩擦力、黏着力等），对同一性质土壤以及相同管理条件来说，则取决于坡面倾斜情况和雨滴打击方向，在平地上，垂直下降的雨滴溅蚀土粒向四周均匀散布，形成土壤交换，不会有溅蚀后果，而在坡地上或雨滴斜向打击下，土粒则会向坡下或因风力斜向移动（见图 4-3）。

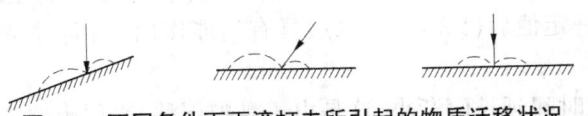

图 4-3　不同条件下雨滴打击所引起的物质迁移状况

溅蚀作用在风力作用下，会改变打击角度，并推动雨滴增加打击能量，当作用于不同坡向、坡度上时，会形成复杂的溅蚀。若某地降雨期间风向不断变化，可能在暴雨后的影响趋于平衡。但对整个降雨期间保持固定方向风，对土壤溅蚀会有很大影响。

埃利森根据模拟试验最早提出雨滴溅蚀量计算公式

$$W = Kv^{4.34} d^{1.07} I^{0.65} \qquad (4\text{-}25)$$

式中　W——半小时雨滴的溅蚀量；

　　　v——雨滴速度；

　　　d——雨滴直径；

　　　I——降雨强度；

　　　K——土壤类型常数（粉砂土 $K = 0.000\,785$）。

比萨尔也得出类似公式

$$W = Kdv^{1.4} \qquad (4\text{-}26)$$

式中符号含义同前。

可见，对同一性质的土壤，溅蚀量取决于降雨性质（即雨滴速度、直径大小、降雨强度等）。对不同性质的土壤溅蚀量则与降雨动能有密切关系。Fill 研究得出砂土溅蚀量与动能 0.9 次方呈正相关，壤土则与降雨动能 1.46 次方呈正相关。

江忠善则在陕北黄土丘陵区不同坡度上进行试验研究得出，溅蚀从分水岭到坡下是不均匀的，呈带状分布。在坡顶，降雨能量几乎全用于将土粒溅向坡下，且无表面径流影响，一般溅蚀量最大；而坡下部的降雨能量多用于溅起土粒的重新搬运，而且径流深的增加，也会影响溅蚀量。当然实际中，由于多种因素影响，侵蚀过程是十分复杂的。

二、地表径流侵蚀

地表径流是由地面积水进一步发展而形成的，它的形成可概括为三个阶段：蓄渗阶段、坡面漫流阶段和沟槽集流阶段。因而，根据侵蚀程度，可分为坡面径流侵蚀和沟蚀。

（一）坡面径流侵蚀

坡面水流形成初期，水层很薄，由于地形起伏的影响往往处于分散状态，没有固定的流路，多呈层流，速度较慢。在缓坡地上，薄层水流的速度通常不会超过 0.5 m/s，最大也在 1~2 m/s。因此，能量不大，冲刷力微弱，只能较均匀地带走土壤表层中细小的呈悬浮状态的物质和一些松散物质，即形成层状侵蚀。但随降雨继续进行，植物截留和填洼都已饱和，降雨强度大于下渗强度，地表便开始出现沿天然坡度流动的细小水流即漫流。随径流汇集的面积不断增大，同时又继续接纳沿途降雨，因而流量和流速不断增加，到一定距离后坡面水流的冲刷能力便大大增加，产生强烈的坡面冲刷，引起地面拗陷，随之径流相对集中，侵蚀力相对变强，在地表上会逐渐形成细小而密集沟，形成细沟侵蚀，最初出现的是斑状侵蚀或不连续的侵蚀点，以后互相串通成为连续细沟，这种细沟沟形很小，且位置和形状不固定，耕作后即可平复。细沟的出现标志着面蚀的结束和沟蚀的开始。

坡面径流冲刷侵蚀与流速、流量、坡度及土壤质地等都有密切关系。土壤颗粒和容重越大，要求的冲刷起动流速就大。冲刷流速和粒径、容重间有如下关系

$$v_0 = \alpha d^2 (\gamma_s - 1)^{\frac{2}{3}} \tag{4-27}$$

式中　v_0——起动流速；

　　　d——粒径；

　　　γ_s——泥沙比重；

　　　α——系数。

所以，沙土较黏土易冲刷，细粒较粗粒易冲刷。

坡面径流量（或径流深）越大，坡度越陡，径流对坡面土壤冲刷力就越大，对地面侵蚀量越大。在稳定流条件下，水流流过单位面积坡面时产生的冲刷作用力大小为

$$F = G \frac{h_x}{1\,000} \sin\theta \tag{4-28}$$

式中　F——冲刷力；

　　　G——每立方米含沙水流重力；

　　　h_x——距分水岭 x 处径流深；

　　　θ——坡度。

侵蚀量与径流量之间则存在指数函数关系，即

$$M_s = aQ^b \tag{4-29}$$

可见，随着径流量和流速增大，侵蚀能量和侵蚀力也增大，径流与冲刷呈指数函数关系。随各地土壤性质、植被密度、坡度等不同，指数大小不一，我国黄土区指数均大于1。

（二）沟蚀

地表坡面薄层水流进一步汇集而形成股流，股流水流集中在沟槽中，冲刷侵蚀能量增强，一方面淘冲下覆土体；一方面进行侧蚀，不断地改变沟槽形态，形成形态各异的侵蚀沟。由于水流能量的差异，沟谷总是先出现细小沟谷，然后依次出现大型沟谷。

侵蚀沟谷的发育在沟谷形态和侵蚀特征上是不同的，据此可划分为浅沟、切沟、冲沟、坳沟四个不同发育阶段。由于坡面径流进一步集中为较大的股流，向下切入底土，形成深度超过 1 m，宽度超过深度 0.5~1 倍以上（在生产影响下可达几倍到几十倍）的宽而浅的沟道，即浅沟，此为第一阶段。浅沟一旦形成就固定下来，非一般的耕作措施所能平覆。由于不断

地面蚀和耕锄影响,沟壁与坡面无明显界限,生产中耕犁可以通过,坡面呈波形起伏,纵比降与所在斜坡的坡面基本一致,沟床微有阶梯状。浅沟发育中除有纵向细沟汇入外,还有两侧羽状细沟汇入,其宽度自上而下逐渐增大,深度也有所增加。坡耕地浅沟侵蚀发育一般限于耕作层,在坡降大汇流多或下游段,侵蚀才向犁底层以下扩展,出现切沟侵蚀特征。

浅沟径流进一步集中,或者由于汇水面积较大而集中了较大股流时,下切力很强,沟深切入地面很深,此时出现明显的沟头,即为切沟,此为第二阶段。切沟的深度 10~50 m 以上,沟底纵断面在上游段与坡面基本保持平行,下游陡于原坡面,形成上缓下陡的曲线。下游沟底出现多级跌水和陷穴,沟壁陡峭,沟坡与沟岸转折明显,横断面呈 V 字形,后期发育为宽 V 形。

切沟进一步发育,出现上陡下缓的纵剖面,跌水出现在上游,下游沟底已趋平缓,下切缓和,但沟壁扩展还很活跃,沟头集水面积较大时,溯源侵蚀仍在进行,横断面一般呈宽 V 形或 U 形,下游沟底较宽,可出现一些堆积物及冲积物,此为第三阶段,即冲沟阶段。

冲沟发育到一定阶段时,侵蚀沟逐步停止发育,溯源和下切侵蚀均已停止,侧蚀会继续一定时期,沟底也淤积一定量的冲积物,沟坡逐渐崩塌最后达自然安息角,坡脚形成稳定的坡积物,沟头和沟坡上逐渐长出植物,此为第四阶段,亦称坳沟阶段或安息阶段。坳沟多属承袭沟谷。坳沟接纳多条冲沟水流后,历经长期的切蚀和侧蚀,发展成为河沟,以后的侵蚀则主要为河沟山洪侵蚀。

三、下渗侵蚀

由于水流下渗,增加了土体重力,同时下渗水浸泡使土体颗粒之间黏聚力减弱,当重力超过内摩擦力、黏聚力和根系的固持力时,就会发生滑坡、崩塌、泻溜等,造成土壤侵蚀,由于这类侵蚀的直接作用力主要是重力,故也叫重力侵蚀。

同时水流在下渗过程中,不断淋溶土壤,使细粒和各种盐分跟着向下移动,造成上层土壤组成颗粒变粗,养分降低,生产力下降。而随着淋溶不断进行,下移的细粒和盐分在一定部位形成积层,使继续下渗的水在不透水积层上产生侧向流动,形成土体下部的管状暗沟产生潜蚀。而上部重量增加,可塑性加大,从而下坠成为陷穴。此外,在较为宽广平坦的积水坑,由于水分下渗,充填了土体内所有孔隙,使土壤通气不良,嫌气性细菌发育,长时积水产生土壤沼泽化,使土壤物理性质恶化,肥力降低,生产能力衰退,也可形成荒漠化。因而,增加水流下渗可减少地表径流冲刷,避免径流侵蚀,但下渗不当,也会发生特殊的水土流失,降低生产力。

水力对土壤侵蚀除以雨滴击溅,地表径流及下渗水流形式侵蚀外,还与其他营力共同作用或三种状态水营力交替作用对土壤产生混合侵蚀。最常见的混合侵蚀就是泥石流。

第三节 影响土壤水蚀的因素

影响土壤水力侵蚀的因素有自然因素,也有人为因素。自然因素是侵蚀发生、发展的潜在条件,人为不合理的活动是造成土壤加速侵蚀的主导因素。

一、降雨对土壤水蚀的影响

降雨是水力侵蚀发生的动力,它一方面直接打击地表土壤形成击溅侵蚀,另一方面形成地表径流,冲刷土体,同时参与形成了土壤内在的一些特征,以一种综合效应来影响侵蚀。

(一)雨型

雨型不同,其表现的雨滴特性(包括雨滴形状、大小、分布、降落速度、接地时冲击力等)亦不同,因而产生的击溅侵蚀能力不同。一般阵雨较普雨来势猛,历时短,强度大。就一定雨强来说,阵雨更易引起土壤侵蚀,特别是暴雨,强度大,雨滴大,所具动能也大,造成的侵蚀作用强。

(二)降雨强度

降雨强度是指单位时间内的降雨量,它是降雨因子中对土壤侵蚀影响最主要的因子。降雨强度越大,对土壤产生的冲击力越大,造成的降雨侵蚀力指标 R 越大。大量研究证明,降雨强度与土壤侵蚀量呈正相关,而且土壤侵蚀只发生在少数几场暴雨中。

(三)降雨量

一般来说,年降雨量大,可能侵蚀总量也大,但实际侵蚀大小,与地表状况及土壤特征有关。特别对土壤侵蚀直接相关的常常是侵蚀模数超过 1 t/(km² · a)的可蚀性降雨量。在黄土高原,每年引起土壤流失的可蚀性降雨量约 163.0 mm,其中坡面为 128.1 mm,沟道小流域为 197.5 mm。

对于低强度、长历时、大雨量的降雨,虽然很少因产生地表径流冲刷而导致土壤侵蚀,但因有大量水分下渗,增加土体重力,破坏土体团粒结构,会产生重力侵蚀。

二、地形对土壤水蚀的影响

影响土壤水蚀的地形因素包括地面坡度大小、坡长、地形、坡向等。

(一)坡度

坡面坡度是决定径流冲刷能力的基本因素之一。水流所具有的能量是水流质量与其流速的函数,而流速的大小主要取决于径流深度和地面坡度。坡度大小不仅影响流速,而且还影响渗透量与径流量,因而坡度直接影响径流的冲刷能力。在其他条件相同时,坡度愈大,流速愈大,土壤侵蚀量愈大。冲刷量随坡度加大而增加,但坡度增大到一定限度后,冲刷因径流量的减少而减小。在黄土高原丘陵沟壑区,这个转折坡度为 25°~28.5°。

地面坡度对雨滴的击溅侵蚀也有一定影响。在平坦地面,即使雨滴可能导致严重的土粒飞溅现象,也不致造成严重的土壤流失,而在坡面上,溅蚀量则随坡度增大而加大。

(二)坡长

坡面越长,径流速度就越大,汇聚的流量也愈大,侵蚀力就愈强,所以在其他条件相同时,坡面长度直接影响水力侵蚀强度。如果结合降雨条件分析,情况就较为复杂,归纳起来有三种情况:

(1)在特大及较大暴雨情况下,雨量在 10~15 mm 以上,强度超过 0.5 mm/min 时,坡长与径流量、冲刷量均呈正相关。

(2)在降雨的平均强度小,或平均强度较大而持续时间较短的情况下,坡长与径流量呈反相关,而与冲刷量呈正相关。

(3)在一次降雨量很小,只有 3~5 mm,强度很小,历时也很短的情况下,坡长与径流量、冲刷量均呈负相关。

(三)地形

地形对水力侵蚀的影响,实际上是坡度和坡长综合作用的结果。对于上下坡度一致的直线形坡面,下部集中径流量最多,流速大,造成的土壤冲刷强烈;对于上部缓下部陡的凸形坡,下部冲刷强烈;对上部陡下部缓的凹形坡,中上部侵蚀强烈,下部侵蚀较小,甚至可有堆积发生;对于起伏相间的阶梯形坡,在台阶部分侵蚀弱,台阶边缘则易发生沟蚀。

(四)坡向

坡向不同,所接受的太阳辐射不同,从而影响土壤温度、湿度、植被状况等一系列环境因子,其侵蚀过程也有明显的差异。实践观测结果表明,阳坡的侵蚀大于阴坡。

三、土壤条件对水蚀的影响

土壤是侵蚀对象,又是影响径流的因素。因此,土壤各种性质都会对侵蚀产生影响,特别是透水性、抗蚀性和抗冲性对土壤侵蚀有很大影响。

土壤抗蚀性是指土壤抵抗径流对其分散和悬浮的能力,抗冲性是指在土壤抵抗径流对其机械破坏和推动下移的能力,而透水性则直接影响径流流速和流量等。

影响土壤上述性质的因素有土壤质地、土壤结构及水稳性、土壤孔隙、剖面构造、土层厚度、土壤湿度及土地利用方式等。一般质地较粗、大孔隙含量多、缺乏结构、成土作用较弱的土壤,其透水性强,持水量低,胶结物少,抗蚀性、抗冲性差,侵蚀强烈;而土壤黏粒多,胶结物多,结构好,团聚性和稳定性好,总孔隙率高,其透水性和持水性高,抗蚀、抗冲性大,侵蚀较弱。

四、植被对土壤水蚀的影响

植被通过冠层拦截降雨,保护地面免受雨滴打击,并调节地表径流,增加土壤入渗时间,削减径流动能,加强和增进土壤渗透性、抗蚀性和抗冲性等,对抑制土壤侵蚀发生起积极作用。

(一)拦截降雨

植被的地上部分常呈多层重叠遮蔽地面,并具有一定的弹性和开张角,能承接、分散和削弱雨滴及雨滴能量,截留的雨滴汇集后又会沿枝干缓缓流落或滴落地面,改变了降雨落地的方式,减小了林下降雨强度和降雨量,利于水分下渗,因而减少了地表径流和对土壤的冲刷。截留作用的大小因覆盖度、郁闭度及雨强的不同而不同,一般覆盖度大,郁闭度高,截留作用大;而降雨强度增大,截留量减少。

(二)调节径流

森林、草地中常常有一层枯枝落叶,具有很强的涵蓄水分的能力,同时也可改变土壤特性,提高土壤渗透能力,从而影响径流形成或减少径流量,延长径流时间,减缓径流流速,起到调节径流的作用。

(三)固结土体

植物根系对土壤有很好的穿插、缠绕、固结作用,能把根系周围的土体紧紧固持起来,增大抗蚀性和抗冲性,减少了土壤冲刷。

（四）改良土壤性状

植被可以增加土壤腐殖层含量，促进成土过程，增加土壤团聚性，改善土壤结构，从而提高土壤抗蚀性和抗冲性。

五、人为活动对水蚀的影响

人为活动对土壤水力侵蚀的影响具有两个方面的作用：一方面是人为过度的经济活动，如过度垦殖，过度采伐，过度放牧，造成侵蚀加剧，成为水蚀荒漠化发生、发展的主导因素；另一方面是人们通过改变地形条件，改良土壤性状及造林种草，改善植被状况等途径，制止侵蚀的发生，促进退化土壤的逆转。

第四节　水力侵蚀预测模型

一、通用土壤流失方程

土壤流失的预报也是随着水力侵蚀机理研究的深入逐渐发展起来的。早在1940年津格应用小区的模拟降雨和野外试验，提出了土壤流失量与坡度、坡长的关系式。之后，史密斯、布郎宁等又研究了土壤可蚀性及轮作，作物管理等措施对土壤流失量的影响。到1946年，由马斯格雷夫等对全美资料进行了审查，并对若干变量进行了取舍，提出了土壤流失量与土壤类型、坡度、坡长、农业措施、工程措施和降雨因子之间的关系式，即马斯格雷夫方程。

1971年，威斯迈尔（W. H. Wischmeier）根据8 000多个试验小区的资料，对原方程进行了修正，提出了通用土壤流失方程（USLE），其表达式为

$$A = RKLSCP \tag{4-30}$$

式中　A——土壤流失量；

　　　R——降雨侵蚀力指标；

　　　K——土壤可性因子；

　　　L——坡长因子；

　　　S——坡度因子；

　　　C——作物管理因子；

　　　P——土壤保持措施因子。

二、通用流失方程中各因子值的确定

（一）R 值

R 是一个地区降雨侵蚀潜势的一个量度，被定义为两个暴雨特征值即降雨动能 E 和最大30 min 降雨强度 I_{30} 的乘积，即 $R = EI_{30}$。

由于在实际上一次降雨过程中，其强度是不断变化的，E 的求解也很困难，所以威斯迈尔又提出一个直接利用年平均降雨量和多年各月平均降雨量推求降雨侵蚀力指标 R 的经验公式

$$R = \sum_{i=1}^{n} \left[1.735 \times 10^{\left(1.5 \times \lg \frac{P_i^2}{P} - 0.818\,8\right)} \right] \tag{4-31}$$

式中　R——降雨侵蚀力指标；

　　P——年平均降雨量；

　　P_i——月平均降雨量。

(二)土壤可蚀性因子 K 值

K 值是单位侵蚀力所产生的土壤流失量,即 $K = A/R$,它反映了土壤的可蚀性。K 值的获取是在坡长为 22.1 m、宽度为 1.83 m、坡度为 9% 的无植被,完全休闲的无水保措施的标准小区内测定的。K 值的大小主要受土壤质地、土壤结构及其稳定性、土壤渗透性、有机质含量和土壤深度等因素影响,当土壤颗粒粗,渗透性大,抗侵蚀能力强时,K 值就低;反之,K 值就高。一般情况下的变幅为 0.02~0.75。

美国将与 K 值有关的土壤特性因子编绘成土壤可蚀性诺谟图,可直接查得不同类型土壤可蚀性因子 K 值。

(三) LS 因子值

LS 是一个复合因子,在标准小区内,$LS = 1$,若 $L>22.1$ 或 $S>9\%$ 时,$LS>1$;反之,$LS<1$;完全平坦的地面,$LS = 0$。当坡度 $S < 20\%$ 时,LS 值可由土壤可蚀性诺莫图查得;若坡度 $S>30\%$ 时,LS 值需根据坡长和坡度进行计算。

(四)作物经营管理因子 C 值

C 值是当土壤、坡度、坡长、降雨条件都一致时,长有作物的土地与连续休闲地之间的流失量比率

$$C = \frac{A'}{A} \times 100 \times R \times 10^{-4} = 10^{-2}C'R \qquad (4\text{-}32)$$

式中　A'——有作物生长的小区上的土壤流失量;

　　A——休闲地小区的土壤流失量,$C' = A'/A$;

　　R——降雨侵蚀力指标。

作物不同生育时期,地面的覆盖度有很大的差异,而一年中降雨的分布也是不相同的。因此,每种作物地上的 C 值都是根据不同耕作期分段计算后相加而得的。C 的变化范围为 1.0~0.001。计算林草地 C 值时,须先从表 4-3 中查得 C' 值,然后直接乘以全年 R 值,再乘以 10^{-2} 即可。

表 4-3　几种林地和草地不同覆被率下的 C' 值

覆被率	0	20	40	60	80	100
林草	0.45	0.24	0.15	0.09	0.043	0.011
灌木	0.40	0.22	0.14	0.085	0.04	0.011
乔木	0.39	0.20	0.11	0.06	0.27	0.007
林地	0.10	0.08	0.06	0.02	0.004	0.001

(五)土壤保持措施因子 P 值

P 值是采取等高耕作、带状耕作和梯田等措施后,同不采取任何措施的地块(顺坡耕作的坡地)土壤流失量的比率,措施效果好的 P 值小,不采取措施的 $P = 1.0$,P 值的变化范围为 0.25~1.0(见表 4-4)。

等高耕作在2%~7%坡度上效果最好,土壤流失量相当于顺坡耕作的一半。坡度减少,作用下降,坡度为零时,顺坡耕作与横向耕作就没有区别。当坡度从7%往上增大时,等高耕作的作用也不断降低;在陡坡地上其保持水土的能力甚小,对强度较小的降雨,这种做法效果良好,而在降暴雨时,等高耕作基本上不起作用。

表4-4 土壤保持措施因子 P 值

坡面坡度(%)	等高耕作	等高带状种植	坡面坡度(%)	等高耕作	等高带状种植
1~2	0.6	0.30	13~16	0.7	0.35
3~5	0.5	0.25	17~20	0.8	0.40
6~8	0.5	0.25	21~25	0.9	0.45
9~12	0.6	0.30			

等高带状耕作是指草、田带状间作。这种耕作方式既可使径流速度降低,又可拦截从田面流失的土壤,其侵蚀量为顺坡耕作的45%~25%;其作用除与坡度有关外,还与种植的作物有关,当采用效果较差的农作物时(如玉米、燕麦),等高带状耕作的土壤流失量可达顺坡耕作的75%或更多。

梯田的保土作用明显,从地坎上流来的土壤大部分沉积在梯田田面上。梯田改变了坡度和坡长,使 LS 值发生变化,故在 LS 值中考虑,与 P 值无关。

从通用土壤流失方程中可以看出,R 和 K 值是自然因素,人力尚难改变。但 C、P、LS 则是人们可以改变的因素,其中 C 值影响最大,当地面为良好植被覆盖时,可使土壤流失量减少到0.001;LS 值也有很大影响,当坡面坡度降低到很小时,土壤流失量也可减小到微不足道的程度;P 值则可使土壤流失量减少到1/4。

应当指出,通用土壤流失方程仅限于具有坡度的坡面土壤侵蚀量的预报,它只考虑了降雨和径流侵蚀。对小流域的土壤侵蚀预报,此方程就失去了它的功能。为此,1976年威廉斯(J. R. Williams)和伯恩特(H. D. Berndt)提出了修正的通用流失方程

$$Y = 11\ 800(Qq_p)^{0.56}KCLSP \tag{4-33}$$

式中 Y——一次暴雨所产生的泥沙量,kg;

   Q——径流总量,m³;

   q_p——某频率洪峰流量,m³/s;

   其他符号含义同前。

第五节 山丘地水土保持林工程

一、水土保持林体系

(一)水土保持林体系概念及构成

水土保持林是以调节地表径流,控制水土流失,保障和改善山区、丘陵区农林牧副渔等生产用地、水利设施,以及沟壑、河川的水土条件为经营目的的防护林。山区的防护林往往并不是单一的防护林林种,而是多功能、多林种组合,共同发挥防护效益。因此,关君蔚

（1979）总结了 20 世纪 50 年代以来三北地区营造防护林的生产经验,提出了防护林体系的概念,并提出了防护林体系简表(见图 4-4),比较完整地表述了目前我国防护林体系的类型、林种组成等,在 1978 年兴建的三北防护林体系建设工程和之后兴建的长江中上游防护林体系建设工程、沿海防护林体系建设工程等相继被采用。水土保持林体系是根据区域自然历史条件和防灾、减灾生态建设的需要,将多功能、多效益的各个林种结合在一起,形成一个区域性、多树种、高效益的有机结合的防护整体。这种防护体系的营造和形成,往往构成山丘区生态建设的主体和骨架,发挥着主导的生态功能与作用。

水土保持林种	林种的生产性
分水岭防护林	用材林、经济林
护坡林	用材林、经济林
梯田地埂造林	经济林、果林
侵蚀沟道防护林	用材林、饲料林、燃料林
护岸护滩林	用材林、经济林
石质山地沟道造林	用材林
山地护坡林	饲料林、燃料林
坡地果园(特用经济林)	经济林、用材林
水域防护林	用材林、经济林
山地沟道防护林	用材林、经济林
山地现有林(含天然次生林)	用材林、林特产品

（左侧：土质山地水土保持林　右侧：石质山地水土保持林　底部：山地水土保持林）

图 4-4　山地水土保持林工程体系简图

事实上,在一个地区或流域内除了各种专门的水土保持林,还包括具有其他防护和生产功能的林业生态工程,它们也在一定程度上起着保持水土的功能。如山地经济林工程在设计和施工中为了保证其成活和生长,必须进行整地和蓄水保墒,成林后为了获得较高的经济收益,必须扩大树体的叶面积和树冠总的覆盖度,直接或间接地起到了水土保持作用。因此,水土保持林体系实际上就是以防治水土流失为主要目的,在大中流域总体规划指导下,以小流域为基本治理单元,合理配置的呈带、网、片、块分布的,以水土保持林为主体的,各种林业生态工程有机的结合体系。它不仅包括流域内专门营造的各种水土保持林林种,还包括流域内所有木本植物群体,如现有天然林、人工乔灌木林、四旁植树和经济林等。这些林业生产用地不仅反映了各自的经济目的,同时均发挥着水土保持、水源涵养和改善区域生态环境条件的功能和效益。因此,在流域范围内的水土保持林体系应由所有以木本植物为主的植物群体所组成。

（二）水土保持林体系的配置

1.理论依据与配置原则

水土保持林体系配置的理论依据有三个方面:一是林业生态工程的基本理论,主要是生态学、林草培育理论和生态经济理论;二是水土保持基本理论,主要是土壤侵蚀控制理论,即水土流失的发生、发展规律及防治对策;三是防护林学理论,主要是森林的生态防护原理与防护林的配置理论。总起来,可以说水土保持林体系配置的基础理论是森林生态学和土壤侵蚀学,应用基础与技术理论是林草培育学和防护林学,规划设计的指导理论是生态经济学。

水土保持林体系的配置实际上就是各种生态工程在各类生产用地上的规划和布设。为了合理配置各项工程，必须认真分析研究水土流失地区的地形地貌、气候、土壤、植被等条件及水土流失特点和土地利用状况，并应遵循以下几项基本原则：

（1）以大中流域总体规划为指导，以小流域综合治理规划为基础，以防治水土流失、改善生态环境和农牧业生产条件为目的，各项生态工程的配置与布局，必须符合当地自然资源和社会经济资源的最合理有效利用原则，做到局部利益服从整体利益，局部整体相结合。

（2）因地制宜，因害设防，进行全面规划，精心设计，合理布局，根据当地林业生产需要和防护目的，在规划中兼顾当前利益和长远利益，生态和经济相结合，做到有短有长，以短养长、长短结合。

（3）对于水土保持林体系，在平面上实施网、带、片、块相结合，林、牧、农、水相结合，力求各类生态工程以较小的占地面积达到最大的生态效益与经济效益。

（4）水土保持林体系在结构配置上要做到乔、灌、草相结合，植物工程与水利工程相结合，力求设计合理，简便易行。

2.配置方法与模式

在一个流域或区域范围内，水土保持林工程体系的合理配置，必须体现各生态工程，即人工森林生态系统的生物学稳定性，显示其最佳的生态经济效益，从而达到持续、稳定、高效的水土保持生态环境建设目标，水土保持林工程体系配置的主要设计基础是各工程（或林种）在流域内的水平配置和立体配置。

所谓水平配置，是指在流域或区域范围内，各个林业生态工程平面布局和合理规划，对具体的中小流域应以其山系、水系、主要道路网的分布，以及土地利用规划为基础，根据当地水土流失的特点和水土保持要求，发展林业产业和满足人民生活的需要，结合生产与环境条件的需要，进行合理布局和配置，按照上述四条基本原则，在配置的形式上，兼顾流域水系上、中、下游，流域山系的坡、沟、川、左右岸之间的相互关系，统筹考虑各种生态工程与农田、牧场、水域及其他水土保持设计相结合。

所谓林种的立体配置，是指某一林业生态工程（或林种）的树种、草种选择与组成，人工森林生态系统的群落结构的配合形成合理的立体配置。应根据其经营目的，确定目的树种与其他植物种及其混交搭配，形成合理群落结构，并根据水土保持、社会经济、土地生产力、林草种特性，将乔木、灌木、草类、药用植物、其他经济植物等结合起来，以加强生态系统的生物学稳定性和形成长、中、短期开发利用的条件。特别应注重当地适生植物种的多样性及其经济开发的价值。除此之外，立体配置还应注意在水土保持与农牧用地、河川、道路、四旁、庭院、水利设施等结合中的植物种的立体配置。在水土保持林业生态工程体系中通过各种工程的水平配置与立体配置使林农、林牧、林草、林药等得到有机结合，使之形成林中有农、林中有牧、植物共生、生态位重叠的，多功能、多效益的人工复合生态系统，以充分发挥土、水、肥、光、热等资源的生产潜力，不断提高和改善土地生产力，以求达到最高的生态效益和经济效益。

在具体的生产实践中，应在上述原则指导下，把各种林业生态工程的生态防护效应作为其配置的主要理论依据，根据对实际条件的研究，灵活应用，组合各种林业生态工程，决不能不考虑具体条件，而机械地套用已有模式和规格进行配置。例如，配置在农田、牧场、果园及其周围的水土保持林业生态工程，是带状、块状，还是网、片相结合，其宽度、面积、结构、配置部位如何确定等,虽然都有着一定原则要求,但同时也存在着相当的灵活性,往往由于生产要求和土地利用条件不同而不同,如果土地面积较大,条件较好,则可适当扩大林业生态工程的建设面积,侧重于发展林业生产;而有的则因耕地面积少,人口密度大,条件不允许,宁可少造林种草,甚至不造林种草,而适当地发挥其他水土保持措施的作用。

此外,在大中流域或较大区域水土保持林工程建设中,森林覆盖率或林业用地比例往往也是确定林业生态工程总体布局与配置所要考虑的重要因素。因为森林覆盖率会大大改善区域气候与环境条件,如山西省右玉县森林覆盖率从新中国成立前的 0.3% 提高到现在的45%左右,生产条件和自然环境发生了深刻的变化,生态环境明显好转。有人认为黄土高原地区的植被覆盖率达到 20% ~ 30% 还是有可能的。当然森林覆盖率仅仅是一个考虑的因素,实际上,工程总体布局与配置主要还取决于当地的生产传统、社会经济条件及林业生态工程建设的可行性。

(三)水土保持林工程建设布局

总结新中国成立 60 年来水土保持的科学研究和生产实践,对于水土保持林工程,至少可以说有以下几点认识:一是按大中流域综合规划,小流域为具体治理单元,在调整土地利用结构和合理利用土地的基础上,实施山、水、田、林、路综合治理,逐步改善农牧业生产条件和生态环境条件,而造林种草等林业生态工程是不可缺少的措施;二是积极发展造林种草,建设水土保持林工程是增加流域内林草覆盖率,改善生态环境的根本措施,也是防治水土流失的主要手段和治本措施;三是由于水土保持林工程不仅具有生态防护效益,同时也是当地的一项生产措施,发展水土保持林工程可为当地创造相当的物质基础和经济条件,可以说也是水土流失地区脱贫致富的有效措施之一,这是由林业本身的防护、生产双重功能决定的,即所谓的生态经济型工程;四是由于水土保持是一项综合性、交叉性很强的学科,水土保持林工程(即通常所说的生物措施)与水利工程是防治水土流失相辅相成、互为补充的两大措施,前者是长远的战略性的措施,后者是应急保障措施,二者必须紧密结合起来,才能真正达到控制水土流失、发展农牧业生产、改善生态环境的目的;五是由于水土保持林工程是以木本植物为主的林、草、农、水相互结合的生态工程,乔、灌、草相结合的立体配置和带、网、块、片相结合的平面配置是其发挥最大的防护效益和经济效益的技术保证。

总之,对于广大的基本无林的、生态条件恶劣的水土流失地区,通过水土保持林工程建设,大面积地恢复和营造林草植被,是可以实现生态环境根本好转的战略目标的。在这些区域,只要围绕农业生产的需要,严格规划设计,建设完善的水土保持林工程体系,也是可以达到改善农牧业生产条件目的的。

根据我国南北方水土保持的科学研究和生产实践,以土地利用类型为主要依据,结合地形或小地貌形态,可归纳提出水土保持林工程的分类及建设布局,以供各地水土保持林工程体系参考(见表4-5)。

二、坡面水土保持林

坡面既是山丘区的农林牧业生产利用土地,又是径流和泥沙的策源地。坡面土地水土流失及其治理状况不仅影响坡面本身生产利用方向,而且也直接影响到土地生产力。在大多数山区和丘陵区,就土地利用分布特点而言,坡面除一部分暂难利用的裸岩、裸土地(主要是北方的红黏土、南方崩岗)、陡崖峭壁外,多是林牧业用地,包括荒地、荒草地、稀疏灌草

表 4-5　水土保持林工程分类与布局

工程类型	工程名称	地形或小地貌	侵蚀程度	土地利用类型	防护对象与目的	生产性能
坡面荒地水土保持林工程	坡面防蚀林	各种地貌下的沟坡或陡坡面	强度以上	荒地、荒草地、稀疏灌草地、覆盖度低的灌木林地和疏林地	各种地类的坡面侵蚀	一般禁止生产活动
	护坡放牧林	各种地貌下较缓坡面或沟坡	强度以下	退耕地、弃耕地、荒地、荒草地、稀疏灌草地、低覆盖度灌木林地和疏林地	各种地类的坡面侵蚀	刈割或放牧
	护坡薪炭林	各种地貌下较缓坡面或沟坡	强度以下	荒地、荒草地、稀疏灌草地、覆盖度低的灌木林和疏林地	各种地类的坡面侵蚀	刈割取柴
	护坡用材林	坡麓、沟塌地、平缓坡面	中度以下	荒地、荒草地、稀疏灌草地、覆盖度低的灌木林地、疏林地、弃耕或退耕地	各种地类的坡面侵蚀	取材（小径材）
	护坡经济林	平缓坡面	中度以下	退耕地、弃耕地、高盖度荒草地	各种地类的坡面侵蚀	获取林副产品
	护坡种草工程	坡麓、沟塌地、平缓坡面	中度以下	退耕地、弃耕地、荒草地、稀疏灌草地、低覆盖度灌木林地和疏林地	各种地类的坡面侵蚀	刈割或放牧
坡面农地水土保持林工程（坡耕地）	植物篱（生物地埂、生物坝）	塬坡、梁坡、山地坡面	强度以下	坡耕地	坡耕地侵蚀	"三料"或其他
	水流调节林带	漫岗、长缓坡	轻度或中度	坡耕地	坡耕地侵蚀	用材或其他
	梯田地坎（埂）防护林（草）	塬坡、梁坡、山地坡面	轻度以下	土坎或石坎梯田	田坎（埂）侵蚀	林副产品或其他
	坡地林农（草）复合工程	塬坡、梁坡、山地坡面	轻度或中度	坡耕地	坡耕地侵蚀（含风蚀）	林副产品或其他
坡面农地水土保持林工程（塬面梁峁顶耕地）	塬面塬边防护林	塬面塬边	轻度以下	旱平地	耕地侵蚀（含风蚀）	林副产品或其他
	梁峁顶防护林	梁峁顶（边）	轻度以下	旱平地	耕地侵蚀（含风蚀）	林副产品或其他
侵蚀沟道水土保持林工程	沟谷川地防护林	沟川或坝地	微度以下	旱平地、水浇地、沟坝地	耕地侵蚀（含风蚀）	林副产品或其他
	沟川台（阶）地农林复合工程	沟台地、山前阶地	轻度以下	旱平地或梯田地	耕地侵蚀（含风蚀）	林副产品或其他
	沟头防护林	沟头、进水凹地	强度以上	荒地或耕地	水蚀与重力侵蚀	一般禁止生产活动
	沟边防护林	沟边	强度以上	荒地或耕地	水蚀与重力侵蚀	一般禁止生产活动
	坝坡防护林	沟道淤地坝	强度以上		水蚀	一般禁止生产活动
	沟底防冲林	沟底	强度以上	荒滩或水域	水流冲刷	一般禁止生产活动

工程类型	工程名称	地形或小地貌	侵蚀程度	土地利用类型	防护对象与目的	生产性能
水域防护林工程	水库防护林	库坝、岸坡及周边	中度以上	荒地或水域	水流冲刷、库岸坍塌	一般禁止生产活动
	护岸防护林	河岸	中度以上	荒地或水域、两岸农田	水流冲刷、库岸坍塌	一般禁止生产活动
	护滩林及生物工程	河滩	中度以上	荒地或水域、两岸农田	水流冲刷	一般禁止生产活动

地、灌木林地、疏林地、弃耕地、退耕地等,统称为荒地或宜林宜牧地,以及原有的天然林、天然次生林和人工林。后者属于森林经营的范畴,前者才是水土流失地区主要的水土保持林用地。在坡面荒地上建设水土保持林,主要任务是控制坡面径流泥沙,保持水土,改善农业生产环境。

荒坡地坡度较大、水土流失十分严重,土壤干旱瘠薄,土地条件差,企望生产大量的木材是不切实际的,应建设以固坡防蚀、调节控制径流泥沙为防护目的,以解决三料(燃料、肥料、饲料)的坡面防蚀林为主,同时考虑其他类型的生态工程,如有一定的土层厚度和肥力,水土流失中度侵蚀以下,可通过造林整地工程措施,建设护坡用材林;也可选择背风向坡度相对平缓的、有相当肥力的土地,通过较大幅度人工整地工程,建设有经济价值的护坡经济林;还有一些坡面荒地可建设护坡放牧林、护坡薪炭林、护坡种草工程。

由于山丘区坡面常与坡耕地或梯田相间分布,因此就局部地形而言,各种水土保持林工程在流域内呈不整齐的片状、块状或短带状的分散分布。但就整体而言,它在地貌部位上的分布还是有一定的规律的,它的各个地段连接起来,基本上还是呈不整齐而有规律的带状分布,这也是由地貌分异的有规律性决定的。

坡面水土保持林配置的总原则是:沿等高线布设,与径流中线垂直;选择抗旱性好的树种和良种壮苗;尽可能做到乔、灌相结合;采取一切能够蓄水保墒的整地措施,以相对较大的密度,用品字形配置种植点,精心栽植;把保证成活放在首位,在立地条件极端恶劣的条件下,可营造纯灌木林。

(一)荒坡地水土保持林

1.陡坡防蚀林

陡坡防蚀林是配置在陡坡地(30°~35°)上的水土保持林工程。目的是防止坡面侵蚀,稳定坡面,阻止侵蚀沟进一步向两侧扩张,从而控制坡面泥沙下泻,为整个流域恢复林草植被奠定基础。

1)荒坡的特点

陡坡防蚀林配置的地块基本上是沟坡荒地,坡度大多在30°以上,其中45°以上的沟坡面积占沟坡总面积的40%。有些地方,由于侵蚀沟道被长期切割,沟床深切至红土,有的甚至出现基岩露头,使沟坡面出现除面蚀以外的多种侵蚀形式,如切沟、冲沟、泻溜、陷穴等;沟坡基部出现塌积体、红土泻溜体,陡崖上可能出现崩塌、滑塌等,它们组成了沟系泥沙的重要物质来源。坡面总的特点是水土流失十分剧烈,侵蚀量大(可占整个流域侵蚀量的50%~

70%,甚至更多),土壤干旱瘠薄,立地条件恶劣,施工条件差。

2)配置技术

陡坡配置防蚀林,首先考虑的是坡度,然后是考虑地形部位。一般配置在坡脚以上陡坡全长的2/3为止,因为陡坡上部多为陡立的沟崖(50°以上)。如果这类沟坡已基本稳定,应避免因造林而引起其他的人工破坏。在沟坡造林地的上缘可选择一些萌蘖性强的树种,如刺槐、沙枣等,使其茂密生长,再略加人工促进,让其自然蔓延滋生,从而达到进一步稳固沟坡陡崖的效果。在沟坡陡崖条件较好的地方也可考虑撒播一些乔灌木树种的种子,让其自然生长。

沟床强烈下切,重力侵蚀十分活跃的沟坡,首先要采用相应的沟底防冲生物工程,固定沟床,当林木生长起来之后,重力侵蚀的堆积物将稳定在沟床两侧,在此条件下,由于沟床流水,无力把这些泥沙堆积物挟走,逐渐形成稳定的天然安息角,其上的崩塌落物也将逐渐减少。在这种比较稳定的坡脚(约在坡长1/3或1/4的坡脚部分),建议首先栽植沙棘、杨柳、刺槐等根蘖性强的树种,在其成活后,可采取平茬、松土(上坡方向松土)等促进措施,使其向上坡逐步发展,虽然它可能被后续的崩落物或泻溜所埋压,但是依靠这些树木强大的生命力,坡面会很快被树木覆盖。如此几经反复,泻溜面或其他不稳定的坡面侵蚀最终将被固定。

沟坡较缓时(30°~50°),可以全部造林和带状造林,可选择根系发达,萌蘖性强,枝叶茂密,固土作用大的树种,如阳坡选择刺槐、臭椿、醋柳、紫穗槐等,阴坡选择青杨、小叶杨、油松、胡枝子、榛子等。

2.护坡薪炭林

发展护坡薪炭林的目的是在解决农村生活用能源的同时,控制坡面的水土流失。据统计,我国农村人均年需薪柴0.66 t,8亿农村人口中薪柴基本可以自给者仅占7.8%,其余一般多缺柴4~6个月。这里所谓的燃料"自给",实际还包括一些不应作为薪柴的成分,如作物的秸秆、草根、树皮,甚至牛羊粪等,如果剔除应该合理用做饲料、肥料等的部分,则燃料短缺的情况更为严重。

在发展中国家,有15亿人至少有90%的能源来自木材或木炭,另外有10亿人所需50%能源来自木材或木炭。据估计,世界木材生产总量中至少有一半用做薪炭材,严重缺燃料的非洲国家,中东国家如巴基斯坦、阿富汗、孟加拉国和印度等,由于薪柴严重缺失,不少地方把牛羊粪作为传统的农村燃料(我国西藏、西北地区也同样),由此引发的植被破坏、水土流失、干旱等环境问题,已引起很多国家的注意,并设法找出解决能源的途径。韩国是采用营造薪炭林来解决农村能源问题成功的国家之一,其国土面积的1/3用于发展各种形式的薪炭林,10年就解决薪柴需要。我国政府也把解决农村能源作为解决国家能源的主要组成部分,竭力从制定政策、开源节流、科学研究等方面寻求有效的解决途径。

发展薪炭林解决农村能源比起开发其他能源有其独特的优势,主要表现为投资少、见效快、生产周期短、无污染。在水土流失地区,利用坡面荒地营造薪炭林,不仅能够有效解决农村能源需要,而且本身也是一种很好的水土保持治理措施。

(1)适用立地。距村庄近、交通方便、利用价值不高或水土流失严重的沟坡荒地。

(2)树种选择。薪炭林的树种,一般应选择耐干旱瘠薄,萌芽能力强(或轮伐期短),耐平茬,生物量高,热值高的乔灌木树种。选择薪炭林的树种时,热值是必须考虑的重要评价指标。所谓热值,是指树种所贮存的大量化学能,在氧气充足的条件下,将树木各部分完全燃烧时释放的热量。评价不同树种的薪柴价值时,多以风干状态热值的大小进行比较。

(3)造林技术。薪炭林的整地、种植等造林技术与一般的造林大致相同,只是由于立地条件差,整地、种植要求更细。在造林密度上,由于薪炭林要求轮伐期短,产量高,见效快,适当密植是一个重要措施。从各地的试验结果看,北方的灌木密度可为 0.5 m×1 m,20 000株/hm²;南方因雨量大,一些短轮伐期的树种,也可达此密度,如台湾相思、大叶相思、尾叶桉、木荷等;北方的乔木树种可采用 1 m×1 m 或 1 m×2 m,南方可根据情况,适当密植。

3.护坡放牧林

护坡放牧林是配置在坡面上,以放牧(或饲料生产)为主要经营目的,同时起着控制水土流失作用的乔、灌木林,它是坡面最具有明显生产特征的,利用林业本身的特点为牲畜直接提供饲料的水土保持林工程。对于立地条件差的坡面,通过营造护坡放牧林,特别是纯灌木林可以为坡面植被恢复创造有利条件。

发展畜牧业是充分发挥山丘区生产潜力,发展山区经济,脱贫致富的重要途径。"无农不稳、无林不保、无牧不富"道出了山丘区农、林、牧三者互相依赖,缺一不可,同等重要的关系。黄土高原地区山区坡面是区域畜牧业发展的基地,南方山区坡地也拥有发展畜牧业的巨大潜力。但是,一般山区立地条件差,由于过度放牧,坡面植被覆盖度小,载畜量过低,不仅严重限制了畜牧业的发展,而且加剧了水土流失和林牧矛盾。因此,在坡面营造放牧林(或饲料林),有计划地恢复和建设人工林与天然草坡相结合的牧坡(或牧场)是山区发展畜牧业的关键。此外,在旱灾年份,出现牧草枯竭,或冬春季厚雪覆盖时,树叶、细枝嫩芽就成为家畜度荒的应急饲料,群众称为"救命草"。

1)适用地类

护坡放牧林一般适用于沟坡荒地,不宜发展用材林或经济林的坡面,但需要立地条件稍好些的地类,因为放牧时牲畜践踏,易造成水土流失,特别是在荒草地上形成鳞片状面蚀。可发展放牧林的地类有:

(1)弃耕地和退耕地。弃耕地是由于土地退化严重或交通不便等原因,放弃耕种的土地;退耕地是按《水土保持法》规定禁止种植的不小于 25°的坡耕地。这两种地类对于发展林牧业来说是立地很好的地类,应选择沟蚀、面蚀严重,地块较破碎,不宜发展经济林和用材林的弃耕地和退耕地营造放牧林。

(2)荒地、荒草地和稀疏灌草地。荒地是草被盖度很低的(<0.2)的未利用地,水土流失严重,几乎不能进行生产利用,山区多数是阳坡。荒草地是草被盖度稍高(0.2~0.4)一些的草坡,鳞片状侵蚀和沟蚀严重,可以放牧,但载畜量低,山区多是条件稍好的阳坡或半阳半阴坡。稀疏灌草地是灌木盖度低于 0.2,灌下有疏密不等的草(多是禾本科或菊科),林草总盖度可达 0.5~0.6,多是条件较好的半阴半阳坡或条件稍差的阴坡。要根据具体情况确定发展放牧林。

(3)稀疏灌木林地和疏林地。稀疏灌木林地是盖度不大于 0.4 的灌木林地,疏林地是郁闭度不大于 0.3 的林地。这两种地类在山区都是立地相对较好的沟坡地。

2)配置技术

(1)树种选择。护坡放牧林应根据经营利用方式、立地条件、水土保持树种特性确定。在黄土高原地区由于适用于护坡放牧林的立地条件较差,乔木树种生长不良,且放牧不便,

故多选用灌木树种。即使选用乔木树种,也多采用丛状作业(按灌木状平茬经营)。树种选择应注意以下几点:

①适应性强,耐干旱瘠薄。由于用于护坡放牧林的各种地类均存在着植被覆盖度低、草种贫乏、水土流失严重、立地干旱贫瘠的问题,直接种植牧草效果不好,只有选用适应性强的乔、灌木树种,可获得一定的生物产量和较为满意的放牧效果。据测定,在黄土高原荒坡地相同立地条件下的饲料灌木树种,如柠条、沙棘、杭子梢等饲用嫩枝叶产量,比一些传统牧草高。

②适口性好,营养价值高。大多数适口性好的饲料乔灌木树种的枝叶均有较高的营养价值,即使略有异味的灌木如紫穗槐等也可作为饲料。北方杨类、刺槐、沙棘、柠条等树种的叶子或嫩枝均有较好的适口性。据测定,饲料灌木树种柠条、狼牙刺、沙棘、杭子梢等树种枝叶营养价值均达到或超过了优良牧草的标准(粗蛋白 10%~20%,粗脂肪 2.5%~5.0%,无氮浸出物 30%~45%,粗纤维 20%~30%)。

③生长迅速,萌蘖力强,耐啃食。在幼林时就能提供大量的饲料,并且在平茬或放牧啃食后能迅速恢复。如柠条在生长期内平茬后,隔 10 d 左右即可再行放牧。刺槐、小叶杨等有强萌蘖力的乔木树种可进行丛状作业(即经常平茬),形成灌丛状,便于放牧,群众称为"树朴子",如桑朴子、槐朴子等。

④树冠茂密,根系发达,水土保持功能强,并具有一定的综合经济效益。如刺槐既可作为放牧林树种,又具有蓄水保土能力,还是很好的蜜源植物。

(2)配置。①荒地、荒草地护坡放牧林配置。此类属于人工新造林的范畴,可根据地形条件采用短带状沿等高线布设,每带长 10~20 m,由 2~3 行灌木组成,带间距 4~6 m,水平相邻的带与带间留有缺口,以利牲畜通过。山西偏关营盘梁和河曲曲峪采用柠条灌木丛均匀配置,每丛灌木(包括丛间空地)占地 5~6 m²,羊可在丛间自由穿行。也可选用乔木树种,采用丛状作业,如刺槐,不论应用何种配置形式,均应使灌木丛(或乔木树丛)形成大量枝叶,以便牲畜采食。同时,应注意通过灌木丛(或乔木树丛)的配置,有效截留坡面径流泥沙。由于灌木丛截留雨雪,带间空地能够形成特殊的小气候条件,有利于天然草的恢复,从而提高了坡面荒地和荒草地的载畜量。一般营造柠条、沙棘放牧林 5 年后,其载畜量是原有荒草地的 5 倍多。②稀疏灌草地、稀疏灌木林地和疏林地护坡放牧林配置。可根据灌木和乔木的多少,生长情况及盖度,确定是否重新造林。如果重新造林,配置方法与荒地、荒草地基本相同;如果不需用重新造林,可通过补植,补种或人工平茬、丛状作业等形式改造为放牧林。

(3)放牧林造林方法。灌木放牧林多采用直播造林,播种灌木后,头 3 年以生长地下部分的根系为主,3 年左右应进行平茬,促进地上部分的生长。乔木树种栽植造林后,第 2 年即可进行平茬,使地上部分成灌丛状生长。一般作为放牧的林地在造林头 2~3 年,应实施封禁,禁止牲畜进入林内。

(4)放牧林管理。为了保证林木正常的萌发更新,保持有丰富的采食叶枝,应注意规划好轮牧区,做到轮封轮牧。同时,应提倡人工刈割饲料林饲养,并开展舍饲,既有利于节约饲料,又有利于水土保持。

3)人工草坡的配置

在护坡放牧林建设的同时,可选择较好的立地(最好是退耕地、弃耕地)人工种草,一般采用豆科与禾本科草混播,也可灌草隔带(行)配置,结合形成人工灌草坡。如宁夏固原采用柠条、山桃、沙棘与豆科牧草或禾本科牧草立体配置取得了较好效果。也可乔灌草相结合,乔木如山杏、刺槐,灌木如柠条、沙棘,草本如红豆草、紫花苜蓿等。

4.护坡用材林

护坡用材林是配置在坡度较缓、立地条件较好、水土流失相对较轻的坡面上,以收获一定量的木材为目的,同时也能够保持水土、稳定坡面的人工林,是坡面水土保持林工程中,兼具较高经济效益的一种。多年来的生产实践表明:北方山地和黄土高原由于长期侵蚀的影响,即便相对较好的立地,也很难获得优质木材,只能培育一些小规格的小径材(如檩材、椽材)或矿柱材;南方水土流失地区的坡面,石多土薄,特别是崩岗地区,风化严重,地形破碎,尽管降水量大,也不可能取得很好的效果。对人口稀少的高陡山地,应依托残存的次生林或草灌植物等,通过封山育林,逐步恢复植被,以水源涵养林的定向目标来经营。

1)适用地类与立地

(1)平缓坡面。指坡度相对较为平缓的坡面,此种地形上,一般都已开发为农田,很少被专门用做林地。但也有一些因距离村庄远,交通不便的平缓荒地、荒草地、灌草地,或弃耕地、退耕地,或因水质、土质问题(如水硬度太大、土壤中缺硒或碘等)不宜耕种的荒坡地和不能居住人的边远山区。

(2)沟塌地和坡麓地带。沟塌地是地史时期坡面曾发生过大型滑坡而形成的滑坡体,此类地形多发生在侵蚀活动剧烈的侵蚀沟上游沟坡,比较稳定,且土质和水分条件适中的已开发为农田;尚不稳定,或地下水位高,或土质较黏,不宜进行农作的,可配置护坡用材林。坡麓地带是指坡体下部的地段,也称坡脚,由于是冲刷沉积带,坡度较缓,土质、水分条件好的可辟为护坡用材林地。

在北方,由于干旱严重,阳坡树木的生长量很低,除采取必要的措施,一般不适于培育用材林;阴坡水分条件好,树木生长量大,可以配置和培育护坡用材林。

2)护坡用材林配置

以培育小径材为主要目的的护坡用材林,应通过树种选择、混交配置或其他经营技术措施,提高目的树种的生长速度和生长量,力求长短结合,以及早获得经济收益。

(1)树种选择。护坡用材林应选择耐干旱瘠薄,生长迅速而稳定,根系发达的树种。北方黄土高原地区可选择油松、侧柏、华北落叶松、刺槐、杨树、臭椿等,其中侧柏虽生长慢,但很稳定,抗旱性极强;华北落叶松在海拔 1 200 m 以上可考虑;杨树可配置在沟塌地或坡麓。北方土石山区可选择油松、侧柏、华北落叶松、元宝枫等,其中华北落叶松在海拔 1 200 m 以上可考虑,1 600 m 以上最好。南方山地可选择马尾松、杉木、云南松、思茅松等。混交树种宜用灌木(乔木易出现种间竞争),北方如紫穗槐、沙棘、柠条、灌木柳;南方如马桑、紫穗槐等。

(2)混交方式与配置:①乔灌行带混交。即沿等高线,结合整地措施,先造成灌木带,每带由 2~3 行组成,行距 1 m,带间距 4~6 m,待灌木成活经过一次平茬后,再在带间栽乔木树种 1~2 行,株距 2~3 m。②乔灌隔行混交。乔、灌木同时进行造林,采用乔木与灌木行间混交。③乔木纯林。是广泛采用的一种方式,如培育、经营措施得当,也能取得较好的效果。营造纯林时,可结合窄带梯田或反坡梯田等整地措施,在乔木林冠郁闭以前,行间间作作物,既可获得部分农产品(如豆类、花生、薯类等),又可达到保水保土、改善林木生长条件、促进其生长量的目的。

无论是混交还是纯林,护坡用材林的密度都不宜太大,否则会因水分养分不足,而导致生长不良。

(3)造林施工。一般护坡用材林因造林地条件较差(如水土流失、干旱、风大、霜冻等),应通过坡面水土保持造林整地工程,如水平阶、反坡梯田、鱼鳞坑、双坡整地、集流整地等形式,改善立地条件,关键在于确定适宜整地季节、规格(特别是深度),以及栽植过程中的苗木保活技术。

造林施工要严把质量关,不仅要保证成活,而且要为幼树生长创造条件。

(4)抚育管理。护坡用材林成林后的抚育管理十分重要,在黄土高原地区,扩穴(或沟)、培埂(原整地时的蓄水容积,经1~2年的径流泥沙沉积淤平)、松土、除草、修枝、除蘖等,往往是能否做到既成活又成林的关键。

5. 护坡经济林

护坡经济林是配置在坡面上,以获得林果产品和取得一定经济收益为目的,并通过经济林建设过程中高标准、高质量整地工程,以蓄水保土,提高土地肥力,同时其本身也能覆盖地表,截留降水,防止击溅侵蚀,在一定程度上具有其他水土保持林类似的防护效益。因此,护坡经济林可以说既有生态效益,又有经济效益,是具有生态、经济双重功能的林业生态工程,是山区水土保持林体系的重要组成部分。护坡经济林包括干果林、木本粮油林及特用经济林。应当注意的是,由于坡度、地形、土壤、水分等原因,一般不具备集约经营的条件,管理相对粗放,不能期望其与果园和经济林栽培园那样,有非常高的经济效益。当然,采取了非常措施,如修筑梯田、引水上山等的坡地干鲜果园除外。

1)适用地类与立地

护坡经济林一般配置在退耕地、弃耕地及土厚,肥水条件好,坡度相对平缓的荒草地上,由于经济林需要较长的无霜期,且一般抗风、抗寒能力差,因此选择背风向阳坡面。

2)配置和营造技术

护坡经济林应为耐旱、耐瘠薄、抗风、抗寒的树种,一般宜选择干果或木本粮油树种,如杏、柿子、板栗、枣、核桃、文冠果、君迁子、黑椋子、翅果油、柑橘等;特用经济林,如漆、白蜡、银杏、枸杞、杜仲、桑、茶、山茱萸等。应当强调,护坡经济林的密度不宜过大(375~825株/hm²);矮化密植除非采用集约型的栽培园经营,一般也不宜采用。尤其应当注重加强水土保持整地措施,可因地制宜,按窄带梯田、大型水平阶或大鱼鳞坑的方式进行整地。

在此基础上,有条件的可结合果农间作,在林地内适当种植绿肥作物或草,以改善和提高地力,促进丰产。在规划护坡经济林时,应考虑水源(如喷洒农药的取水)、运输等条件,如果取水困难,则可考虑在合适的部位,修筑旱井、水窖、陂塘(南方)等集雨设施;在果园周围密植紫穗槐等灌木带,可调节果园上坡汇集的径流,并就地取得绿肥原料,得到编制篓筐的枝条。

6. 护坡种草工程

护坡种草工程是在坡面上播种适宜于放牧或刈割的牧草,以发展山丘区的畜牧业,促进山区经济发展。同时,牧草也具有一定的水土保持功能,特别是防止面蚀和细沟侵蚀的功能不逊于林木。坡地种草工程与护坡放牧林或护坡用材林结合,不仅可大大提高土地利用率和生产力,而且也提高了人工生态工程,即林草工程的防蚀能力,起到了生态经济双收的效果。

1)适用地类和生境条件

山丘区护坡种草工程一般对地类要求不严,在荒草地、稀疏灌草地、稀疏灌木林地、疏林地上,均可种植牧草,但以相对平缓的坡地,或坡麓、沟塌地效益高。刈割型的人工草地需要更好的条件,最好是退耕地或弃耕地;也可与农田实施轮作,即种植在撂荒地上。北方在郁闭度较大的林地种植牧草,因光照、水分、养分等问题,一般不易成功,坡面种草多选在阴坡或半阴半阳坡上;南方由于水分条件好,可以考虑,但林地枯枝落叶量大,下地被盖度高,光照不足,土层薄是一些限制因子。

2)配置技术

(1)草种选择。坡地种草的草种选择应根据具体情况确定,由于生态条件的限制,最好采用多草种混播,如北方的无芒雀麦+红豆草+沙打旺混播,紫花苜蓿+无芒雀麦+扁穗冰草混播等,南方的紫花苜蓿+鸡脚草(鸭茅),红三叶+黑麦草等。专门的刈割型草地也可单播,一般豆科牧草为好,如紫花苜蓿、小冠花、沙打旺等。在林草复合时,草种应有一定的耐阴性,如鸡脚草、白三叶、红三叶等。

(2)配置:①刈割型草地。专门种植供刈割舍饲的人工草地。这类草地应选择最好的立地,如退耕地、弃耕地或肥水条件很好的平缓荒草地,并进行全面的土地整理,修筑水平阶、条田、窄条梯田等,并施足底肥,耙糖保墒,然后播种。②放牧型。应选择盖度高的荒草地(接近天然草坡或略差一些),采用封禁+人工补播的方法,促进和改良草坡,提高产草量和载畜量。③放牧兼刈割型。应选择盖度较高的荒草地,进行带状整地,带内种高产牧草,带间补种,增加草被盖度,提高载畜量。④稀疏灌木林或疏林地下种草。在林下选择林间空地,有条件的在树木行间带状整地,然后播种;无条件的可采用有空即种的办法,进行块状整地,然后播种,特别需要注意草种的耐阴性。

(二)坡耕地水土保持林

我国是一个多山的国家,山区丘陵区约占国土总面积的2/3,其中耕地面积约为1.33亿 hm²,耕地中有4 667万 hm²为坡耕地,占总耕地面积的35%。目前,全国有800万 hm²的坡耕地修筑为梯田,约占坡耕地面积的17%。因此,可以说在山区丘陵区,坡耕地是农业生产的主要场所。坡耕地一般其坡度较缓(15°~25°),坡面较长,土层较厚,水肥条件较好,在长期的农业开发过程中,逐渐形成了坡耕地、带坎坡梯地和梯田相间分布的格局。山丘区的基本农田,除沟坝地、河流两岸的阶地、沟川、河川地等外,大部分分布在坡地上。在东北漫岗丘陵区,坡耕地坡度较缓(一般5°~8°),坡长很长(800~1 500 m);在黄土缓坡丘陵、长梁丘陵、斜梁丘陵区,地广人稀,耕地以坡耕地(<15°)为主;在黄土高塬、旱塬、残塬区,坡耕地则集中分布在塬坡部位(<20°),比例较小;在黄土梁峁丘陵区,坡耕地占了农业用地的绝大多数,坡度陡(<25°,少数超过25°),坡长短(十几至几十米),为了提高土地生产力,已有部分修成水平梯田;南方山地丘陵除石坎梯田外,存在大量的坡耕地,长江上游、西南地区,坡度大于25°的坡耕地占的比例相当大,有的地区可达90%以上,坡度最大的可达35°以上,坡耕地是山丘区水土流失最严重的土地利用类型,治理坡耕地的水土流失是一项重要任务。一般坡度小于15°的坡耕地可修建成水平梯田,坡度小于10°的也可通过水土保持耕作措施(或称农艺措施),达到控制土壤侵蚀的目的,另一项水土保持措施,就是建设水土保持林工程。

由于坡耕地的水土保持林工程,是在同一地块上相间种植农作物和林木(含经济林木和草),广义上理解可称为山地农林复合经营(系统或工程),主要包括配置在缓坡耕地上的水流调节林带,生物地埂(生物坝、生物篱),配置在梯田地坎的梯田地坎防护林及坡地农林(草)复合工程。

1.水流调节林带

1)目的与适用条件

配置在坡耕地上的水流调节林带,能够分散、减缓地表径流速度,增加渗透,变地表径流为壤中流,阻截从坡地上部来的雪水和暴雨径流。多条林带可以做到层层拦蓄径流,达到减流沉沙,控制水土流失的目的。同时,林带对林冠以下及其附近的农田,有改善小气候条件的作用,在风蚀地区也能起到控制风蚀的作用。水流调节林带适用于坡度缓、坡长长的坡耕地,此种工程最适用于我国东北漫岗丘陵区的坡耕地,山西北部丘陵缓坡地区,河北坝上等地区也可采用。苏联在其欧洲部分的坡式耕地上,营造沿等高线布设的水流调节林,并进行了试验研究,结果表明,配置水流调节林是控制坡耕地水土流失的有效措施。

2)配置原则

(1)水流调节林带应沿等高线布设,并与径流线垂直,以便最大限度地发挥它的吸收和调节地表径流的能力。

(2)林带占地面积应尽可能的小,即以最少的占地,发挥最大的调节径流的作用,林带占地以不超过坡耕地的 $1/8\sim1/10$ 为宜。

3)配置技术

(1)坡度与配置:

①小于 $3°$ 的坡耕地。因侵蚀不严重,按农田防护林配置。

②$3°\sim5°$ 的坡耕地。林带配置的方向,原则上应与等高线平行,并与径流线垂直,但自然地形变化是很复杂的,任何一条等高线均不可能与全部径流线垂直相交,因此沿等高线配置的林带,对与其不能相交的径流线,就起不到应有的截流作用;即使相交径流线,也因长短差异很大,林带各段承受的负荷不均匀,以致不能充分发挥其调节水流的作用。一般当坡度 $3°$ 左右时,林带可沿径流中线(或低于径流中线的连线位置)设置走向,为了避免因林带与径流线不垂直而产生的冲刷,可在迎水面每隔一定距离($20\sim50$ m)修分水设施(土埂或蓄水池),以分散或拦截径流。

③$5°\sim25°$ 的坡耕地。坡面的等高线彼此接近平行,坡长亦将基本趋于一致,此种情况下,林带应严格按等高线布设。

在实际工作中,林带配置走向应尽可能为直线,以便于耕作。

(2)地形与配置:

为了尽可能使林带占地面积小,而发挥调节径流的作用尽可能大些,林带的位置应选在侵蚀可能最强烈的部位:①在凸形坡上,斜坡上部坡度较缓,土壤流失较轻微,斜坡中下部坡度较大,距分水岭远,流量流速增加,所以林带应设在坡的中下部;②在凹形坡上,上部坡度较大,土壤常有流失和冲刷,下部拗陷处则有沉积现象,斜坡下部距分水越远,坡度越小,流速反而减小,应在上部或全面造林;③在直线形坡上,斜坡上部径流弱,侵蚀不明显,越往下部径流越集中,到中部流速明显增大,易引起侵蚀,林带应设在坡的中部;④在复合型坡上,应在坡度明显变化的转折线上设置林带,下一道林带应设在陡坡转向平缓的转折处。

(3)林带的数量、间距、宽度和结构:

①数量与间距。林带在坡面上设置的数量及其间距具有很大的灵活性,在同一类型的斜坡上,如坡面较长,设置一条林带不能控制水土流失时,应酌情增设林带。一般情况下,坡度为3°~5°的坡耕地,每隔200~250 m配置1条;坡度为5°~10°的坡耕地,每隔150~200 m配置1条;坡度10°以上的坡耕地,每隔100~150 m配置1条,坡长<100~150 m时可不配置这种防护林带,而配置灌木带时,一般间距采用60~120 m。

②宽度。林带的主要功能是保证充分吸水,所以应具有一定的宽度。林带的宽度可参考下式计算

$$B = (S_1K_1 + S_2K_2 + S_3K_3)/(hL) \tag{4-34}$$

式中　B——林带宽度,m;

　　　S_1、S_2、S_3——上方耕地、草地、裸地的面积,m^2;

　　　K_1、K_2、K_3——单位面积上方耕地、草地、裸地的有效畜水能力,mm;

　　　h——单位林带面积有效吸水能力,mm;

　　　L——林带长度,m。

式(4-34)不能生搬硬套,如果林带上方的耕地、草地、裸地水土保持措施比较完备,能最大限度地吸收地表径流,则林带可窄些。另外,也可通过改善林带结构和组成的方法,来提高林带的吸水能力,从而也就可缩小林带的宽度。总之,林带宽度应根据坡度、坡长、水土流失程度,以及林带本身吸收和分散地表径流的效能来确定,通常坡度大、坡面长、水蚀严重的地方要宽些,反之则窄些,一般林带宽度为10~20 m。

③结构。水流调节林带的结构,以紧密结构为好,若乔灌木混交型,要在迎水面多栽2~3行灌木,以便更多地吸收上方来的径流。树种选择可采用杨树、胡枝子、紫穗槐、柠条等。

2.植物篱(生物地埂和生物坝)

1)定义

植物篱(botanic fence)是国际上通行的名称,我国一般称由灌木带构成的植物篱为生物地埂(因为通过植物篱带拦截作用,在植被带上方泥沙经拦蓄过滤沉积下来,经过一定时间,植物篱就会高出地面,泥埋树长,逐渐形成垄状,故称为生物地埂);由乔灌草组成的植物篱称为生物坝,它是由沿等高线配置的密植植物组成的较窄的植物带或行(一般为1~2行),带内的植物根部或接近根部处互相靠近,形成一个连续体,选择采用的树种以灌木为主,包括乔、灌、草、攀援植物等。组成植物篱的植物,其最大特点是有很强的耐修剪性。植物篱按用途分为防侵蚀篱、防风篱、观赏篱等,按植物组成可分为灌木篱、乔木篱、攀援植物篱等。

植物篱的优点是投入少、效益高,且具有多种生态经济功能;缺点是占据一定面积的耕地,有时存在与农作物争肥、争水、争光的现象,即有"胁地"问题,虽然如此,在大面积坡耕地暂不能全部修成梯田的情况下,仍不失为一种有效的办法。

2)目的和适用条件

坡耕地上配置植物篱,目的是通过其阻截、滞淤、蓄雨作用,减缓上坡部位来的径流,起到沉淤落沙、淤高地埂、改变小地形的作用,其不仅具有水土保持功能,而且还具有一定的防风效能,同时,也有助于发展多种经营(如种杞柳编筐、种桑树养蚕等),增加农村收入。

植物篱适用于地形较平缓、坡度较小、地块较完整的坡耕地,如我国东北漫岗丘陵区,长

梁缓坡区(长城沿线以南,黄土丘陵区以北,山西长城以北地区),高塬、旱塬、残塬区的塬坡地带,以及南方低山缓丘地区、高山地区的山间缓丘或缓山坡均可采用。

3)配置技术

(1)配置原则:

①与水流调节林带一样,植物篱(如为网格状系指主林带)应沿等高线布设,与径流线垂直。

②在缓坡的地形条件下,植物篱间的距离为植物篱宽度的8~10倍。这是根据最小占地、最大效益的原则,通过试验研究得出的结论。

(2)配置方式:

①灌木带。适用于水蚀区,即在缓坡耕地上,沿等高线带状配置灌木。树种多选择紫穗槐、杞柳、沙棘、沙柳、花椒等灌木树种。带宽根据坡度大小确定,坡度越小,带越宽,一般为10~30 m,东北地区可更宽些。灌木带由1~2行组成,密度以0.5 m×1 m或更密。灌木带也适用于南方缓坡耕地,选择的树种(或半灌木、草本)如箭麻、蓑草、火棘、马桑、桑、茶等。

②宽草带。在黄土高原缓坡丘陵耕地上,可沿等高线,每隔20~30 m布设一条草带,带宽2~3 m。草种选择紫花苜蓿、黄花菜等,能起到与灌木相似的作用。

③乔灌草带。亦称生物坝,是山西昕水河流域综合治理过程中总结经验提出来的。它是在黄土斜坡上根据坡度和坡长,每隔15~30 m,营造乔灌草结合的5~10 m宽的生物带。一般选择枣、核桃、杏等经济乔木树种稀植成行,乔木之间栽灌木,在乔灌带侧种3~5行黄花菜,生物坝之间种植作物,形成立体种植。

④灌木林网。适用于北方干旱、半干旱水蚀风蚀交错区(长梁缓坡区),既能保持水土,又能防风固沙。灌木林网的主林带沿等高线布设,副林带垂直于主林带,形成长方形的绿篱网格,每个网格的控制面积约0.4 hm²。带间距视坡度大小而定:5°~10°坡,带间距25 m左右;10°~15°坡,带间距20 m;15°~20°坡,带间距15 m;20°~25°坡,带间距10 m;副林带间距80~120 m。

⑤天然灌草带。利用天然植被,形成灌草带的方式,适用于南方低山缓丘地区、高山地区的山间缓丘或缓山坡的坡地开垦。如云南楚雄市农村在缓坡上开垦农田时,在原有草灌植被的条件下,沿等高线隔带造田,形成天然植物篱。植被盖度低时,可采用人工辅助的方法补植补种。

3.梯田地坎(埂)防护林

1)目的与适用条件

梯田包括标准水平梯田(田面宽度8~10 m以上)、窄条水平梯田、坡式梯田(含长期耕种逐渐形成的自然带坎梯地),是山丘区基本农田的重要组成部分。梯田建成以后,梯田地坎(埂)占用的土地面积为农田总面积的3%~20%(依坡地坡度、田面宽度和梯坎高度等因子而变化),且易受冲蚀,导致埂坎坍塌。建设梯田地坎(埂)防护林的目的,就是要充分利用埂坎,提高土地利用率,防止梯田地坎(埂)冲蚀破坏,改善耕地的小气候条件;同时,通过选择配置有经济价值的树种,增加农民收入,发展山区经济。梯田地坎(埂)防护林的负效应,是串根、萌蘖、遮荫及与作物争肥争水等,应采取措施克服。

2)土质梯田地坎(埂)防护林的配置

土质梯田一般坎和埂有别。大体有两种情况:一是自然带坎梯田(多为坡式梯田,田面

坡度 $2° \sim 3°$），有坎无埂，坎有坡度（不是垂直的），占地面积大，有的地区坎的占地面积可达梯田总面积的 16%，甚至超过 20%，由于坎相对稳定，极具开发价值；二是人工修筑的梯田，坎多陡直，占地面积小，有地边埂（有软埂、硬埂之分），坎低而直立，埂坎基本上重叠的，占地面积小；坎高而倾斜不重叠的，占地面积大，一般坡耕地梯田化后，坎埂占地约为 7%，土质较好的缓坡耕地小于 5%，因此埂的利用往往更重要。

（1）梯田坎上的乔灌配置：

①坎上配置灌木。梯田地坎可栽植 $1 \sim 2$ 行灌木，选择杞柳、紫穗槐、柽柳、胡枝子、柠条、桑条等树种，栽植或扦插灌木时，可选在地坎高度的 $1/2$ 或 $2/3$ 处（也就是田面大约 50 cm 以下的位置）。灌木丛形成以后，一般地上部分高度有 1.5 m 左右，灌木丛和梯田田间尚有 $50 \sim 100$ cm 的距离，防止"串根胁地"及灌木丛对作物造成遮荫影响。灌丛应每年或隔年进行平茬，平茬在晚秋进行，以获得优质枝条，且不影响灌丛发育。

坎上配置的经济灌木，枝条可采收用于编织，嫩枝和绿叶就地压制绿肥。同时，灌木根系固持网络埂坎，起到巩固埂坎的作用。甘肃定西水土保持站测定，在黄土梯田陡坎上栽植杞柳，在造林后 $3 \sim 4$ 年采收柳条 21 000 kg/hm²，经加工收入可达数千元；在一次降雨 101.4 mm、历时 4.5 h、降雨强度为 23.1 mm/h 的特大暴雨中，杞柳造林的梯田地坎，没有冲毁破坏现象的发生。

②坎上配置乔木。适用于坎高而缓、坡长较长、占地面积大的自然带坎梯田，为了防"串根胁地"，应选择一些发叶晚、落叶早、粗枝大叶的树种，如枣、泡桐、臭椿、楸树等，并可采用适当稀植的办法（株距 $2 \sim 3$ m）。栽植时可修筑一台阶（戳子），在台上栽植。

（2）梯田地埂上配置经济林。在黄土高原，群众有梯田地埂上种植经济林木（含果树）的传统习惯，地埂经济林往往是当地群众的重要经济来源。配置时，沿地埂走向布设，紧靠埂的内缘栽植 1 行，株距为 $3 \sim 4$ m。一些根蘖性强的树种如枣，栽植几年后，能从坎部向外长根蘖苗，并形成大树，这也是黄土区梯田陡坎上生长大量枣树的原因。

3）石质梯田地埂防护林配置

石质梯田在石山区、土石山区占有重要的地位，石质梯田坎基本上是垂直的，埂坎占地面积小（3%～5%）。但石山区、土石山区人均耕地面积少，群众十分珍惜梯田地埂的利用，在地埂上栽植经济树种，已成为群众的一种生产习惯，也是一项重要的经济来源。如晋陕沿黄河一带的枣树、晋南的柿树、晋中南部的核桃等。石质梯田防护林对提高田面温度，形成良好的作物生产小气候具有一定的意义。其配置方式有三种：一是栽植在田面外紧靠石坎的部位，二是栽植在石坎下紧靠田面内缘的部位，三是修筑一小台阶，在台阶上栽植。

总之，梯田地埂（坎）防护林以经济树种栽植为多，选择适宜的树种十分关键。总结全国梯田地坎水土保持林草植被建设的研究与实践成果如表 4-6 所示。由表 4-6 可见，北方可选择的树种有柿树、核桃、山楂、海棠、花椒、文冠果、枣、君迁子、桑条、板栗、玫瑰、杞柳、柽柳、白蜡条、枸杞等，南方有银杏、板栗、柑橘、桑、茶、荔枝、油桐、菠萝等。

4．坡地农林（草）复合工程

农林（草）复合工程有广义和狭义之分。广义农林（草）复合工程包括以林业为主，农、牧、渔为辅的复合，以林木为防护系统，农、牧、渔为主要生产对象的复合，以及林、农或其他兼顾的复合等。第一种情况如人工林或果树幼林期的农林间作，是一种短期复合，树木郁闭后，复合终止；第二种情况如上面所述的坡耕地防护林；第三种情况是在连片的耕地上的林农长期复合。一般农林(草)复合工程是指最后一种,即连片坡耕地或梯田上,同时种植林木和农作物,效益兼顾,这种类型经济林多稀植(225~300 株/hm² 或更稀),林下长年种植农作物,且二者都有较高的产量,如枣树与大豆间作、核桃与大豆间作等。

表 4-6 我国各地梯田埝坎植物种类

种类	东北	西北	华北	淮河流域	长江流域	热带
乔木	山楂、栗榆	核桃、杏、柿、泡桐、文冠果、榆树、杨树、杜仲	杏、核桃、梨、文冠果、枣、山楂	柿、枣、梨、核桃、泡桐、香椿	花红、李、橘、油桐、杉、香椿、山苍子	柑橘、龙眼、荔枝
灌木	胡枝子、杞柳、紫穗槐、花椒、桑条	红柳、柠条、杞柳、紫穗槐、枸杞、花椒	黄柳、杞柳、紫穗槐、柠条、金银花	白蜡条、紫穗槐、杞柳、金银花、桑条、花条	麻桑、紫穗槐、棕榈、茶	麻桑、夹竹、箭麻、蒲葵、桃
草类	黄花菜、苜蓿、沙打旺、苃苃草	黄花菜、苜蓿、红豆草、小冠花、苃苃草、披碱草、沙打旺	红豆草、苜蓿、小冠花、苃苃草	白草、菅草、苜蓿、黄花菜、芭茅	黄花菜、葛藤、龙须草、芭茅	香茅、黄花菜、木豆、山毛豆、坚尼草

(三) 塬面梁峁顶水土保持林

塬面是指黄土高塬沟壑区的塬(如甘肃董志塬、白草塬、陕西洛川塬、长武塬等)或残塬(如陕西宜川残塬、山西隰县残塬)以及汾渭地堑形成的台塬(如陕西渭北旱塬、滑南白鹿塬、晋南峨眉台地)的分水岭地带,包括塬面(分水台)、坳地(分水鞍)、嵚岘(分水凹脊)、塬嘴(分水斜脊),这些地貌上已基本辟为农耕地,地块大而平坦,是区域粮、棉、果的生产基地。梁峁顶是指黄土丘陵沟壑区的分水岭地带,包括梁峁顶(又称丘陵)、墕(分水凹背)、湾(分水鞍),除边远山区外,也大部分开垦为农田,在边远地区或人口稀少地区,也可能有相间分布小块或大块的荒地,如很小的峁顶荒地和塬边荒地。总体上,塬面梁峁顶水土保持林工程,实际上主要是农耕地上的林业生态工程问题。

1.塬面农田防护林

黄土塬塬面平坦开阔,一望无际,但塬边侵蚀沟密布,且常被切割呈锯齿状,塬区沟谷地面积可占总面积的50%以上。塬面可分为大塬面和残塬面(旱塬与大塬面接近)。大塬面平坦完整,除塬边斜坡坡度3°左右外,塬面中央极为平坦,坡度1°左右,肉眼不易觉察其斜坡倾向,其真正的分水线很难寻觅,故塬面也称分水台。残塬面较小,塬面常见有明显的斜坡,邻近沟缘的斜坡可达10°以上,因而横断面略成弓形,所以有时也称做平梁或梁塬。残塬的分水线比较明显,塬面面积小于沟谷面积(占30%以下)。残塬区中作锐角交会的沟谷相间的"分水斜脊"群,称为塬嘴,塬嘴地表斜坡一般为10°以上,并由塬面本身向两沟谷交会点倾斜。塬嘴可被切割为极狭小的碎塬,有时也呈孤立的梁或峁状,因而有人误认为黄土丘陵可能也是为塬进一步切割而成的。大塬面集中在陕甘两省,山西省除峨眉台地外,有面积330~660 hm² 的残塬14个,如吉县三后塬、大宁太德塬、蒲县古县塬、隰县德后塬等。

1) 塬面的特点与治理防护要求

(1)塬面特点。①地势平坦,土层深厚,地块面积大,是塬区的农业生产基地。②地势高,塬、沟相对高差大(70~200 m),水源缺乏,风大霜多,限制着农业的稳定高产。③塬中面蚀轻微,向塬边延伸侵蚀越来越严重,至塬边沟蚀剧烈,由于沟头延伸和沟壁扩张等破坏作用,塬面不断遭受蚕食,面积逐年减少,保塬固沟是首要任务。

(2)治理与防护要求。①针对上述特点,应以基本农田建设为中心,田、路、渠、林综合规划,保塬、固沟、护坡"三位一体"综合治理,以控制塬面蚕食,提高塬面土地生产力,改善塬面生态环境。②建设塬面防护林业生态工程体系,农田防护林、护路林、护渠林、村落庭院绿化、片状经济林、零散树木相结合,形成农田防护屏障,防止害风霜冻的灾害,特别是干热风和大风对农作物的危害,改善农田小气候条件,与农田基本建设、引水蓄水工程以及其他农业措施相配套,共同发挥改善农业生产条件的作用。同时,通过合理布设也可提供一定数量林果产品。

2)塬面防护林配置

(1)农田防护林。塬面农田防护林的配置原则与方法同平原地区农田防护林的配置原则相同,但在配置中须注意处理好以下两个问题:

①防护与胁地的关系。塬面最严重的问题是干旱缺水,防护林木必然与农田作物争水争肥,导致局部减产。因此,林网网格面积不宜太小,小则胁地严重。一般网格面积应在10~15 hm²,塬面大的,可在20 hm²以上,并应采取挖沟断根,修枝缩冠,种植林下绿肥和豆科作物等多种形式,减少胁地危害。

②农田防护林与其他林业生态工程的结合。由于胁地及经济核算等原因,有些农民对林网还不太认可,加之农村以户承包,难以做到统一规划,完全划方成网不符合现实情况,因此农田防护林应尽可能利用道路、渠系、村庄绿化,以及与埝地软埝防护林、塬边防护林和片状果园相结合,形成"似网非网,功能强大"的防护林生态工程格局。

农田防护林的具体配置应根据黄土高塬沟壑区的条件确定。一般可由2~3行乔木及2行灌木组成上下均匀的透风结构林带,建议采用新疆杨、旱柳、紫穗槐等乔灌木树种。为了适应当地对经济树种的需求,可在林带背风向阳的一侧,种植梨、苹果、桑、柿等,总的要求是少占耕地,少胁地。实践证明,由于各方面因素的限制,林带往往由1~2行乔木组成,在这种情况下,为了发挥较好的效果,建议株距缩小为1~2 m,或乔木与灌木进行隔株混交。

另外,在塬面基本农田建设还不能完全达到高标准(大部分是埝地)的情况下,在塬面到塬边过渡地带的农田(坡度3°~5°,残塬区5°~8°)防护林配置,除考虑防风效果外,林带还要具有分散、拦截径流的作用。

(2)其他林业生态工程:

①经济林栽植园。是塬区重要经济来源和支柱产业,主要栽培树种有:苹果、梨、核桃、桃、葡萄、柿、枣、杏等,幼树期可与低秆作物、绿肥、牧草等间作。

②园地周边防护林。大型经济林栽植园可按农田林网的形式配置,片状经济林栽培园则与农田、道路防护林结合,形成圈带式防护林。

③村落庭院绿化。塬面村庄周围、庭院绿化是塬面林业生态工程的重要组成部分。村庄及庭院周围的闲散土地,是塬面用材林树木的重要栽植区(如甘肃西峰某村庄宅旁用材林占全村用材林的43%),可选择的树种有泡桐、杨、楸、梓、槐、榆等。塬面庭院大(可达0.1~0.2 hm²),发展庭院小果园及栽植经济干杂果树,是塬区果品业的重要组成部分,选择的树种有苹果、梨、桃、李、杏、核桃、山楂、枣等。

2.梁峁顶防护林的配置

黄土丘陵向一侧或两侧倾斜,呈长条状分布的称为梁。梁顶坡度较缓,较大的梁顶一般不超过5°,狭小的梁顶可达8°~10°,一般宽30~50 m,宽者可达100~150 m。梁顶以下,坡度变化较大,有明显的波折。峁(塔)是被割切呈孤立、点状的丘陵,峁顶面积不大,外形为帽状,呈明显弓形,向四周倾斜,峁顶斜坡一般为5°~10°,宽10~20 m(也有的小于10 m)。峁顶以下为峁坡,顶坡之间也有明显的波折。

1)梁峁顶特点与防护目的

梁峁顶水蚀比较轻微,但地势高寒,风大,温变剧烈,危害严重,土壤干旱瘠薄,人口密度大的地区,大部分已梯化平整,已成为农田;人口密度相对小的地区,宽缓梁顶多为农田,狭小峁顶多为撂荒地、草田轮作地或荒地。配置林业生态工程的目的,是为了减免风害,霜冻,蓄水积雪,控制径流起点,防止土壤侵蚀,保护农田,改善农作物生长的环境条件。

2)配置

(1)配置模式。梁峁顶防护林的配置,应根据梁峁顶部的形状和宽窄,风害严重程度,以及土地利用状况来决定。黄土丘陵沟壑区梁峁按其顶部形状,大体可分为两类:一类顶部比较平缓,边坡断面多呈凸形,土壤侵蚀较微,但因分水线向两侧斜坡,侵蚀程度急剧增加,以细沟侵蚀与切沟侵蚀为主,梁峁顶部多为耕地,需营造农田防护林,以防止风害,保护农田;另一类顶部尖削,面积狭小,边坡的断面多呈凹形或直线形,水蚀比较严重,风蚀亦很强烈,多分布在海拔较高、黄土层较薄的地区,顶部多为荒草地,斜坡下方坡度较缓处一般为农田,应全部造林,拦蓄径流,固定陡坡,保护下部农田。总结一句话就是:"宽梁农田周边树,狭峁荒地全造林"。

(2)配置技术:

①宽梁(峁)顶农田防护林。配置在农田边缘四周,凸形斜坡坡度开始变陡的地方,或切沟顶联线布设。梁峁顶防护林造林比较困难,必须选择抗风、耐干旱瘠薄的深根性乔灌木树种,除考虑地区的不同外,还应注意迎、背风向的差异。迎风坡风速大,蒸发与蒸腾均较强烈,不但造成土壤干旱,也常常造成生理干旱,因此迎风坡需选择抗风、耐旱性更强的树种。

梁峁顶防护林,根据其防护目的,一般采用疏透结构,乔灌木行间混交方式,沿等高线布设。在农田附近的林带边缘,配置2~3行萌蘖力强的带刺灌木,如柠条、沙棘,以防人畜危害;在平缓的梁峁斜坡修成梯田时,为减少对耕地的遮荫,可营造比较窄的纯灌木带;在水分较好的地段,可于林带中间配置一些果树。梁峁顶防护林一般以山杏、白榆、小叶杨、河北杨、青杨、刺槐等作为主要树种,侧柏、杜梨、沙枣、桑等作伴生树种;灌木主要采用沙棘、柠条、柽柳、紫穗槐、虎榛子等,带宽不小于6 m,8 m时即能起到良好的作用,一般为10~20 m。在较高的梁峁顶部,林带可加宽至20~30 m,山西省河曲县道黄沟梁峁顶防护林为乔灌木混交,带宽15 m,共15行,中间11行为乔木,以青杨、河北杨为主,两侧各为2行灌木,以柠条、桑条、柽柳、荆条为主;陕西榆林地区有些地方以刺槐或白榆、臭椿为主,侧柏伴生,柠条混交,组成针阔乔灌行式混交林,增加了防风、固土、保墒的作用。

②狭峁(梁)顶全面造林。也称带帽造林,适用于立地条件差,不能进行农业利用的峁(梁)顶,选择树种应抗风耐旱,如刺槐、侧柏等;条件太差时选择灌木,如柠条等。

此外,梁峁坡防护林规划时,应考虑与峁边防护林、梯田地坎防护林、护坡放牧林、护路林等相结合,使之成为一个完整的防护林生态工程体系。

3.塬边、梁峁边防护林

黄土塬区的地貌分异规律是:塬面—塬坡—坡麓(古代河谷谷底)—现代沟谷(侵蚀沟道),塬面中部称为塬中,塬面边缘坡度出现明显转折的地带称为塬边(也包括塬嘴),较大的塬坡间实际存在一个过渡地带,坡度小于15°,大都修为碛地(二坡地),而塬坡的坡度一般均大于15°,塬边和这个过渡带紧密相连,有时不易明确分开。梁峁边则是指梁峁顶与古代沟谷的交界地带,在一些干梁宽峁地貌中,梁峁边与塬边很相似,其上方部位都与大面积农田相接,下方均为较陡的沟坡面,当然对于一些狭小的梁峁,梁峁边和塬边是有区别的,但是其防护林配置的基本原则相同。需要强调的是在很多情况下,当古代沟谷凹地侵蚀掉后,古代沟谷界线(塬边线、梁峁边线)与现代侵蚀沟界线(沟缘线)两条线重合,此时塬边线、梁峁边线与沟缘线是一条线,也就没有塬坡或梁峁坡,而只有沟坡。

1)侵蚀特点与防护目的

塬边和梁峁边地带(包括碛地)是以溅蚀、面蚀为主的塬面、梁峁顶与以切沟侵蚀为主的塬坡、梁峁坡的过渡地带。塬面和梁峁坡面的径流由此处下泻入沟,常常造成陷穴和裂缝,并进一步发展成为侵蚀凹地和栅状沟,是塬边、梁峁边崩塌和沟岸扩张的主要原因。因此,配合塬面,梁峁顶防护林生态工程及其塬边、梁峁边埝,营造塬边、梁峁边防护林体系是十分必要的,其目的在于分散滞缓径流,固定沟岸,防止沟头溯源侵蚀和沟岸扩张,保护塬面、塬坡和梁峁坡面的农田。

2)配置技术

(1)配置原则。塬边、梁峁边防护林的配置,应考虑塬边、梁峁边上部农田防护林工程与其下部塬坡、梁峁坡耕地林业生态工程的衔接问题。同时要考虑陡坎的稳定性及其土地利用状况,还应考虑如何更好地与塬边埝、梁峁边埝结合,以最大限度地发挥其防护效应的问题,以及根据立地条件选好树种和布设适当的林带宽度。对于塬嘴和梁峁边地带突出的锯齿状碎地块,应根据具体情况分别对待,如果面积较小可以全面造林。总之,应以少占耕地为总原则。

当塬边、梁峁边与沟缘线一致时,配置原则与沟边防护林相同。

(2)配置要求:

①当塬边、梁峁边与沟缘线不重合时,在此种情况下,塬边、梁峁边上下均为耕地,上坡部位为塬面、梁峁顶平坦耕地;下坡部位为塬坡、梁峁坡坡耕地或梯田。塬边、梁峁边实际是一个过渡带,其防护林工程从树种组成及结构配置等方面与塬面、梁峁顶防护林工程相似。如坡度转折较大,有非常明显的陡坎,可在塬边线,梁峁边线营造一条较宽的林带(8~10m),结构以乔灌混交为好;如坡度转折较小,陡坎不高,可按梯田地坎防护林的配置方式配置。

②当塬边、梁峁边与沟缘线重合时,塬边、梁峁边防护林与沟边防护林是一回事,应按沟边防护林的配置方式配置。

三、沟道水土保持林

(一)土质侵蚀沟道水土保持林

1.土质侵蚀沟道系统的形成与发展

土质侵蚀沟道系统一般指分布于黄土高原各个地貌类型的侵蚀沟道系统,也包括以黄土类母质为特征的,具有深厚"土层"的沿河冲积阶地,山麓坡积或冲洪积扇等地貌上所冲刷形成的现代侵蚀沟系。

侵蚀沟形成和发展受侵蚀基准面的控制,有其自身的发育规律。以黄土高原地区为例,其侵蚀沟发育到现在已是千沟万壑,沟谷地(沟缘线以下)面积已占很大比例,黄土丘陵沟壑区一般可达 40%~60%,黄土高塬沟壑区占 40%~50%,严重者可达 60%~70%,沟谷地不仅要受到来自沟间地集中水流的冲刷,而且还要承接本身面积上的降雨量,使得沟谷地水蚀表现得极为剧烈,这是侵蚀沟发育的主要动力。沟坡在遭受水流冲刷后,向两侧发展(沟岸扩张),水流集中进入沟槽后,沟头不断向上延伸(溯源侵蚀),沟道底不断下切(下切侵蚀),这样长期发展的结果就形成了庞大的侵蚀沟系统。一般可将其发育分为四个阶段:第一阶段以下切侵蚀为主,所形成的沟壑,发展很快,但规模尚小,沟底狭窄而崎岖,横断面呈 V 字形;第二阶段以溯源侵蚀为主,沟头处的原始地面与沟底具有一定的高差,而且多以陡坡相接,即形成有跌水的沟头,横断面呈 U 字形,此时沟壑已较深切入母质,沟壑依地形开始分岔;第三阶段以沟岸扩张为主,沟头的溯源侵蚀基本停止,下游的下切侵蚀也开始停止,沟口附近已经相应沉积,形成了沟壑纵横的侵蚀沟系统,横断面呈复 U 字形,即沟底和水路明显分开;第四阶段沟壑已不再发展(沟头接近了分水岭),只有极微弱的边岸冲淘,整个沟壑处于相对稳定阶段。现代侵蚀沟系统是在漫长的地质历史长河中形成的,它受第四纪构造的基本框架制约(即古代侵蚀沟的框架)。黄土高原地区目前形成的侵蚀沟道系统非常复杂,有古代侵蚀沟的残留部分,还有现代侵蚀沟的发育和存在,在一条侵蚀沟系中,存在着不同发展阶段的各种类型的侵蚀沟。因此,水土保持林的配置必须根据不同的情况来确定。

2.防护和生产目的

如上所述,黄土高原地区沟谷地所占面积大,是水土流失最严重的地貌类型,但正是因为如此,它在这一地区也必然具有更为重要的生产价值。黄土高原地区群众多年来有着留成滩、建筑川台坝地、建设稳产高产田的丰富经验,很多地区沟坝地成为当地基本农田的重要组成部分。同时,沟壑经常是这一地区割草放牧,生产三料、木材、果品和其他林副产品的基地。从沟壑土地利用状况看,沟壑中林业生产即沟坡荒地的林生态工程建设,较之其他产业有更大的比重,是该地区的共同特点。因此,在黄土地区,为了控制水土流失,充分发挥生产潜力,治理侵蚀沟具有重要的意义。侵蚀沟治理中,进行林业生态工程是必不可少的一环。

土质侵蚀沟道系统的水土保持林配置的目的在于:结合土质沟道(沟底、沟坡)防蚀的需要,进行林业利用,获得林业收益的同时保障沟道生产持续、高效的利用。不同发育阶段土质沟道的防护林,通过控制沟头、沟底侵蚀,减缓沟底纵坡,抬高侵蚀基点,稳定沟坡,达到控制沟头前进、沟底下切和沟岸扩张的目的,从而为沟道全面合理的利用,提高土地生产力创造条件。

3.侵蚀沟类型与水土保持林工程布局

黄土地区,各地的自然历史条件不同,沟道侵蚀发展的程度及土地利用状况与治理的水平也不同,因而侵蚀沟道水土保持林工程的防护目的和布局比较复杂,可以概括为三种类型区别治理。

1)以利用为主的侵蚀沟

此类侵蚀沟基本停止发育,沟道农业利用较好,沟坡现已用做果园、牧地或林地等。侵蚀沟系以第四阶段侵蚀沟为主要组成部分,坡面治理较好,沟道已采用打坝淤地等措施,稳定了沟道纵坡,抬高了侵蚀基点,治理措施主要是在全面规划的基础上,加强和巩固各项水土保持措施,合理利用土地,更好地挖掘土地生产潜力,提高土地生产率。

因此,水土保持林的布局与配置原则是:全面规划,以利用为主,治理为利用服务,注重侵蚀沟道(坡麓、沟川台地)速生丰产林的建设和宽敞沟道缓坡上的经济林或果园基地建设;在有畜牧业发展条件的侵蚀沟,应规划改良草坡和发展人工草地及放牧林地,适当注意牲畜进出牧场和到附近水源的牧道,以便防止干扰其他生产用地。在一些沟道陡坡段进行全面造林时,一般造林地的位置可选在坡脚以上沟坡全长的 2/3 为止,因为沟坡上部多为陡立的沟崖,如它已基本处于稳定状态,应避免造林整地而引起新的人工破坏。在沟坡造林地上缘可选择萌蘖性强的树种如刺槐、沙棘等,使其茂密生长,再略加人工促进,让其蔓延滋生,从而达到进一步稳固沟坡陡崖的效果。在沟坡陡崖条件较好的地方也可考虑撒播一些乔灌木树种的种子,让其自然生长。

2) 治理和利用相结合的侵蚀沟

此类侵蚀沟系的中下游,侵蚀发展基本停止,沟系上游侵蚀发展仍较活跃,沟道内进行了部分利用,这类型的侵蚀沟系以第三阶段侵蚀沟为主要组成部分,在黄土丘陵和残塬沟壑区,这类沟道占比例较大,也是开展治理和合理利用的重点。

在坡面已得到治理的流域,合理地布局基本农田,在沟道内自上而下依次推进,修筑淤地坝,做到建一坝成一坝,再修一坝,并注重川台地的梯化平整,搞好淤地坝护坝(坡)林、坝地和川台地农林复合的建设。在沟道治理中采用就地劈坡取土,加快淤地造田,应全面规划,在取土的同时,削坡开级,将取土坡修成台级或小块梯田,进一步营造护坡林或做其他利用的林木。

在其上游,沟底纵坡较大,沟道狭窄,沟坡崩塌较为严重,沟头仍在前进,沟顶上游的坡面、梁峁坡、塬面塬坡仍在进行着侵蚀破坏,耕地不断蚕食,同时,支毛沟汇集泥沙径流(有时可能是泥流)直接威胁着下游坝地的安全生产。因此,对这类沟道应采取有效治理措施:在沟顶上方建筑沟头防护工程,拦截缓冲径流,制止沟头前进;在沟底根据顶底相照的原则,就地取材,建筑谷坊群工程,抬高侵蚀基点,减缓沟底纵坡坡度,从而稳定侵蚀沟沟坡,应努力做到工程措施与生物措施相结合,使工程得以发挥长久作用,变非生产沟道为生产沟道,即注重沟头防护林、沟底防冲林、沟道用材林等综合工程建设。若沟床已经稳定,可考虑沟坡的林、果、牧方面的利用;若沟底仍在下切,沟坡的利用则处于不稳定状态,宜营造沟坡防蚀林或封禁治理。

3) 以封禁治理为主的侵蚀沟

此类侵蚀沟系的上、中、下游,侵蚀发展都很活跃,整个侵蚀沟系均不能进行合理利用。其特点是沟道纵坡大,一、二级支沟尚处于切沟、冲沟阶段,沟头溯源侵蚀和沟坡两岸崩塌、滑塌均甚活跃,沟坡一般为盖度较小的草坡,由于水土流失严重,不能进行农、林、牧业的正常生产,即使放牧,也会因此而加剧侵蚀,因此应以治理为主,待侵蚀沟稳定后,才能考虑进一步利用的问题。

对于这一类沟系的治理可从两方面进行。对于距离居民点较远,现又无力投工进行治理的侵蚀沟,可采取封禁措施,减少人为破坏,使其逐步自然恢复植被,或撒播一些林草种子,人工促进植被的恢复;而对于距居民点较近,且对农业用地、水利设施(水库、渠道等)、工矿交通线路等构成威胁时,应采取积极治理的措施。应以工程措施为主、工程与林草相结合,有步骤地在沟底规划设置谷坊群、沟道防护林工程等缓流挂淤固定沟底及沟床的措施,控制沟底及沟床的侵蚀。

4.侵蚀沟系水土保持林工程的配置

1)进水凹地、沟头防护林工程

这类沟系在上游,沟底纵坡较大,沟道狭窄,沟坡崩塌较为严重,沟头仍在前进。它对沟底上游的坡面仍在进行着侵蚀破坏,同时,由这类支毛沟汇集而来的大量固体和地表径流直接威胁着中下游坝地的安全生产。为了固定侵蚀沟头,制止沟头溯源侵蚀,除了坡面水土保持工程措施,还应采取沟头防护工程与林业生态工程相结合的措施。在靠近沟头的进水凹地(集流槽),留出一定水路,垂直于进水凹地水流方向配置10~20 m宽(具体宽度应根据径流量大小、侵蚀程度、土地利用状况等确定)的灌木柳(杞柳、乌柳等)防护林带,拦截过滤坡面(塬面或梁峁坡)上的径流和泥沙。在修筑沟头防护工程时,也应结合工程插柳枝或垂直水流方向打柳桩,待其萌发生长后可进一步巩固沟头防护工程。除进水凹地的防护措施外,关键在于固定侵蚀沟头的基部或侵蚀沟顶附近的沟底,使其免于洪水的冲淘,主要采取工程措施与林业措施紧密结合的编篱柳谷坊或土柳谷坊工程,在沟道中形成森林工程坝(柳坝),当洪水来临时,谷坊与沟头间形成的空间,发挥着缓力池的作用,水流以较小的速度回旋漫流而进,尤其在柳枝发芽成活,茂密生长起来以后,将发挥稳定的、长期的缓流挂淤作用,沟头基部冲淘逐渐减少,沟头的溯源侵蚀将迅速地停止下来。具体做法是:

(1)编篱柳谷坊。是在沟头基部一定距离(1~2倍沟头高度)内配置的一种生物工程,它是在预定修建谷坊的沟底按0.5 m株距,1~2 m行距,沿水流方向垂直平行打入2行1.5~2 m长的柳桩,然后用活的细柳枝分别在2行柳桩进行编篱到顶,在两篱之间用湿土夯实到顶,编篱坝向沟头一侧也同样堆湿土夯实形成迎水的缓坡。

(2)土柳谷坊。是在土谷坊施工分层夯实时,在其背水一面卧入长为90~100 cm的2~3年生的活柳枝,或是结合谷坊两侧进行高秆插柳。

在一些除规划为坝地外的稳定沟底部分,为了防止沟底下切,根据顶底相照原则建立谷坊群,在建筑谷坊群时也可参照土柳谷坊的方法进行施工,这样既可巩固各个谷坊,又可加速缓流挂淤的作用,逐步在各个谷坊间创造出水肥条件较好的土地。

在沟底业已停止下切的一些沟壑,如果不宜于农业利用时(黄土高塬沟壑区这类沟道较多),最好进行高插柳栅状造林。栅状造林是采用末端直径5~10 cm、长2 m的柳桩,按照株距0.5~1.0 m,行距1.5~2.5 m,垂直流线,每2~5行为1栅进行插柳造林,相邻两个柳栅之间可保持在柳树壮龄高度时的5~10倍距离,以利其间逐渐淤积或改良土壤,为进行农林业利用创造条件。

进水凹地及沟头防护林,除灌木柳外,根据具体条件还可选择一些根蘖性强的固土速生树种如青杨、小叶杨、河北杨、旱柳、刺槐、白榆、臭椿等。一些沟头侵蚀轻微,具有较大面积和立地条件较好的进水凹地,也可考虑苹果、梨、枣等。沟道森林工程则一般都选择旱柳。

2)沟边(沟缘)防护林

沟边防护林应与沟边线附近的两边防护工程结合起来,在修建有沟边埂的沟边,且埂外有相当宽的地带,可将林带配置在埂外,如果埂外地带较狭小,可结合边埂,在内外侧配置,如果没有边埂则可直接在沟边线附近配置。沟边防护林带配置,应视其上方来水量与陡坎的稳定程度确定,同时考虑沟边以上地带的农田与土壤水分。

(1)如果上方来水量小,陡坎较稳定(已成自然安息角35°~45°),林带可沿沟边以上2~3 m外配置,林带宽度以5~10 m为宜。

(2)如果来水量大,且陡坎不稳定,林带应沿陡坎边坡稳定线(根据自然安息角确定)以上2~3 m处配置,林带宽度可加大至10~15 m,为了少占耕地,视具体情况可缩小至4~8 m。

(3)沟边线附近土壤干旱,可配置2~3行耐干旱瘠薄、根蘖性强和生长迅速的灌木(如柠条、沙棘、柽柳),这些树木根系可以很快蔓延到侵蚀沟,使沟坡固定起来,其上则可采用乔灌相间的混交方式配置,林带上缘如接近耕地,应配置1~2行深根性带刺灌木(如柠条、沙棘),这样既能防止林木根系蔓延到田中去,影响农业生产,又能阻止牲畜毁坏林带。

(4)当沟边以上地带为大面积农田,应考虑林带与封沟边埂结合;当沟边线以上地带农田坡度很小,可加宽林带,为了增加经济收益,可以采用林木与经济树木混交配置的方式;当沟边线以上地带农田坡度较大,可在边线以上1~2 m,增修高宽各0.5 m的边埂,并在埂内每隔15 m设横挡一道,以预防埂内水流冲毁土埂。土埂修好后,可在埂外栽植1行乔木,埂内分段栽植2~4行乔木,然后栽植1行带刺灌木。为了减少树木串根和遮荫对农作物造成不良的影响,也可根据实际情况,采用纯灌木型,即在修土埂的同时,埋压灌木条,或者在埂外栽植1行,然后,在埂内栽植1行,其内还可配置草带。在侵蚀严重的沟边地带,边埂适当加高加宽,林带也应适当加宽,边线附近的陷穴,可采用大填方的方法造林。

沟边防护林应选择抗蚀性强、固土作用大的深根性树种,乔木树种主要有刺槐、旱柳、青杨、河北杨、小叶杨、榆、臭椿、杜梨等;灌木主要有柠条、沙棘、柽柳、紫穗槐、狼牙刺等,条件较好的地方,还可考虑经济树种,如桑、枣、梨、杏、文冠果等。

3)沟底防冲林工程

为了拦蓄沟底径流,制止侵蚀沟的纵向侵蚀(沟底下切),促进泥沙淤积,在水流缓、来水面不大的沟底,可全面造林或栅状造林;在水流急、来水面大的沟底中间留出水路,两旁全面或雁翅造林。

沟底防冲林的布设一般应在集水区坡面上采取林业措施或工程措施滞缓径流以后进行。布设原则是:林带与流水方向垂直,目的是增强其顶冲缓流、拦泥淤泥的作用。但在沟道已基本停止扩展,冲刷下切比较轻微或者侧蚀冲淘较强烈的常流水沟底,可与沟坡造林结合进行,将林带配置于流水线两侧面与之相平行。

沟底防冲林工程具体配置方式有:

(1)栅状造林或雁翅状造林。此方法适用于比降小、水流较缓(或无长流水)、冲刷下切不严重的支毛沟,它是从沟头到沟口,每隔10~15 m与水流垂直方向(栅状)或成一定角度并留出水路(雁翅状)造5~10行灌木,株距1~1.5 m。沟底造林也可采用插条法,树种以灌木柳为好,为防止淤积埋没,可把柳条插入土里30 cm,地上部分留30~50 cm。此外,还可采用柳谷坊的方法,即采用长1~2 m、粗5~10 cm的柳桩打桩密植,株行距(50~70)cm×(20~30)cm,插入土中0.6~1.2 m。为了防止桩间的乱流冲击,还可以在柳桩底部编上20~30 cm高的柳条,每道柳谷坊之间的空地,待逐渐留淤、土壤改良之后,亦可考虑做农用地。

(2)片断造林。支毛沟中游,可进行片断造林,每隔30~50 m,营造20~30 m宽的乔灌木带状混交林或灌木林。前者,灌木应配置在迎水的一面,一般5~10行,乔木带株间亦可栽植,乔木株行距(1.0~0.5)m×1.0 m,灌木株行距(0.5~1.0)m×0.5 m,片林之间空出的地段,等条件变好以后,可以栽植有经济价值的林木或果树,其根部下方修筑弧形小土挡,以拦蓄更多的泥沙和水分,为其生长创造条件。

(3)全面造林。支毛沟上游,一般冲刷下切强烈,河床变动较大,可全部造林,株行距1.0 m×1.0 m,多采用插柳造林,也可用其他树种。

(4)客土留淤造林。有两种方法:

①"连环坑"客土留淤法造林。此法适用基底下切至红土层的沟头地段。其方法是:横过沟底,每隔5~15 m挖一个新月形坑,因沿沟床一坑接一坑,形同连环,故群众称为"连环坑"。接着在坑的下缘培修弧形土埝,使弓背朝上。土埝先用原红土培筑心底,再"借用"别处好土(即所谓"客土")将埝培宽加高至1.0 m左右,客土培埝同时,即将长50~60 cm、粗2~5 cm的杨柳枝条,每隔30~50 cm斜压一根于好土内,并拍实踏紧,坑内待淤后造林或栽植芦苇。这种方法,对于拦泥防冲,阻止沟底继续下切,有很显著的作用。

②小土埝客土留淤法造林。此法适用于沟底下切至基岩的小支毛沟。其方法是:于沟底每隔5~10 m,客土修一道高30~50 cm,顶宽20~30 cm的小土埝,以分段拦洪留淤后,可用柳条插压于埝内(株距30~50 cm),埝间待留淤后,可用弓形压条法压植杞柳(行株距50 cm×50 cm)或栽植其他树木,客土留淤造林必须在沟底一侧,挖修排水沟,以防御洪水冲毁土埝,在已实现川台化的沟底,可在台阶埝上造林,以防洪水冲刷,保证台阶埝的安全。

4)沟道的谷坊工程

在比降大、水流急、冲刷下切严重的沟底,必须结合谷坊工程造林,形成森林工程体系,主要的形式有柳谷坊(可在局部缓流外设置)、土柳谷坊、编篱柳谷坊和柳礓石谷坊。

修建谷坊工程遵循的总原则仍是底顶相照原则,即

$$L = h/(i - i_c) \tag{4-35}$$

式中　L——两谷坊之间的距离,m;

　　　h——谷坊有效高度,m;

　　　i——沟底比降(%);

　　　i_c——两谷坊之间淤积面积应保持的不致引起冲刷的允许比降(%)(即平衡剖面时的比降)。

沟道的土柳谷坊和编篱柳谷坊如前所述,柳礓石谷坊主要用于料礓石较多的黄土区(土石山区也可采用)。做法是:横沟打桩3~4排,其中上游两排为高桩,并于每排桩前放置梢捆,边放边填入料礓石,礓石上面编柳条一层,以防洪水冲走礓石。最后,在第一排高桩前培土筑实。

沟底防冲林应选择耐湿、抗冲、根蘖性强的速生树种,以旱柳为常见,除此之外,还有青杨、加杨、小叶杨、钻天杨、箭杆杨、杞柳、醋柳、乌柳、柽柳及草本香蒲、芭茅、芦苇等,在不过湿的地方,也可以栽植刺槐。

5)淤地坝坡防冲林

黄土区淤地坝修成后,坝坡陡(1:1.25~1:2),为了防止坝坡冲刷,在淤地坝的施工过程中,可以在其外坡分层压入杨柳苗条,或直接播种柠条、沙棘、紫穗槐等灌木,以便固坝缓流。甘肃定西安家坡大坝高20.6 m,长100 m,外坡坡度1:2.5,全部坡面种植柠条,1963年洪水发生滚坡时,茂密的枝条枝叶全部被冲倒,平铺于坡面,同时,在其枝条上淤挂了很多枯枝烂

草,覆盖着坝坡,地表粗糙度增加,减缓了水流速度,而坝端有一段没有柠条保护,冲开了深达 3 m、宽 2 m 的一条切沟,可见,坝坡上种植灌木可发挥强大护坡护坝能力。

(二)石质山地沟道水土保持林

1.石质山地沟道特点及防护目的

石质山地和土石山地占我国山区总面积相当的比重,其特点是地形多变,地质、土壤、植被、气候等条件复杂,南北方差异较大。石质山地沟道开析度大,地形陡峻,60% 的斜坡面坡度在 20°~40°,斜坡土层薄(普遍为 30~80 cm),甚至基岩裸露。因地质条件(如花岗岩、砂页岩、砒砂岩)的原因,基岩呈半风化状态或风化状态,地面物质疏松,泻溜、崩塌严重,沟道岩石碎屑堆积多,易形成山洪、泥石流。石质沟道多处在海拔高、纬度相对较低的地区,降水量较大,自然植被覆盖度高,但石多土少,植被一旦遭到破坏,水土流失加剧,土壤冲刷严重,土地生产力减退迅速,甚至不可逆转地形成裸岩,完全失去了生产基础。有些山区(如云南省的西双版纳),由于年降水量达 2 000 mm 左右,坡地植被遭到破坏后,厚度 50~80 cm 的土层仅仅 3~4 年时间即被冲蚀殆尽。因此,在石质山地和土石山地沟道通过封育和人工造林,恢复植被,控制水土流失,分散调节地表径流,固持土壤,防治滑坡泥石流,稳定治沟工程和保持沟道土地的持续利用,同时在发挥其防护作用的基础上争取获得一定量的经济收益。对于泥石流流域,则应根据集水区,通过区和沉积区分别采取不同的措施,与工程措施结合,达到控制泥石流发生和减少其危害的目的。

2.水土保持林工程的配置

石质山区和土石山区沟道从上游沟头到下游沟道出口处,根据地形条件和危害程度的差异,要进行水土保持林合理配置。

1)集水区

易于发生泥石流的流域,固然有其地形、地质、土壤和气候因素,但集水区是泥石流产流产沙的策源地,其水土流失状况、土沙汇集的程度和时间是泥石流形成的关键因素。一般认为,流域范围内,森林覆盖率达 50% 以上,当集水区范围内(即流域山地斜坡上)的森林郁闭度大于 0.6 时,就能有效控制山洪、泥石流。因此,在树种的选择和配置上,应该形成由深根性树种和浅根性树种混交的异龄复层林,配置与水源涵养林相同。

集水区主沟沟道,在地形开阔、纵坡平缓、山地坡脚土层较厚,并且坡面已得到治理的条件下,也可进行农业利用和营造经济林。在集水区的一些一级支沟,山形陡峻,沟道纵坡较大,沟谷狭窄时,沟底应采取工程措施。北方石质山地,行之有效的办法是在沟底布设一定数量的谷坊,尤其在沟道转折处,注意设置密集的谷坊群,修筑谷坊要就地取材,一般多应用干砌或浆砌石谷坊,其主要目的是巩固和提高侵蚀基准,拦截沟底泥沙。根据实际情况,可修筑石柳谷坊,并在淤积面上全面营造固沟防冲林,以达到控制泥石流的目的。

2)通过区

通过区一般沟道十分狭窄,水流湍急,泥石俱下,应以格栅坝为主。有条件的沟道,留出水路,两侧以雁翅式营造防冲林。

3)沉积区

沉积区位于沟道下游至沟口,沟谷渐趋开阔,应在沟道水路两侧修筑石坎梯田,并营造地坎防护林或经济林。为了保护梯田,沿梯田与岸的交接带营造护岸林。

石质山地沟道水土保持林工程可选择的树种北方以柳、杨为主,南方以杉木为主。

(三)沟谷川台地水土保持林

沟谷川台地水分条件好,土壤肥沃,土地生产力高,有条件的地区还能引水灌溉,具有旱涝保收,稳产高产的特点,是山区丘陵区最好的农田,群众称之为"保命田"或"眼珠子地",包括河川地、沟川地、沟台地和山前阶地(阶梯地),也包括群众在沟道内修筑淤地坝形成的坝地。

1.防护与生产目的

沟谷川台地水土流失轻微,山前坡麓以沉积为主,水土流失主要发生在河床或沟道两侧,表现的形式是冲淘塌岸,水毁农田。此外,沟谷川台地光照不足,生长期短,霜冻危害是限制农业发展的重要因素(开阔的河川地稍好)。有些沟谷风也很大,沟口向西北,则春冬风大;沟口向东南则夏秋风大,群众称"串沟风"。建设沟谷川台地水土保持林工程的目的,就是为了保护农田,防止冲淘塌岸,以及防风霜冻害,改善沟道小气候条件。同时,沟道水分条件好,可以与护岸护滩林、农田防护林相结合,选择合适的地块,营造速生丰产林,可望获得高产优质的木材。在地势相对较高、背风向阳的沟台地,选择建立经济林栽培园,有条件的还可引水灌溉,以建成山区最好的经济林基地。

2.配置要点

1)沟道内的速生丰产林

黄土高原侵蚀沟发展到后期,沟道中(特别是在森林草原地带)应选择水肥条件较好,沟道宽阔的地段,营造速生丰产用材林。在黄土高原沟道中发展速生丰产用材林,是符合自然条件和当地生产发展需要的。速生丰产林主要配置在开阔沟滩(兼具护滩林的作用),或经沟道治理、淤滩造地形成的土层较薄、不宜作为农田或产量较低的地段,必要的情况下也可选择耕地作为造林地。晋西黄土丘陵沟壑区很多农村通过此种形式来解决用材需求,如吉县某村在20世纪60年代,选用良好沟道土地(坝地),引进优良杨类品种 I-204、沙兰杨等建设速生丰产用材林,经过精心管理,短期内解决了本村的用材需求,并获得了部分商品用材收益。如果黄土高原每一个村都注意发展这样小片的农村用材林基地,就可改变黄土高原农村现有木材奇缺的状况,很好地发挥土地生产潜力,提高其生产率。

沟道速生丰产林选择的树种应以杨树为主,引进优良品种,如三倍体毛白杨、北京杨、群众杨、合作杨、I-69杨、I-72杨、小黑杨等。一些地区乡土杨树抗病性强,适应当地条件,生长虽稍慢,但干形材质好,也应考虑选用,如晋西一带沟道小叶杨(当地称为水桐树),忻州五台一带的青杨等。除杨树外,还可选择泡桐、柳树、刺槐(矿柱用材)、落叶松(高海拔地区)。

南方丘陵山地沟道有条件的,也应建立速生丰产林。树种可选用杉木、桉树(如柳桉、柠檬桉、巨叶桉等)、湿地松、马尾松等。

沟道速生丰产林的造林技术与速生丰产林相同,要求稀植,密度应小于 1 650 株/ hm^2(短轮伐期用材林除外),并采用大苗、大坑造林。沟道有水源保证的还可引水灌溉,生长期要加强抚育管理。

2)河川地、山前阶台地、沟台地经济林栽培

在黄土高原宽敞河川地或背风向阳的沟台地上,建设集约经营的经济林栽培园,有着良好条件,也有悠久历史。经济林园建设应规划好园地、水源、道路、贮存场地,选好树种,通过优质丰产栽培技术,建成优质高产、高效经济林基地,主选树种有苹果、梨、桃、葡萄等。在水源条件不足的情况下可建立干果经济林,如核桃、杏、柿、板栗、枣等。

3) 沟川台(阶)地农林复合生态工程

沟川台(阶)地具备建设农林复合生态工程的各种条件,如果园间作绿肥、豆科作物,丰产林地间作牧草,农作物地间作林果等,由于水肥条件好,都能够取得较高的经济收益。北方常见的农作物与林果复合生态工程类型有:枣+豆类低秆作物,核桃+豆类,柿+薯类或小麦,苹果+豆类或花生,桑+低秆作物,花椒+豆类或薯类,山楂+豆类或薯类等。此外,还有经济林下种草,如扁茎黄芪、三叶草等。山西吕梁沿黄河一带沟川台地的枣与大豆、谷子、糜子复合,汾阳、孝义一带山前阶台地的核桃与大豆、花生、谷子复合,山西东南丘陵区沟台(阶)地的山楂与谷子、花生复合,山西西南沟川台地苹果、梨与豆类、瓜类、花生复合,山西南部山区沟台地柿树与小麦复合等,都是群众在长期生产实践中总结出来的模式。近年来,通过国家黄土高原农业科技攻关项目,还推荐提出了沟川台地经济林与蔬菜(如西红柿、辣椒),药材(如黄芩、柴胡等)复合等多种形式。

第六节　侵蚀坡面治理工程

坡面在山区生产中占有重要地位,同时又是泥沙和径流的策源地,水土保持要坡、沟兼治,其中坡面治理是基础。坡面治理工程包括斜坡固定工程、山坡截流沟和沟头防护工程等。

一、斜坡固定工程

斜坡固定工程是指为防止斜坡岩土体的运动,保证斜坡稳定而布置的工程措施,包括挡墙、抗滑桩、削皮、反压填土、排水工程、护坡工程、滑动带加固工程和植物固坡措施等。斜坡稳定性直接关系到斜坡上和斜坡附近的工矿、交通设施和房屋建筑等安全。因此,实施必要的工程措施是十分重要的。

(一)挡墙

挡墙又称挡土墙,可防止崩塌、小规模滑坡及大规模滑坡前缘的再次滑动。挡墙的构造有以下几类:重力式、半重力式、倒 T 形或 L 形、支垛式、框架式和扶壁式等(见图4-5)。

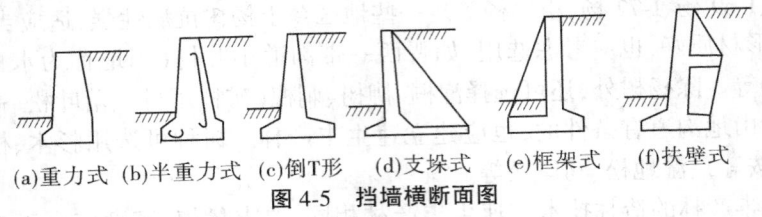

(a)重力式　(b)半重力式　(c)倒T形　(d)支垛式　(e)框架式　(f)扶壁式

图 4-5　挡墙横断面图

重力式挡墙可以防止滑坡和崩塌,适用于坡脚较坚固、允许承载力较大、抗滑稳定较好的情况。根据建筑材料和形式,重力式挡墙又分为片石垛、浆砌石挡墙、混凝土或钢筋混凝土挡墙和空心挡墙(明洞)等。片石垛可就地取材,施工简单,透水性好,适用于滑动面在坡脚以下不深的中小型滑坡,不适用于地震区的滑坡。浅层中小型滑坡的重力式挡墙宜建在滑坡前,若滑动面有几个且滑坡体较薄,可分级支挡。

其他几种类型的挡墙多用于防止斜坡崩塌,一般用钢筋混凝土修建。倒 T 形因自重轻,需利用坡体的自重,适用于 4~6 m 的高度;扶壁式和支垛式因有支挡,适用于 5 m 以上的高度;棚架扶壁式只用于特殊情况。框架式也称垛式,是重力式的一个特例,由木材、混凝土构件、钢筋混凝土构件或中空管装配成框架,框架内填片石,它又分叠合式、单倾斜式和双倾斜式。框架式结构较柔韧,排水性好,滑坡地区采用较多。

加筋土挡墙是由土工合成材料与填土构成的一种新型挡土墙,该种挡土墙不用砂石料和混凝土,对环境有利,施工方便,透水性好,对边坡稳定有利。

(二)抗滑桩

抗滑桩是穿过滑坡体将其固定在滑床的桩柱。使用抗滑桩,土方量小,施工需有配套机械设备,工期短,是广泛采取的一种抗滑措施。

根据滑坡体厚度、推力大小、防水要求和施工条件等,选用木桩、钢桩、混凝土桩或钢筋(钢轨)混凝土桩等。木桩可用于浅层小型土质滑坡或对土体临时拦挡,但强度低,抗水性差,所以滑坡防止中常用钢桩和钢筋混凝土桩。

抗滑桩的材料、规格和布置要能满足抗断、抗弯、抗倾斜、阻止土体从桩间或桩顶滑出的要求,这就要求抗滑桩有一定的强度和锚固深度。桩的设计和内力计算可参考有关文献。

(三)削坡和反压填土

削坡主要用于防止中小规模的土质滑坡和岩质斜坡崩塌。削坡可减缓坡度,减小滑坡体体积,减小下滑力。滑坡可分为滑动部分和抗滑部分,滑动部分一般是滑坡体的后部,它产生下滑力;抗滑部分即滑坡前端的支撑部分,它产生抗滑阻力。所以,削坡的对象是滑动部分,当高而陡的岩质斜坡受节理缝隙切割,比较破碎,有可能崩塌坠石时,可剥除危岩,削缓坡顶部。反压填土是在滑坡体前面的抗滑部分堆土加载,以增加抗滑力。填土可筑成抗滑土堤,土要分层夯实,外露坡面应干砌片石或种植草皮,堤内侧要修渗沟,土堤和老土间修隔渗层,填土时不能堵住原来的地下水出口,要先做好地下水引排工程。

(四)排水工程

排水工程可减免地表水和地下水对坡体稳定的不利影响,一方面能提高现有条件下坡体的稳定性,另一方面允许坡度增加而不降低坡体稳定性。排水工程包括地表水排除工程和地下水排除工程。

1.地表水排除工程

地表水排除工程的作用:一是拦截地表水;二是防止地表水大量渗入,并尽快汇集排走。它包括防渗工程和排水沟工程。

防渗工程包括整平夯实和铺盖阻水,可以防止雨水、泉水和池水的渗透。当斜坡上有松散土体分布时,应填平坑注和裂缝并整平夯实。铺盖阻水是一种大面积防止地表水渗入坡体的措施,铺盖材料有黏土、混凝土和水泥砂浆,黏土一般用于较缓的坡。

排水沟布置在斜坡上,一般呈树枝状,充分利用自然沟谷。当坡面较平整,或治理标准较高时,需要开集水沟和排水沟,构成排水系统。排水沟工程可采用砌石、沥青铺面、半圆形钢筋混凝土槽、半圆形波纹管等形式。有时采用不铺砌的沟渠,其渗透和冲刷较强,效果差。

2.地下水排除工程

地下水排除工程的作用是排除和截断渗透水。它包括渗沟、明暗沟、排水孔、排水洞和截水墙等。

渗沟的作用是排除土壤水和支撑局部土体,比如可在滑坡体前布置渗沟。有泉眼的斜坡上,渗沟应布置在泉眼附近和潮湿的地方。渗沟深度一般大于 2 m,以便充分疏干土壤水。沟底应置于潮湿带以下较稳定的土层内,并应铺砌防渗。

排除浅层(约3m以上)的地下水可用暗沟和明暗沟。暗沟分为集水暗沟和排水暗沟。集水暗沟用来汇集浅层地下水,排水暗沟连接集水暗沟,把汇集的地下水作为地表水排走。其底部布置有孔的钢筋混凝土管或石笼,底部可铺设不透水的杉皮、聚乙烯布或沥青板,面和上部设置树枝及砂砾组成的过滤层,以防淤塞。明暗沟即在暗沟上同时修明沟,可以排除滑坡区的浅层地下水和地表水。

排水洞的作用是拦截、储备、疏导深层地下水。排水洞分截水隧洞和排水隧洞。截水隧洞修筑在病害斜坡外围,用来拦截旁引补给水;排水隧洞布置在病害斜坡内,用于排泄地下水。滑坡的截水隧洞洞底应低于隔水层顶板,或在滑坡后部滑动面之下,开挖顶线必须切穿含水层,其衬砌拱顶又必须低于滑动面,截水隧洞的轴线应大致垂直于水流方向。排水隧洞洞底应布置在含水层以下,在滑坡区应位于滑动面以下,平行于滑动方向布置在滑坡前部,根据实际情况选择渗井、渗管、分支隧洞和仰斜排水孔等措施进行配合。排水隧洞边墙及拱圈应留泄水孔和填反滤层。

如果地下水含水层向滑坡区大量流入,可在滑坡以外布置截水墙,将地下水截断,再用仰斜孔排出。

(五)护坡工程

为防止崩塌,可在坡面修筑护坡工程进行加固,这比削坡节省投工,速度快。常见的护坡工程有干砌片石和混凝土砌块护坡、浆砌片石和混凝土护坡、格状框条护坡、喷浆和混凝土护坡、锚固法护坡等。

干砌片石和混凝土砌块护坡用于坡面有涌水,边坡小于1:1,高度小于3m的情况,涌水较大时应设反滤层,涌水很大时最好采用盲沟。

防止没有涌水的软质岩石和密实土斜坡的岩石风化,可用浆砌片石和混凝土护坡。边坡小于1:1的用混凝土,边坡1:0.5~1:1的用钢筋混凝土。浆砌片石护坡可以防止岩石风化和水流冲刷,适用于较缓的坡。

格状框条护坡是用预制构件或现场直接浇制混凝土和钢筋混凝土,修成格式建筑物,格内可进行植被防护。有涌水的地方干砌片石。为防止滑动,应固定框格交叉点或深埋横向框条。

在基岩裂隙小、没有大崩塌发生的地方,为防止基岩风化剥落,进行喷浆或混凝土护坡。若能就地取材,用可塑胶泥喷涂则较为经济,可塑胶泥也可做喷浆的垫层。注意不要在有涌水和冻胀严重的坡面喷浆或喷混凝土。

在有裂隙的坚硬岩质斜坡上,为了增大抗滑力或固定危岩,可用锚固法,所用材料为锚栓或预应力钢筋。在危岩土钻孔直达基岩一定深度,将钢筋末端固定后要施加预应力,为了不把滑面以下的稳定岩体拉裂,事先要进行抗拉试验,使锚固末端达滑面以下一定深度,并且相邻锚固孔的深度不同。根据坡体稳定计算求得的所需克服的剩余下滑力来确定预应力大小和锚孔数量。

(六)滑动带加固措施

防治沿软弱夹层的滑坡,加固滑动带是一项有效措施。即采用机械的或物理化学的方法,提高滑动带强度,防止软弱夹层进一步恶化。加固方法有普通灌浆法、化学灌浆法和石灰加固法等。

普通灌浆法采用由水泥、黏土等普通材料制成的浆液,用机械方法灌浆。为较好地充填固结滑动带,对出露的软弱滑动带,可以撬挖掏空,并用高压气水冲洗清除,也可钻孔至滑动面,在孔内用炸药爆破,以增大滑动带和滑床岩土体的裂隙度,然后填入混凝土,或借助一定的压力把浆液灌入裂缝。这种方法可以增大坡体的抗滑能力,又可防渗阻水。

由于普通灌浆法需要爆破或开挖清除软弱滑动带,所以化学灌浆法比较省工。化学灌浆法采用由各种高分子化学材料配制的浆液,借助一定的压力把浆液灌入钻孔。浆液充满裂隙后不仅可增加滑动带强度,还可防渗阻水。我国常采用的化学灌浆材料有水玻璃、铬木素、丙凝、尿醛树脂、丙强等。

石灰加固法是根据阳离子的扩散效应,由浴液中的阳离子交换出土体中阴离子而使土体稳定。具体方法是在滑坡地区均匀布置一些钻孔,钻孔要达到滑动面下一定深度,将孔内水抽干,加入生石灰小块达滑动带以上,填实后加水,然后用土填满钻孔。

(七) 土工网植物固坡工程

坡面铺土工网后,种植植物能防止径流对坡面的冲刷,减小径流速度,增加入渗,在坡度不大于50°的坡上,能在一定程度上防止崩塌和小规模滑坡。植物根系有利于控制坡面面蚀、细沟状侵蚀、浅层块体运动及增强土体抗剪强度,增加斜坡稳定性,减缓地表径流,减轻地表侵蚀,保护坡脚。

坡面生物-工程综合措施,即在布置的拦挡工程的坡面或工程措施间隙种植植被,例如,在挡土石墙、石笼墙、铁丝链墙、格栅和格式护墙上加上植物措施,可以增加这些挡墙的强度。

(八) 落石防护工程

悬崖和陡坡上的危石对坡下的交通设施、房屋建筑及人身安全生产会有很大威胁,而落石预测很困难,所以要及早进行防护。常用的落石防治工程有防落石棚、挡墙加拦石栅、囊式栅、利用树木设置的铁丝网和金属网覆盖等。

建落石棚,将铁路和公路遮盖起来是最可靠的办法之一,防落石棚可用混凝土和钢材制成。

在挡墙上设置拦石栅是经常采用的一种方法。囊式栅栏即防止落石坠入线路的金属网。在距落石发生源不远处,如果落石能量不大,可利用树木设置铁丝网,其效果很好。在特殊需要的地方,可将坡面覆盖上金属网或全成纤维网,以防石块崩落。

除上述8种固坡工程外,护岸工程、拦沙坝、淤地坝也能起到固定斜坡的作用,如在滑坡区的下游沟道修拦沙坝,可以压埋坡脚。这些工程将在后面介绍。

二、山坡截流沟

山坡截流沟是在斜坡上每隔一定距离,在平行等高线或近平行等高线修筑的水沟。

(一) 截流沟的作用

山坡截流沟能截断坡长,阻截径流,减免径流冲刷,将分散的坡面径流集中起来,输送到蓄水工程里或直接输送到农田、草地或林地。山坡截流沟与等高耕作、梯田、涝池、沟头防护以及引洪漫地等措施相配合,对保护其下部的农田、防止沟头前进,防治滑坡,维护村庄和公路、铁路的安全有重要作用。

（二）截流沟的布置

一般情况下坡地均可修截流沟。截流沟与纵向布置的排水沟相连,把径流排走。截流沟在坡面上均匀布置,间距随坡度增大而减小(见表4-7)。实地勘察定线时,要查明蓄水工程的位置和容积、坡面地形、植被等特点,收集降雨资料,先大致确定截流沟的线路,要能将集水区的最大暴雨径流全部输导至蓄水工程。

表4-7　山坡截流沟间距

坡	度	沟间距	坡	度	沟间距
%	(°)	(m)	%	(°)	(m)
3	1.7	30	9~10	5.1~5.7	16.5
4	2.3	25	11~13	6.3~7.4	15
5	2.9	22	14~16	8.0~9.05	14
6	3.4	20	17~23	9.38~12.57	13
7	4.0	19	24~37	13.29~20	12
8	4.6	18	38~40	21~21.8	11.5

为防止滑坡,在滑坡可能发生的边界以外5 m处可设置一条截流沟,若坡面面积大,径流量大,则设置多条。如果有公路或多级削坡平台马道,则应充分利用其内侧设置截流沟。

沟道、道路或凹地,雨季常发生集中的暴雨径流,可在适当地点修土石坝或柳桩坝等水建筑物,再挖截流沟截引山洪。

（三）截流沟断面设计

1.沟道纵坡

为使水流达到不冲不淤流速,沟底应保持一定坡度,当设计流量为0.03~0.10 m³/s时,可取1/300~1/1 000;当设计流量为0.1~0.3 m³/s时,可取1/800~1/1 500。设计洪峰流量为

$$Q = \alpha I_{max} A \tag{4-36}$$

式中　Q——过水流量,m³/s;

　　　α——径流系数;

　　　I_{max}——最大暴雨强度,m/s;

　　　A——集水面积,m²。

截流沟各断面流量不同,距蓄水工程愈近,流量愈大。

2.沟道横断面

先假设一横断面,按谢才公式计算流速

$$v = C\sqrt{Ri} \tag{4-37}$$

式中　v——流速,m/s;

　　　C——谢才系数;

　　　R——水力半径;

　　　i——水流比降。

求得 v 后,若属不冲不淤流速,则按 $Q=vW$ 校核;若与洪峰流量相符,则横断面可行。否则,改变断面尺寸,重新设计。

截流沟各段的断面尺寸不同,应分段设计,但若集水面积不大、沟道不长,可只设计一个断面。

有傍山公路或削坡平台马道的山坡,可在其内侧修截流沟,公路或平台马道应开挖成略向山坡倾斜的路面,以利于向截流沟汇集水流。

三、沟头防护工程

沟头侵蚀的防治,应按流量的大小和地形条件采取不同的沟头防护工程。根据沟头防护工程的作用,可将其分为蓄水式沟头防护工程和排水式沟头防护工程两类。

(一)蓄水式沟头防护工程

当沟上部来水较少时,可采用蓄水式沟头防护工程,即沿沟边修筑一道或数道水平半圆环形沟埂,拦蓄上游坡面径流,防止径流排入沟道。沟的长度、高度和蓄水容量按设计来水量而定。

蓄水式沟头防护工程又分为沟埂式沟头防护与埂墙涝池式沟头防护两种类型。

1.沟埂式沟头防护

沟埂式沟头防护是在沟头以上的山坡上修筑与沟边大致平行的若干道封沟埂,同时在距封沟埂上方 $1.0\sim1.5$ m 处开挖与封沟埂大致平行的蓄水沟,拦截与蓄存从山坡汇集而来的地表径流。沟埂式沟头防护,当沟头坡地地形较完整时,可做成连续式沟埂;当沟头坡地地形较破碎时,可做成断续式沟埂。在设计中,应注意的问题是封沟埂位置的确定、封沟埂的高度、蓄水沟的深度、沟埂的长度及道数。第一道封沟埂与沟顶的距离,一般等于 $2\sim3$ 倍沟深,至少相距 $5\sim10$ m,以免引起沟壁崩塌。各沟间距可用下式计算

$$L = \frac{H}{I} \tag{4-38}$$

式中 L——封沟埂的间距,m;

H——埂高,m;

I——最大地面坡度(%)。

沟埂长度、埂高和沟深等尺寸,视沟头地形坡度、所能获得的蓄水容积、设计来水量、土质等条件决定(见图4-6)。

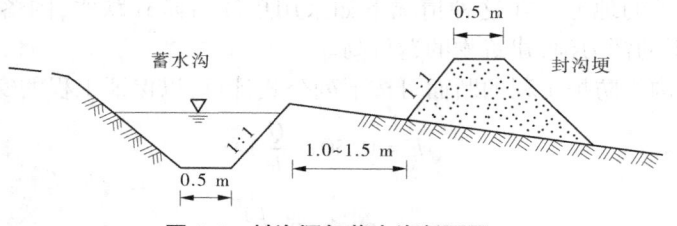

图 4-6 封沟埂与蓄水沟断面图

计算步骤如下:先初步拟定沟埂的尺寸及长度,算出沟埂的蓄水容积 V 接近设计蓄水量 W(可按 $10\sim20$ 年一遇的暴雨计算),则设计的沟埂断面满足要求;若 W 比 V 小得多,可缩小沟埂的尺寸及长度;若 $W>V$,则需增设第二道沟埂。

在上方封沟埂蓄满水之后,水将溢出。为了确保封沟埂的安全,可在埂顶每隔10~15 m的距离挖一个深20~30 cm、宽1~2 m的溢流口,并以草皮铺盖或石块铺砌,使多余的水通过溢流口流入下方蓄水沟埂内。

2.埂墙涝池式沟头防护

当沟头以上汇水面积较大,并有较平缓的地段时,则可开挖涝池群。各个涝池应互相连通,组成连环涝池,以最大限度地拦蓄地表径流,防止和控制沟头侵蚀作用。同时涝池之内存蓄的水也可得以利用。

涝池的尺寸与数量等应该与设计来水量相适应,以避免水少池干或水多涝池容纳不下的现象。一般可按10~20年一遇的暴雨来设计。

(二)泄水式沟头防护工程

沟头防护以蓄为主,做好坡面与沟头的蓄水工程,变害为利。但在下列情况下可考虑修建泄水式沟头防护工程:①当沟头集水面积大且来水量多时,沟埂已不能有效地拦蓄径流;②受侵蚀的沟头临近村镇,威胁交通,而又无条件或不允许采取蓄水式沟头防护时,必须把径流导至集中地点通过泄水建筑物排泄入沟,沟底还要有消能设施以免冲刷沟底。一般泄水式沟头防护工程有支撑式悬臂跌水、圬工式陡坡跌水和台阶式跌水三种类型。

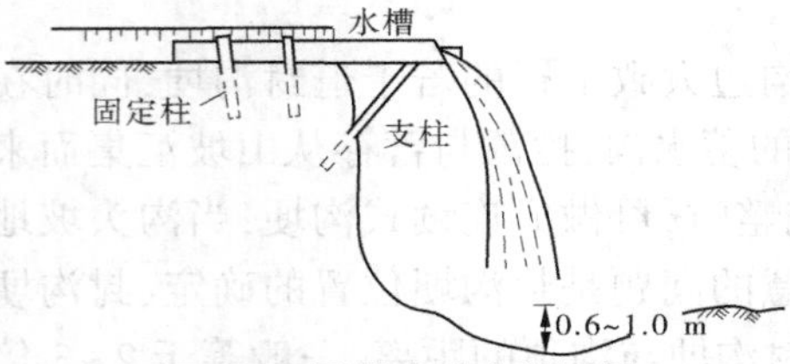

图4-7 悬臂式跌水断面图

(1)支撑式悬臂跌水沟头防护。在沟头上方水流集中的跌水边缘,用木板、石板、混凝土或钢板等做成槽状(见图4-7),使水流通过水槽直接下泄到沟底,不让水流冲刷跌水壁,沟底应有消能措施,可用浆砌石作成消力池,或碎石堆于跌水基部以防冲刷。

(2)圬工式陡坡跌水沟头防护。陡坡是用石料、混凝土或钢材等制成的急流槽,因槽的底坡大于水流临界坡度,所以一般发生急流。陡坡式沟头防护一般用于落差较小、地形降落线较长的地点。为了减少急流的冲刷作用,有时采用人工方法来增加急流槽的粗糙程度。

(3)台阶式跌水沟头防护。此种泄水工程可用石块或砖加砂浆砌筑而成,施工技术主要是清基砌石,不太困难,但需石料较多,要求质量较高。

台阶式沟头防护,按其形式不同可分为两种:单级式和多级式。单级台阶式跌水多用于跌差不大(<1.5~2.5 m)而地形降落比较集中的地方。多级台阶式跌水多用于跌差较大而地形降落距离较长的地方。在这种情况下如采用单级台阶式跌水,因落差过大,下游流速大,必须做很坚固的消力池,建筑物的造价高。

台阶式跌水沟头防护工程的断面可按下列公式计算,以保证工程的安全性与经济性。

$$h = 0.501 \left(\frac{Q}{b} \right)^{\frac{2}{3}} \qquad (4\text{-}39)$$

$$b = 0.355Q \sqrt{\frac{1}{h^3}} \qquad (4\text{-}40)$$

式中 h——泄水槽水深,m;

b——泄水槽底宽,m;

Q——设计洪水流量,m³/s。

四、梯田工程

梯田的修筑不仅历史悠久,而且普遍分布于世界各地,尤其是在地少人多的第三世界国家的山丘地区。中国是世界上最早修筑梯田的国家之一,据不完全统计,目前全国共修梯田667万余 hm^2,其中黄土高原新建和改造旧梯田约 267 万 hm^2(内条田约 100 万 hm^2),成为发展农业生产的一项重要措施。

梯田可以改变地形坡度,拦蓄雨水,增加土壤水分,防治土壤流失,达到保水、保土、保肥目的,同改进农业耕作技术结合,能大幅度地提高产量,从而为贫困山区退耕陡坡、种草种树、促进农林牧副业全面发展创造了前提条件。所以,梯田是改造坡地,保持水土,全面发展山区、丘陵区农业生产的一项重要措施。我国《水土保持法》规定 25°以下的坡地一般可修成梯田种植农作物,25°以上的则应退耕植树种草。

(一) 梯田的分类

梯田按断面形式可分为水平梯田、坡式梯田、反坡梯田、隔坡梯田和波浪式梯田等几种类型。水平梯田田面水平,坡式梯田田面具有一定的坡度,隔坡梯田田面和原坡面相间隔。

此外,按田坎建筑材料可分为土坎梯田、石坎梯田、植物田坎梯田。按利用方式分,有农用梯田、果园梯田和林木梯田等。按施工方法分,有人工梯田和机修梯田。

一般以道路、渠道为骨干划分耕作区,每个耕作区面积以 $3\sim6\ hm^2$ 为宜。在每个耕作区内,根据地面坡度、坡向等因素,进行具体的地块规划。一般应掌握以下几点要求:①地块的平面形状,应基本上顺等高线呈长条形、带状布置;②地块布置必须注意"大弯就势,小弯取直",不强求一律顺等高线,以免把田面的纵向修成连续的 S 形,不利于机械耕作;③田面应保留 $1/300\sim1/500$ 的比降,以利自流灌溉;④田块长度一般是 $150\sim200\ m$,如地形限制,地畛长度最好不要小于 $100\ m$。

(二) 梯田的断面设计

梯田断面设计的基本任务,是确定在不同条件下梯田的最优断面。其要求:一是要适应机耕和灌溉要求,二是要保证安全与稳定,三是要挖填土方平衡。

1.设计参数

一般根据土质和地面坡度先选定田坎高和侧坡(指田坎边坡),然后计算田面宽度,也可根据地面坡度、机耕和灌溉需要先定田面宽,然后计算田埂高(见图 4-8)。从图 4-8 可以看出,田面愈宽,耕作愈方便,但田坎愈高,挖(填)土方量愈大,用工愈多,田坎也不易稳定。在黄土高原地区一般田面宽以 $8\sim30\ m$ 为宜,缓坡上宽些,陡坡上窄些,最窄不要小于 $8\ m$;田坎高以 $1.5\sim3\ m$ 为宜,缓坡上低些,陡坡上高些,最高不要超过 $4\ m$。

各要素之间具体计算方法(单位均为 m):

田面毛宽 $$B_m = H\cot\theta \tag{4-41}$$

田埂占地 $$B_n = H\cot\alpha \tag{4-42}$$

田面净宽 $$B = B_m - B_n = H(\cot\theta - \cot\alpha) \tag{4-43}$$

田埂高度 $$H = \frac{B}{\cot\theta - \cot\alpha} \tag{4-44}$$

田面斜宽 $$B_1 = \frac{H}{\sin\theta} \tag{4-45}$$

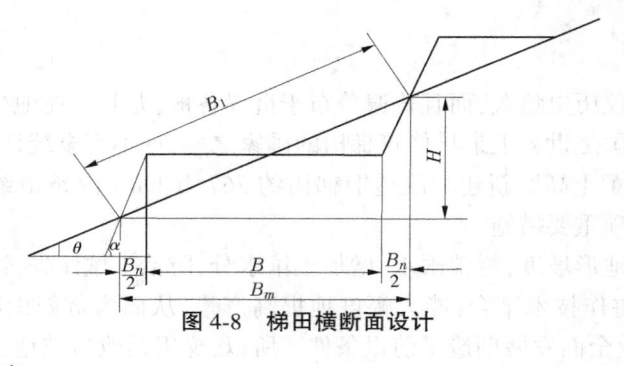

图 4-8　梯田横断面设计

式中　θ——地面坡度；

α——埂坎坡度。

在挖、填方相等时，梯田挖（填）方的断面面积可由下式计算

$$S = \frac{1}{2}\frac{H}{2}\frac{B}{2} = \frac{HB}{8} \tag{4-46}$$

每公顷田面长度

$$L = \frac{10\,000}{B} \tag{4-47}$$

每公顷土方量

$$V = SL = \frac{HB}{8} \times \frac{10\,000}{B} = 1\,250H \tag{4-48}$$

根据上述公式可以计算出不同田坎高的每公顷土方量（指挖方）。

2.梯田田面宽度的设计

根据不同地形和坡度条件，在不同地区，应分别采用不同的田面宽度。

（1）残塬、缓坡地区。农耕地一般坡度在 5°以下，在实现梯田化以后，可以采用较大型拖拉机及其配套农具耕作，一般把 25~30 m 宽的田面作为一个耕作小区。

（2）丘陵陡坡地区。坡度在 10°~25°，一般采用小型农机进行耕作，8~10 m 宽的田面是合适的，田坎高度在 3 m 左右为宜，这一宽度无论对于畦灌或喷灌都可以满足。

总之，田面宽度设计，既要有原则性，又要有灵活性。原则性就是必须在适应机耕和灌溉的同时，最大限度地省工。灵活性就是在保证这一原则的前提下，根据具体条件，确定适当的宽度，不能根据某一具体宽度，一成不变。

3.埂坎外坡的设计

梯田埂坎外坡的基本要求是，在一定的土质和坎高条件下，要保证埂坎的安全稳定，并尽可能地少占农地，少用工。

在一定的土质和坎高条件下，埂坎外坡缓，稳定性好，但占地多；反之，埂坎外坡陡，则占地少，稳定性较差。合理的外坡必须进行埂坎稳定坡度的土力学分析。

五、蓄水窖

仅靠地表径流蓄水的蓄水窖按 1~2 口/亩标准布设，有引水条件的按 2~4 口/亩布设，同时，蓄水池（窖）要有安全防护措施。同时，蓄水窖应与排灌沟渠、沉沙池（凼）相结合，形成完整的坡面水系。

（一）断面设计

一般采用水泥砂浆薄壁窖，近似"坛式酒瓶"。窖深 7~8 m，其中水窖深 4.5~5 m，底径 3~3.5 m，中径 3.5~4.5 m，旱窖深 2.5~3.0 m，窖口径 0.8~1.0 m。窖体由窖口以下 50~80 cm 处圆弧形向下扩展至水窖中径部位，窖台高 30 cm。蓄水量一般为 40~50 m³。

沉沙池长宽深比为 3:1.5:1，布设在来水方向的路旁，距窖 4~5 m。进水管采用直径 0.1 m PVC 管，管口在沉沙池从地表向下深约 1/3 处，管身与旱窖稍向下倾斜。沉沙池用 C20 混凝土浇筑，厚 8 cm。

（二）施工要求

混凝土水窖窖体施工分为挖窖体、墁壁、窖底浇筑、窖体防渗、窖口和窖盖制作等五道工序。

（1）挖窖体。填土夯实完成以后，就可以挖水窖内的土方了。从预留的窖口开始向下挖。挖至 1.5 m 深左右按图纸设计要求整修上部窖型，在窖深 0.5 m 的地方开始扩展，窖深 7 m 左右，用铅垂线从窖口中心向下坠，严格检查尺寸，防止窖体偏斜。

水窖部分每下挖 1.0 m，就要在窖壁上沿等高线挖一条宽 5 cm、深 8 cm 的圈带。

（2）墁壁。水窖部分每下挖到一定深度以后，要对上面部分进行墁壁。首先清除窖壁和圈带内浮土，用 M10 水泥砂浆对窖壁进行墁壁，砂浆厚度 3 cm。将圈带内填筑捣实，最后抹平。然后向下开挖，步骤相同，依次进行，直到挖到窖底。

（3）窖底浇筑。窖底防渗是最重要的一环，要严格施工质量。在处理好的窖底土体上浇筑 15 cm 厚的混凝土，最后用水泥砂浆收面一次，厚 3 cm。

（4）窖体防渗。窖壁、窖底的墁壁、浇筑混凝土工序结束一天后，即可进行刷浆防渗。防渗浆用强度等级为 42.5 水泥加水稀释成糊状，从上到下刷两遍。然后将窖口封闭，过 24 h 后，洒水养护 14 d 左右即可蓄水。

（5）窖口和窖盖制作。最后是制作窖口、窖盖。为了便于管理，应在窖盖上刻写蓄水量、编号、施工年月、乡村名称等；窖盖表面要求平整，不得出现蜂窝、麻面等。窖台用砖、浆砌石或用混凝土预制窖圈，窖台高 30 cm，并用水泥砂浆勾好砖缝，再将窖盖安装好。

（三）管护要点

水窖的日常管护是水窖使用寿命的关键，下雨前要及时清理进窖的水路；下雨时要及时引水入窖；水蓄满后要立即封闭进水口，以防止蓄水位超过窖体防渗层而坍塌；定期检查维修，定期清淤水窖和沉沙池，雨前必须保证水窖状态完好；采用胶泥防渗材料的水窖不允许将水用干，须留少量水于窖底，以保持窖内湿润防止窖壁干裂而造成防渗层脱落。

第七节　侵蚀沟道治理工程

我国荒漠化地区干旱少雨，降水少，但多以暴雨或阵雨出现，降雨历时短，强度大，常形成洪水，造成严重侵蚀。沟道的水土侵蚀主要表现为切沟侵蚀、崩塌、滑坡、泻溜、崩岗和泥石流等形式。它们是由于面蚀状态未能及时控制，水土流失不断发展和恶化而形成的严重流失状态。其结果除使流失地区的地面切割破碎和影响当地农、林、牧业生产外，大量泥沙流至下游，使下游河道淤积从而加剧洪水灾害。

沟道治理须从上游着手，通过截、蓄、导、排等工程措施，采用坡、沟兼治的办法，并结合植物措施来加速治理过程和巩固治理效果,减少坡面径流,避免沟道冲宽与下切,使沟床趋于稳定,减缓沟床纵坡,调节山洪洪峰流量,减少山洪或泥石流的固体物质含量,使山洪安全排泄,对沟口冲积锥不造成灾害。属于山沟治理工程的措施有沟头防护工程、谷坊工程、拦沙坝、排洪沟、导流堤等。利用工程措施来治理侵蚀沟谷的具体做法是:首先合理安排坡面工程拦蓄径流;对于不能拦蓄的径流通过截流沟导引至坑塘、水库或经不易冲刷的沟道下泄。治沟时,通常在沟上游修筑沟头防护工程,防止沟头继续向上游发展。在侵蚀沟内分段修建谷坊,逐级蓄水拦沙,固定沟床和坡脚,抬高侵蚀基准面。在支沟汇集和水土流失地区的总出口,可合理安排兴建拦沙坝或淤地坝,控制水土不流出流域范围,减轻下游的泥沙和洪水灾害。

一、沟道治理的作用与意义

(一)沟道治理的作用

沟道治理的作用主要表现在以下几个方面:

(1)固定沟床,抬高侵蚀基准面。通过谷坊、防冲槛、沟床铺砌、种草皮、沟底防冲林带等措施,固定并抬高侵蚀基准面,减缓沟道纵坡,减小山洪流速,防止沟头前进、沟床下切,稳定山坡脚,防止沟岸扩张及滑坡。

(2)防洪保安,建设基本农田。通过沟道治理,可以防止山洪或泥石流危害沟口冲积锥上的房屋、工矿企业、道路、农田及其他具有重大意义的防护对象等。同时,沟道逐渐淤平,使沟底逐渐川台化,形成阶地,为发展农林业生产创造条件,并减少汇入河流的泥沙量,减小河库泥沙淤积危害。尤其是沟道拦沙坝拦泥淤地,再加以整治,可成为山区旱涝保收的基本农田。

(3)拦蓄泥沙,减少洪峰。将坡地径流泥沙及地下潜流拦蓄起来,调节山洪洪峰流量,减少山洪或泥石流的固体物质含量,使山洪安全排泄,对沟口冲积锥不造成灾害。同时,在减少水土流失危害的同时,灌溉农田,提高作物产量。

(二)沟道治理的意义

山区沟(河)道位于大河流的上游,是山区的重要组成部分,是山区洪水的汇集流通通道,它连接着山区坡面及下游河道,也称为乡村小型河流。山区沟(河)道的组成是两坡夹一沟,山坡是沟道的自然边坡,沿河(沟)道分布着阶地、滩地和湿地等,是滞洪蓄洪的重要场所。因此,加强山区沟道治理,对拦泥蓄水、防洪保安、清洁水源、改善生态、发展经济有着重要意义。

(1)沟道是土石山区群众生存的基地。我国北方土石山区山高坡陡土薄,地面起伏变化较大,沟道虽然窄狭,但地势相对较为平坦,土层深厚,土地比较肥沃,多数沟道的沟谷一年四季均有常流水,水源方便可靠,是人们自古以来首选的栖息之地。特别是随着社会经济的发展,沟道的交通、通信、教育、医疗、商业等基础设施条件和机械加工及其他诸多方面发生了很大的变化,散居在山坡上的住户纷纷想方设法移居于沟道,沟道的人口密度越来越大,沟道逐渐成了当地经济文化和生产生活的中心,乡镇政府、中小学校、卫生院、个体工商户、私营企业以及集镇绝大多数都建在沟道。分布在沟道的基本农田占基本农田总数的70%左右,有灌溉条件的耕地约有95%位于沟道,经过多年的农田与水利基本建设,沟道的农业生产基础条件得到了较大改善和提高,沟道的农耕地成为当地群众粮食、蔬菜和经济作物的主要种植地块,沟道已经成为土石山区群众生产生活的主要基地。

(2)沟道是水土流失的直接受害区。北方土石山区多数坡面地表土质结构松散,土壤黏聚力小,加之地面坡度较大,极易在降水等外营力的作用下产生水土流失,同时降水所形成的洪水暴涨暴落,挟沙能力较强,稍遇暴雨即形成洪灾,诱发滑坡、泥石流等地质灾害。洪水冲毁河堤、农田等沟道建筑物,给人民群众的生命和财产造成极大的危害,水土流失产生的泥沙压埋农田,淤积沟道,抬高河床,加剧了洪水灾害,沟道成为水土流失的直接受害区域。

(3)沟道是水土流失治理的最后一道防线。坡面水土流失产生的泥沙大部分淤积于沟道之中,致使沟床抬高,行洪能力降低,沟道常流水变成潜水,给农业生产和人民群众的日常生活带来不便。若对此不加以治理必然危及沟道内人民群众的生命和财产安全,影响下游较大沟道、江河及水利工程的正常运行,使治理难度加大,同时也制约着当地的经济社会发展。因此,必须因地制宜地采取水土保持生物措施、工程措施和农耕措施,对沟道(含沟口以上坡面及其支毛沟)进行综合防治,构筑治理水土流失的最后一道防线,最大限度地减少水土流失造成的危害,逐步实现生态环境的良性循环。

二、沟道治理原则与布局

(一)治理原则

1.统一规划与综合治理的原则

以小流域为单元,以坡耕地治理为重点,以径流调控为主线,因地制宜配置各项水土保持措施,实行集中治理、连续治理和综合治理,坚持工程与植物措施相结合、坡面与沟道治理相结合,建立多目标、多功能、高效益的综合防治体系。

2.防御和疏导相结合的原则

沟道是山洪、泥石流暴发地区,通过各种防御和疏导工程措施,减缓沟床纵坡,调节山洪洪峰流量,减少山洪或泥石流的固体物质含量,并使山洪安全排泄,减少危害。

3.治理与改善农村基础设施相结合的原则

对水土流失程度较轻的区域,要注重依靠大自然的自我修复能力,实施生态修复,通过改善农业生产基础条件,促进陡坡耕地退耕还林还草;对于零散居住在偏远山区且生存条件恶劣的农民,采取生态移民措施;大力发展沼气、节柴灶,积极开发小水电、太阳能,广泛推行舍饲养畜,基本消除因生产生活需要对现有植被的破坏和生态自我修复能力的制约。根据当地社会经济发展战略,调整土地利用结构和农业产业结构,大力开展多种经营,发挥山区资源优势。加强基本农田建设,完善水利基础设施,提高防洪抗旱能力,全面改善农业生产条件,走少种、多收、高效农业之路,扶持经济林果发展,科学分析论证,转换经营管理机制,确保农民增收。

4.治道与治坡相结合的原则

坡面是人类经常活动的场所,也是径流产生汇流的主要地段,因此只有加强治坡才能既削减径流泥沙,又确保沟(河)道工程的安全。在沟坡兼治的过程中,农业、生物、工程三大措施的结合,才能取得农林牧生产的综合发展和生态与经济的同步效益。

(二)措施布局

沟壑治理的共同特点是,从上到下,从坡到沟,从沟头到沟口,从沟岸到沟底,全面部署,层层设防,既要解决产生侵蚀的原因,又要处理产生侵蚀的后果,其要点是设置四道防线:第一,在沟头以上的集流面积上,加强坡面的治理,做到水不出田,泥不下沟,从根本上控制导致沟壑发展的水源和动力;第二,在临近沟头的地方做防护工程,将地表径流分散拦蓄,使之不从沟头下泄,制止沟头发展;第三,在沟坡上修鱼鳞坑、水平沟、水平阶、石坎梯田等工程,造林种草,巩固沟岸,防止冲刷,减少和减缓下泄到沟底的地表径流;第四,在沟底从毛沟到支沟,到干沟,根据不同条件,分别采取修谷坊、拦沙坝、小水库等各项工程,巩固和抬高侵蚀基点,拦截洪水泥沙。

由于不同形态沟道的侵蚀特征不同,其治理措施布局也不同。

1.宽谷型

此类沟道为侵蚀沟发育的后期阶段,即以第三、第四阶段侵蚀沟为主要组成部分,侵蚀沟基本停止发育,沟底比降平缓,接近或达到水力坡度,沟床在侧蚀作用下,从上游到下游宽度增大,横断面成宽 U 形,沟底已形成流路,沟底也堆积一定量的冲积物,沟坡逐渐崩塌最后达自然安息角,坡脚形成稳定的坡积物,沟头和沟坡上逐渐长出植物。沟底由于近代侵蚀,使原有堆积沟床受切,形成河流阶地,具有梯坡谷的雏形。此类沟道农业利用较好,沟坡现已用做果园、牧地或林地等。侵蚀沟系坡面治理较好,沟道已采用打坝淤地等措施,稳定了沟道纵坡,抬高了侵蚀基点,治理措施主要是在全面规划的基础上,加强和巩固各项水土保持措施,合理利用土地,更好地挖掘土地生产潜力,提高土地生产率。

因此,水土保持措施的布局与配置原则是:沟坡地实行退耕还林;沟道则以拦沙坝、治滩造田工程、河堤护岸工程、小型水利工程等为主,实行山、水、田、园、路、林、草全面规划,综合配套,以利用为主,治理为利用服务,注重坡麓、沟川台地速生丰产林的建设和宽敞沟道缓坡上的经济林或果园基地建设。

2.V 形沟

此为侵蚀沟发育的初期或中期阶段,由于水流下切力量很强,沟身切入地面很深,具有明显的沟头跌水,沟道深度有 10 m 到 50 m 以上,甚至更深,沟底纵断面在上游段与坡面基本保持平行,下游段陡于原坡面,形成上缓下陡的曲线,下游沟底常出现多级跌水,沟壁陡峭,沟坡与沟岸转折明显,横断面呈 V 字形或宽 V 形。此类沟道下切侵蚀和侧蚀均很强烈。

因此,对于这一类沟道的治理可从两方面进行。对于距离居民点较远、现又无力投工进行治理的侵蚀沟,可采取封禁措施,减少人为破坏,使其逐步自然恢复植被,或撒播一些林草种子,人工促进植被的恢复;对于距居民点较近,易对农业用地、水利设施(水库、渠道等)、工矿交通线路等构成威胁时,应以工程措施为主,工程与林草相结合,有步骤地在沟底规划设置谷坊群、沟道防护林工程等缓流挂淤固定沟底沟床的措施,控制沟底及沟床的侵蚀。

三、主要治理措施与要求

(一)沟(河)滩地治理

各种类型的河段,在自然情况或受人工控制的条件下,由于水流与河床的相互作用,常造成河岸崩塌而改变河势,危及农田及城镇村庄的安全,破坏水利工程的正常运用,给国民经济带来不利影响。修筑护岸与治河工程的目的,就是为了抵抗水流冲刷,变水害为水利,为农业生产服务。

1.沟(河)滩地护岸工程

山洪的横向侵蚀常使沟岸崩坏,甚至因下部沟岸崩坍而引起山崩。因此,护岸工程除要起到固岸护堤的作用外,还必须起到防止山崩的作用。

1)护岸工程的目的

沟道中设置护岸工程,主要用于下列情况:①由于山洪、泥石流冲击使山脚遭受冲刷而有山坡崩坍危险的地方。②在有滑坡的山脚下,设置护岸工程兼起挡土墙的作用,以防止滑坡及横向侵蚀。③沟道纵坡陡急,两崖土质不佳的地段,除修谷坊防止下切外,还应修护岸工程。

2)护岸工程的种类

护岸工程一般可分为护坡与护基(或护脚)两种工程。枯水位以下称为护基工程,枯水位以上称为护坡工程。根据其所用材料的不同,又可分为干砌片石、浆砌片石、混凝土板、铁丝石笼、木桩排木框架与生物护岸等几类。此外,还有混合型护岸工程,如木桩植树加抛石,抛石植树加梢捆护岸工程等。

为了防止护岸工程被破坏,除应注意工程本身质量外,还应防止因基础被冲刷而遭受破坏。因此,在坡度陡急的山洪沟道中修建护岸工程时,常需同时修建护基工程。如果下游沟道坡度较缓,一般不修护基工程,但护岸工程的基础,需有足够的埋深。

护基工程有多种形式,最简单的一种是抛石护基,即用较大的石块铺到护岸工程的基部进行护底(见图4-9(a)),其石块间的位置可以移动,但不能暴露沟底,以使基础免受洪水冲刷淘深,且较耐用,并有一定挠曲性,是较常用的方法。在缺乏大石块的地区,可采用梢捆(见图4-9(b))或木框装石(见图4-9(c))的护基工程。

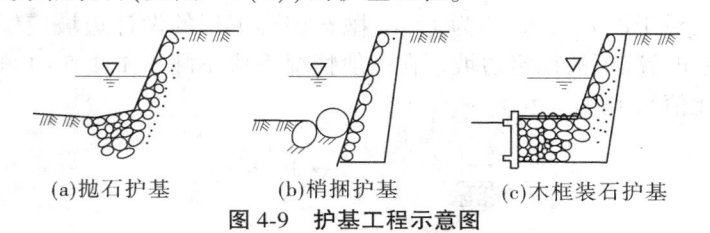

(a)抛石护基　　　(b)梢捆护基　　　(c)木框装石护基

图4-9　护基工程示意图

3)护岸工程的设计与施工

(1)护岸工程的设计原则:

①在进行护岸工程设计之前,应对上下游沟道情况进行调查研究,分析在修建护岸工程之后,下游或对岸是否会发生新的冲刷,确保沟道安全。

②为减少水流冲毁基础,护岸工程应大致按地形设置,并力求形状没有急剧的弯曲。此外,还应注意将护岸工程的上游及下游部分与基岩、护基工程及已有的护岸工程连接,以免在护岸工程的上下游发生冲刷作用。

③护岸工程的设计高度,一方面要保证山洪不致漫过护岸工程,另一方面应考虑护岸工程的背后有无崩塌的可能。如有崩塌可能,则应预留出堆积崩塌砂石的余地,即使护岸工程离开崩塌有一定的距离并有足够的高度,如不能满足高度的要求,可沿岸坡修建向上成斜坡的横墙,以防止背后侵蚀及坡面的崩塌。

④在弯道段凹岸水位较凸岸水位高,因此凹岸护岸工程的高度应更高些,凹岸水位比凸岸水位高出的数值(ΔH)可近似地按下式计算

$$\Delta H = \frac{v^2 B}{gR} \tag{4-49}$$

式中　ΔH——凹岸水位高于凸岸水位的数值,可作为超高计算;

　　　v——水流流速;

　　　B——沟道宽度;

　　　R——弯道曲率半径;

　　　g——重力加速度。

(2)护脚(基)工程。护脚工程的特点为:常潜没于水中,时刻都受到水流的冲击作用和侵蚀作用。因此,在建筑材料和结构上要求具有:抗御水流冲击和推移质磨损的能力;富有弹性,易于恢复和补充,以适应河床变形;耐水流侵蚀的性能好,以及便于水下施工等。常用的护脚工程有抛石、沉枕、石笼等。

①抛石护脚工程。设计抛石护脚工程应考虑块石规格、稳定坡度、抛护范围和厚度等几个方面的问题。

护脚块石要求采用石质坚硬的石灰岩、花岗岩等,不得采用风化易碎的岩石。块石尺寸,以能抵抗水流冲击,不被冲走为原则,可根据护岸地点洪水期的流速,水深等实测资料,用一般起动流速进行略估,块石直径一般取为20~40 cm,并可掺和一定数量的小块石,以堵塞大块石之间的缝隙。

抛石护脚的稳定坡度,除应保证块石体本身的稳定外,还应保证块石体能平衡土坡的滑动力。因此,必须结合块石体的临界休止角和沟岸土质在饱和情况下的稳定边坡来考虑。块石体在水中的临界休止角可定为1:1.4~1:1.5,沟岸土质在饱和情况下的稳定边坡可参考实测资料确定,对于沙质沟床,约为1:2。抛石护脚工程的设计边坡应缓于临界休止角,等于或略陡于饱和情况下的稳定边坡。在一般情况下应不陡于1:1.5~1:1.8(水流顶冲愈严重,应取较大比值)(见图4-10)。

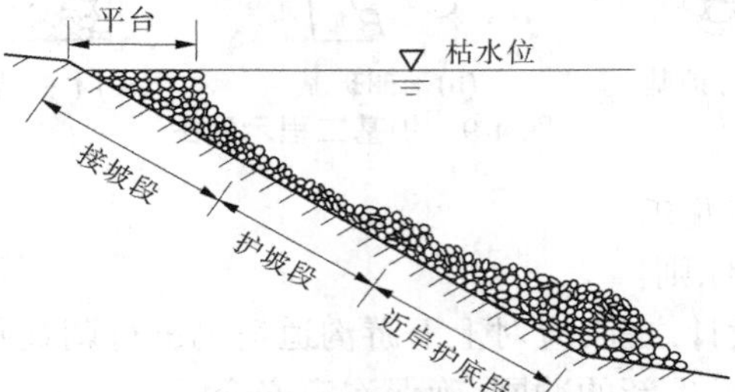

图4-10　抛石护脚工程横断面

抛石厚度对于工程的效果和造价关系极为密切。厚度的确定,目前一般规定为0.4~0.8 m,相当于块石粒径的2倍。在接坡段紧接枯水处,为稳定边坡,加抛顶宽为2~3 m的平台。如沟坡陡峻(局部坡度陡于1:1.5,重点险陡于1:1.8),则需加厚抛石厚度。

②石笼护脚工程。石笼护脚多用于流速大、边坡陡的地区。石笼系用铅丝、铁丝、荆条等材料做成各种网格的笼状物体,内填块石、砾石或卵石。其优点是具有较好的强度和柔性,而不需较大的石料,在高含沙山洪的作用下,石笼中的空隙将很快被泥沙淤满而形成坚固的整体护层,增强了抗冲能力;缺点是笼网日久会锈蚀,导致石笼解体(一般使用年限:镀锌铁丝笼为8~12年,普通铁丝为3~5年)。另外,在沟道有滚石的地段,一般不宜采用。

笼的网格大小以不漏失填充的石料为限度,一般做成箱形或圆柱形,铺设厚度为0.4~0.5 m,其他设计与抛石护脚工程相同。图4-11为各种石笼结构图。

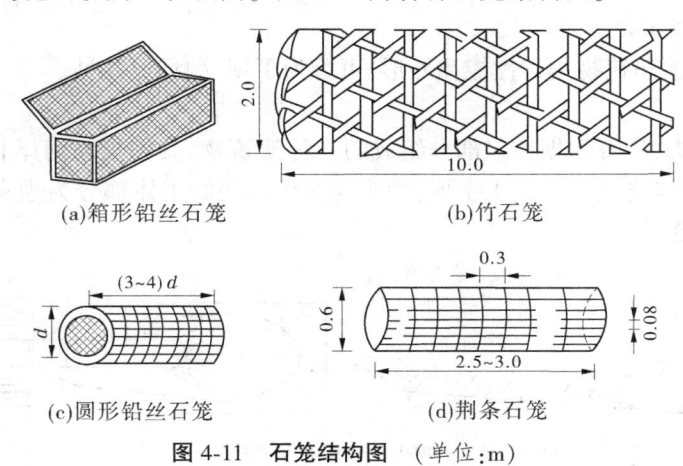

(a)箱形铅丝石笼　　　　　　　(b)竹石笼

(c)圆形铅丝石笼　　　　　　(d)荆条石笼

图4-11　石笼结构图　(单位:m)

(3)护坡工程。又称护岸堤,可采用砌石结构,也可采用生物护坡。砌石护岸堤可分单层干砌块石、双层干砌块石和浆砌石三种。对于山洪流向比较平顺、不受主流冲刷的防护地点,当流速为2~3 m/s时,可采用单层干砌块石;当流速为3~4 m/s时,可采用双层干砌块石;在受到主流冲刷、山洪流速大(≥4~5 m/s)、挟带物多、冲击力猛的防护地点,则采用浆砌石。

①干砌块石护坡。干砌块石护坡主要由脚槽、坡面、封顶三部分组成(见图4-12),其中脚槽主要用于阻止砌石坡面下滑,起到稳定坡面的作用,其形式有矩形和梯形两种,其下端与护脚工程衔接。

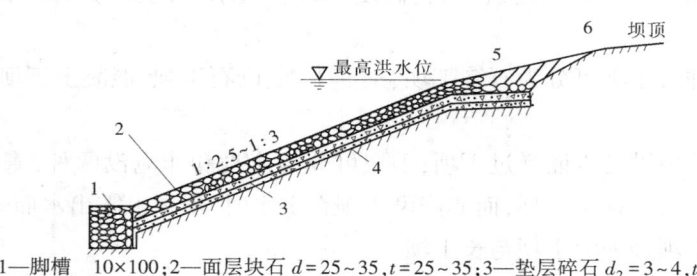

1—脚槽　10×100;2—面层块石 $d=25~35$,$t=25~35$;3—垫层碎石 $d_2=3~4$,$t_2=15$;
4—垫层黄沙 $d_1=0.3~0.4$,$t_1=5~10$;5—好土封顶;6—坡面种草

图4-12　干砌块石护坡断面图　(单位:cm)

②浆砌石护坡浆。浆砌石护岸堤可用M7.5水泥砂浆砌筑,在严寒地区使用M10水泥砂浆,其结构型式基本上与干砌块石护坡相同,一般也设垫层,但岸坡如为砂砾卵石时,可不设垫层。

③护岸堤修筑时,需注意的几个问题:

a. 基础要挖深,慎重处理,防止淘空,在一般情况下,当冲刷深度4 m以内时,可将基础直接埋在冲刷深度以下0.5~1.0 m处,并且基础底面要低于沟床最深点以下1 m左右。

b. 沟岸必须事先平整,达到规定坡度后再进行砌石。

c. 护岸片石必须全部丁砌,并垂直于坡面。

片石下面要设置适当厚度的垫层,随岸坡土质而不同,垫层一般采用砂砾卵石或粗中砂卵石混合垫层组成,若岩坡土质与垫层材料相类似,则可不设垫层。

2.沟(河)道整治建筑物

沟(河)道整治建筑物按其性能和外形,可分为丁坝、顺坝等几种。

1)丁坝

丁坝是由坝头、坝身和坝根三部分组成的一种建筑物,其坝根与河岸相接,坝头伸向河槽,在平面上与河岸连接起来呈丁字形,坝头与坝根之间的主体部分为坝身(见图4-13),其特点是不与对岸连接。

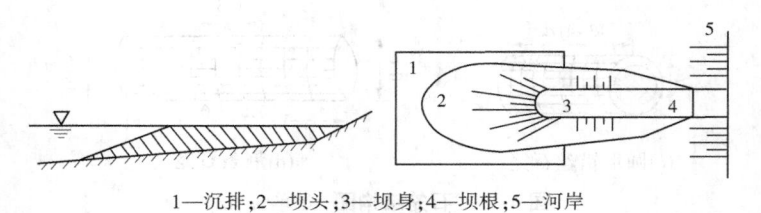

1—沉排;2—坝头;3—坝身;4—坝根;5—河岸

图4-13 丁坝的组成

(1)丁坝的作用。丁坝的主要作用如下:

①改变山洪流向,防止横向侵蚀,有时山洪冲淘坡脚可能引起山崩,修建丁坝后改变了流向,即可防止山崩。

②缓和山洪流势,使泥沙沉积,并能将水流挑向对岸,保护下游的护岸工程和堤岸不受水流冲击。

③调整沟宽,迎托水流,防止山洪乱流和偏流,阻止沟道宽度发展。

(2)丁坝的种类。丁坝可按建筑材料、高度、长度、透水性能及与流水所形成的角度进行分类。

按建筑材料不同,丁坝可分为石笼丁坝、梢捆丁坝、砌石丁坝、混凝土丁坝、木框丁坝、石柳坝及柳盘头等。

按高度不同,即山洪是否能漫过丁坝,丁坝可分为淹没和非淹没两种,淹没丁坝坝顶高程一般在中水位以下,又称潜丁坝,而非淹没丁坝在洪水时,坝顶也露出水面。

按长度不同,丁坝分为短丁坝与长丁坝。

按丁坝与水流所成角度不同,可分为垂直布置形式(即正交丁坝)、下挑布置形式(即下挑丁坝)、上挑布置形式(即上挑丁坝)。

按透水性能不同,丁坝可分为不透水丁坝与透水丁坝。不透水丁坝可用浆砌石、混凝土等修建;透水丁坝多采用包含空隙的空型结构,如打桩编篱等,一般在流速不大、河床演变和缓的河段,才能有效地发挥整治作用,在流速大、河床演变剧烈的河段,则只能起某种辅助作用。

(3)丁坝的设计与施工。由于荒溪纵坡陡,山洪流速大,挟带泥沙多,丁坝的作用比较复杂,建筑不当不仅不能发挥作用,有时还会引起一些危害,如在窄小的新河槽,有时会由于修筑了丁坝而减小造地面积,或因水流紊乱而使对岸的不坚实岸坡遭冲刷而引起横向侵蚀,在这种情况下都不宜建筑丁坝。因此,在设计丁坝之前,应对荒溪的特点、水深、流速等情况

进行详细的调查研究,计划一定要留有余地。在丁坝的设计与施工中应注意以下几个问题:

①施工顺序。选择流势较缓和的地点先行施工,然后再推向流势较急的地点,以保证工程安全。

②在施工中应注意观测研究,在修筑部分丁坝以后,则应研究分析已修丁坝对上下游及对岸的影响,如有影响则应修改设计。

③应考虑按照现有沟道的冲淤变化,不能简单地将丁坝基础按照现有沟底一律向下挖一定深度。

④在丁坝开挖坑内回填大石,以抵抗冲刷。

2)顺坝

(1)顺坝的结构。顺坝是一种纵向整治建筑物,由坝头、坝身和坝根三部分组成,坝身一般较长,与水流方向接近平行或略有微小交角,直接布置在整治线上,具有导引水流、调整河岸等作用(见图4-14)。

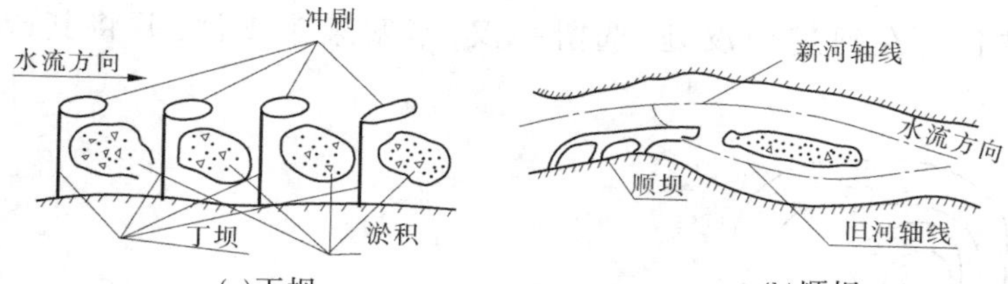

图4-14 丁坝和顺坝布设示意图

顺坝有淹没与非淹没两种,淹没顺坝用于整治枯水河槽。顺坝高程由整治水位而定,自坝根到坝头,沿水流方向略有倾斜,其坡度大于水面比降,淹没时自坝头至坝根逐渐漫水,非淹没顺坝在河道整治中采用较少。

①土顺坝。一般都用当地现有土料修筑。坝顶宽度可取 $2\sim4.8$ m,一般为 3 m 左右。边坡系数,外坡因有水流紧贴流过,不应小于 2,并设抛石加以保护;内坡可取 $1\sim1.5$。

②石顺坝。在河道断面较窄、流速比较大的山区河道,如当地有石料,可采用干砌石或浆砌石顺坝。

3.治滩造田工程

治滩造田就是通过工程措施,将河床缩窄、改道、裁弯取直;在治好的河滩上,用引洪放淤的办法,淤垫出能耕种的土地,以防止河道冲刷,变滩地为良田。

治滩造田是小流域综合治理的一个组成部分,而流域治理的好坏,又直接影响治滩造田工程的标准和效益,因此治滩造田工程不能脱离流域治理规划单独进行。

1)治滩造田的类型

治滩造田的类型主要有以下几种:

(1)改河造田。在条件适宜的地方开挖新河道,将原河改道,在老河床上造田(见图4-15)。

(2)束河造田。在宽阔的河滩上,修建顺河堤等治河工程束窄河床,将腾出来的河滩改造成耕地(见图4-16)。

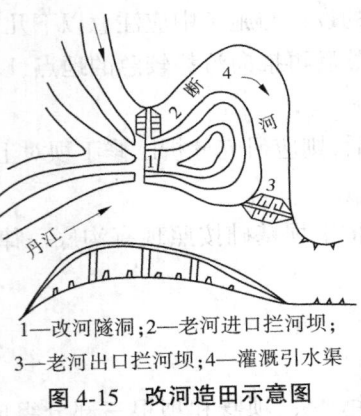

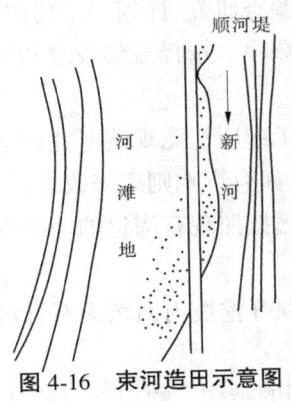

1—改河隧洞;2—老河进口拦河坝;
3—老河出口拦河坝;4—灌溉引水渠

图 4-15 改河造田示意图

图 4-16 束河造田示意图

（3）裁弯造田。过分弯曲的河道往往形成河环,在河环狭劲处开挖新河道,将河道裁弯取直,在老河湾内造田（见图 4-17）。

（4）堵汊造田。在河道分汊处,选留一汊,堵塞某条支汊,并将其改造为农田（见图 4-18）。

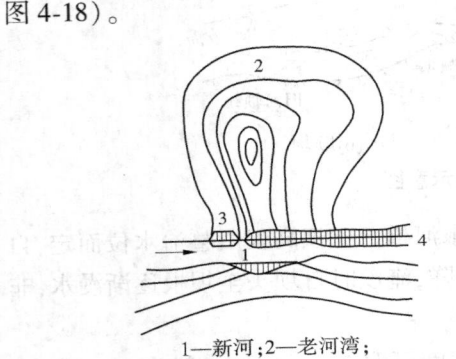

1—新河;2—老河湾;
3—老河湾进口拦河坝;4—顺河堤

图 4-17 裁弯造田示意图

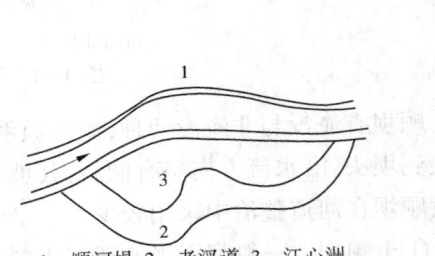

1—顺河堤;2—老汊道;3—江心洲

图 4-18 堵汊造田示意图

（5）箍洞造田。在小流域的支沟内顺着河道方向砌筑涵洞,宣泄地面来水,在涵洞上填土造田（见图 4-19）。

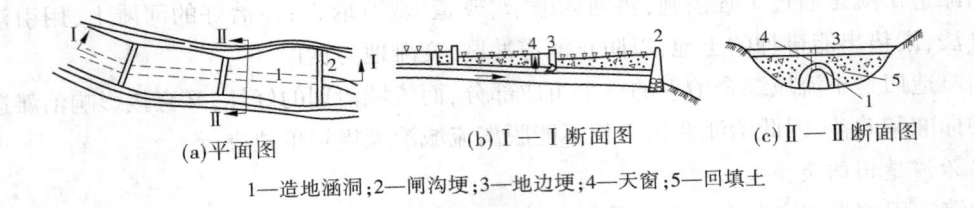

(a)平面图　　　　(b)Ⅰ—Ⅰ断面图　　　(c)Ⅱ—Ⅱ断面图

1—造地涵洞;2—闸沟埝;3—地边埝;4—天窗;5—回填土

图 4-19 箍洞造田示意图

2）整治线的规划

整治线（又称治导线）是指河道经过整治以后,在设计流量下的平面轮廓,它是布置整治建筑物的重要依据。

（1）整治线的布置原则：

①多造地和造好地，新河应力求不占耕地或少占耕地，造出的地耕种条件应较好，最好能成片相连，以求做到"河靠阴，地向阳"。

②因势利导。充分研究水流，泥沙运动的规律及河床演变的趋势。顺其势，尽其利，应尽量利用已有的整治工程和长期比较稳定的深槽及较耐冲的河岸，力求上下游呼应，左右岸兼顾，洪、中、枯水统一考虑。整治线的上下游应与具有控制作用的河段相衔接。

③应照顾原有的渠口、桥梁等建筑物，不要危及村镇、厂矿、公路等安全。

（2）整治线的形式：

①蜿蜒式。整治线一般都是圆滑的曲线。这种曲线的特点是：曲率半径是逐渐变化的。从上过渡段起，曲率半径开始为无穷大，由此往下，逐渐变小，在弯曲顶点处最小，过此后又逐渐增大，至下过渡段又达到无穷大（见图4-20），在曲线与曲线之间连以适当长度的直线。

(a)整治线曲线特性　　　　(b)蜿蜒式整治线

1—顺河石堤；2—格堤；3—新造河滩地；4—原耕地；5—大支沟

图4-20　整治线示意图

这种曲线形式的整治线，比较符合河流的水流结构特点与河床的演变规律，不仅水流平顺，滩槽分明，且较稳定。但河道占地面积大，造出的新田不能连成大片，不利于机械化。一般适用于流域面积大，河谷宽阔，中、枯水历时较长的河流。

②直线式。这种整治线基本上把新河槽设计成直线，根据河势和地形，自上游到下游分段取直。

直线式整治线可缩短河长，增加造地面积，使耕地连片，且新河槽中洪水流动顺畅，阻力小，减小对凹岸的横向冲刷，但河长的缩短，增大了河床比降，势必增强流水对河床的冲刷作用。因此，不仅要求在两岸修建导流堤，而且要求对治河建筑物进行防护或将老河全部填平，沿山脚另开一条新河，在老河上造地（见图4-21）。

③绕山转式。这种整治线是将新河槽挤向山脚一侧，河道环绕山脚走向流动，或将老河全部填平，沿山脚另开新河，在老河上造地（见图4-22）。

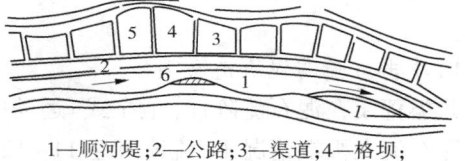

1—新河道；2—老河道

1—顺河堤；2—公路；3—渠道；4—格坝；
5—新造河滩地；6—切除山嘴

图4-21　直线式整治线示意图　　**图4-22　绕山转式整治线示意图**

绕山转整治线占地少,有利于土地连片。但对原来的水流运动规律改变较大,整治线难以防护,此外,山脚处一般地势较高,可能使新河槽床面较高,河床难以冲深,加之山脚一带山嘴、石崖较多,造成河槽宽窄不一,水流紊乱,因此为达到新河槽的设计断面,必须平顺水流,挖深河床,在凹段还要修建顺河堤工程,实施困难,一般适用于小河流。

(3)整治线的曲率半径。整治线的曲率半径和宽度,应根据河流的水文、地理及地质条件来确定(见图4-23)。

在缺乏资料时,曲率半径可按下式确定

$$R = KB \qquad (4-50)$$

式中　R——曲率半径;

　　　K——系数,一般可取 4~9;

　　　B——直线段河宽。

整治线两反面之间的直线段长度 i 应适当,过短则在过渡段的某些断面上产生反向环流,造成交错浅滩,过长则可能加重过渡段的淤积。一般取

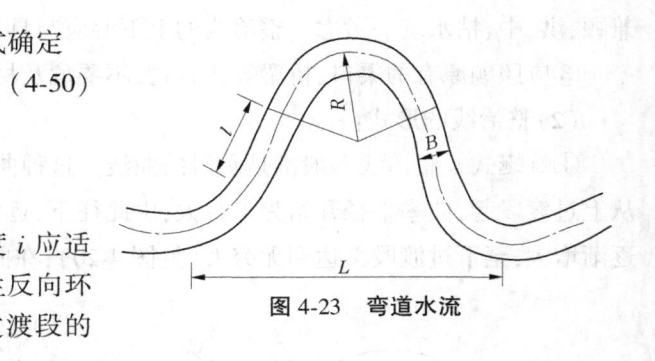

图 4-23　弯道水流

$$l = (1 \sim 3)B \qquad (4-51)$$

整治线两同向弯顶之间的距离 L,可参照下式确定

$$L = (12 \sim 14)B \qquad (4-52)$$

(二)溪沟整治工程

1.荒溪分类

山洪及泥石流洪峰流量是设计山洪及泥石流防治工程的重要依据,它决定了防治工程的安全性与经济性。荒溪由于类型不同,有的可能发生一般山洪或高含沙山洪,有的可能发生泥石流。因此,荒溪分类是合理选用洪峰流量计算公式的基础。

荒溪是山区流域面积在 $20 \sim 50$ km² 以下(最大限度为 100 km²)、具有经常流水或季节性流水的沟道。在暴雨径流或融雪水作用下,由于流域内地形陡峭及不良地质条件的存在,同时也由于不合理的人类经济活动,在坡面上及沟道内引起了严重的土壤侵蚀,大量的泥沙、岩屑、石砾随着陡涨的山洪,以很大的流速经过沟道被搬运到沟口的冲积圆锥上或继续被运送到下一级河川之中。由于荒溪活动的发展,常常给山区的工农业生产、公路、铁路交通事业、工矿企业、沟口的居民点造成山洪或泥石流灾害,使人民的生命财产遭受严重的损失。

根据荒溪沟底坡度、沟床泥沙堆积厚度以及集水区面积、地质、地形、植被、土地利用现状、水土流失的程度及强度等因素,按山洪或泥石流对冲积扇上建筑物的危害作用大小,可以将山区荒溪划分为冲击力强的泥石流荒溪、泥石流荒溪、高含沙山洪荒溪及一般山洪荒溪四类。

1)冲击力强的泥石流荒溪

此类荒溪在泥石流阵性(地垒式)运动中,不再遵守一般的水力学法则(牛顿定律)。黏性的泥石流在极端情况下,流速可达 $11 \sim 12$ m/s。这种泥石流的流速、冲击力及其动能距离砂砾形成区及堵塞溃决区愈近则愈大。此类荒溪中形成的泥石流,液相和固相混杂一起,作等速无垂直交换的整体性层流态直线运动,能使比重大于泥浆的石块漂浮滚动而行,沉积物

无分选性。

2) 泥石流荒溪

当发生泥石流灾害时,在荒溪中形成黏稠的混凝土状的流体,但不存在阵性流(没有堵塞条件)。这类荒溪中出现的泥石流流速较小,冲击力较小。淤埋作用的危害大于冲击作用。在石山区形成这种流体的流通区最小临界坡度为 15°。此类泥石流运输石块不大,与冲击力强的泥石流荒溪相比,冲击圆锥的表面坡度较小。

3) 高含沙山洪荒溪

在此类荒溪中,当发生洪水时,水中含有大量泥沙及块石(主要为底沙),但水与固体物质形成浑浊性两相体,液相和固相分离,作不等速有垂直交换的紊动乱流态波浪运动,沉积物有分选性。流体的运动符合水力学法则(牛顿定律),表面流速小于 10 m/s,石块沿沟床作推移或跃移运动,含沙山洪暴发突然,来势很猛。大冲小淤,以冲为主,对建筑物基础的冲刷和破坏作用甚大。

4) 一般山洪荒溪

此类荒溪流域中植被良好,无大型的崩塌、滑坡等不良地质现象,沟床坡度小,仅有个别的沟岸坍塌作用。沟床中的沉积物磨圆度大。当山洪暴发时,山洪的容重小于 1.1 t/m³。山洪危害作用只表现为冲刷作用。

2.拦沙坝

拦沙坝是以拦蓄山洪泥石流沟道中固体物质为主要目的的挡拦建筑物。拦沙坝多建在主沟或较大的支沟内,通常坝高大于 5 m,拦沙量在 10 万~100 万 m³ 以上,甚至更大。

1) 拦沙坝的作用

拦沙坝通常设置于泥石流形成区或形成区——流通区沟谷内,是泥石流综合治理中的骨干工程。拦沙坝的主要作用:①拦蓄泥沙(包括块石),调节沟道内水沙,以免除对下游的危害,便于下游河道整治。②提高坝址的侵蚀基准,减缓坝上游淤积段河床比降,加宽河床,减小流速,从而减小了水流侵蚀能力。③稳定沟岸崩塌及滑坡,减小泥石流的冲刷及冲击力,防止溯源侵蚀,抑制泥石流发育规模。

2) 坝址选择

(1)天然坝址的选择。在泥石流沟道上,可建立拦沙坝的坝址不多,要寻找理想的坝址更难。拦沙坝坝址的选择应考虑以下因素:①地质条件。坝址附近应无大断裂通过,坝址处无滑坡、崩塌,岸坡稳定性好,沟床有基岩出露,或基岩埋深较浅,坝基为硬性岩或密实的老沉积物。②地形条件。坝址处沟谷狭窄,坝上游沟谷开阔,沟床纵坡较缓,建坝后能形成较大的拦淤库容。③建筑材料。坝址附近有充足的或比较充足的石料、沙等当地建筑材料。④施工条件。坝址离公路较近,从公路到坝址的施工便道易修筑,附近有布置施工场地的地形,有可供施工使用的水源等。

(2)拦沙坝的布置:

①与防治工程总体布置协调。如与上游的谷坊或拦沙坝,下游拦沙坝或排导槽能合理地衔接。

②满足拦沙坝本身的设计要求。如以拦沙为主的坝,应尽量选在肚大口小的沟段;以拦淤反压滑坡为主的坝,坝址应尽量靠近滑坡。

③有较好的综合效益。如既能拦沙,又能稳坡,一坝多用。

（3）坝型选择。拦沙坝的坝型主要根据山洪或泥石流的规模及当地的材料来决定。

按结构分，主要坝型有以下几种：

①重力坝。依自重在地基上产生的摩擦力来抵抗坝后泥石流产生的推力和冲击力，其优点是：结构简单，施工方便，就地取材，耐久性强（见图4-24）。

②切口坝。又称缝隙坝，是重力坝的变形，即在坝体上开一个或数个泄流缺口（见图4-25）。主要用于稀性泥石流沟，有拦截大砾石、滞洪、调节水位关系等特点。

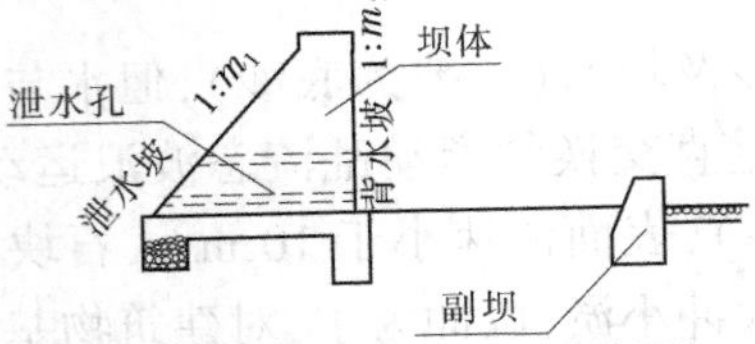

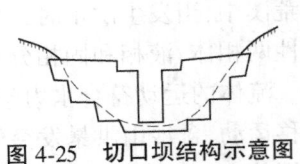

图4-24　重力式拦沙坝结构图

图4-25　切口坝结构示意图

③错体坝。错体坝将重力坝从中间分成两部分，并在平面上错开布置，主要用于坝肩处有活动性滑坡又无法避开的情况（见图4-26）。坝体受滑坡的推力后可允许有少量的横向位移，不致造成拦沙坝破坏。

④拱坝。拱坝可建在沟谷狭窄、两岸基岩坚固的坝址处。拱坝在平面上呈凸向上游的弓形，拱圈受压应力作用，可充分利用石料和混凝土很高的抗压强度，具有省工、省料等特点。但拱坝对坝址地质条件要求很高，设计和施工较为复杂，溢流口布置较为困难，因此在泥石流防治工程中应用较少。

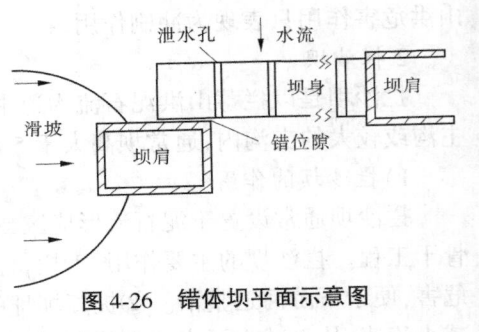

图4-26　错体坝平面示意图

⑤格栅坝。是泥石流拦沙坝又一种重要的坝型，近年发展得很快，出现了多种新的结构。格栅坝具有良好的透水性，可有选择性地拦截泥沙，还具有坝下冲刷小、坝后易于清淤等优点。格栅坝主体可以在现场拼装，施工速度快。格栅坝的缺点是，坝体的强度和刚度较重力坝小，格栅易被高速流动的泥石流龙头和大砾石击坏，需要的钢材较多，要求有较好的施工条件和熟练的技工。

⑥钢索坝。是采用钢索编制成网，再固定在沟床上而构成的坝型。其结构有良好的柔性，能消除泥石流巨大的冲击力，促使泥石流在坝上游淤积。该坝结构简单，施工方便，但耐久性差，目前使用得很少。

按建筑材料分，主要坝型有以下几种：

①砌石坝。可分为干砌石坝和浆砌石坝。

浆砌石坝属重力坝，多用于泥石流冲击力大的沟道，结构简单，是群众常用的一种坝型。

干砌石坝只适用于小型山洪沟道，亦为群众常用的坝型，断面为梯形，坝体是用块石交错堆砌而成的，坝面用大平板或条石砌筑，施工时要求块石上下左右之间相互"咬紧"，不容许有松动、脱落的现象出现。

②混合坝。可分为土石混合坝和木石混合坝。

当坝址附近土料丰富而石料不足时，可选用土石混合坝型。土石混合坝的断面尺寸，在一般情况下,当坝高为 5~10 m 时,上游坡为 1：1.5~1：1.7,下游坡为 1：2~1：2.5,坝顶宽为 2~3 m。

土石混合坝的坝身用土填筑,而坝顶和下游坝面则用浆砌石砌筑。由于土坝渗水后将发生沉陷,因此坝的上游坡必须设置黏土隔水斜墙。下游坡脚设置排水管,并在其进口处设置反滤层。

在盛产木材的地区,可采用木石混合坝。木石混合坝的坝身由木框架填石构成。为了防止上游坝面及坝顶被冲坏,常加砌石防护。木框架一般用圆木组成,其直径大于 0.1 m,横木的两侧嵌固在砌石体之中,横木与纵木的连接采用扒钉或螺钉紧固。

③铁丝石笼坝。这种坝型适用于小型荒溪。它的优点是修建简易,施工迅速,造价低。不足之处是使用期短,坝的整体性也较差。坝身是由铁丝石笼堆砌而成的。铁丝石笼多为箱形,尺寸一般为 0.5 m×1.0 m×3.0 m,棱角边采用直径 12~14 mm 的钢筋焊制而成。编制网孔的铁丝常用 10 号铁丝。为了增强石笼的整体性,往往在石笼之间再用铁丝坚固。

3)坝高与拦沙量的确定

(1)拦沙坝坝高的确定。拦沙坝的高度由下列条件决定:①坝址处地基及岸坡的地质条件;②坝址处地形条件;③拦沙坝的设计目标,实现最好的防护效益;④合理的经济技术指标,主要是坝高与拦淤库容的关系,坝高愈高,拦沙愈多,并能更有效地利用回淤来稳定上游滑坡崩塌体,每立方米坝体平均拦沙量是鉴别拦沙效益的重要指标;⑤坝下消能设施,过坝山洪及泥石流的坝下消能设施费用随坝高的增加而增加,为此在满足设计目标的前提下,一般以不修高坝为好。

一般拦沙坝分为:小型拦沙坝坝高 5~10 m,中型拦沙坝坝高 10~15 m,大型拦沙坝坝高 >15 m。

(2)拦沙量计算。拦沙量的设计可按下法推求:对坝高已定的拦沙坝库容的计算可按下列步骤进行:

①在方格纸上绘出坝址以上沟道断面图,并按山洪或泥石流固体物质的回淤特点,画出回淤线。

②在库区回淤范围内,每隔一定间距测绘横断面图。

③根据横断面图的位置及回淤线,求算出每个横断面的面积。

④求出相邻两断面之间的体积,计算公式为

$$V = \frac{W_1 + W_2}{2}L \tag{4-53}$$

式中　V——相邻两横断面之间的体积,m^3;

　　　W_1、W_2——相邻横断面面积,m^2;

　　　L——相邻横断面之间的水平距离,m。

⑤将各部分体积相加,即为拦沙坝的拦沙量。

4)拦沙坝的断面设计

拦沙坝的断面设计任务是,确定既符合经济要求又保证安全的断面尺寸,其内容包括断面轮廓的初步尺寸拟订、坝的稳定设计和应力计算、溢流口计算、坝下冲刷深度估算、坝下消能等。

(1)断面轮廓尺寸的初步拟订。坝的断面轮廓尺寸是指坝高、坝顶宽度、坝底宽度以及上下游边坡等。

表 4-8 提出的规格是指建在岩石基础上的溢流坝。当在松散的堆积层上建坝时，由于基底的摩擦系数小，必须用增加垂直荷重的方法来增加摩擦力，以保证坝体抗滑稳定性。增加垂直荷重的办法是将坝底宽度加大，这样不仅可以增加坝体自重，而且还能利用上游面的淤积物作为垂直荷重。

表 4-8　浆砌石坝断面轮廓尺寸

坝高 (m)	坝顶宽度 (m)	坝底宽度 (m)	坝坡	
			上游	下游
3	1.2	4.2	1:0.6	1:0.4
4	1.5	6.3	1:0.7	1:0.5
3	2.0	9.0	1:0.8	1:0.6
8	2.5	16.9	1:1	1:0.8
10	3.0	21.0	1:1	1:0.8

日本防沙工程设计拦沙坝断面时，根据坝顶溢流水深 h 及上游坝坡系数 n_1，用经验公式推求坝顶宽度 b

$$b \geqslant (0.8 \sim 0.6 n_1) h \tag{4-54}$$

一般也可根据坝高 H 确定坝顶宽度 b：$H = 3 \sim 5$ m 时，$b = 1.5$ m；$H = 6 \sim 8$ m 时，$b = 1.8$ m；$H = 9 \sim 15$ m 时，$b = 2.0$ m。

拦沙坝下游坝坡系数 n_2 可用下列公式估算

$$n_2 \leqslant v \sqrt{\frac{2}{gH}} \quad \text{或} \quad n_2 \leqslant 0.46 v = \frac{1}{\sqrt{H}} \tag{4-55}$$

式中　n_2——下游坝坡系数；

　　　v——下游最小石砾的始动流速，m/s；

　　　H——坝高，m。

上游坝坡与坝体稳定性关系密切，n_1 值愈大，坝体抗滑稳定安全系数愈大，但筑坝成本愈高，因此 n_1 值应根据稳定计算结果确定。

（2）坝的稳定与应力计算。一座拦沙坝在外力作用下遭破坏，有以下几种情况：①坝基摩擦力不足以抵抗水平推力，因而发生滑动破坏；②在水平推力和坝下渗透压力的作用下，坝体绕下游坝趾的倾覆破坏；③坝体强度不足以抵抗相应的应力，发生拉裂或压碎。在设计时，由于不允许坝内产生拉应力，或者只允许产生极小的拉应力，因此对于坝体的倾覆稳定，通常不必进行核算，一般所谓的坝体稳定计算，均指抗滑稳定而言。

（3）溢流口设计。溢流口设计的目的在于确定溢流口尺寸，即溢流口宽度 B 和高度 H_0，其设计步骤如下：

①确定溢流口形状和两侧边坡。一般溢流口的形状为梯形（见图 4-27），边坡坡度为 1:0.75 ~ 1:1。对于含固体物很多的泥石流沟道，可为弧形。

②计算坝址处设计洪峰流量。山洪泥石流的设计洪峰流量可参考相关规范或文献计算,如果缺乏观测资料,泥石流的洪峰流量,可用泥痕调查法进行计算。

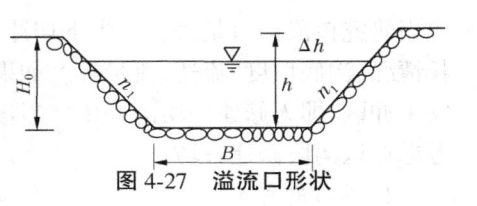

图 4-27　溢流口形状

泥石流泥痕调查法步骤如下:

a.调查访问并确定历史上曾经发生过的泥石流最高泥痕位置;

b.选取较顺直、冲淤变化不大的沟段进行泥石流过流断面的测量并计算其断面面积,平均泥深(过流断面除以相应最高泥水位的泥面宽度)及水力半径;

c.在较顺直的沟段上选择几处泥痕(至少 3 处)测定其比降。如果选择泥痕有困难,亦可用沟床比降代替;

d.泥石流流量用下式推求

$$Q_c = \omega_c v_c \tag{4-56}$$

式中　Q_c——泥石流流量,m^3/s;

　　　ω_c——过流断面面积,m^2;

　　　v_c——泥石流流速,m/s。

③计算溢流口宽度。选定单宽溢流流量 $q(m^2/s)$,估算溢流口宽度 B

$$B = \frac{Q_c}{q} \tag{4-57}$$

④计算山洪的流速。根据选择的溢流口形状、流速及洪峰流量,用计算法求出过坝溢流深度 h_0,高含沙山洪的流速 v_c 采用下列公式计算

$$v_c = \frac{15.3}{a} R^{2/3} I^{3/8} \tag{4-58}$$

式中　R、I——水力半径,m,水面纵坡(%);

　　　a——阻力系数,$a = [\varphi/\gamma_H + 1]^{1/2}$,$\varphi = \dfrac{\gamma_c - 1}{\gamma_H - \gamma_c}$,其中,$\varphi$ 为改正系数;

　　　γ_H——山洪中固体物质比重,一般为 2.4~2.7 t/m^3;

　　　γ_c——山洪容重。

⑤计算溢流口高度。计算溢流口高度 $H_0 = h + \Delta h$,Δh 为超高,一般采用 0.5~1.0 m。

3.谷坊

谷坊又名防冲坝、沙土坝、闸山沟等,是山区沟道内为防止沟床冲刷及泥沙灾害而修筑的横向挡拦建筑物,是沟道治理的一种主要工程措施,相当于日本沟道防沙工程中的固床工程。谷坊一般布置在小支沟、冲沟或切沟上,稳定沟床,防止因沟床下切造成的岸坡崩塌和溯源侵蚀,坝高 3~5 m,拦沙量小于 1 000 m^3,以节流固床护坡为主。一般在小流域治理规划中,修筑梯级谷坊群,形成有机整体,其功效将更佳。

1)谷坊的作用

谷坊的作用有:①固定与抬高侵蚀基准面,防止沟床下切;②抬高沟床,稳定坡脚,防止沟岸扩张及滑坡;③减缓沟道纵坡,减小山洪流速,减轻山洪或泥石流灾害;④使沟道逐渐淤平,形成坝阶地,为发展农林业生产创造条件。

谷坊最主要的作用是防止沟床下切冲刷,因此在考虑某沟道是否应该修建谷坊时,首先应当研究该段沟道是否会发生下切冲刷作用。判别因素有:沟床的土壤、地质条件、植物生长情况、沟底坡度、流速、流量等。如果估算的沟床允许流速大于洪水时的天然流速,则不会发生冲刷,即无修建谷坊的必要。当沟床允许流速小于山洪流速时,将会发生下切冲刷,应考虑在该沟段修建谷坊。

2) 谷坊的种类

谷坊可按所使用的建筑材料、使用年限和透水性的不同进行分类。

(1)根据所用的建筑材料不同可分为以下几类:

①土谷坊。土谷坊就是用土料做成的小土坝,坝体结构与淤地坝、小水库的土坝相似,主要区别在于其规模小,且坝体内一般不设置泄水管。

②石谷坊。石谷坊就是用石料筑成的小石坝,在石料来源充足的地方,以及水流冲刷力大的地方,宜修筑石谷坊,可浆砌或干砌。干砌石谷坊砌筑时不用砂浆,优点在于可以节约工料,在含沙量大的山洪沟道中,也不需设泄水孔,同时没有整体倾倒的危险。其缺点是断面尺寸及石料用量大于浆砌石谷坊,整体性不好,安全、稳定较差。在常流水的较大的荒溪内,一般修筑永久性的浆砌石谷坊。常用的石谷坊有阶梯式石谷坊、拱坝式石谷坊及梯形式石谷坊三种形式。

阶梯式石谷坊是用较方正的大块石铺砌而成的。外坡为 1:1,内坡为 1:0.2。外坡成阶梯状,可起消能作用,减少下游冲刷。砌筑外坡时,自下而上逐层内缩。每层内缩的长度一般与厚度相等,约 0.3 m。施工时必须注意上下层石块搭接,压入部分至少占石料全长的1/3,以便连接巩固。

拱坝式石谷坊适于在沟窄水急的地点修建,由于水流及泥沙的作用力是通过拱坝传递到两岸上的,因此两岸需要有坚固的岩石或坚实的土层,否则不能采用。

梯形石谷坊断面较大,稳定性较高,但用料多。断面顶宽为 0.8~1.0,外坡 1:1.5~1:2.0,内坡 1:0.5。

清基对于石谷坊的安全有很大关系,根据坝基处的条件不同,可采用不同的方法。

石谷坊的下游,如果沟道洪水流量大,则需做护坦,其长度一般为坝高的 2~3 倍,厚50~70 cm。

③柳桩编篱谷坊。柳树多的地区,可在较小的支毛沟上部的土质沟床上修建柳桩编篱谷坊。其形式是多种多样的,在定线、清基后,开挖深、宽各 0.5 m 的沟槽一道,其长度应保证切入沟坡 1 m,采用从沟内取出的土,修筑下方的海漫,其长度为谷坊高度的 1.5 倍;挖好沟槽之后,沿上下两侧各栽入一行长 1.5 m、直径为 5~10 m 的柳桩,桩距 20~25 cm,插入土中 0.5 m,埋柳桩时,注意防止伤破柳桩外皮,并使芽眼向上,然后用末端直径为 1.5 cm 左右的 2 年生柳梢编篱,两端均应深入沟坡 1 m,尽量编得紧密结实。编篱呈拱形,拱背向上,其曲度为篱长的 1/8 左右。编篱的中部比两侧应稍低些,使水流只向谷坊集中,以免冲毁两侧沟坡。最后在迎水面培土,与编篱高度齐平,夯实后可种草皮防冲。

④枝梢谷坊。用竹篾、藤条或铅丝将梢料(枝梢或柴草)绑成直径为 0.4~0.5 m 的梢捆,每距 0.5 m 捆一道;再将梢捆顺水流方向放在挖好的基础上,梢顶向下游,一层梢捆上压一层砾石或泥土,层层压实,逐层内缩。每个梢捆上钉木桩 2~3 个,桩距 1.0 m。各桩间用铅丝系紧,木桩入土深 1.0~1.5 m。谷坊两端应嵌入沟岸 0.5~1.0 m,坝顶上压直径 0.15~0.2 m 的横木 2 根,以免流水冲动梢捆。

⑤柳桩块石谷坊。在块石或卵石多的沟谷中采用。其施工方法:用长 1.5~2.5 m、直径 10 cm 以上的新鲜柳桩,埋入土中,其深度不小于 1 m。柳桩排数一般为 2~3 排,每排相距 50~80 cm,排内株间距离约 50 cm。排间底部用柳枝纵向铺放,并埋土压实,土厚 15~20 cm。柳枝应尽量伸到下游排桩以外,可起防冲作用。上下游的排桩都用柳枝编篱,在上下相对的柳桩之间最好用铁丝连接。最后用石块或卵石填入桩间,填石高度低于桩顶 10~15 cm。这种谷坊施工简易,能缓流拦沙,有一定抗御山洪冲刷的能力。

⑥铁丝石笼谷坊。这种谷坊的特点是有一定的变形能力,在沟底发生冲刷后,能自动下沉,继续起保护沟床的作用。主要优点是施工简易,造价低廉,就地取材,施工迅速,是一种半永久性的建筑物。在竹子多产地区,可用竹条编成笼子,有的地区用柳条编成笼子。

铁丝石笼,常用 8 号或 10 号铁丝,格眼尺寸 6~12 cm,笼的长度通常在 10 m 以下,直径为 0.3~1.0 m。

⑦木料谷坊。在木料来源丰富而石料缺乏的地方,如林区等,可采用木料谷坊。木料谷坊的优点是设计及施工比较容易,费用也不高。该类型的谷坊稳定性低,容易滑动,使用年限短,容易腐朽,最好先进行防腐处理,再行施工,在有常流水的沟道中,木料常淹泡于水,不与空气接触,木料不易腐烂。

⑧混凝土谷坊。混凝土谷坊优点是整体性好,安全,稳定,寿命长。由于受水流冲刷、泥沙磨损和块石碰撞,表层混凝土标号应在 C15~C20 为好。

块石混凝土谷坊,砌石的孔隙率为 40% 由混凝土填充,60% 为块石体积,该种谷坊主要材料毛块石可以就地取材,节约水泥,施工简单,造价低。

钢筋混凝土谷坊,在山洪及泥石流危及经济价值大的防护对象时,如果当地缺乏材料,需从外地运输,则采用钢筋混凝土谷坊较为适合。这种谷坊便于随着泥沙的淤积而分期加高。

(2)根据使用年限不同,可分为永久性谷坊和临时性谷坊。浆砌石谷坊、混凝土谷坊和钢筋混凝土谷坊为永久性谷坊,其余基本上属于临时性谷坊。按谷坊的透水性质,又可分为透水性谷坊与不透水性谷坊,如土谷坊、浆砌石谷坊、混凝土谷坊、钢筋混凝土谷坊等为不透水性谷坊,而只起拦沙挂淤作用的插柳谷坊等为透水性谷坊。

(3)谷坊类型的选择,取决于地形、地质、建筑材料、劳力、技术、经济、防护目标和对沟道利用的远景规划等多因素。由于在一条沟道内往往需连续修筑多座谷坊,形成谷坊群,才能达到预期效果。因此,谷坊类型宜选择能就地取材的类型,如当地有充足的石料,可修筑石谷坊,在黄土区则可修筑土谷坊。对于为保护铁路、居民点等有特殊防护要求的山洪、泥石流沟道,则需选用坚固的永久性谷坊,如浆砌石、混凝土谷坊等。

3)谷坊位置的选择

谷坊修建的主要目的是固定沟床,防止下切冲刷。因此,在选择谷坊时,应考虑以下条件:①谷口狭窄;②沟床基岩外露;③上游有宽阔平坦的贮沙地方;④在有支流汇合的情形下,应在汇合点的下游修建谷坊;⑤谷坊不应设置在天然跌水附近的上下游,但可设在有崩塌危险的山脚下。

4)谷坊设计

(1)谷坊高度与间距。一般应依据所采用的建筑材料来确定谷坊高度,但应以能承受水压力和土压力而不被破坏为原则。谷坊间距与谷坊高度及淤积泥沙表面的临界不冲坡度有关。在谷坊淤满之后，其淤积泥沙的表面不可能绝对水平，而具有一定坡度，称稳定坡度。根据坝后淤积土的土质来决定淤积物表面的稳定坡度 i_0：砂土为 0.5%，黏土壤为 0.8%，黏土为 1%，粗砂兼有卵石子为 2%。

根据谷坊高度 H、沟底天然坡度 i 及谷坊坝后淤土表面稳定坡度 i_0，按下式计算谷坊水平间距 L

$$L = \frac{H}{i - i_0} \qquad\qquad (4\text{-}59)$$

（2）谷坊的断面规格。确定合适的谷坊断面，必须因地制宜，要考虑既稳固又省工，还能让坝体能充分发挥作用。谷坊的高度应依建筑材料而定，一般情况下，土谷坊不超过 5 m，浆砌石谷坊不超过 4 m，干砌石谷坊不超过 2 m，柴草、柳梢谷坊不超过 1 m，常见的土谷坊断面尺寸的最小值（即选用时不允许减小）见表 4-9。

表 4-9　土谷坊断面尺寸

坝高 （m）	临水坡 （内坡）	背水坡 （外坡）	坝顶宽 （m）	坝脚宽 （m）	坝身需用 土量（m³/m）
1.0	1:1	1:1	1.0	3.0	2.0
2.0	1:1.5	1:1	1.0	6.0	7.0
3.0	1:1.5	1:1.5	1.5	10.5	18.0
4.0	1:2.0	1:1.5	2.0	16.0	36.0
5.0	1:2.5	1:2.0	3.0	25.5	71.3

（3）溢流口设计。为避免暴雨造成洪水漫顶冲毁谷坊，石谷坊可在谷坊顶部中央留溢口，土谷坊要在谷坊一端留溢口（见图 4-28）。

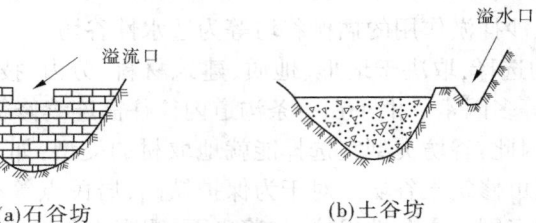

(a)石谷坊　　　　　　　(b)土谷坊
图 4-28　谷坊溢水口示意图

4.格栅坝

格栅坝又名格栏坝，系指具有横向或竖向格栏网格和整体格架结构的挡拦泥石流新型坝，最适用于拦蓄含巨石、大漂砾的水石流，也可布置在黏性泥石流与洪水相间出现的沟道，而不适用于防治崩滑体和间发性泥石流（见图 4-29）。

1）格栅坝的特点

（1）拦排结合。变过去全挡拦为部分挡拦，允许部分不会对下游造成危害的水沙下泻，减少实体坝堆积水沙后因下泻清水造成坝下冲刷等危害，维持下游河道输沙平衡，保证河道稳定,确保下游安全。

（2）改善受力条件。小于格栏间隙的沙石在坝前一定距离内甚少堆积,在石块间不形成紧密结构,坝前堆积的巨石孔隙大,作用在坝体上的水压力与土压力均比实体坝小。另外,格栅坝是一种穿透式结构,承受的泥石流龙头冲击力比实体坝小。

（3）结构简单,用材省,而且现场组装,实现工厂化生产,缩短施工周期。

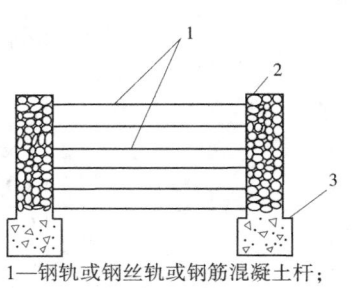

1—钢轨或钢丝轨或钢筋混凝土杆;
2—块石混凝土支墩;3—混凝土

图 4-29　格栅坝

2）格栅坝的坝型

（1）按结构受力型式可分为平面型和立体型两大类。

①平面型。结构简单,因系平面结构,整体抗弯能力较差,抗泥石流的冲击力较低,拦截量有限,多适用于泥石流规模不大的沟道,坝高多在 8 m 以下,有无中支墩的,也有中支的。

②立体型。因采用立体框架,受力整体性强,承载力比平面型大,同时坝体内部空框能拦截大量泥石流石块,形成自然坝体,增加稳定性。这类坝,对大小泥石流沟均适用,坝高与净跨也比平面型大,国内设计净跨已达 20 m,坝高 22 m。

（2）按建筑材料分,主要有以下几种:

①钢筋混凝土格栅坝。当沟道中泥石流挟带的大石块比较多时,往往采用钢筋混凝土格栅坝。

②金属格栅坝。在基岩峡谷段,可修金属格栅坝。它具有结构简单、经济和施工快的特点。

这种坝的构造、格栅孔径的确定同于钢筋混凝土格栅坝。废旧的钢轨或钢管可作为格栅材料。为了增强格栅的强度,在沟谷比较宽的地方（例如大于 8 m）,应在沟中增设混凝土或钢筋混凝土支墩。

③混合型格栅坝。混合格栅坝是格栅坝最早和应用最多的结构型式。坝肩和支墩为砌石或混凝土实体,钢格栅或钢筋混凝土格栅支撑于上。它有良好的透水性和对拦截的泥沙有更好的选择性。这类格栅坝的主体由杆件组合而成,这些杆件是钢或钢筋混凝土制成的,可进行工业化生产,降低拦沙坝的造价,在现场仅进行拼装,可大大加快施工速度。

5.山洪及泥石流排导工程

山洪排导工程主要是防止沟道山洪、泥石流的危害,保护村庄、道路、工矿企业及生产安全。排导工程虽不能直接根治泥石流,但作为一种防御手段,它仍是极其重要的工程措施。排导工程种类主要有排洪沟、导流堤、泄水建筑物等。在山区流域水土流失治理中,实施技术要求较高,投资较大。

1）排导沟的平面形式

为使排导沟顺畅地排泄洪水和泥石流,应尽可能选择较大的设计纵坡。排导沟的平面布置形式大致有 4 种:直线形、曲线形、喇叭收缩形和扩散形（见图 4-30）。

（1）直线形。直线形排导沟是从山口沟岸泥石流堆积扇顶处开始直通主河,中间无转折,断面均一不变的一种排导沟。云南省东川蒋家沟泥石流排导沟为典型的直线形排导沟。

（2）曲线形。因地形条件限制,或为保护某一建筑物而将排导沟绕道成弧线或中间有转折的平面形态,称为曲线形排导沟,如为保护兰州市区的大洪沟泥石流排导沟,即为曲

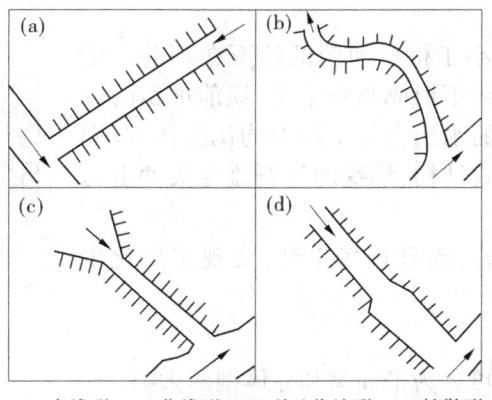

（a）直线形；（b）曲线形；（c）喇叭收缩形；（d）扩散形

图 4-30　排导沟平面位置示意图

线形。

（3）喇叭收缩形。平面形态为上宽下窄的排导沟称为喇叭收缩形排导沟。上面的八字段是为了停积大石块或汇集几条支沟的泥石流集中排导，也有的是因天然沟口太宽而被迫修成喇叭口。甘肃武都火烧沟泥石流排导沟即属喇叭收缩形。

（4）扩散形。沟道上窄下宽的排导沟称扩散形排导沟。东川大桥河排导沟，上段宽 10 m，下段宽 15 m，即属扩散形。

上述 4 种形态单独使用的机会不多，大多是几种形式的组合。排导沟因泥石流性质，地形地物条件不同及修建目标的差异而各具特色。

2）排导沟的类型

根据挖填方式和建筑材料的不同，排导沟可分 3 种类型：挖填排导沟、三合土排导沟和浆砌块石排导沟。采用哪一种类型，应考虑荒溪的特性。

（1）挖填排导沟。是在冲积扇上按设计断面开挖或填方修筑起来的排导沟，它具有结构简单、可就地取材、易于施工、节省投资等优点。在泥石流荒溪的冲积扇上可采用这种类型。

挖填排导沟的断面形式有 3 种：梯形断面、复式断面和弧形断面。新开挖的排导沟，排泄流量不大者，多采用梯形断面；流量较大者则采用复式断面和弧形断面。

（2）三合土排导沟。排导沟的土堤系以土、砂和石灰（比例为 6∶3∶1）的混合物，分层填筑，夯实而成。它适用于高含沙山洪溪沟。

（3）浆砌块石排导沟。适于排泄冲刷力强的山洪。浆砌石衬的方式主要有两种：一种是边坡衬砌，另一种是边坡与沟底均衬砌。浆砌块石衬砌多用于半挖半填的排导沟中，衬砌厚度一般为 0.3～0.5 m。

3）排导沟的防淤措施和断面设计

排导沟设计要保证排泄顺畅，既不淤积，又不冲刷，为了防治淤积应注意以下几点：

（1）修建沉沙场。泥石流进入排导沟后，往往由于沟内洪水很小，很容易将固体物质淤积在排导沟中。针对这种情况，最好的办法是在冲积扇上筑沉沙场。

（2）选择合适纵坡。排导沟是否发生冲淤与其纵坡大小关系密切。根据各地经验，对一般高含沙山洪沟道，流体容重小于 1.5 t/m³ 的情况下，纵坡为 3.0%～4.0%。对于泥石流荒溪,流体容重大于 1.5 t/m³ 时,纵坡为 4.0% ~ 15.0%,泥石流容重愈大,则纵坡愈大。在确定排导沟纵坡时,除考虑流体容重外,还应考虑固体物质尺寸。尺寸愈大,纵坡应愈大。

(3)合理选择沟底宽度。除纵坡外,底宽也是影响冲淤的因素之一。底宽过大,泥石流的流速就变小,固体物质容易在沟道中淤积。

(4)排导沟的出口衔接。排导沟与大河衔接时,除应注意平面布置外,应保证出口标高高于同频率的大河水位,至少也要高出 20 年一遇的大河洪水位。

第五章 盐渍化防治原理与技术

第一节 盐渍土的形成与分布

一、盐渍化的概念

所谓盐渍土(或叫盐碱土),是指对作物生长有害的水溶性盐类(如 NaCl、Na_2CO_3 等)在土壤中的积累超过一定限度,达到对作物正常生长产生危害的土壤,是对盐土、碱土以及各种盐化、碱化土壤的统称,在我国土壤分类上被列为 14 种土类中的一种土类。盐类在土壤中积累形成盐渍土的过程称为盐渍化。

按照我国暂拟的盐渍土分类系统,盐渍土又分盐土和碱土两个不同的土类,它们之间在发生演变上,有一定的亲缘关系,而在发育阶段上又有本质区别。

在土壤表层或根系活动层中,含有的过量水溶性盐类达到使一般植物生长发育受到严重抑制甚至死亡,若不经过改良就不能栽培作物,这种土壤常称为盐土。其所含盐分一般属中性盐,如 NaCl、Na_2SO_4 等,显微碱性反应,pH 值一般为 7~8。盐土常具有如下几个明显的外表特征:①呈灰黑色的潮湿的地面上有白色盐霜,或盐结皮,甚至盐结壳;②在其上生长着稀疏的耐盐或盐生植物,或者是完全不长植物的光板地;③在农田中,由于盐分的毒害,有的地方作物受到强烈抑制而死亡,呈斑状缺苗,人们常称为盐斑。

碱土则指土壤胶体中吸附的过多代换性钠达到了一定的标准,使土粒高度分散,物理结构变坏,呈强碱性反应的土壤。这种代换作用使土壤性质变坏的过程叫碱化过程,代换性钠没有达到碱土标准的称为碱化土。碱土所含盐分多为碱性盐,如 Na_2CO_3、$NaHCO_3$ 等,pH 值在8.5 以上。碱土常具如下表面特征:①因含较多二氧化硅(SiO_2),地表呈灰白色,通常呈斑状分布;②有稀疏的耐碱性植物生长(如碱蒿、碱草、虎尾草等),而多数不长植物,称为碱斑;③有些地面呈龟裂状构造,多不长植物。

由于盐土和碱土在发生演变上有亲缘关系,所以在同一地段内,二者往往共存呈复区分布。它们之间常用土壤中代换性钠占代换性阳离子总量的百分率即碱化度(ESP)来区分。

目前世界各国对碱化土壤的碱化度指标并不一致。如美国把 ESP 大于 15% 的土壤划分为碱土,苏联则把 ESP 大于 20% 的土壤划分为碱土。我国目前一般根据土壤饱和浸提液电导度、土壤代换性钠和 pH 值的大小来划分。当土壤饱和浸提液电导度大于 4 $m\Omega/cm^3$,土壤代换性钠小于 15%,pH 值小于 8.5,则划分为盐土,反之为碱土。亦有采用苏联标准(即 ESP 大于 20%)作为标准划分的。

土壤盐渍化根据盐分来源和形成过程的差异,可分为原生盐渍化和次生盐渍化。原生盐渍化是指在自然因素条件下,由岩石风化过程中形成的各种可溶性盐直接聚积在成土母质中,或者溶解在地下水中,在水盐运动过程中上升到地表积聚,使土壤盐渍化的过程。次生盐渍化则主要指在不利的自然条件下,由于人为大水漫灌,有灌无排,不合理用水,引起含有可溶性盐的地下水位上升，使原非盐渍化的土壤或已经改良为非盐渍化的土壤，经过盐渍过程演变为盐渍化土壤，或者利用高矿化度的咸水（或污水）直接灌溉造成土壤盐渍化。土壤次生盐渍化主要发生在灌溉地区，因而习惯上称为灌区土壤次生盐渍化。

盐土与碱土，原生盐渍化和次生盐渍化在发育阶段和形成条件上有着明显差异，因而在改造利用上也有所不同。

通常所说的盐碱地则是指含盐碱的土壤及影响其利用潜力的各种自然因素所组成的一个自然综合体（包括地形、气候、植被、土壤、地下水等三维空间位置），是一个完整的生态系统。因此，严格地讲盐碱土与盐碱地是有区别的。

二、盐渍土的形成条件

盐渍土的形成必须具备一定的条件，才能使盐分在土壤表面聚积起来。这些条件主要有以下几种。

（一）物质来源

充分的盐类物质来源是形成盐渍土的基础。盐类物质来源的主要途径有：①岩石风化物；②含盐地层的风化和再循环；③火山活动的产物；④深层盐水的外冒；⑤风蚀风积盐类；⑥生物累积的盐分，等等。对于一个地区或一个地段上的土壤盐渍化，其盐分来源的途径往往不是单一的，而可能是多种多样的，因而研究盐分来源的方式时，应考虑各地区的特点，并结合地貌的发展历史、气候、水文、水文地质、植物和土壤母质等加以分析研究。

（二）地形条件

土壤盐分的累积必须具有适宜的地形条件，盐分才能富集起来，才能形成盐渍土。地形高低的差异，反映土壤沉积母质的粗细及其排列厚薄不同，同时地形的高低又使大气降水所形成的地面和地下径流发生通畅或滞缓的差异。对于水盐的重新分配起着决定性的影响，直接关系到土壤盐渍化的发生条件。

土壤盐渍化的发生总是与地形地貌联系在一起的，即在一定地形部位出现的。由于盐分的迁移是以水作为载体，随水运移，而水的流动总是沿着地形的高处流向低处，所以盐分含量随着地形高低的变化而变化，加之各种盐类的溶解度的差异，在山麓、坡地、洼地等地形部位形成了盐分的化学分异，产生了盐渍土地球化学的分带性。

从大中地形来看，山麓、高平原地势高，坡度陡，地下水位深，自然排水通畅，土壤质地粗，径流通畅，矿化度低，一般不发生盐渍化。而低洼地区，地下水的出流条件不好，成为地下水和地表水的汇集之处，盐随水来，不能随水而去，便逐渐积盐形成盐渍土。

从小地形来看，盐分积聚常常发生在局部微高突起处。因为高处常因灌不上水或积水薄，土壤出露，蒸发作用强烈，盐分随水分由低处向高处不断集中，使高处积盐比低处多，常形成盐斑。

（三）水文条件

地下水位高，矿化度高是形成盐渍化的重要条件。在蒸发量远大于降水量的条件下，地下水位越浅，矿化度越高，随蒸发作用而供给土壤表层的水盐越多，地表积盐越重，土壤盐渍化程度越大。通常地下水位埋藏深度浅于 3 m，土壤易发生盐渍化，而地下水位在 10 m 以下一般不会发生盐渍化。

(四)气候条件

在我国北方干旱半干旱地区或季节性干旱地区,降水量小,蒸发量大。在高温低湿、蒸发强烈条件下易于积盐。从盐渍土的发生特征而论,随蒸降比值的变化而变化(见表5-1)。一般从东到西随蒸降比值的递增,盐渍化面积和积盐强度大大增加。

表5-1　蒸降比值与盐渍化的关系

蒸降比值	3~4	4~15	>15
盐渍土分布状况	斑状分布	片状分布	大面积连片分布
表层含盐量(%)	1~5	5~10	10~60
含盐量>1%的土层厚度(cm)	<30	30~50	50~200
盐渍特征	无盐壳、盐盘出现,石膏少量	有盐壳,无盐盘,含有较多石膏	有盐壳、盐盘,富含石膏、硼、锂
湖泊盐化状况	无咸水湖、盐湖	少量咸水湖、盐湖	多咸水湖、盐湖
盐分季节变化状况	有明显的季节性积盐与脱盐的变化	有微小的季节性变化	无季节性积盐、脱盐变化或只有极微弱的变化
农业生产特征	可旱作,有旱涝威胁,需要灌排	旱作产量低或无保证,需补充灌溉	没有灌溉就没有农业(灌溉农业)
分布地区	华北、东北	宁夏、内蒙古、陕北、甘肃部分	新疆、青海、柴达木盆地、甘肃河西走廊、宁夏西部、内蒙古西部

(五)生物条件

地表植被对地面蒸发有很大影响,植被稀疏或光板地因地面蒸发强烈,极易积盐形成盐渍化,而植被密度增大,可减少土壤水分蒸发量,减轻积盐。

(六)人为因素

在灌溉地区,因人为用水不当,如无计划引水,大量漫灌,有灌无排,土地不平,有机肥料不足,耕作不善等都会造成或加强盐渍化。灌区土壤次生盐渍化主要是因为人为用水不当形成的。

三、我国盐渍土的类型及分布

(一)盐碱土的主要类型

1. 按盐碱成分分类

无论哪种盐碱土,都不是以单一盐分存在的,一般多由1~2种主要盐类组成。按盐碱成分和离子的当量可划分为以下几类。

（1）苏打盐土：土壤盐类以碳酸盐和重碳酸盐为主，$(HCO_3^- + CO_3^{2-}) : (SO_4^{2-} + Cl^-) > 1$。

（2）氯化物盐土：土壤盐类绝大部分为氯化物，$Cl^- : SO_4^{2-} \geq 4$。

（3）硫酸盐-氯化物盐土：土壤盐类以氯化物为主，硫酸盐次之，$Cl^- : SO_4^{2-} = 4 \sim 1$。

（4）氯化物-硫酸盐盐土：土壤盐类以硫酸盐为主，氯化物次之，$Cl^- : SO_4^{2-} = 1 \sim 0.5$。

（5）硫酸盐盐土：土壤盐类绝大部分为硫酸盐，$Cl^- : SO_4^{2-} \leq 0.5$。

2. 按形态特征分类

各种不同的盐碱土，往往有不同的特征，可分为以下不同类型。

（1）结皮（壳）盐土：以氯化钠为主，地表有白色的盐结皮（壳）。

（2）潮盐土：以氯化钙、氯化镁为主，因其具较强吸湿性，地表常呈潮湿状态。

（3）蓬松盐土：以硫酸钠为主，地表有一层薄薄的白色盐结皮，构成一层陷脚的疏松层，可从中找到细微的硫酸钠（$Na_2SO_4 \cdot 10H_2O$）结晶。

（4）苏打盐土（马尿碱）：硫酸钠、碳酸钠含量较多，地表有马尿色的盐斑。

3. 按土壤系统分类

根据全国土壤分类系统，可分为盐土和碱土两个土类，其下又分亚类和土属。其中盐土又分为草甸盐土、沼泽盐土、苏打盐土、干旱盐土、潮盐土、滨海盐土等亚类。碱土又分为潮碱土、草原碱土、草甸碱土、龟裂碱土、镁质碱土等亚类。

（二）我国盐渍土的分布

我国盐渍土主要分布在干旱地区、半干旱地区和亚湿润的干旱地区，主要有滨海盐渍土区、华北盐渍土区、西北盐渍土区、东北盐渍土区、灌区次生盐渍土区等五大区，其中三北防护林地区是我国盐渍土集中分布区。我国三北防护林区有盐碱地 2 170.48 万 hm^2，占全区土地总面积的 5.3%，其中盐土占 84.0%，碱土占 4.5%，盐结壳占 11.5%。

1. 盐土及其分布

三北地区盐土以含硫酸盐为主的盐土较多，含氯化物为主的盐土较少。盐土总面积 1 817.20 万 hm^2，境内共有五个亚类。

（1）旱盐土：主要分布于青海、新疆、甘肃、河西走廊及内蒙古西部等地，目前大部分寸草不生，占盐渍土的一半以上。一般 1 m 土层中平均含盐量为 1%～4%，盐分组成以硫酸盐或硫酸盐-氯化物为主。表土盐结皮很厚，含盐量极高，一般为 20%～40%，最高 60%。

（2）草甸盐土：主要分布于内蒙古河套地区、甘肃河西走廊、新疆较大河流的河谷地区，常见植物以芦苇、冰草为主，尚有柽柳、沙棘和胡杨生长。土层含盐量较少，地下水位较高，盐分组成以硫酸盐-氯化物，或氯化物-硫酸盐为主，地表有盐霜和薄盐结皮，以下为明显的腐殖质层。土层中有少量盐斑和潜育特征。

（3）沼泽盐土：主要分布在湖泊周围和排水不良的低洼地区。表层常有含盐的薄层泥炭或夹杂腐朽草类的盐结皮，下为潜育层。盐结皮和亚表土层含盐量为 5%～10%，地下水一般在 1 m 以内。

（4）碱化盐土：又称苏打盐土，主要分布于东北、西北和内蒙古东部。含较多碳酸盐或重碳酸盐，pH 值为 9～10，各层土壤含盐量为 0.3%～1.5%，碱性特征因盐分大量存在而被掩盖，表现不明显。

（5）滨海盐土：分布于天津和辽宁锦洲的沿海地区，多为氯化物型盐土，由于受海水顶托的影响,地下水位高,在 1 m 左右,矿化度为 10~15 g/L。

2. 碱土

碱土总碱度大于 2.5 毫克当量/100 g 土,表土脱盐,其下为高度碱化的积盐碱化层。土体呈明显的柱状结构,物理性质不良,通透性差,主要分布于松嫩平原,内蒙古东部和西北的个别地区,总面积 98.56 万 hm²。

3. 盐结壳

盐结壳是由于湖面干涸,地面形成厚达几米至十几米坚硬如铁的盐壳,视若平原,表面有薄层砂土覆盖,集中分布于青海、新疆二省区,甘肃河西走廊西部也有少量分布。由于含盐量极高,是盐化工业原料,农林牧业不能利用,总面积 250 万 hm²。

第二节　水肥盐运动规律

一、水盐运动规律

盐碱地中水溶性盐是随着土壤水的移动而移动的,水盐运动可分为垂直运动和水平运动。盐渍土的形成和发展变化与水盐运动密切相关。

(一)垂直运动

水盐垂直运动有积盐和脱盐两种不同形式。在非灌溉的干旱时期,土壤中盐类随水分蒸发沿着毛细管上升到地表,水分被蒸发后盐分便留在地面,随水分的不断蒸发,地表盐分不断增加,这就是土壤积盐过程。而在降水或灌溉时,土壤水分向下流通,耕作层的盐分被雨水或灌溉水溶解后,随着下降水流也向下移动,把盐分从上层淋洗到下层,叫压盐。若有排水条件,则盐分可随水渗入排水沟排走,这样就使土壤脱盐。土壤积盐和脱盐的过程就是土壤盐渍化和逆转的过程。若每年积盐量大于脱盐量,则土壤向盐渍化方向发展,反之向非盐渍化方向发展。

(二)水平运动

"人往高处走,水往低处流"。从大地形来看,含盐碱的高矿化度的地下水总是从高处流向洼处,使盐分在洼处集聚起来形成盐渍化,这便是水平运动的结果。当然在小地形的洼地边缘或平地中局部高地,则因水盐垂直运动或水分的侧渗,往往形成盐斑。

二、肥盐关系

肥料对土壤盐类有明显克制作用,主要表现在:①有机质具有强大的吸附力,使碱性盐被吸附固定起来,对作物起到缓冲作用,不起危害作用;②有机质在分解过程中能产生各种有机酸,使土壤中阴阳离子溶解度增加,有利于脱盐,同时能活化钙镁盐类,有利于离子代换,起到中和土壤中的碱性物质,释放各种养分的作用;③施肥可以补充和平衡土壤中作物所需的阳离子,而离子平衡可以提高作物的抗盐性。

可见土壤中水肥盐的运动规律是盐渍化防治重要理论依据,水和肥是改良盐渍土的重要物质基础,在盐渍土防治中,治水是基础,培肥是根本,只有以水洗盐排碱,以肥改土,巩固脱盐效果,才能使盐渍化向良性循环。

第三节　土壤次生盐渍化的成因及特点

一、土壤次生盐渍化的成因

土壤次生盐渍化是指由于人类经济活动的一些不利措施,如大水灌溉,有灌无排,渠系严重渗漏,排水受阻,平原中高水位蓄水等引起含有可溶性盐的地下水位上升,使原来为非盐渍化的土壤或已经改良为非盐渍化的土壤,经过盐渍过程演变为盐渍化土壤。

灌区由于地下水位的抬升,水位距地表距离缩短,随着土壤水分蒸发,地下水不断随土壤毛细管上升,在上升过程中将溶于水中的盐分挟带到土壤表层积聚起来,形成盐渍化。地下水位越高,矿化度越大,蒸发越强烈,则土壤次生盐渍化程度越严重。

可见,含有可溶性盐类的地下水位上升是形成土壤次生盐渍化的根本原因。

引起灌区地下水位上升的原因是多种多样的,主要有以下几种。

(一)渠系渗漏水大量补给地下水

在自流渠灌区,渠系严重渗漏,水的利用率低,是全球性的普遍现象。全球水的利用率为15%~5%。由于渠道高,填方多,输水期长,缺乏防渗设施以及管理不善等因素,造成渠系严重渗水,大量补给地下水,使地下水位抬升。据宁夏水文总站对引黄灌区地下水的平衡分析,地下水总补给量中渠道渗漏补给占76.5%,可见渠道渗漏是地下水的主要补给来源。

(二)缺少充分的出流条件是促使地下水位抬高的根本原因

发展自流渠灌的地区,大多是在冲积平原的低平位置,排水不良。同时,由于大部分地区人们在新建渠灌时,多重视灌溉,而忽略排水的重要性,重灌轻排,甚至只灌不排,使地下水补给量与排水量之间失去平衡,来水量大于去水量,从而使地下水位上升。

(三)过量灌水促使地下水位上升

造成过量灌水的原因很多,主要有:①田间工程不配套,无法控制用水量;②灌溉技术落后,田块不平,田块过大,实行串灌、漫灌;③管理不善等。灌水量过大,大部分水入渗地下,补给地下水,使地下水位抬升。

可见,对于因地下水位抬升产生的大面积次生盐渍化,只要采取有效措施,节源开流,降低地下水位,土壤次生盐渍化是有可能预防和逐步消除的。

除了灌水不当,使地下水位抬升,造成次生盐渍化外,利用高矿化度的咸水、碱性水灌溉也是引起次生盐渍化的因素之一。在我国西北、华北的一些缺水地区,为了抗旱增产,利用高矿化度(3~8 g/L)的咸水灌溉,虽然短时期内得到了一定的增产作用,但长期使用,却使土壤中盐分显著增加,形成盐渍土。灌溉用水矿化度越高,土壤盐渍化程度就越重。

另外,随着工业发展,工业废水(污水)大量排放,或者直接引用污水灌溉,也造成土壤盐分积累。工业废水成分复杂,其中盐碱类物质占很大比重,如皮革废水矿化度为2~8 g/L,如果直接用于灌溉容易发生土壤次生盐渍化。长期进行污灌,土壤含盐量显著增加。

二、次生盐渍化发生的特点和规律

灌区土壤次生盐渍化发生常常迅猛,盐分垂直剖面分布的表聚性显著增大,多呈带状和斑点状分布。次生盐渍化常具有如下发生和分布规律:

（1）灌区的地上河道或输水渠道两侧，由于渗漏水的影响，次生盐渍化沿河、渠呈条带状分布。离河、渠越近，地势越洼，渠道或河床越高，发生越严重。

（2）洪积扇扬水灌区的下部或多级扬水灌区的一级扬水地区，大面积成片发生。

（3）耕种的条田中，由于地面不平和土质影响也有次生盐渍化的发生，多为插花盐斑，呈点片状分布，面积小，难改造。

（4）平原水库、湖泊、常年积水的洼地和插花种稻的稻田周围地带，由内向外呈辐射状分布。

（5）渠道交岔的三角地带易发生盐渍化。

（6）垦殖盐渍土而发展的自流灌区，地下水位上升快；原属残余盐土的经过灌水后复活为现代积盐过程。在灌区的非盐渍化和轻度盐渍化的面积增大，而强度盐渍化的面积较一般自流渠灌区缩小。盐斑多分布于条田中间，仅在干、支渠两侧呈带状分布。

三、盐斑的成因

盐斑，即耕地中小面积的斑块状的盐渍土，它的产生是土壤次生盐渍化的标志。盐斑的盐分含量以中心最多，由里向外逐渐变少。

形成盐斑的因素有自然因素，也有人为因素。在古地形地貌中，冲积平原地貌岗坡洼起伏、河流决口改道、古河槽变迁的地段，塑造的地形地貌屡经变化，原来低地淤高，高地相对变低，反复多次，沉积不同厚薄的砂粒层次，形成土壤分布的不均匀性，使土壤水盐重新分配，水盐运行的速度发生差异，形成盐斑。

在灌溉中，人们对田块整地不平，垦殖盐土时改良不彻底，或新建渠系的渗漏，或水旱轮作时平掉积盐田埂，或者在开荒造田时将含盐表土层填在沟洼处等因素，都会造成土壤分布的不均匀性，使水盐重新分配，影响水盐正常运行，产生盐斑。

可见，土壤的不均匀性是盐斑形成的基础。可根据盐斑成因类型的不同，采取相应的措施，就有可能预防或消除盐斑形成。

第四节　土壤盐渍化程度的分级判断

目前，我国土壤盐渍化程度分级以表层土壤含盐总量的百分率为划分依据。根据含盐百分率，盐渍化程度分为五级（见表5-2）。

表5-2　土壤盐渍化程度分级标准

盐渍化程度	含盐量（%）	
	盐土类	苏打盐土类
微盐渍化土壤	<0.2	<0.1
轻度盐渍化土壤	0.2~0.5	0.1~0.2
中度盐渍化土壤	0.5~0.7	0.2~0.3
强度盐渍化土壤	0.7~1.0	0.3~0.5
严重盐渍化土壤（重盐土）	>1.0	>0.5

在土壤盐渍化过程中，土壤胶体中吸附过多代换性钠，使土壤高度分散，物理结构变坏，

呈碱性的土壤叫碱土。土壤碱化程度用土壤中代换性钠占代换性阳离子总量的百分率即碱化度表示,碱化程度的分级标准见表 5-3。

表 5-3　土壤碱化程度分级标准

碱化程度	碱化度	碱化程度	碱化度
非碱化土壤	<5%	中度碱化土壤	10%～20%
轻度碱化土壤	5%～10%	强度碱化土壤	20%～40%

第五节　土壤盐渍化的防治

一、盐渍化防治的原则

盐渍化防治必须遵循以下几条原则。

(一)需要与可能相结合的原则

世界上很多国家都有盐渍化土壤的分布,面积也很大,除灌区土壤盐渍化外,还有大片盐碱荒地。许多国家在扩大耕地面积时,都考虑开垦利用盐渍化土壤资源。在开垦利用之前,应在经济上、技术上、自然条件等方面进行全面的、系统的综合分析,对估计改良速度和水利工程条件、技术选择、组织管理、环境的变化等作出科学论证,从而权衡利弊,为判断其是否可能、合理、有效提供可靠依据。特别是应优先考虑水源问题,计算水土平衡,确定垦殖多少面积,俗称"以水定地",在缺乏水源灌溉保证地区,即使有迫切垦殖改良盐碱地的需要,也不能垦殖。

(二)因地制宜的原则

要根据盐渍土的成因、性质、改良条件,采取适宜于当地具体条件的有针对性的改良措施。

(三)综合性原则

由于盐渍土成因的复杂性和灾害的相关性,所以改良措施就不能单一,要各种措施相配合,方能巩固脱盐效果。

二、盐渍化的防治原理

盐渍化的防治主要依据土壤盐渍化的原因与水盐运动规律来制定改良措施。根据盐渍化成因类型及水盐运动规律采取不同措施,就其作用和内容,可概括为以下几个方面。

(一)控制盐源

充分的盐分来源是形成盐渍化的物质基础。因而,通过控制盐分进入土壤的上层,使土壤中不致有过多盐分,是防止盐渍化产生的有效途径之一。

(二)消除过多的盐量

对已经发生盐渍化或者垦殖盐荒地时,通过冲洗、排水、客土等措施,消除土壤中过多的盐量,来改良盐渍土。

(三)调控盐量

采用适宜的灌溉技术(滴灌、喷灌),使土壤保持适宜水分,控制盐分浓度,或者采用生物排水,水旱轮作等改变水盐运动的规律,以达到减少盐分累积的作用。

(四)转化盐类

通过施用一定的化学物质,将盐分转化为毒害作用较小的盐分。

(五)适应性种植

利用盐生植物、耐盐植物,控制地面蒸发,减少积盐过程。

三、防治盐渍化的技术措施体系

(一)水利措施

以水利工程设施,如灌溉(滴灌、喷灌)、排水(明沟、暗管、竖井等)、淋溶、冲洗等,防止盐渍化。

(二)农业土壤改良

通过合理耕作,增施有机肥料、间作、套种、水旱轮作、作物管理等以达到改善土壤结构,提高土壤肥力,防止反盐。

(三)生物改良措施

利用植物或微生物的生命活动来积累有机质,改善土壤结构,增加覆盖度,减少土壤蒸发,降低地下水位,以达到加速淋洗或延缓土壤积盐程度,如种植耐盐作物、绿肥牧草,植树造林等。

(四)化学改良

施用化学改良剂或矿质肥料改善土壤理化性质,消除或减轻盐碱危害,常用的有石膏、磷石膏、黑矾等。近年来,一些学者利用电厂生产中的脱硫副产品进行改良盐碱地也收到良好效果,既改造了盐碱地,又减少了环境污染,一举两得。

第六章　荒漠化监测与评价方法

第一节　风蚀调查与测定

风力侵蚀调查包括风蚀发展历史与现状、风力侵蚀发生的程度和发展强度、风蚀危害和造成风蚀的原因等。风力侵蚀调查可通过野外定位、半定位观测来进行,或者采用不同时期的航片和卫片判读解译来完成。

一、插钎法测定风蚀量

插钎法指在观测样地内,在尽可能少地扰动地表土壤的情况下,向地下有规律地插入若干细钎,在插钎上标记与土壤表层持平的位置,作为原始高度点。大风发生后,通过观测地表土层降低的厚度,观测计算土壤风蚀侵蚀量。插钎观测内容包括风况及土壤风蚀量,同时按照观测项目的要求,可增加土壤理化性质、植被变化、耕作情况等观测内容。

基本要求如下:

(1)样地四周 30 m 范围内无与试验项目无关的高大树木和建筑物等,样地表面应尽量选用自然地面,插入土壤中的钎子要牢固稳定,不因风吹雨打而松动。

(2)精度。插钎要尽可能细,以减少插钎过程中对周围地面的影响和插钎对风的绕流影响,钎插角度误差小于 0.5°,天平精度 1%,测量尺精度 2 mm。

(3)整体结构要求。插钎成品字形或梅花形均匀分布于样地上(见图 6-1),钎插深度要大于砂地土壤可能的侵蚀深度,要露出地面一定高度,便于标记或寻找。风速计距离插钎的距离小于 100 m。

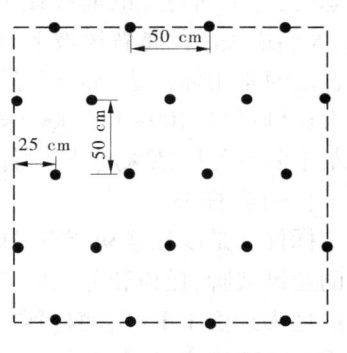

图 6-1　钢钎设置示意图

(4)外观质量要求。钎子顺直,插钎布设规范,标记物统一牢固,标志碑牌、桩的编号清晰、完整配套。

(5)材料要求。插钎由硬木或膨胀系数小的金属材料制成。

二、集沙仪测定输沙量及风沙流结构

测定某地区的沙害情况、评价治沙措施的固沙效果,进行风蚀、堆积及风沙运动规律等研究工作,关键要解决的一个问题是如何测定输沙量。而影响输沙量的因素比较多,它不仅与风力的大小、沙子的粒径、形状和密度有关,而且还受地表的湿润程度和植被状况及大气稳定度的影响。在实际工作中,一般是用集沙仪和手持风速仪来在野外直接进行集沙观测,然后利用相关分析方法,建立在某一特定条件下的输沙量与风速之间的关系。

集沙仪是用以测定风沙流中输沙量和风沙流结构的仪器。目前使用的集沙仪大致有阶

梯式集沙仪、平口式集沙仪、遥测集沙仪和特制集沙仪等。这些集沙仪都是利用惯性原理取样的,当风沙流发生时,沙粒便通过离地表各个不同高度的集沙仪小细管,顺着倾斜的细管进入相应的小铝盒内(或玻璃管)。应用集沙仪和风速仪在不同性质的地表(如组成物质的粗细、植物覆盖状况不同等)和沙丘的不同部位(如迎风坡脚、坡腰、丘顶和背风坡脚以及两翼等)进行观测的结果,可以获得起沙风速、靠近地表气流层中沙粒随高度分布特性、靠近地表气流层中沙粒移动方向和数量、沙丘表面风沙流速线的分布特点等。

由于集沙仪两边存在空气的绕流作用,及集沙仪对气流的阻碍作用,使其无法百分之百地收集沙样,因而集沙仪在使用前应在风洞内或采用其他方法进行校正,得出修正系数。

在野外利用集沙仪时,力争做到准确,尽量减小误差。为此,集沙仪的埋设位置要适当,操作使用要正确。集沙仪的进沙口要正对风向,否则就会减少所收集的沙量,不能正确测出实际输沙量及风速与输沙量的关系。同时,由于野外风速风向的多变性,集沙时间不宜太长,对于>9 m/s的风,一般集沙0.5~2 min,对于<9 m/s的风,集沙2~5 min即可。不论时间长短,只要风速风向有了明显变化时就应立即停止此次收沙,调整后再进行下次收沙。

三、沙丘移动速度测定

沙丘的移动完全是由于风沙流的运动而引起的。迎风坡和丘顶上的沙子,不断被风逐层吹走并降落在背风坡形成滑动面,使得整个沙丘向前移动。由于背风坡前回流区强大的卷吸作用,使沙子不脱离沙丘而运动,从而保持了沙丘的相对稳定性。显然,沙丘处于稳定状态时,它上面各点的前移速度是相同的,处于非稳定状态时则有所不同。从实用观点来说,人们最关心的是背风坡上脊线前沿点的移动速度,故定义它为沙丘的移动速度。沙丘移动速度通常用标杆法、形态测量法、全球定位系统法等,是在每次大风之后,进行沙丘或沙地的大比例尺(1:100~1:1 000)等高线地形测量,绘制地形图,比较几次的测量结果,可计算出某个测点的风蚀深度,同时计算出某个测点的积沙厚度。

(一)标杆法

标杆法是沙丘移动调查最简便实用的方法。其方法是:选择不同的沙丘,在垂直沙丘走向的迎风坡脚、丘顶和背风坡脚分别插上标志杆(竹竿、木杆或水泥杆等),标杆高度一般2 m,埋入地面1 m深,使杆顶与地面高差为1 m。间隔一定时间进行观察,视地面与标杆之间垂直距离变化,量测并记录其位置及标杆高度的变化数值,便可算出地面被吹蚀(或压埋)的深度,然后将每一个时期所得的数值和同期风速相比较,便可得出沙丘移动的方向、速度及沙丘不同部位的蚀积状况。这种方法虽然不能反映出沙丘全部的变化动态,但是比较简便,它适用于一些半定位观测站。

(二)形态测量法

选择一定面积的不同高度和类型的沙丘,每一季度测一次,或在风季前后进行多次重复的测量。分别绘制出不同时间沙丘形态的大比例尺(1:100~1:1 000)平面图或等高线地形图。用不同时期所测图进行比较,可计算出某个测点的风蚀深度或积沙厚度,就可以得出该地区沙丘的移动速度和方向,以及沙丘移动速度与其高度(体积)之间的关系。

(三)经验公式法

如果沙丘在移动过程中,形状和大小保持不变,则迎风坡吹蚀的沙量应等于背风坡堆积的沙量,在这种情况下可用式(3-14)计算沙丘的移动速度。

(四)全球定位系统(GPS)

采用野外数字化测图平台测定沙丘形状,把数据输入 GIS。同时用 GPS 标定沙丘的位置。经过一段时间后,用 GPS 现地复位观测,并结合 GIS 进行对比,从而确定沙丘的移动速度和方向。

四、大气沙尘的测定

大气沙尘是指空气中挟带大量被风从地面卷起的沙粒和尘土的一种天气现象。其测定方法有以下几种。

(一)称重法

测定单位体积空气中含有沙尘的质量,以 mg/m³ 为计算单位。即利用已知质量的采集管,抽吸一定数量的含尘空气,使沙尘阻集在滤料上,按采集管增加的质量和抽吸的气流量,求出单位体积空气中的沙尘量。

(二)沉降法

利用奥文斯 II 型测尘器采取定量的含尘空气,依靠沙尘本身的重力作用沉降到带有方格的玻璃片上,用高倍显微镜计算出单位面积上的沙尘数量,换成每立方厘米空气中含有的沙尘颗粒及不同粒径所占百分比。

另一方法是把一个直径为 d (cm)的玻璃缸(或瓷缸)放在规定高度的测点上,根据直径 d 求出缸口面积($s = \pi d^2/4$)。降尘缸放置一段时间后,根据收集的降尘 W(g),采样时间 t 及缸口面积 s,来计算降尘量 M

$$M = \frac{W}{ts} \quad (g/(cm^2 \cdot h)) \tag{6-1}$$

为保证采集降尘精度,缸内加入 300~500 mm 深的水,以防沙尘逸出。

五、风蚀面积的量算

风蚀的数量特征,除少数有必要和可能直接从实地进行量测外,大多数是从遥感影像的分析,在各类地图上进行量测和计算而获得的。因而,从各种类型的地图上量算面积和长度的工作就显得特别重要。长期以来,人们为了适应地图量算工作的需要,进行了各种试验研究,试图寻求到量测速度快、精度高的方法,随着信息科学和计算机技术的迅速发展,并引入到地图量测系统中,使地图量算工作发生了巨大的变革,使量测速度和精度有了很大提高,一些新方法,无论在理论上还是在实践上都日趋完善,正在普及和发展。

(一)常规量测方法

通过现场调查,进行统计而获得某地区的各类土地面积数据。这是我国最早的土地面积数据获得方法之一,它不必依靠地图和特殊的量算工具,故当前在较小范围内仍可应用此种方法。

而借助于某些量测手段,在地图上量取各类土地资源面积,使量测精度和速度达到了一定的水平。主要的量测方法有图解法、称重法、膜片法和求积仪法等。长度的量算方法有曲线计法、膜片法、两脚规法和湿线法。

(1)电子天平称重法。它的原理是用均匀性能好、无收缩的聚能膜片,画各种能用数学模型计算面积的图斑,剪下称其质量,计算最小质量单元所代表的面积。该值乘上某图斑质量即为该图斑的面积。它的精度取决于薄膜的均匀性、剪的精度和电子天平的精度。

（2）网点板求积法。这种方法是以数理统计为理论基础的，用网格布点成数的抽样方法进行计算。它是建立在大样本为正态分布的前提之下的，是把面积量算化为点的计算，用数点法计算面积。它要以总面积为总体，总面积是面积量算下总的控制面积，其精确值是容易用其他方法取得的。量测时可采用全面均匀布点方式，即用一张透明膜片，事先按一定距离（1/50 万用 1 cm；1/100 万用 0.5 cm）要求将点均匀地画在透明片上，一般画成方格图，以方格的交点作为样点比较方便。抽样时将画好样点的透明膜片，放置在欲测面积的图上，分别数出落入各地类的点数，如果点子落在两地类的分界线上，可各算 1/2 点，如落在三块地类的交界处，可各算 1/3 点数。被测地类面积可用下式计算

$$被测地类面积 = \frac{被测地类样点数 \times 抽样总面积}{抽样地样点总数} \tag{6-2}$$

此方法适用于大面积、精度要求不高、而又急需的场合。

（3）标准板求面积。标准板求面积是首先制作很多大小不等，形状各异，并能用数学公式计算精确面积的图形。以此已知面积的各种图形，去拼套被测图斑，然后计算拼套时所用标准板的总面积，即是被测图斑的面积。

（二）图像处理系统

图像处理系统也叫遥感-计算机系统。把卫星相片或磁带送入图像处理系统，进行地物影像分类，即图像识别。然后通过不同类型的像元统计计算，获得不同类型土地的面积。此方法适用于量测卫片、航片、卫星磁带等大面积不同土地类型的面积计算。还可以利用遥感资料进行土地资源面积及荒漠化动态变化的量算。

（三）扫描图形面积量算系统

扫描图形面积量算系统中，有以下三种扫描方式：

（1）光电扫描量算系统。它由光学、电子、机械三部分组成。仪器工作时，电动机带动图纸滚筒旋转，同时用丝杠驱动扫描头慢速横向移动，对被测图形进行扫描。扫描头上装有光电转换器，它将单调均匀色彩光信号转换成电信号送至仪器的色彩甄别电路，色彩甄别电路根据光电信号进行甄别运算，并发出控制指令到控制计数器。对面积进行计算时，扫描头移动方向为直角坐标系的 y 轴，滚筒运动方向为 x 轴。光电扫描的螺纹线与光栅分度线将滚筒表面分割成很多小平行四边形。只要将被测图形中的若干小平行四边形的面积求和，就完成了对被测图形面积的量算。该量测系统的最大优点是一次可同时获得三种不同颜色的图形面积，而且量测速度快，设备价格也便宜，量测精度可达±1%左右。不足之处是要对图进行上色的预处理。

（2）TV 扫描（密度分割）系统。等密度分割仪是一个闭路电视系统。通过摄像机对要分割的黑白相片（透射负片）进行采样，把不同反射（透射）密度变成电信号，用闭路技术把电信号分成等差的 12 个电平，电平高低在一定范围内可调，但始终保持等差状态。另外，彩色编码系统给出 12 种颜色，由色彩信号与电平信号构成一个矩阵，用计算模块统计监视器像元来达到计算面积的目的。其缺点是量算线画图时需要把量算部位涂黑，而且必须涂匀，否则影响量算精度。这种仪器只是开始有标定检查，以后都是人为控制的，因此操作人员的熟练程度及被测斑块的大小对量测结果都有一定影响。被量图斑大，精度高一些。

（3）数字化扫描仪求积法。图斑边界是由许多点组成的，而一个点可由对应的坐标值

来确定。不同形状的图斑边界，可通过足够密度的、表示该图斑形状的特征点来构成，特征点之间按微分平滑化，并根据这种设想，设计了图形数字转换仪。它可以将图形特征转化为数字形式，再用数学公式、计算机自动计算被测图形面积。数字化器分两大类：一是跟踪式，二为扫描式。跟踪式的精度主要取决于拐点的选择和点的密度及绘图技术（如手的摆动等），为此该工作由绘图员进行。而扫描式的精度取决于扫描的行距，但其精度易于掌握。

六、风洞试验模拟研究

风洞试验是研究风力侵蚀及其防治技术的重要手段，治沙中很多措施的模拟试验就是在风洞内完成的。很多关于风沙运动规律及计算公式都是在风洞内发现和完善的。随着现代科学技术的发展，风洞结构越来越完善，试验方法越来越先进，试验结果也越来越可靠。

风洞是一种按一定要求设计的管道，在这个特殊的管道中，借助于动力装置，产生可以调节的气流，其试验段能够模拟或基本上模拟实物在大气流场中的情况，以供各种空气动力试验之用。应用风洞进行试验研究，可以选用任何比例、任何种类的模型，而且不受自然条件的限制，能大大缩短研究周期，大量节省时间、人力和物力，便于使用较精密的测试仪器进行定量的测定，更好地解决生产和科研上存在的实际问题。风洞根据不同的划分标准可以分为各种形式：根据气流特征可分为直流式风洞和回流式风洞；根据动力来源可分为吹式风洞和吸式风洞；根据使用方式可分为室内模拟风洞和室外模拟风洞；根据用途可分为二维风洞、三维风洞、变密风洞和阵风风洞等。常见的风洞结构一般包括试验段、调压段、扩压段、拐角导流片、动力系统、稳定段和整流装置及收缩段。

风洞试验主要是模拟试验，通常把比较大（或小）的实物（原型），按一定比例缩小（或放大）成通道内部几何相似模型试验台，利用试验台进行流动规律的测试与研究。应用模拟试验，探索其内在的运动规律，然后根据相似原理推广应用于实物（原型）。在进行治沙模型试验时，为保证模型与实物（原型）中的现象相似，应按以下条件设计模型和安排试验：①模型与原型流体通道的内廓几何相似；②在模型与原型的对应截面或对应点上流体的特性，即流体的密度与黏度具有固定的比值；③模型与原型进口截面的速度分布相似；④对于黏性不可压缩流体的定常流动，模型与原型进口处按平均流速计算的雷诺数（ Re ）和佛劳德数（ Fr ）相等（朱朝云等，1992）。

用风洞试验测得数据后，要进行测量误差分析，计算每一个测量过程中的误差，判断测量结果的可靠程度。最后进行数据处理，以数字、图形或经验公式的形式把测量结果表示出来。

第二节　水蚀地面监测技术

水力侵蚀是指在降雨雨滴击溅、地表径流冲刷和下渗水分作用下，土壤、土壤母质及其他地面组成物质被破坏、剥蚀、搬运和沉积的全部过程。水力侵蚀包括溅蚀、面蚀、沟蚀和山洪侵蚀等几种形式。

一、径流小区测验

（一）径流小区的布设

一般在典型小流域内，选择有代表性的坡地设置径流小区。选择时要注意保留原有的自然条件,土壤剖面结构相同,土层厚度比较均匀,坡度比较均一,土壤理化特征(机械组成、容重、有机质含量等)比较一致。如果坡面有小的起伏,可用人工修整。

标准径流小区是一种有多种用途的最基本的径流场,可以与多种因子径流场对比,位置应设置在坡面平整、全年裸露无杂草的常年休闲的坡耕地上。如有草木出土,应立即拔掉。径流场宽 5 m(与等高线平行),长 20 m(水平投影),水平投影面积 100 m²。坡度固定为 15°。若地形条件许可,则其坡向应按当地汛期主风向确定。径流场上部及两侧设置围埂,下部设集水槽和引水槽,引水槽末端设量水设备。

(1)围埂。为了阻止径流出小区,应设置围埂,其高为 20~30 cm,埋深 30~50 cm,厚 5 cm,多用混凝土板或特制砖砌成,内直外斜,防止顶部雨滴溅入区内。围埂外侧,设置保护带,宽 2 m,处理和径流场相同。

(2)集水槽。收集径流小区径流,并引送到引水槽中。集水槽、引水槽的横断面有矩形、梯形、三角形等数种,比降一般为 1%。断面大小,按可能发生的最大暴雨洪水流量确定。集水槽和引水槽需加盖子,防止雨水进入。

(3)量水设备。有径流池、分水箱、径流桶、量水堰、翻水斗等数种形式,可根据观测要求(测过程或只测总量)分别选用。如果选用污工径流池作为量水设备,池壁、池底要进行防渗处理。池壁要绘制量水尺,池底要设排水孔,并设立自记水位计,测量蓄水容积,排水和排沙。各种量水设备亦按可能发生的最大暴雨洪水量和径流量设计。

(二)径流小区测验内容

径流小区测验的主要内容是降水、径流及泥沙测验等。

1. 降雨观测

径流场需设置一台自记雨量计和一台雨量筒,相互校验,若径流场分散,可适当增加量雨筒数量。

降雨观测是在降雨日按时(早 8 时,或晚 6 时)换取记录纸,并相应量记雨量筒的雨量。

2. 径流观测

(1)量水设备为集流箱或集流池时,产流结束后,可直接量水,根据事先确定的水位—容积曲线推求径流总量。

(2)量水设备有分流箱时,要用分水系数和分水量推求径流总量。

当分流一次时:径流总量=分水量×分水系数+分水箱容积;

当分流数次时:可依次从最后的分水量逐级推求:径流总量=分水量×分水系数$_1$×分水系数$_2$……+分水箱容积。

3. 泥沙观测

降水结束径流终止后立即观测,首先将集流槽中泥、水扫入集流箱中,然后搅拌均匀,在箱(池)中采取柱状水样 2~3 个(总量在 1 000~3 000 cm³),混合后从中取出 500~1 000 cm³ 水样,作为本次冲刷标准样。

当有分流箱时,应分别取样,各自计算。

含沙量的求取,是将水沙样静置 24 h,过滤后在 105 ℃下烘干到恒重,再进行计算。

4. 其他观测

径流小区观测还包括覆盖度、土壤水分、径流冲刷过程等观测。覆盖度测量同林分调查,土壤水分观测,一般为每 5 天或每 10 天定时观测各层土壤水分,降水后需要加测,即从降雨后第 1 日起,逐日观测,到基本接近常值为止。

为了解径流冲刷过程,还需进行径流冲刷观测。观测时,除用特制的仪器外(如戽斗式流量仪),还需在现场观测径流填洼时间,坡面流动形式、时间,侵蚀开始,细沟形式,浅沟出现的时间、部位等;也可用拍摄照片进行记录。

二、量水堰

(一)巴塞尔量水槽

巴塞尔量水槽最适于含沙大的河道,其测流范围最小为 0.006 m^3/s,最大可达 90 m^3/s。因此,侵蚀研究中最常用。标准的量水槽是一个特制的水槽,由进水段、出水段和喉道三部分组成。进口段呈漏斗形,逐渐缩小后形成平行喉道,然后逐渐扩散。

量水槽设置上下游两个水尺,根据它们水位差和喉宽代入公式可求得流量。

量水槽的各部尺寸,由试验求得,它们大致保持一定的比例,由喉道宽度 W 决定。

进水段长 $L = 0.5W + 1.2$

出口宽 $B_1 = W + 0.3$

进口宽 $B = 1.2W + 0.48$

进水段斜长 $A = 0.51W + 1.22$

以上尺寸,均以米计。在自由出流情况下,即 $\dfrac{h_{下}}{h_{上}} \leq 0.677$,流量公式可用

$$Q = 2.4Wh_{上}^{1.57} \tag{6-3}$$

(二)薄壁量水堰

薄壁堰测流也是常用的一种,其测流范围一般为 0.000 1~1.0 m^3/s。由于堰前淤积,适用于含沙量小的河道。量水堰由溢流堰板、堰前引水渠及护底等组成。按出口形状分为三角形、矩形、梯形、抛物线形等数种。水土保持试验中常用的有矩形和三角形薄壁堰,该堰最好建在比降大的河段上。

矩形堰的流量公式为

$$Q = m_0 b \sqrt{2g} H^{\frac{3}{2}} \tag{6-4}$$

式中 b——堰顶宽度,m;

       g——重力加速度,9.81 m/s^2;

       H——水头,m;

       m_0——流量系数。

当无侧向收缩的矩形堰时,则

$$m_0 = \left(0.405 + \frac{0.002\,7}{H} \right) \left[1 + 0.55 \left(\frac{H}{H + P} \right)^2 \right]$$

式中 P——上游堰高,m。

当有侧向收缩时,则

$$m_0 = \left(0.405 + \frac{0.027}{H} - 0.03\frac{B - b}{B} \right) \left[1 + 0.55 \left(\frac{H}{H + P} \right)^2 \left(\frac{b}{B} \right)^2 \right]$$

式中 B——进水渠(两侧墙间)的宽度,m。

在实际应用时,根据矩形堰顶宽 b 及侧向收缩系数 b/B,分别按上述两公式制成不同水

头与过堰流量表,以备查用。

(三)三角形量水堰

三角形堰的流量公式为

$$Q = \frac{4}{5}m\tan\frac{\theta}{2}\sqrt{2g}H^{\frac{5}{2}}$$ (6-5)

式中 θ——三角形堰顶角,当 $\theta = 90°$ 时,该式简化为

$$Q = 1.4H^{\frac{5}{2}}$$ (6-6)

三、水文法

水文法是以水文测站或径流站的实测水文资料为依据,分析计算出某流域在某时段水土流失的平均、最大、最小特征值的方法。

我国各大河系均有多级水文站、网,气象、径流、泥沙观测资料较齐全,分布于各级水系上、中、下游。这些水文站、网控制各大江河的主要断面,为国民经济提供的水文资料有些已编成《水文资料年鉴》可供查找。这些站通常控制面积均在数百平方千米以上,为研究较大范围的土壤流失创造了条件。但是,通常小流域($< 100 \text{ km}^2$)往往缺乏水文站观测资料,或观测历时较短,给分析带来困难。

四、淤积法

淤积法是通过量测大大小小的水库、塘、坝以及谷坊等拦蓄工程的拦淤量和集水区的调查,计算分析土壤侵蚀量或拦泥量的方法。

利用淤积法调查土壤侵蚀,要特别注意拦蓄年限内的情况调查,如拦蓄时间、集流面积、有无分流、有无溢流损失、蒸发、渗透及利用消耗量等。对于水库淤积调查,若有多次溢流或底孔排水、排沙,就难以取得可靠资料成果。

(一)有库、坝实测的设计基本资料

库、坝的设计基本资料包括库区大比例地形图、库坝断面设计、库容特征曲线、建库及拦蓄时间、水库(或坝)的运行记录(放水时间、放水量、水库水面蒸发、渗漏及库岸崩塌等),以及设计时水文、泥沙计算等。有了这些基本资料,又有排洪排沙记录,是十分理想的调查对象。

1. 水沙量平衡法

某一时段内水库、坝的上、下游进库与出库(坝)的水、沙量之差等于该时段库(坝)拦蓄量。即

$$W = W_{上} - W_{下}$$ (6-7)

2. 地形图法

实测库坝的淤积状况的大比例尺地形图,分层量算水体积(方法是:量算每相邻两等高线所围面积的平均值,乘以等高距得水的容积),再从总蓄积库容中减去,而得淤积库容体积,即

$$W_{总蓄} - W_{蓄水} = W_{淤积}$$ (6-8)

3. 横断面法

对库区布设固定的横断面进行多次量测,并绘制各横断面图,利用相邻两断面的平均

值,与断面距之积求容积的原理,计算出淤积体积。即

$$V_淤 = \frac{1}{2} \sum (W_i + W_{i+1}) L_{i \sim i+1}$$ (6-9)

式中 W_i、W_{i+1}——相邻两断面的淤积面积,m²,它由平均淤积厚度($\bar{h}$)和断面平均长($\bar{l}$)算

出:$W = \bar{h} \bar{l}$。

实践表明,上述方法均可得到满意的结果。但水沙平衡法多限于大型骨干工程,一般中小流域不具备条件,难以应用;地形图法,精度较高,但工作量较大,可作重点库坝研究用;横断面法,方法简便,又能取得各时段的淤积量,被广泛采用。

（二）无库区基本资料

小型库(坝)、水土保持拦蓄工程没有库(坝)区基本资料,或不完全,而这些工程分布广、数量大、形式多样,水、沙蓄积明显,调查此类工程也可得到需要的水土流失资料。对此类工程的调查需要补充基本情况的调查,如集水面积、蓄积年限、原来地形或地形图、工程基本尺寸、标高等。在此基础上确定调查研究方法,然后着手调查。通常调查的方法有以下几种。

1. 断面法

方法同有库区资料的调查,不同的是常把第一次施测的各断面作为调查研究前的基础,然后施测,就可得到该时段的流失量。

2. 测钎法或挖坑法

原理同断面法,不过把测深的方法改成用测钎量测(或挖坑量测)。一般适用于无水蓄积的坝或少水的窖、池等,或淤积较浅的坝。通过量测淤积厚度,计算出某时段集水区的总泥沙量。

3. 地形类比法

地形类比法是利用沟谷地形逐渐演变的相似原理,由已知形态推求淤积形态的方法。在黄土区的大切沟、冲沟中常有诸如过路坝、挡洪坝、拦泥坝等工程,这类工程发挥重要的水土保持作用,拦蓄效益十分明显,调查它们的拦蓄量可以补充重要的侵蚀资料。

有关地表径流量的调查,也可以利用此类工程进行。通常调查是在暴雨产流后的一段时期进行,利用蓄水洪痕(草屑、侵蚀痕迹等)量算得到。

五、测钎法

测钎法与风蚀插钎观测原理一样,是将细长光滑的金属杆(测针或测钎)插入坡面或沟谷底(细、浅、切、冲沟)部,观测测针在水力侵蚀下出露或埋淤的高(深)度,可以推出坡面或沟床冲、淤侵蚀状况。

测钎法通常用于难以进行定量观测的陡坡或冲淤交替的地区(如沟床)。如泻溜面剥蚀观测、切冲沟床变化地区。在不受人为干扰地区可大范围布设,如沙漠、林区、草原、沟坡等,长时期观测能够得出非常有价值的资料。

使用测钎法时要注意,流水在遇障后会改变流态及性质,所以测钎尽可能细小光滑,但有一定强度,不被弯曲或折损,以减少阻力和避免挂淤污物。测钎长度视剥蚀(淤积)强度决定,一般为十几厘米到几十厘米,有的长 1 m 以上。利用测钎量测时,有的还附带一个如

垫圈的金属片,金属片中心有一个小孔,其孔径略大于测针直径,与测针串在一起,可以上下移动。有了金属片,测量精度更加可靠准确。测针的布设多采用方格网状排列;当在沟谷中布设时,沿纵横断面成排排列,间距视地表变化和量测要求而定,一般不超过 5~10 m 为好。

测针布设后,依次编号并记录布设出露的长度,经过一次侵蚀后,重新量测出露长度(或金属片埋淤深度),就可得到该次侵蚀量。

利用测针法原理,现在土壤侵蚀调查还出现色环法、埋桩法及利用古文化遗迹、树根出露的考古法等调查侵蚀状况,南京土壤研究所研究南方马尾松林地根部出露的高度,并解析树杆得到的树龄,从而计算出马尾松林地多年平均剥蚀厚度。西北林学院在淳化利用测针法测得 1987~1989 年黄土陡坡的年平均剥蚀厚 1.7 cm。

六、地貌学方法

土壤侵蚀本质是地质作用表现形式之一,它必将改变地表形态。自从人类活动参与之后,侵蚀过程大大加快,因此诸如地表起伏、裂点迁移、沟谷密度、沟谷面积等地貌因素发生相应变化;反过来研究这些地貌因素的变化、分布规律,也能预测土壤侵蚀的分布和状况,这就是地貌方法的基本原理,也是目前土壤侵蚀研究的重要方向之一。中国科学院西北水土保持研究所研究了黄土丘陵区的细沟侵蚀量 2 万 t/km²,并发现 25° 为细沟发育的临界角;细沟侵蚀要占坡面侵蚀的 50%~75%,当产生浅沟侵蚀后,坡面土壤侵蚀将增大 38%。

野外调查常用的地貌方法有侵蚀沟调查法、相关沉积法、侵蚀地形调查法等。

(一)侵蚀沟调查法

土壤侵蚀的发生和发展,在坡面上留下了从荄沟、细沟、浅沟到切沟、冲沟、干沟和河沟等侵蚀沟谷系统,它们的形态变化反映了土壤侵蚀的历史和强弱。黄土区沟谷的切深与拓宽,因具有大体相同的地质基础,就可量算这些指标确定侵蚀大小,如常用的沟谷密度指标。

土壤侵蚀的定量研究,单纯的形态描述与相对大小不能满足生产和研究的要求,为此苏联地学者提出量测侵蚀荄沟、细沟的容积法。该两级沟谷均可由一次暴雨形成,通过对代表地段、沟谷密度平均宽、深度的量算、计算出冲刷容积,该法在苏联东欧普遍推广。但由于它忽略了坡面面蚀量,所以结果往往偏小。根据捷克扎契亚 1982 年的研究,观测值比实际侵蚀量偏小 10%~30%。

具体方法是:选择有代表性地段,划定包括全部集水面积的沟谷出露范围,用皮尺或测绳在全坡面的上、中、下游分设量测断面(亦可等距离设量测断面),量测每一断面全部荄沟、细沟的深度和宽度,算出断面沟谷平均冲刷深和宽,再量测沟谷曲线长,计算调查区侵蚀总体积,得出该区土壤侵蚀量。

若等距离布设断面,计算公式为

$$V_{沟} = \frac{\sum S_1 + \sum S_2 + \cdots + \sum S_n}{N} L \tag{6-10}$$

$$M = VR/BL \tag{6-11}$$

式中　$\sum S_1, \sum S_2, \cdots, \sum S_n$——1,2,…,n 断面量测沟谷面积求和;

　　　　B——调查范围宽;

　　　　L——调查范围长;

　　　　N——量测断面数;

R——泥沙容重,通常黄土为 1. 25～1. 35 g/cm^3。

由于地表微地形变化大,常受人为活动影响,且调查多在暴雨后进行,因此常作为小范围的调查方法,或作其他方法的补充调查,以区分不同情况下的土壤侵蚀量。

该法也可用于整个沟谷系统,这需要对沟谷形成、发展有深入的研究,才具有意义。

(二)相关沉积法

相关沉积法是利用侵蚀搬运的堆积物的数量来作为侵蚀区域的侵蚀数量。从广义来看,上述水文法、淤积法均属此法,这里指对堆积物的量算。如考察华北平原的堆积体,估算黄河中上游的多年土壤侵蚀状况,量测山前洪积扇的堆积数量,确定山地该流域的剥蚀速率等。

(三)侵蚀地形调查法

侵蚀地形调查法是普遍采用的方法之一。早在 1962 年朱显谟先生就曾根据土壤发育层次厚度、地形坡度、植被覆盖度、沟壑面积百分比来确定土壤侵蚀强度。嗣后,经过大量的试验研究与验证,侵蚀地形调查指标才逐步完善。

1984 年水利部总结上述成果,颁布了我国黄土区水分侵蚀强度分级标准及各级指标,为侵蚀地形调查提出一个统一的规范。

第三节　GPS 和全站仪应用

一、GPS 工作原理及使用

GPS(Global Positioning System)是一种同时接收来自多个卫星的电磁波信号,以卫星为基准解析确定接收点位置的现代定位技术,该系统由美国开发研制。它拥有 24 颗 GPS 卫星,系统整个研制计划历时 20 年,耗资 100 多亿美元,它是继阿波罗计划、航天飞机计划之后又一庞大的空间计划,是目前世界上最有影响的、应用最广泛的卫星定位系统。

(一)GPS 组成

GPS 定位系统有三个主要部分组成:GPS 卫星星座、GPS 卫星监控系统和 GPS 接收系统。

1. GPS 卫星星座

GPS 卫星星座由 24 颗卫星组成,大致均匀分布在 6 个轨道面上,每个轨道上有四颗卫星。轨道相对于地球赤道面的倾角为 55°,各轨道平面之间交角为 60°,卫星距地球约为 20 000 km,运行周期为 11 h 58 min,在世界任何地区任何时刻至少同时接收 4 颗卫星信号。每颗卫星上装有 4 台高精度原子钟(铷钟和铯钟),称为卫星钟,以提供高精度的时间标准。

GPS 卫星主要功能:连续不断地发射导航定位的 GPS 信号;发射导航电文,以提供卫星自身的轨道位置以及其他卫星的概略位置;接收存储和执行地面监控系统发来的导航信号和控制命令。

2. GPS 卫星监控系统

该系统由 1 个主控站——卫星操控中心(CSOC)、5 个监控站和 3 个注入站(NSWC)组成,分布在美国本土的科罗拉多和三大洋的美国军事基地。

它的主要功能是:对卫星工作状态及运行轨道实时监测;计算和编制导航电文,包括卫星星历(即卫星轨道参数)、卫星钟差、大气修正参数;将导航电文发送注入到每一颗卫星。

3. GPS 接收系统

GPS 接收系统是能够接收、跟踪、变换和量测处理 GPS 信号的设备,即 GPS 接收机、预处理、后处理软件及计算机等组成,各类用户在任何地点、任何气候、任何时刻均可用 GPS 接收系统接收 GPS 信号,进行导航定位、测量。

(二)RTK GPS 测量方法概述

1. RTK GPS 测量系统

实时动态(Real Time Kinenatic,RTK)测量系统是 GPS 测时技术与数据传输技术相结合而构成的组合系统。它是 GPS 测量技术发展中的一个新的突破。

RTK 技术是以载波定位测量为根据的实时差分 GPS(RTK GPS)测量技术。实时动态测量的基本思想是,在基准站上安置一台 GPS 接收机,对所有可见 GPS 卫星进行连续观测,并将其观测数据通过无线电传输设备,实时地发送给用户观测站。在用户观测站上,GPS 接收机在接收卫星信号的同时,通过无线电接收设备接收基准站传输的观测数据,然后根据相对定位的原理,实时地计算并显示用户站的三维坐标及其精度(见图6-2)。

通过实时计算的定位结果,便可监测基准站与用户站观测成果的质量和解算结果的收敛数据,从而可实时地判定解算结果是否成功,以减少冗余观测,缩短观测时间。

2. RTK GPS 测量系统的设备

RTK GPS 测量系统主要由 GPS 接收机、数据传输系统、软件系统三部分组成。

1)GPS 接收机

RTK GPS 测量系统中至少应包含两台 GPS 接收机,其中一台安置于基准站上,另一台或若干台分别安置于不同的用户流动站上。基准站应设在测区内较高点上,且观测条件良好的已知点上。在作业中,基准站的接收机应连续跟踪全部可见 GPS 卫星,并将观测数据传输系统实时地发送给用户站。GPS 接收机可以是单频或双频。当系统中包含多个用户接收机时,基准站上的接收机多采用双频接收机,采样本应与流动站接收机采样本相同。

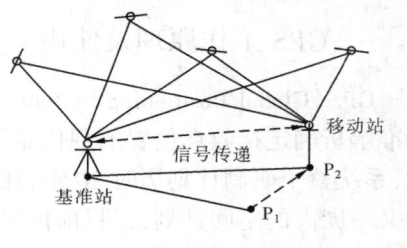

图6-2　RTK 测量示意图

2)数据传输系统

基准站同用户流动站之间的联系是靠数据传输系统(简称数据链)来实现的。数据传输设备是完成实时动态测量的关键设备之一,由调制解调器和无线电台组成。在基准站上,利用调制解调器将有关数据进行编码调制,然后由无线电发射台发射出去。在用户站上利用无线电接收机将其接收下来,再由解调器将数据还原,并送给用户流动站上的 GPS 接收机。

3)RTK 测量的软件系统

软件系统的功能和质量,对于保障实时动态测量的可行性、测量结果的可靠性及精度具有决定性意义。实时动态测量软件系统应具备的基本功能为:

(1)整周未知数的快速解算。

(2)根据相对定位原理,实时解算用户站在 WGS-84 坐标系中的三维坐标。

(3)根据已知转换参数,进行坐标系统的转换。

（4）求解坐标系之间的转换参数。

（5）解算结果的质量分析与评价。

（6）作业模式（静态、准动态、动态等）的选择与转换。

（7）测量结果的显示与绘图。

3. RTK GPS 测量作业模式及应用

根据用户的要求，目前实时动态测量采用的作业模式主要有快速静态测量、准动态测量和动态测量。

1）快速静态测量

采用这种测量模式，要求 GPS 接收机在每一用户站上静止地进行观测。在观测过程中，连同接收到的基站的同步观测数据，实时地解算整周未知数和用户站的三维坐标。如果解算结果趋于稳定，且精度已满足设计的要求，便可适时地结束观测工作。采用这种模式作业时，用户站的接收机在流动过程中，可以不必保持对 GPS 卫星的连续跟踪，其定位精度可达 1~2 cm。这种方法可应用于城市、矿山等区域性的控制测量、工程测量和地籍测量等。

2）准动态测量

采用该测量模式，通常要求流动的接收机在观测工作开始之前，首先在某一起始点上静止地进行观测，以便采用快速解算周未知数的方法实时地进行初始化工作。初始化后，流动的接收机在每一观测站上，只需静止观测几个历元，并连同基准站的同步观测数据，实时地解算流动站的三维坐标。目前，其定位的精度可达厘米级。但该方法要求接收机在观测过程中，保持对所测卫星的连续跟踪。一旦发生失锁，便需重新进行初始化工作。准动态实时测量模式，通常主要应用于地籍测量、碎部测量、路线测量和工程放样等。

3）动态测量

动态测量模式，一般需首先在某一起始点上，静止地观测数分钟，以便进行初始化工作。之后，运动的接收机预定的采样时间间隔自动地进行观测，并连同基准站的同步观测数据，实时地确定采样点的空间位置。目前，其定位的精度可达厘米级。这种测量模式，仍要求在观测过程中，保持对观测卫星的连续跟踪。一旦发生失锁，则需重新进行初始化。这时，对陆上的运动目标来说，可以在卫星失锁的观测站上，静止地观测数分钟，以便重新初始化，或者利用动态初始化（AROF）技术，重新初始化。而对海上和空中的运动目标来说，则只有应用 AROF 技术，重新完成初始化的工作。实时动态测时模式，主要应用于航空摄影测量和航空特探中采样点的实时定位，航道测量，道路中线测量，以及运动目标的精密导航等。目前，实时动态测量系统，已在约 30 km 的范围内，得到了成功的应用。随着数据传输设备性能和可靠性的不断完善和提高，以及数据处理软件功能的增强，它的应用范围将会不断地扩大，其定位精度也将不断提高。

（三）GPS 接收机的使用

1. 几个基本概念

GPS 作为野外定位的最佳工具，在户外运动中有广泛的应用。GPS 应用首先应弄清以下几个基本概念。

1）坐标（Coordinate）

有二维、三维两种坐标表示，当 GPS 能够收到 4 颗及以上卫星的信号时，它能计算出本地的三维坐标：经度、纬度、高度；若只能收到 3 颗卫星的信号，它只能计算出二维坐标：经度和纬度,这时它可能还会显示高度数据,但此数据是无效的。大部分 GPS 不仅能以经/纬度(Lat/Long)的方式,显示坐标,而且还可以用 UTM(Universal Transverse Mercator)等坐标系统显示坐标,但我们一般还是使用 LAT/LONG 系统,这主要是由所使用的地图的坐标系统决定的。坐标的精度在 Selective Availability(美国防部为减小 GPS 精确度而实施的一种措施)打开时,GPS 的水平精度为 100~50 m,视接收到卫星信号的多少和强弱而定,若根据 GPS 的指示,说你已经到达,那么四周看看,应该在大约一个足球场大小的面积内发现你的目标的。

在 SA 关闭时(目前是很少见的,但美政府计划将来取消 SA),精度能达到 15 m 左右。高度的精确性由于系统结构的原因,更差些。经纬度的显示方式一般都可以根据自己的爱好选择,一般有"hddd. ddddd","hddd * mm. mmm"","hddd * mm"ss. s"(其中的" * "代表"度",以下同),地球子午线长是 39 940. 67 km,纬度改变 1°合 110. 94 km,1′合 1. 849 km,1″合 30. 8 m,赤道圈是 40 075. 36 km,北京地区在北纬 40° 左右,纬度圈长为 40 075 × sin(90°-40°),此地经度 1°合 85. 28 km,1′合 1. 42 km,1″合 23. 69 m,可以选定某个显示方式,并把各位数字改变一对应地面移动多少米记住,这样能在经纬度和实际里程间建立个大概的对应。大部分 GPS 都有计算两点距离的功能,可给出两个坐标间的精确距离。高度的显示会有英制和公制两种方式,进 GPS 的 SETUP 页面,设置成公制,这样在其他等的显示(如速度、距离等)也都会成公制的了。

2)路标(Land mark or Way point)

GPS 内存中保存的一个点的坐标值在有 GPS 信号时,按一下"MARK"键,就会把当前点记做一个路标,它有个默认的一般是像"LMK04"之类的名字,可以修改成一个易认的名字(字母用上下箭头输入),还可以给它选定一个图标。路标是 GPS 数据核心,它是构成"路线"的基础。标记路标是 GPS 的主要功能之一,但是也可以从地图上读出一个地点的坐标,手工或通过计算机接口输入 GPS,成为一个路标。一个路标可以将来用于导航功能的目标,也可以选进一条路线(Route)作为一个支点。一般 GPS 能记录 500 个或以上的路标。

3)路线(Route)

路线是 GPS 内存中存储的一组数据,包括一个起点和一个终点的坐标,还可以包括若干中间点的坐标,每两个坐标点之间的线段叫一条"腿"(leg)。常见 GPS 能存储 20 条线路,每条线路有 30 条"腿"。各坐标点可以从现有路标中选择,或是手工/计算机输入数值,输入的路点同时作为一个路标(Way point/Land mark)保存。实际上一条路线的所有点都是对某个路标的引用,比如在路标菜单下改变一个路标的名字或坐标,如果某条路线使用了它,则会发现这条线路也发生了同样的变化。可以有一条路线是激活(Activity)的。

4)前进方向(Heading)

GPS 没有指北针的功能,静止不动时它是不知道方向的。但是一旦动了起来,它就能知道自己的运动方向。GPS 每隔一秒更新一次当前地点信息,每一点的坐标和上一点的坐标一比较,就可以知道前进的方向,请注意这并不是 GPS 头指的方向,它是不知道自己的脑袋和运动路线是成多少度角的。不同 GPS 关于前进方向的算法是不同的,基本上是最近若干秒的前进方向,所以除非已经走了一段并仍然在走直线,否则前进方向是不准确的,尤其是在拐弯的时候会看到数值在变个不停。方向是以多少度显示的,这个度数是手表表盘朝上,12 点指向北方,顺时针转的角度。有很多 GPS 还可以用指向罗盘和标尺的方式来显示这个角度。一般同时还显示前进平均速度,也是根据最近一段的位移和时间计算的。

5)导向(Bearing)

导向功能在以下条件下起作用:

以设定"走向"(GOTO)目标。"走向"目标的设定可以按"GOTO"键,然后从列表中选择一个路标。以后"导向"功能将导向此路标。

目前有活跃路线(Activity route)。活跃路线一般在设置->路线菜单下设定。如果目前有活动路线,那么"导向"的点是路线中第一个路点,每到达一个路点后,自动指到下一个路点。

在"导向"页面上部都会标有当前导向路点名称("Route"里的点也是有名称的)。它是根据当前位置,计算出导向目标对你的方向角,以与"前进方向"相同的角度值显示。同时显示离目标的距离等信息。读出导向方向,按此方向前进即可走到目的地。有些GPS把前进方向和导向功能结合起来,只要用GPS的头指向前进方向,就会有一个指针箭头指向前进方向和目标方向的偏角,跟着这个箭头就能找到目标。

6)日出、日落时间(Sun set/Raise time)

大多数GPS能够显示当地的日出、日落时间,这在计划出发/宿营时间时是有用的。这个时间是GPS根据当地经度和日期计算得到的,是指平原地区的日出、日落时间,在山区因为有山脊遮挡,日照时间根据情况要早晚各少0.5 h以上。GPS的时间是从卫星信号得到的格林尼制时间,在设置(set up)菜单里可以设置本地的时间偏移,对中国来说,应设+8 h,此值只与时间的显示有关。

7)足迹线(Plot trail)

GPS每秒更新一次坐标信息,所以可以记载自己的运动轨迹。一般GPS能记录1 024个以上足迹点,在一个专用页面上,以可调比例尺显示移动轨迹。足迹点的采样有自动和定时两种方式自动采样由GPS自动决定足迹点的采样方式,一般是只记录方向转折点,长距离直线行走时不记点;定时采样可以规定采样时间间隔,比如30 s、1 min、5 min或其他时间,每隔这么长时间记一个足迹点。在足迹线页面上可以清楚地看到自己足迹的水平投影。你可以开始记录、停止记录、设置方式或清空足迹线。足迹线上的点都没有名字,不能单独引用和查看其坐标,主要用来画路线图。很多GPS有一种叫做"回溯"(Trace back)的功能,使用此功能时,它会把足迹线转化为一条"路线"(Route),路点的选择是由GPS内部程序完成的,一般是选用足迹线上大的转折点。同时,把此路线激活为活动路线,用户即可按导向功能原路返回。要注意的是回溯功能一般会把回溯路线放进某一默认路线(比如route0)中,参考GPS的说明书,使用前要先检查此线路是否已有数据,若有,要先用拷贝功能复制到另一条空线路中去,以免覆盖。回溯路线上的各路点用系统默认的临时名字如"T001"之类,有的GPS定第二条回溯路线时会重用这些名字,这时即使你已经把旧的路线做了拷贝,由于路点引用的名字被重用了,所以路线也会改变,不是原来那条回溯路线了。请查看你GPS的使用说明书,并试用以明确你的情况。有必要的话,对于需要长期保存的Trace Back路线,要拷贝到空闲路线,并重命名所有路点名字。

2. 使用GPS的一般方法

GPS比较费电池,多数GPS使用四节碱性电池一直开机可用20~30 h,说明书上的时间并不是很准确的,长时间使用时要注意携带备用电池。大部分GPS有永久的备用电池,它可以在没有电池时保证内存中的各种数据不会丢失。由于 GPS 在静止时没有方向指示功能，所以同时带上一个小巧的指北针是有用的。标记路标时，GPS 提供一个默认的路标名，比如 LMK001 之类，难于记忆，虽可改成一个比较好记一些的名字，但一是输入不便，用上下箭头选字母很费劲，二是一般只能起很短的英文名字，比如 6 或 9 个字母，仍然不好记。

1）有地图使用

GPS 与详细地图配合使用时有最好的效果，但是国内大比例尺地图十分难得，GPS 使用效果受到一定限制。"万一"你有目的地附近的精确地图，则可以预先规划线路，先做地图上规划，制订行程计划，可以按照线路的复杂情况和里程，建立一条或多条线路（Route），读出路线特征点的坐标，输入 GPS 建立线路的各条"腿"，并把一些单独的标志点作为路标（Land mark/Way point）输入 GPS。GPS 手工输入数据，是一项相当烦琐的事情，请想一下，每个路标就要输入名字、坐标等 20 多个字母数字，每个字母数字要按最多到十几次箭头才能出来，所以这就是有人舍得花很多钱来买接线和软件，用计算机来上载/下载数据的原因。有地图行进时，一是利用 GPS 确定自己在地图上的位置，二是按照导向功能指示的目标方向，配合地图找路向目标前进。同时一定要记录各规划点的实际坐标，最好再针对每条规划线路建立另一条实际线路，即可作为原路返回时使用，又可回来后作为实际路线资料保存，供后人使用。

2）无图使用

这是更为常见的使用方式。

（1）使用路点定点。常用于确定岩壁坐标、探洞时确定洞口坐标或其他如线路起点、转折、宿营点的坐标。用法简单，MARK 一个坐标就行了。找点：所要找的地点坐标必须已经以路标（Land mark/Way point）的形式存在于 GPS 的内存中，可以是你以前 MARK 的点或者是从以前去过的朋友那里得到的数据，手工/计算机上载成的路标数据。按 GOTO 键，从列表中选择你的目的路标，然后转到"导向"页面，上面会显示你离目标的距离、速度、目标方向角等数据，按方向角即可。

（2）使用路线输入路线。若能找到以前记录的路线信息，把它们输入 GPS 形成线路，或者（常见于原路返回）把以前记录的路标编辑成一条线路。路线导向：把某条路线激活，按照和"找点"相同的方式，"导向"页会引导你走向路线的第一个点，一旦到达，目标点会自动更换为下一路点，"导向"页引导你走向路线的第二个点……若你偏离了路线，越过了某些中间点，一旦你再回到路线上来，"导向目标"会跳过你所绕过的那些点，定为线路上你当前位置对应的下一个点。

回溯功能实际是输入线路（Route）的一种特殊方法，它在原路返回时十分好使。但有些注意事项，由于国内大比例尺不宜得到，可以通过每次野外出去能采集一组正确数据回来，有地图时整理一套地图+实测路线坐标，没地图时整理一套线路描述+实测坐标，逐渐积攒起来，形成地理数据库。

3. GPS 操作实例

【例 1】 SP24 手持机

1. 操作面版认识

按 Page 键切换的四个主画面。

2. 操作的主要内容

（1）定位及坐标存储这项功能由以下四步完成。

①定位：接收机开机定位后自动进入定位画面，显示定位结果。

②显示卫星信息：在定位画面上选择"卫星"按 Enter 键进入卫星信号画面，显示被跟踪卫星编号和信号强度，按 Page 键返回定位画面。

③卫星状态图：在卫星信号画面选择"卫星"按 Enter 看卫星分布状况，按 Page 键返回定位画面，按 Enter 键则切换回"卫星信号"画面。

④存储当前位置：任意画面中按 MARK 键，显示当前位置，并自动赋名和图标、点名和图标可以用光标键修改，之后选择"确定"按 Enter 键完成记录。

（2）设置原线返回分 2 步组成。

①设置回航：按 Page 键进入航迹显示画面用光标选中"设置"按 Enter 键进入，然后选择"回航"，按 Enter 键激活。

②设置回航：回航模式下接收机将按此次出发时开始记录的航线向回引导。每次使用需在出发前清除旧记录并记录新航线准备回航所需。

（3）航路点导航分 6 步。

①按 Page 键查找到"设置"菜单，按 Enter 键进入。

②用光标键选择"模式 2"即航路点导航模式，按 Enter 键确认。

③继续用 Page 键翻至导航画面选择"激活"输入或调出目标点坐标。

④选择"列表"可调出数据库中已有的坐标，然后选择相应的目标点，确认后即激活此点。

⑤在"激活航点"画面选择"新点"，即创建新点后再激活。此操作可按提示依次输入点名、图标、经度和纬度，确认后此点即被激活。

⑥导航画面中的"显示"菜单可在确定目标点后选择不同的导航方式。

（4）显示当地坐标。

显示当地坐标分 7 步。

①接收机缺省显示的坐标为 WGS84 坐标系中的经纬度坐标，为显示当地的平面坐标需改变"系统设置"项。

②为显示地方坐标首先应把坐标基准（参考椭球）从 WGS84 改成用户自定义模式。

③光标选择"用户设置"，按 Enter 键进入输入数值。输入后可显示北京 54 椭球基准经纬度坐标。

④如为北京 54 椭球输入数值：A（长半轴）6378245，1/F（扁率倒数）298.3，DX，DY，DZ：WGS84BJ54 的转换参数，可通过在一个或多个已知 BJ54 点上求得。

⑤"坐标基准"建立后设置"坐标格式"，帮助用户选择或建立自己的坐标投影模型。

⑥光标选择"用户设置"，按 Enter 键进入输入数值。输入后可显示北京 54 椭球基准的平面坐标。

⑦标准高斯投影。LG：输入 3/6 度带中央子午线经度；ECH：尺度比为 1；EAST：Y 加 500 km；用户也可自定义投影参数，确认后退出，接收机将显示当地平面坐标。

3. SP24 手持机数据与外设通信设置

（1）设置数据输入格式。

如果要将 SP24 手持机与差分 GPS（DGPS）信号接收机或 PC 机连接传输数据，就必须选择适当的数据通信格式。

在功能子菜单栏"串口设置?"中,如果连接 DGPS 接收机,则需要在"数据输入"处选择"DGPS",如果连接 PC 机则选择"MMEA"。如图 6-3 所示。

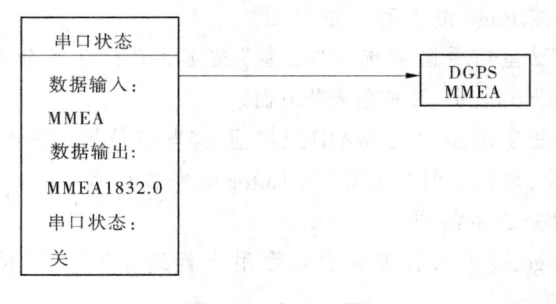

图 6-3　串口设置

（2）设置数据输出格式

- 按 Page 键直到显示"设置模式 2"（或"设置模式 3"）;
- 移动光标至"串口设置",按 Enter 键;
- 选择"数据输出:"按 Enter 键;
- 用 Enter 键及光标键选择需要的格式和数据项;
- 选择完成后将光标移至"选定?",按 Enter 键确认;

（3）开启或关闭串行口

当 SP24 手持机没有连接到外部电源时,关闭串行口可以延长电池的使用时间。当串行口被打开时,状态中会间歇地显示通信标志(一个振动的电话机)。

（4）开启或关闭串行口

- 在"设置模式 2"（或"设置模式 3"）屏幕上移动光标至"串口设置",按 Enter 键;
- 移动光标至"串口状态:",按 Enter 键;
- 选择"开"或"关",按 Enter 键确认。

说明:当与外部电源连接时,串行口会自动开启。

（5）串行口通信默认参数

- 波特率:4800
- 数据位:8
- 停止位:1
- 校验:N

【例 2】　GPS——南方 9200GPS 测量系统

1. 系统组成

它由一个基准站和一个移动站组成(见图 6-4):①C/A 码 ;②通道;静态精度:5 mm+1×10^{6};动态精度:5 cm。

2. 工作原理

在测区选择一基准站,安置接收机连续跟踪 5 颗以上的所有可见卫星;将另一台接收机先置于起始点观测 1~2 min,这个过程称之为初始化。然后在保持对卫星连续跟踪的情况下,将流动站依次在待测点观测数秒。这种方法的优点是速度快,也可以得到 10 cm 左右的

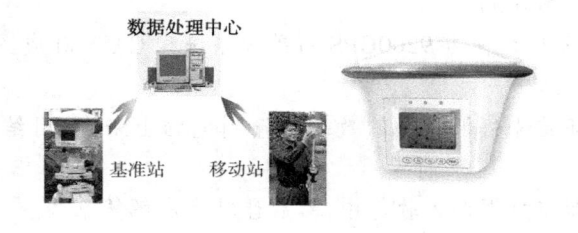

图 6-4　南方 9200GPS 测量系统

点位精度。但是,在流动过程中流动站必须保持对卫星的跟踪而不能失锁。后差分的工作流程:

(1)选择适宜的接收机。

接收机选择应该考虑结构性能、可靠程度、操作难易等。

(2)选择 GPS 站址。

GPS 定位测量虽然不需要测站之间相互通视,但 GPS 站点必须同时接收来自多于 4 颗 GPS 卫星的直接信号,并且信号避免受到干扰,保证信号的信噪比(见表 6-1)。

表 6-1　后差分 GPS 站址选择原则

序号	原则	目的
1	在视场内障碍物的高度角一般应该大于 10°~ 15°	保证信号直接射达,减弱信号的对流层影响
2	站址远离大功率无线电发射台和高压输电线,一般接收机天线和其距离不小于 50~200 m	避免周围磁场对 GPS 信号的干扰
3	站址附近不应该有对电磁波吸收或者反射比较强烈的环境	减弱反射波对直接波干扰所引起的多路径误差

(3)观测计划制订。

观测工作是 GPS 测量的主要外业工作,所以观测工作开始之前,仔细拟订观测计划,对保障测量精度,提高效率极为重要。观测计划的主要内容应该包括编制 GPS 卫星可见度预报表、最佳观测时间选择、观测过程及接收机调度计划等。

(4)观测工作。

观测工作主要包括天线安置、观测作业、观测记录和观测数据质量监控等。操作步骤:①先在基准站上安置好天线,对中整平,然后开机进行测站信息输入(包括站名、时段设置、天线高、气象观测数据和特征编码等),之后捕捉 GPS 信号,跟踪观测。②将移动站安装架设好,可安装在杆式对中杆上。开机,同上设置测站信息,然后在一个固定的位置静止观测几分钟(具体时间根据仪器的不同不尽相同),然后将移动站分别到待测点上观测数秒,记录下数据。③内业进行数据传输。然后利用后处理软件进行数据处理。可以得出待测点的三维坐标。

3. 工作方法

将一个基准站安放在流域旁边的一个点上,然后拿着移动站到我们需要采集数据的边界上进行数据采集(见图 6-5)。

　　内业数据处理部分通过南方 9200GPS 后差分系统和 CASS60 成图软件进行。解算具体步骤如下:

　　(1)数据传输。即首先将仪器里的数据传输到电脑上来,可用结算软件里的传输部分来完成。

　　(2)数据调入。即将数据调入软件中,然后让其生成解算基线。

　　(3)输入已知点进行数据解算。这是软件结算的最后一个步骤,解算完以后就可以输出数据了。输出的数据是测点的直接三维坐标(见图 6-6)。

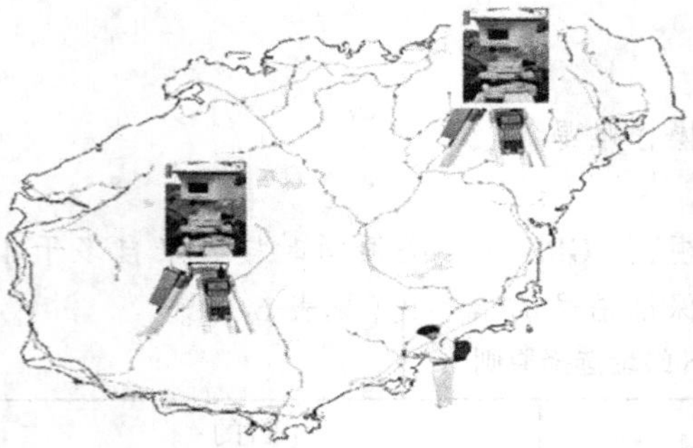

```
文件(F) 编辑(E) 格式(O) 查看(V) 帮助(H)
1,,53167.880,31194.120,495.800
2,,53151.080,31152.080,495.400
3,,53151.080,31165.220,494.500
4,,53174.690,31109.490,499.300
5,,53161.730,31117.070,497.400
6,,53154.150,31129.070,495.800
7,,53142.780,31122.750,494.500
8,,53129.510,31124.970,492.300
9,,53102.970,31185.590,493.700
10,,53106.130,31206.430,494.700
```

图 6-5　南方 9200GPS 基准站数据采集示意　　　　　图 6-6　数据输出

　　(4)这时就可以用成图软件将坐标数据展在电脑上,进行图形的绘制。绘制出来的效果图如图 6-7 所示。

　　(5)面积计算。利用软件可以很方便地进行面积计算。

　　4. 工程土方量测定

　　(1)GPS 在土方量测定中的应用。

　　利用 GPS 进行土方量测定可以将地形图方法和 GIS 方法综合起来进行,可以按下列步骤进行:

　　a. 运用 RTK(Real Time Kinenatic)GPS 测量技术,完成调查区域地形图测绘(数字化成图);

　　b. 从 GPS 测绘结果中提取高程数据,建立 DEM;

　　c. 在 GIS 支持下计算调查区域土方量。操作步骤:

　　第一步:将 GPS 接收机安置好,开始数据采集。

　　第二步:将数据传回电脑,处理得到点位坐标。

　　第三步:将数据导入 CASS60 软件计算(见图 6-8)。

　　(2)GIS 进行工程土方量测定方法。

　　利用 GIS 进行土方量计算前提条件是首先要建立某一区域的 DEM,然后利用空间分析模型进行土方量计算。现简要介绍 Map GIS 中土方量及相关测算方法。

　　在 Map GIS 中,用户指定平面上的一块区域或从 Map GIS 区工作区中选取一块区域,计算该区域的水平面积、地表面积;在指定计算高程后,可计算开挖、填充土方量及总土方运输量等。用户在装入规则网数据或三角网数据以后,点取该菜单项,会出现相应对话框。

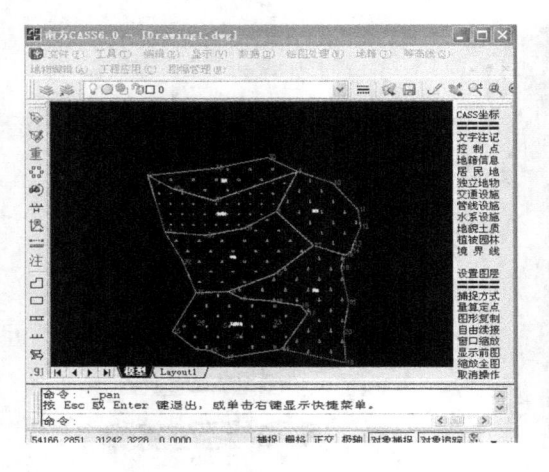 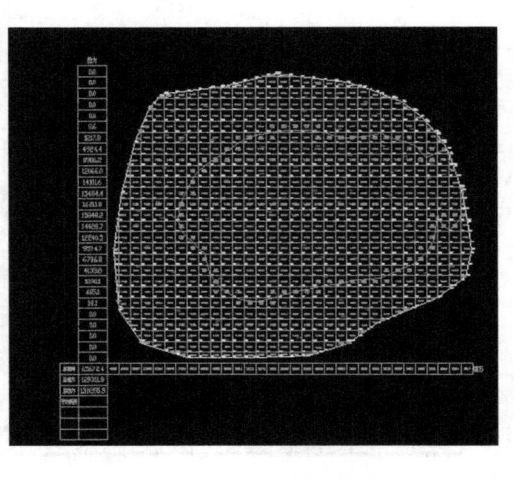

图 6-7　图形绘制　　　　　　　图 6-8　CASS60 计算土方量的界面

用户可以通过鼠标在原数据范围上指定计算区域多边形,按鼠标右键结束输入(注意不要输入自相交多边形);若选取"键盘校验点坐标",则鼠标每加入一个点时,会弹出坐标点校验对话框。用户也可以从 MAPGIS 区文件中选取一个区实体(可参考略图)。若选取"计算整个区域",则将原始数据范围作为计算对象。用户确认后,将计算指定区域的水平面积、地表面积,并弹出如下的对话框(见图 6-9)。若用户未指定任何高程数据文件,系统将提示选择"GRD"文件,并以整个区域作为计算对象。

用户输入"计算用高程"和"物质密度"后,点取"蓄积量计算"即开始计算。进度条指示完毕后,计算信息将显示在左面。注意:当对含有"未知点"的规则网数据进行计算时,系统还会计算含这些"未知点"的"无效区水平面积"。应注意此时"地表面积"与"水平面积"是对应的。

二、全站仪的工作原理及应用方法

(一)全站仪的工作原理

全站仪是由最先进的光学技术、电子技术、精密机械技术和最新的光电信息处理技术融汇于一体而产生的高度集成的智能化测绘系统。它是一种集自动测距、测角、计算和数据自动处理及传输功能于一体的自动化、数字化及智能化的三维坐标测量定位系统,是一种当今广泛应用于地理空间信息采集、工程测量、工业测量等的电子测量仪器。电子全站仪随着现代科学技术的发展,不断地向高精度、自动化和智能化的综合测绘系统发展,是 20 世纪 90 年代乃至 21 世纪主导的地理空间信息采集仪器之一。由于该仪器可以在测站上采集到全部测量数据(如角度、距离、高程等),所以又称它为全站仪。现以南方 NTS-352 全站仪为例介绍其主要功能(见图 6-10):

(1)角度测量。是全站仪的一个基本测量功能,它可以具备一般经纬仪的一切功能。

(2)距离测量。也是全站仪的基本测量功能。可以用它加上反射棱镜方便快捷地测量测站点和目标点之间的距离。

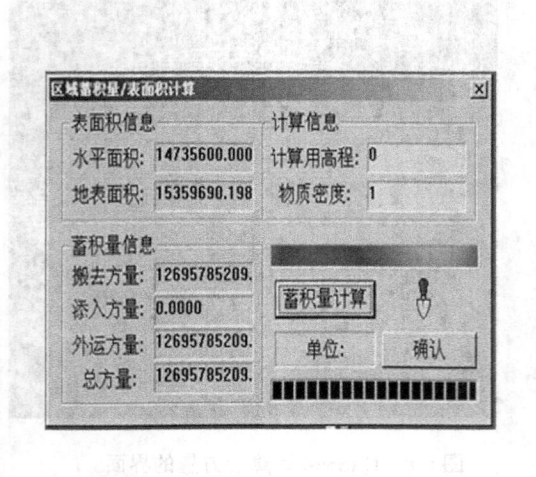

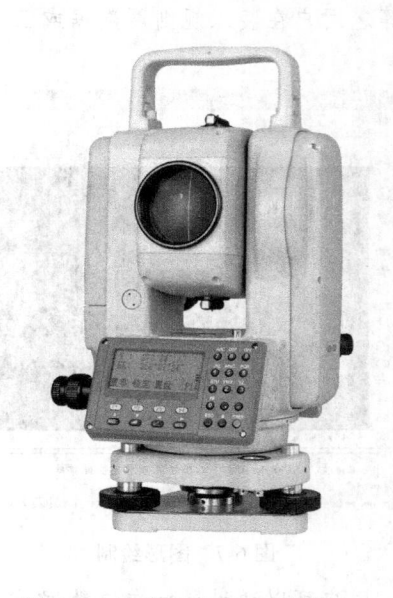

图 6-9　蓄积量/表面积计算　　　　　　图 6-10　南方 NTS-352 全站仪

（3）高程测量。由于全站仪具有经纬仪测垂直角的功能和测距仪测距的功能，所以它也能通过三角高程的原理来测量两点之间的高差，实现在精度要求不高的水准测量中代替水准仪的效果。

（4）坐标测量。实际上就是用所测得的距离和角度数据再通过全站仪机载程序的计算得出待测点的三维坐标。坐标测量是全站仪的一个很重要的功能，也是水土保持部门在用全站仪的时候最可能用到的。因为关于面积计算、方量计算的问题最终都牵扯到坐标测量。

（5）坐标放样。就是将设计图纸上的点位坐标标定到实地。

（6）对边测量。对边测量就是通过测量两个点的坐标得出它们之间的距离。

（7）悬高测量。是在测量高目标的时候，设置不成棱镜时所采用的方法。就是将棱镜设置在目标下面，在测量到距离以后再将仪器向上测量到垂直角，然后计算出目标的三维坐标。

（8）角度偏心测量。就是在测量圆柱形物体的时候，由于柱体的中心不能放置棱镜，所以将棱镜放置在柱体的侧面测其距离，然后将全站仪转动到正面测量角度，完了以后计算出柱体中心的三维坐标。

（二）全站仪的应用方法

全站仪是在计算面积和方量的时候的一种重要的数据采集工具。全站仪测算面积和体积（见图 6-11）的工作步骤为：

第一步：首先将全站仪安置好（对中、整平、对好方向），然后开始数据采集。

第二步：将数据传回电脑，处理得到点位坐标。

第三步：将数据导入 CASS60 软件。

第四步：用 CASS60 进行计算。

其实，在实际测量工作中，有很多的测量工作是要用各种仪器组合来完成的，所以应当灵活掌握、积极寻求各种仪器的配合使用方法，以达到更好的效果。

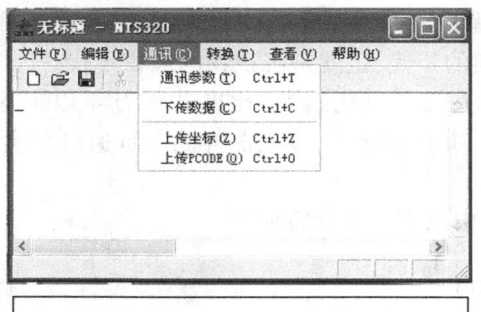

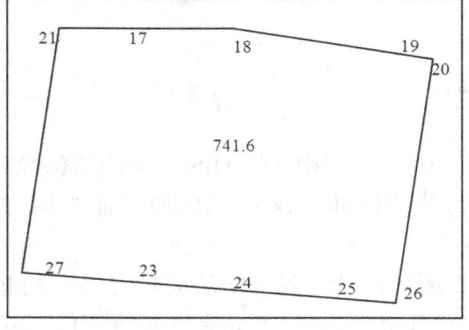

图 6-11　利用全站仪进行面积和体积测算

第四节　同位素示踪研究

在自然界的化学元素中,有许多稳定同位素存在,利用这些同位素在不同阶段含量的比值,尤其是放射性同位素在衰变过程中的比值来测定沉积物绝对年龄和古温度的方法已被广泛的应用。目前,应用同位素测年法已有 20 多种,加上其他的方法(如热发光等),为土壤风蚀水蚀形成和发展的研究提供了更多的手段,常用的有以下几种。

一、放射性碳测年法

20 世纪 40 年代初期,随着 ^{14}C 的发现、宇宙射线、宇宙射线中子和中子核反应的研究,已推断出大气中具备形成自然 ^{14}C 原子的条件,并初步估算了它的自然产率。

碳的同位素有 ^{10}C、^{11}C、^{12}C、^{13}C、^{14}C、^{15}C 等,其中只有 ^{12}C 和 ^{13}C 是稳定同位素,各占 98.892% 和 1.108%。^{10}C、^{11}C、^{15}C 都是人工核反应产物,半衰期很短,分别为 19.151 s、20.34 s、2.46 s(蔡莲珍,1990),因此不可能在自然界久留。唯有 ^{14}C 具有声放射性,它的丰度为 $1.2×10^{-10}$%,半衰期为(5 730±40)a,平均寿命为(8 267±60)a。

当 ^{14}C 在高空形成后,迅速与氧化合成含 C 的 CO_2,随大气的对流扩散作用,O_2 与 CO_2 相混,均匀分布于大气团中,部分被植物光合作用所吸收(动物食用植物,也吸收了),另一部分 ^{14}C 溶于海水中,部分形成含 ^{14}C 的碳酸盐或重碳酸盐,部分为海洋生物所吸收。陆上生物死亡和水中物质沉积之后,都释放出 CO_2 进入大气。这样,^{14}C 随着交换碳参加大气团、生物团和水田的交换循环,最终逐渐达到平衡。当自然界的木材、泥炭、贝壳、骨头、淤泥、土壤、有机质碳酸盐等含碳物质,被埋藏在沉积物里,就停止了与外界交换,也就不能获得¹⁴C的新补充,而原来的¹⁴C仍按衰变规律而减少,即放射性速度逐渐减小,停止交换的年代越久,放射性速度越小,每隔5 730 a左右就要减少至原有的一半。因此,测出了样品中¹⁴C减少的程度,便可计算出它与大气停止交换的年代,也就是沉积物的堆积年代。

¹⁴C测定年代方法基于三条假设前提:①大气二氧化碳¹⁴C比度若干万年以来保持不变;②被测样品与大气间曾有过充分的碳交换,并达到平衡;③被测样品一旦退出交换,就处于完全封闭状态。

如果这三条假设成立,那么被测样品年代由以下公式计算而得

$$T = \tau \ln \frac{A_0}{A_s} \qquad (6\text{-}12)$$

式中　T——被测样品年代;

　　　τ——¹⁴C平均寿命,其值为$(8\ 267 \pm 60)$ a;

　　　A_s——被测样品实测¹⁴C比度;

　　　A_0——大气¹⁴C比度,又称为现代碳标准,国际上常用的有NBS(美国国家标准局)草酸标准,ANU(澳大利亚国立大学)蔗糖标准,IAEA(国际原子能机构)维也纳淀粉标准等。

凡与大气进行过交换的含炭物质均可做¹⁴C测年样品。要求样品应具有确定的起始¹⁴C比度;样品应具有原生封闭性,采集样品时应注意环境污染,绝不允许老炭或现代炭混入;样品要与测定目的密切相关。样品采集数量取决于样品中可用的含碳量、实验室使用的测量方法和所用探测仪器的大小,一般常规测量方法需要的纯碳量为1~10 g,专门的小计数器方法也需100 mg以上的纯碳,超高灵敏加速器质谱计数方法仅需要1~100 mg的纯碳。样品采集完之后要进行包装、样品登记。具体采集量见表6-2。¹⁴C样品进入实验室后,都要根

表6-2　样品采集数量(仇士华,1990)

样品类别	数量(g)	举例说明
木质	100	树木、细树枝、棺木、木柱、木把、木器、竹器
炭质	50	木炭、草炭、炭化木器、木柱等
贝类	200	贝壳、螺蛳壳、牡蛎壳、珊瑚、海滩岩
骨质	1 000	兽骨、人骨、骨器、象牙(炭化或未炭化的)
泥质	500~2 000	淤泥、土墒、泥炭、湖泥
生物体	100	种子、毛发、锦、毛、草、竹编织物、兽皮、布、纸、果壳、鸟窝
碳酸盐类	100	钙华板、石灰石、钟乳石、石笋、穴珠、钙结核
白灰面	100~200	灰浆、灰膏、三合土
铁质	500	铁器、铁片
陶质	500	含碳陶片、古未燃尽炭的火烧土
冰、水、大气中CO₂	收集相当于1~10 g C量	从海水、冰层、地下水、大气中抽出

据测试方法和仪器对测样的要求,对样品进行化学制备,转换成为适合于仪器探测的化合物形式后才能测量,计算得到 C 年代。常用的测量方法有气体正比计数法、液体闪烁计数法、加速器质谱计数法等。^{14}C 测年范围仅限于 200~70 000 a。

二、钾系法(K—Ar)

天然钾有 3 种同位素,即 ^{39}K、^{40}K、^{41}K。^{40}K 是长寿命同位素,半衰期为 128 ka,丰度为 0.019%±0.000 1%。^{40}K 通过 ββ 衰变和 K 层电子俘获方式变成 ^{40}Ca 和 ^{40}Ar,利用这种关系测量沉积物中 ^{40}Ar 的值与剩余的 ^{40}K 的比率,就可以计算出矿物晶体或含钾矿物的起始年龄。计算式为

$$t = \frac{1}{\lambda_t + \lambda_\beta} \ln\left(1 + \frac{\lambda_t + \lambda_\beta}{\lambda_t} \times \frac{^{40}\text{Ar}}{^{40}\text{K}}\right) \tag{6-13}$$

式中 t——样品年龄;

λ_t、λ_β——^{40}K 的 K 层俘获和 β 放射衰变常数;

^{40}K、^{40}Ar——样品中 ^{40}K 和由 ^{40}K 放射衰变的 ^{40}Ar 含量。

钾系测年法的假设条件是:衰变产物不是岩石的正常成分,但假定在矿物结晶之后,没有因扩散而消失,钾的含量没有变化,也没有受到后期火成岩侵入作用影响使 K 比率发生改变。只有在上述情况下,所测年龄才是正确的(杜恒俭,1981)。

沉积物中都有含钾的矿物,如云母、长石、海绿石、玄武岩等,尤其是云母含钾更高,常被提取测定。在野外取样时一定要去掉沉积物的外层和玄武岩风化的外壳,以保持样品新鲜不受污染。取样的数量以保证样品中能提取云母等含钾矿物 5~10 g 为宜。

此法适用于火山灰、火山岩系及与火山活动有关的沉积层。测定的年限大于 10 ka。整个第四纪时期内发生的事件都可以用 K—Ar 法测定年龄。对于年龄越老的物质,测定的效果越准确。

三、铀系测年法

铀系测年法是利用地质体中铀、钍衰变系列的子核与母核放射性的不平衡来测定其形成年代。铀系测年方法很多,如镦(^{230}Es)法、镤(^{231}Pa)法、钍(^{232}Th)法及镦—铀法、镤—钍法等。由于各种核类的半衰期不同,故所测年限各异,如 ^{230}Es 法最大可测年限为 400 ka 左右,^{231}Pa 法最大可测年限为 120 ka。不同的物质需选用不同的核类测年方法,如测海洋沉积物年代多采用镦法、镦—钍法。铀系测年范围为 10~1 000 ka,正好填补了 ^{14}C 法和 K—Ar 法的不足。

这种方法要求的前提条件是:样品形成后处于铀系同位素的“封闭体系”,已知或能调出衰变中间产物的起始含量。

凡地质体中铀衰变系列的子体与母体间具有放射性不平衡的物质,均可用铀系法测年,如海洋沉积淤泥、珊瑚、贝壳、铁锈结核、无机碳酸盐类、年轻的火山岩、动物化石(以牙齿化石为好)等皆可。铀系法测年可用来研究海相生物碳酸盐沉积物的年龄、海面升降、河湖阶地年龄、湖海沉积物和沉积速率,以及黄土、古土壤、极地和高山冰盖的年龄及积雪速率等。

每次测试需要干净样品约 10 g。

稳定同位素测定法常用的还有放射性铅测年法(^{210}Pb)、裂变径迹测年法、放射性铍法(^{10}Be)、放射性氯法(^{36}Cl)、放射性硅法(^{32}Si)、放射性铝法(^{26}Al)、放射性铯法(^{137}Cs)、放射性铁法(^{55}Fe)、放射性钚法(^{239}Pu)等。

第五节　沙漠演化的研究

沙漠的演化在某种情况下是构造问题,由于地质构造运动不停地作用,沙漠沙从前在潮湿的地区出现,并随着构造运动的继续进行,使得气候不断发生变化,从而导致沙漠的不断演化。因此,在研究沙漠的演化时,始终应考虑构造运动和气候演变。

一、孢粉分析法

孢粉就是我们日常见到植物的繁殖细胞。孢粉学研究的主要对象是第四纪的孢子与花粉。自然界的植物可分为两大类:孢子植物和种子植物,孢子是孢子植物的繁殖细胞,而花粉是种子植物的繁殖细胞。孢粉的特点是:体积很小、产量很大、外壁坚固,因此孢粉被保存成为化石的可能性比其他物质大。

风沙区第四纪沉积物里经常含有植物的孢子和花粉,取样后,样品经过适当的处理,制成超微切片,用扫描电镜观察,鉴定出所含孢粉的种类及其生态状况,从而建立其孢粉组合序列,划分孢粉带。根据各种孢粉组合序列所反映的生物群落和景观去推断其植被类型、植被演替,进而恢复古气候,推断第四纪古温度及湿度,恢复第四纪古气候演替,延长气候序列,探索气候变化的周期。还可以推断山地抬升的幅度,研究海防变迁历史,探讨湖泊的消长过程,确定环境演化过程。

野外采样时,选择具有区域地层时代意义的代表性剖面,挖取样品时,必须自下而上逐一进行,不能同时几人在几层上挖取,这样会产生上层土屑等杂物混入下层样品中,影响样品的纯洁。为了保持样品的纯洁性,除在开挖直槽时必须清除风化物质,挖出新鲜地层外,在取样时,每挖一块样品后,必须把取样小刀(或工具)擦洗干净,再挖第二块样品。每挖好一块样品后,应立即严格包好,以免现代花粉侵入。样品采好后,每块都必须仔细编号,并将编号号码填在剖面的相应位置上,加附送样单,在送样单上注明地点、剖面或钻孔的编号(或代号)、层次、样品的编号,写明岩性、厚度(深度)、地质时代、采样日期与采集人姓名等(王开发,1988)。

二、沉积物结构分析法

在沉积物里常见有各种形态的层理(水平层理、波状层理、斜层理和交错层理等),有由粒度改变而形成的粒序层理,有沉积间断的侵蚀面和古土壤层,也有淋滤沉淀产生的结核层等。对这些沉积层中的结构,要在野外进行详细的描述、素描和照相,必要时可对它们进行拍片取样,回到室内再制成切片,然后在显微镜下仔细研究和照相。还可以扫描和进行 X 光照相,对沉积层中的微细结构,室内的分析效果更好。

第四纪沉积物中,常出现古土壤夹层。通过古土壤层的研究,有助于恢复当时的古气候环境。另外是沉积韵律的研究,韵律可分为水进韵律和水退韵律,前者反映水域扩大,其韵律是由下而上粒度由粗变细;后者反映水域缩小,其韵律是自下而上粒度由细变粗。韵律是否连续或缺失,都反映了沉积环境的状况,从沉积层结构的变化可以推断出环境的演变过程。

三、沉积物粒度分析法

粒度分析的方法很多,依样品粗细而不同。一般粗粒的砂或砾,用筛析法去分析。粉砂相黏土等较细颗粒用沉降法、水析法、比重计法或者用各种型号的坡度测定仪去分析,求得各粒级的含量,然后作出各种图件和曲线。如百分含量直方图、频率曲线、累积频率曲线、概率曲线,从曲线上得到许多有用数值,再由公式计算出各种粒度参数。常用的粒度参数有中值粒径 d_m、平均粒径 d_0、标准差 σ_0、偏差 S_0、峰态 K_0 等。根据这些参数又可以绘制出 cM 图和各种散点图(c 和 M 分别代表沉积物中 1% 和 50% 含量的粒径,前者代表搬运时的最大动能,后者代表搬运时的平均动能,从图上散点的位置,可判断沉积物的搬运形式和沉积环境),从而将沉积物定名、分类,并分析判断物质来源和沉积环境。

供粒度分析的样品要在同一个层位取得,尤其在具薄层理的沉积物中,应避免取不同层次的混合样。一般砂、泥样取干样 200 g,砾石样粒径大的可在野外量测统计,粒径小的视具体情况取样品,仍可用套筛分析。

四、矿物分析法

矿物分析又可分为碎屑矿物分析和黏土矿物分析。碎屑矿物分析是通过对沉积物中所含各种轻、重矿物的鉴定,统计出矿物的种类和含量,列出矿物组合、特征矿物及富集的有用矿物。矿物的成分决定了沉积物的化学成分。通过对矿物成分和化学成分的分析,推断出沉积物的物质来源、母岩的性质、搬运途径和沉积环境及所含砂矿的富集情况。

黏土矿物分析是通过 X 射线衍射仪和电子显微镜对组成黏土的矿物进行分析鉴定。沉积物在不同的沉积环境和不同的气候条件下堆积,所含的黏土矿物种类不一,从分析出的黏土矿物种类可推测沉积物的沉积环境及古气候条件。黏土矿物分析的样品,可根据需要从粒度分析后的各粒级中选取,或直接从野外取样,一般取 200 g 即可。

五、方差分析法

在沉积环境的研究中,常常需要分析某些环境因素的变化对某个沉积特征有没有显著影响,这类问题可以用方差分析法来解决。方差是一个总体的各观测值偏离平均情况的一种量度。在一组观测值中,造成数值变动的主要原因有两个:①不同环境因素的变化造成的变动。一般来说,观测值受多方面因素的影响而变动。但我们往往只关心其中的一个或不多的几个因素,这些因素就是因子。为了解因子对观测值的影响,对于一个因子必须选择两个以上有代表性的情况或条件来对比观测值。一个因子的这些有代表性的情况或条件就叫做这个因子的水平。②随机误差造成的变动。如采样技术、分析精度等差异引起的数据变动。

方差分析实际是把总的方差分解成不同因子造成的方差部分,然后将各因子的方差与随机误差造成的方差进行比较,检验各个因子所造成的变动是否显著。所以,方差分析也是一种显著性检验。

六、聚类分析法

聚类分析是根据多种变量的测定数据,确定样品之间的亲疏关系,然后对研究对象进行合理分类的一种方法。它将所研究样品的多种变量假设为空间的一个多维坐标系,每一种变量构成一个坐标。这样,由一定的变量值限定的样品,在多维坐标系中就有一个确定的点。各个样品之间性质的差异,取决于多维坐标系中各相应点之间的距离。距离愈小,性质愈相似。汇聚成群的点,其性质相似,可以归为一类。

可想而知,用一个变量来区分样品,效果要差些,有些样品可能还区分不开。用两个变量对样品进行分类,效果会更好些。一般来说,变量取得愈多,而且所取变量对区分样品确实有效,则分类效果愈好。

聚类分析计算的一般方法是:首先确定用以分析的指标(变量),然后列出数据表,数据规范化,再计算每两个样品之间的距离系数,最后进行样品分类。

第六节　荒漠化评价

一、荒漠化评价的概念及内容

荒漠化评价是指对分布于干旱区、半干旱区和亚湿润干旱区的退化土地进行类型的划分与程度的分等定级,或者是从退化的角度对荒漠化土地进行质与量的界定。从根本上说,它仍属于土地资源评价或土地质量评价的范畴,是为土地利用服务的。

荒漠化评价的内容包括以下几个方面:

(1)荒漠化现状评价。是指在特定的时间和地域条件下,对土地单元的退化程度进行分等定级。

(2)荒漠化灾害评价。荒漠化灾害是指由于土地荒漠化而对地区社会经济和环境造成的各种损失及破坏,其特点是具有时间的持续性、空间的间断性、过程的复杂性和危害的广泛性。灾害所涉及的因素十分庞杂,而且大部分因素不易测度,很难获得准确的定量数据,目前的研究水平还不能进行可靠的评估。

(3)荒漠化发展速率评价。荒漠化发展速率是指在单位时间内荒漠化土地面积大小及程度深浅的变化。作为正过程,它既包括非荒漠化土地的荒漠化,也包括各种荒漠化土地程度的加深;作为逆过程,它主要是指荒漠化程度的逆转。当速率为零时,即是通常所说的"零增长"。荒漠化发展速率的评价属于动态评估的范畴,一般可由两个或两个以上不同时期的荒漠化现状情况比较获得。

(4)荒漠化发展趋势评价。荒漠化发展趋势评价实质上是一种综合评价。它是在综合荒漠化成因、发展规律、目前状况和发展速率的基础上,考虑自然条件的脆弱性和环境压力的大小而进行的预测性评估,包括荒漠化产生的可能性,荒漠化可能达到的水平等。

二、荒漠化评价指标体系

(一)荒漠化评价指标确定原则

1. 综合性原则

从荒漠化的形成过程来看,它是气候、土壤、地质、地貌、植被、水文等自然因素与人为因素相互作用、相互制约的统一体。随着荒漠化程度的加剧,众多相关因子会随之发生相应的变化,如地表沙质化、砾质化、石质化、盐渍化,土壤有机质及其他养分含量降低,土层变薄,植物生物量减少,群落结构简单化,生物多样性下降等。因此,在荒漠化评价时,就必须全面分析这些因素,选择多指标进行综合划分,要求选择的指标之间相互补充,尽可能全面、客观、准确地反映荒漠化的程度特征。

2. 主导性原则

荒漠化的影响因子众多,若一一概全,限于现有条件,既不现实也没必要,若采用传统的单因子评价势必会影响其精度,只有在综合分析、研究的基础上,选择数个具有代表性、能够反映荒漠化主要特征的主导性因子作为评价指标,采用数学、系统学等分析方法,建立一个科学的、完整的评价指标体系,便可既简便又较准确地对荒漠化类型作出划分。

3. 实用性原则

荒漠化评价是为荒漠化防治服务的。因此,选取的评价指标,不但应具有典型性、代表性,更重要的是应科学、实用,具有可操作性,能够适应不同层次水平和不同专业部门的工作人员之用。多采用直接指标,少采用间接指标,多采用定量指标,少采用定性指标,而且指标的名称应通俗易懂。

(二)荒漠化程度分级

荒漠化程度类型是荒漠化的最基本评价单位。一般分为4级,即轻度荒漠化、中度荒漠化、严重荒漠化和极严重荒漠化。有的学者根据土地生产潜力下降程度,提出了如下的标准。

1. 轻度荒漠化

在一定的人为影响或气候波动(干旱等)状态下,土地生产力丧失25%以下,不影响目前土地利用方式,土地有自我恢复的可能性。

2. 中度荒漠化

在较强的人为影响下,土地生产力下降25%~50%,对目前的土地利用方式有一定程度的影响,必需改善经营管理方式和采取一些措施,可以恢复土地的生产力。

3. 严重荒漠化

土地生产力下降50%~75%,严重不适应目前的土地利用方式,必须停止利用,封禁保护,需较长时间才有可能恢复使用能力。

4. 极严重荒漠化

土地生产力下降75%以上,几乎无生产利用价值,恢复其生产力从经济上是不可能的。

(三)荒漠化程度分级指标

荒漠化程度反映的是土地退化程度及恢复其生产力和生态系统功能的难易程度。为荒漠化评价与制图的需要,1984 年联合国粮农组织和联合国环境规划署在《荒漠化评价与制图方案》中从植被退化、风蚀、水蚀、盐碱化等方面,提出荒漠化现状、发展速率、内在危险性评价的具体定量指标(见表 6-3)。

表 6-3　荒漠化监测评价分级表及数据来源

评价方面	指标	分级				比例尺		
		轻度	中度	强度	极强度	1:1万~1:5万	1:10万~1:25万	1:10万~1:250万
荒漠化现状	1. 沙丘占地百分率(%)	<5	5~15	15~30	>30	F,LP	SP	SI
	2. 土壤表层土损失率(%)					F,LP	N	N
	原生土壤厚度小于 1.0 m	<25	25~50	50~75	>75			
	原生土壤厚度大于 1.0 m	<30	30~60	60~90	>90			
	3. 现实生产力占潜在生产力比率(%)	>85	65~85	25~65	<25	F	N	N
	4. 土壤厚度(cm)	>90	90~50	50~10	<10	F,LP	SP,N	N
	5. 地表砾覆盖率(%)	<5	5~15	15~50	>50	F,LP	SP,N	N
荒漠化速率	1. 面积年扩大率(%)	<1	1~2	2~5	>5	F,LP	SP	SI
	2. 土壤损失(t/(hm²·a))	<2.0	2.0~3.5	3.5~5.0	>5.0	F	N	N
	3. 生物生产力年下降率(%)	<1.5	1.5~3.5	3.5~7.5	>7.5	F	N	N
	4. 1 m 线年输沙量(m³)	<5	5~10	10~20	>20	F,LP	SP,N	SI,N
内在危险性	1. 土壤结构	砂壤土、粉砂、砂黏壤土	其他	壤质砂土	砂土	F,LP,A	SP,N	SI,N
	2. 2 m 高处年风速(m/s)	<2.0	2.0~3.5	3.5~4.5	>4.5	Am	Am	Am
	3. 起沙风(6 m/s)频率(%)	<5	5~20	20~33	>33	Am,M	Am,M	Am,M
	4. 沙粒运动潜在能力(%)	<5	5~15	15~25	>25	M	M	M
人畜压力	1. 人口超载率(%)	<-40	-40~0	0~100	>100			
	2. 牲畜超载率(%)	-80~-34	-34~0	0~100	>100			

注:A:分析数据,Am:气候数据,M:数学方法,N:现有数据,F:野外监测,LP:大比例尺航片,SP:小比例尺航片,SI:卫片。

三、荒漠化程度评分标准

(一)耕地型荒漠化现地调查的评价指标及评分标准

1. 风蚀荒漠化程度评价

1) 风蚀耕地

风蚀耕地评价指标及级距见表 6-4。

荒漠化程度等级划分:各指标评分之和<15(非荒漠化耕地),16~35(轻度),36~60(中度),61~84(重度),≥85(极重度)。

2) 风蚀草地及其他

风蚀草地评价指标及级距见表 6-5。

表 6-4　风蚀耕地评价指标及级距

作物产量下降率（%）	评分	土壤质地/砾石含量(%)	评分	土层厚度（cm）	评分
<5	4	黏土／1	2	≥70	2
5~14	10	壤土／1~9	9	69~40	6
15~34	20	砂壤土／10~19	17.5	39~25	12.5
35~74	30	壤砂土／20~29	26	24~10	19
>75	40	砂土／30	35	≤10	25

表 6-5　风蚀草地评价指标及级距

植被盖度			土壤质地或砾石含量			覆沙厚度		沙丘高度	
亚湿润干旱区（%）	半干旱和干旱区（%）	评分	土壤质地	砾石含量（%）	评分	厚度（cm）	评分	高度（m）	评分
<10	<10	40	黏土	<1	1	100	15	<2	6
10~29	10~24	30	壤土	1~14	5	99~50	11	2.1~5	12.5
30~49	25~39	20	砂壤土	15~29	10	49~20	7.5	5.1~10	19
50~69	40~59	10	壤砂土	30~49	15	19~5	4	>10	25
≥70	≥60	4	砂土	>50	20	<5	1		

等级划分：各指标评分之和<18（非荒漠化土地），19~37（轻度），38~61（中度），62~84（重度），≥85（极重度）

2. 水蚀荒漠化

水蚀荒漠化评价指标及级距见表 6-6。

等级划分：各指标评分之和≤24（非荒漠化耕地），25~40（轻度），41~60（中度），61~84（重度），≥85（极重度）。

表 6-6　水蚀荒漠化评价指标及级距

水蚀耕地						水蚀草地及其他					
作物产量下降率（%）	评分	坡度（°）	评分	工程措施	评分	植被盖度（%）	评分	坡度（°）	评分	侵蚀沟面积比例（%）	评分
<5	1	<3	1	反坡梯田	1	<10	60	<3	2	<5	2
5~14	10	3~5	5	水平梯田	5	10~29	45	3~5	5	6~10	5
15~34	25	6~8	10	坡式或隔坡梯田	10	30~49	30	6~8	10	11~15	10
35~74	35	8~14	15	简易梯田	20	50~69	15	9~14	15	16~20	15
≥75	50	>15	20	无工程措施	30	≥70	1	≥15	20	>20	20

3. 盐渍荒漠化

1）耕地盐渍化

耕地盐渍化评价指标及级距见表6-7。

表6-7　耕地盐渍化评价指标及级距

荒漠化程度	土壤含盐量（%）		盐碱斑占地面积（%）	作物生长表现	改良难度
	东部	西部			
轻度	0.1~0.3	0.5~1.0	<15	一般只危害作物苗期，缺苗 10%~20%，大豆、绿豆、小麦、玉米等轻度耐盐作物能生长，产量有所下降（<15%）	改良较容易
中度	0.3~0.7	1.0~1.5	16~30	较耐盐作物如向日葵、甜菜、水稻、苜蓿等尚能生长，缺苗21%~30%，产量下降较大（16%~35%）	需要水利改良措施
重度			>31	作物难于生长	一般不作为耕地使用
极重度				不适合于作物生长	

2）草地盐渍化及其他

草地盐渍化评价指标及级距见表6-8。

表6-8　草地盐渍化评价指标及级距

荒漠化程度	土壤含盐量（%）		盐碱斑占地面积（%）	植物生长表现	改良难度
	东部	西部			
轻度	0.1~0.3	0.5~1.0	<20	有耐盐碱植物出现，植被盖度>36%	
中度	0.3~0.7	1.0~1.5	21~40	耐盐碱植物大量出现，一些乔木不能生长，植被盖度21%~35%	
重度	0.7~1.0	1.5~2.0	41~60	大部分为强耐盐碱植物，多数乔木不能生长，只能生长柽柳等，植被盖度10%~20%	难于开发利用
极重度	>1.0	>2.0	≥61	植被<10%	极难开发利用

（二）非耕地型荒漠化现地调查的评价指标及评分标准

1. 风蚀

非耕地型风蚀荒漠化现地调查的评价指标及评分标准见表6-9。

荒漠化等级划分：≤18（非荒漠化土地）、19~37（轻度）、38~61（中度）、62~84（重度）、≥85（极重度）。

表 6-9　非耕地型风蚀荒漠化现地调查的评价指标及评分标准

植被盖度			土壤质地或砾石含量		覆沙厚度		沙丘高度	
亚湿润干旱区（%）	半干旱和干旱区（%）	评分	含量（%）	评分	厚度（cm）	评分	高度（m）	评分
<10	<10	40	<1	1	≥100	15	≤2	6
10~29	10~24	30	1~14	5	99~50	11	2.1~5	12
30~49	25~39	20	15~29	10	49~20	7.5	5.1~10	19
50~69	40~50	10	30~49	15	19~5	4	≥10	25
>70	>60	4	>50	20	<5	1		

2. 水蚀

非耕地型水蚀荒漠化现地调查的评价指标及评分标准见表 6-10。

表 6-10　非耕地型水蚀荒漠化现地调查的评价指标及评分标准

植被盖度（%）	评分	坡度（°）	评分	侵蚀沟面积比例（%）	评分
>70	1	<3	2	<5	2
69~50	15	3~5	5	6~10	5
49~30	30	6~8	10	11~15	10
29~10	45	9~14	15	16~20	15
<10	60	>15	20	>20	20

荒漠化程度的划分：≤18（非荒漠化土地）、19~35（轻度）、36~60（中度）、61~84（重度）、≥85（极重度）。

3. 盐渍化

非耕地型盐渍化荒漠化现地调查的评价指标及评分标准见表 6-11。

表 6-11　非耕地型盐渍化荒漠化现地调查的评价指标及评分标准

荒漠化程度	土壤含盐量（%）	盐碱斑占地面积（%）	植物生长表现	改良难度
轻度	0.5~1.0	≤20	有耐盐碱植物出现,植被盖度≥36%	
中度	1.0~1.5	21~40	耐盐碱植物大量出现,一些乔木不能生长,植被盖度 21%~35%	
重度	1.5~2.0	41~60	大部分为强耐碱植物,多数乔木不能生长,只能生长柽柳等。植被盖度 10%~20%	难于开发利用
极重度	>2.0	≥61	几乎无植被（<10%）	极难开发利用

四、沙质荒漠化土地监测评价

我国历来十分关注干旱区域、半干旱区域和亚湿润区域土地退化、沙化动态。国家为实现宏观管理,制定防治沙化战略,统筹规划,需要掌握沙化现状、沙化严重程度、沙化潜在危害、沙化过程等;也需要从国情出发制定一套具有科学性和实用性的监测评价指标体系;而这个指标体系又必须适用于遥感和计算机技术进行分类评估。

(一)沙质荒漠化野外调查

采用随机抽样线路调查法设置样地,样地为正方形,面积是 1 km², 每个调查类型均有多次重复。调查因子包括重点调查植被盖度、裸沙占地百分比、土壤质地、附设调查植被分布均匀度、海拔高度、地貌类型、坡度、地下水位、沙化成因、盐碱程度、裸沙覆盖前地类、土地利用现状、群落类型、优势种、植物平均高度、沙丘形态、砾石含量、主风方向等。

(二)沙质荒漠化程度的量化判别

采用多因子指标分级数量化法将各指征因子进行综合,以此判别土地的沙质荒漠化程度。量化步骤是:

(1)给指标因子权重,以表达其重要性。

(2)划分因子等级值,并将因子指标等级数量化。

(3)建立沙质荒漠化程度得分公式。

(4)根据得分值,在不同区域的数量化表中得出对土地沙质荒漠化程度的评价。

(三)遥感图像解译与地面实况信息合成技术,提供沙质荒漠化现状分布图

1. 应用陆地卫星 TM 图像目视解译制作沙质荒漠化现状图

(1)TM 影像解译标志的编制。遥感数据是沙质荒漠化监测的主要信息源。从遥感数据中提取沙质荒漠化评价的 3 个指标,即裸沙地占地百分比、植被盖度及土壤质地,关键步骤是建立遥感影像与上述指标之间的数量关系。通过野外样地调查与 TM 卫星图像的核对,分析各指标在不同状态时的影像特征,建立沙质荒漠化 TM 卫片影像目视定性定量解译标志体系。

(2)沙质荒漠化评价指标 TM 图像判读。根据图斑在 TM 影像上的特征差异,将 TM 图像按图斑转绘成草图。以解译标志为依据,并参考相应地区的地形图、土壤图等,判读出各图斑的沙质荒漠化评价指标值及各非沙质荒漠化土地图斑的土地利用类型。

(3)沙质荒漠化图斑程度计算及计算机制图。计算各沙质荒漠化图斑的程度指数,并按其程度划分标准,将各沙质荒漠化图斑分级,并与非沙质荒漠化图斑的不同地类统一编号,对图斑草图进行清绘,然后转绘成原图。使用扫描仪及其有关部件,对原图进行扫描,对栅格图像进行矢量化,编辑成图。将矢量化图形输入 WINGIS 系统,并进行图形编码、图形数据和属性数据的连接等编辑处理。然后分层对各种不同类型的图形单元(图斑)进行着色、注记,即可成图。

(4)计算各类型面积。利用 GENAMAP 软件系统,在计算机上求得各类图斑的面积。

2. 数字影像解译技术制作沙质荒漠化现状图

使用 SPOT 卫星影像磁带,输入计算机后,利用野外调查资料,在计算机屏幕上采用人机结合的方法,用制图软件按像元水平解译遥感图像,并依据解译标志在计算机上进行勾绘、加注成图。经处理后扫描成影像底片,再放大至所需的沙质荒漠化现状影像图件。

(四)沙质荒漠化现状评价指标的选择

沙质荒漠化现状是沙质荒漠化过程最直接的反映。衡量沙质荒漠化扩展程度和变化态势,主要依据地表形态和生态状况的变化。评价指标既要有代表性,又要能够反映沙质荒漠化程度,既要考虑我国技术水平与国际水平接轨,又要考虑易于地面观测和适于应用遥感和计算机技术进行监测。重要的是要便于全国沙漠化动态变化的宏观管理。这是制定本指标体系的基本原则。

为了更准确地确定评价指标,采用专家评价系统,请全国科研院所和生产单位治沙专家根据自身在沙区多年科研与实践经验,对沙质荒漠化现状评价指标(包括裸沙地占地百分比、植被盖度、土壤质地)和对沙质荒漠化危害程度评价指标(包括裸沙地占地百分比、草地产草量、旱田粮食单产、牲畜超载率、大风日数、降水量、沙尘暴频率、一年沙尘暴时数、沙质荒漠化土地年均增长率、沙质荒漠化土地年扩大面积占地率)按各指标重要程度打分。咨询专家对沙质荒漠化现状评价指标评议结果:完全认同占 88%,部分认同占 9%。采用特尔裴法(Delphi)确定其权重,经评定后,通过线性回归方法筛选出裸沙地占地百分比、植被盖度、土壤质地三项评价指标。

(五)建立 TM 影像目视解译标志

(1)植被覆盖度的提取。采用 TM 影像对于植被,特别是灌木和草本植物盖,可以半定量目视解译出<10%、10%~20%、21%~30%、31%~40%、41%~50%、51%~ 60%和>61%几个植被盖度等级。大致区分出白茨、苦豆子、沙蒿、猫头刺等几个植被类型。

(2)裸沙占地百分比的提取。集中连片、有一定高度的沙丘是容易判读的。由于 TM 片几何分辨率的限制及处理效果等原因,高度较小散状分布的小型沙丘,在遥感影像上较难判读,需要根据影像色调、纹理、空间结构特征及环境因素等综合判定。裸沙地占地百分比,在 TM 影像上按 10% 的分级区间判定。

(3)土壤质地的提取。依自然景观特征采用遥感方法间接确定,对于严重的土壤板结在 TM 影像上可识别。

(六)沙质荒漠化现状监测评价

沙质荒漠化现状(SH)由植被盖度(G)、裸沙占地百分数(S)和土壤质地(T)反映,结合遥感影像的目视解译标志(见表 6-12)提出了一个沙质荒漠化现状综合评价模型,表示如下

$$SH = \sum_{i=1}^{m} W_i F_i \tag{6-14}$$

式中　m——评价因子数,$m=3$;

　　　W_i——第 i 个评价因子的权重;

　　　F_i——第 i 个评价因子等级值。

表 6-12　沙质荒漠化土地 TM 卫片影像解译标志

类型	影像特征（TM4、TM5、TM3 假彩色合成图像）
高密度草地	红色或浅红色或棕红色，或几种颜色混杂，边界明显，形状不规则
植被盖度>40%的沙地	淡红色或灰黄或深灰色，色调浓，呈不规则的片块状，边界不明显
植被盖度40%~21%的沙地	黄红色或淡黄色或灰色，色调较浓，形状不规则
植被盖度20%~11%的沙地	淡黄色或灰色，并加有灰白色斑点，色调不均，边界清晰
植被盖度<10%的沙地	灰白色或浅灰色，色调不均，常呈灰白相间的条纹分布，或呈均匀的灰白色，边界清晰
裸沙地	灰白色，呈网纹或条纹或波状或蜂窝状等
沙质地表特征	灰白色底色，色调较亮、明晰
砾质地表特征	墨绿色或深灰色与墨绿色条状相同，呈明显的冲积扇形
土质地表特征	浅灰白或白灰色底色，或灰白色上嵌有浅棕色斑
石质地表特征	青灰色中有明显的沟状，立体感强，色调不均，形状不规则
盐碱地	碱地为白色与紫色相间，盐地为紫红色，两者一般均与湖塘比邻，边界清晰
水田	暗红色，色调均匀，规则块状，边界清晰
水浇地	鲜红色或紫红色或青灰色，条块状或网格状，边界清晰
旱地	多为浅红色或青灰色斑块，色调不均，形状不规则
乔木林地	红色或灰褐色，色调较均匀，形状不规则或规则（人工林）
灌木林地	红褐色或青灰色，色调不均，形状不规则
城镇及特用地	深灰色或黑灰色，形状规则，边界清晰
煤矿	黑色，斑块状，边界清晰
交通用地	灰褐色或紫褐色，曲线或直线条，色调及宽度均匀
湖塘及水库	深蓝色，椭圆或三角或扇形，边界清晰
河渠	浅蓝或蓝紫色，流线长条状，边界清晰

　　将植被盖度和裸沙地占地百分比指标划分为 7 个等级，便于采用全国沙漠化普查数据，实现遥感卫片判读；土壤质地分为四种类型。对各因子等级范围有规律地赋以 1.0~4.5 不同等级值。依据以往调查及专家评判和试验结果，经过多种因子权重组合方案的计算，划分出沙质荒漠化程度总得分值范围，按国际惯例将沙质荒漠化程度分为轻度、中度、强度和极强度四级。按式（6-14）算得各样地沙质荒漠化总得分值后，以实地判定的沙地荒漠化程度为对照，筛选出最佳权重组合：裸沙占地百分比为 3.8，植被盖度为 3.6，土壤质地为 2.6。由

此,初步建立起一个科学实用的沙质荒漠化现状监测评价指标体系(见表6-13)。

表6-13 沙质荒漠化现状监测评价指标体系

评价指标	权重	等级值	1.0	1.5	2.0	2.5	3.0	3.5	4.5
裸沙地占地百分比	3.8	范围	<10	10~20	21~30	31~40	41~50	51~70	>70
		得分	3.6	5.7	7.6	9.5	11.4	13.3	15.2
植被盖度	3.6	范围	>60	60~51	50~41	40~31	30~21	20~10	<10
		得分	3.6	5.4	7.2	9.0	10.8	12.6	14.4
土壤质地	2.6	范围	沙壤土		粉壤土		沙砾土		沙质土
		得分	2.6		5.2		7.8		10.4
沙质荒漠化程度			轻度		中度		强度		极强度
总得分值			10.0~20.0		20.1~27.0		27.1~34		34.1~40.0

参 考 文 献

[1] 孙保平．荒漠化防治工程学[M]．北京:中国林业出版社,2000.

[2] 刘秉正,吴发启．土壤侵蚀[M]．西安:陕西人民出版社,1997.

[3] 吴发启．水土保持技术[M]．北京:中央广播电视大学出版社,2008.

[4] 张广军．沙漠学[M]．北京:中国林业出版社,1996.

[5] 张奎壁,邹受益．治沙原理与技术[M]．北京:中国林业出版社,1990.

[6] 王治国,张云龙,刘徐师,等．林业生态工程学[M]．北京:中国林业出版社,2000.

[7] 王礼先．林业生态工程学[M]．北京:中国林业出版社,1998.

[8] 王礼先.水土保持学[M]．北京:中国林业出版社,1995.

[9] 朱俊风,朱震达．中国沙漠化防治[M]．北京:中国林业出版社,1999.

[10] 朱震达,赵兴梁,凌裕泉,等．治沙工程学[M]．北京:中国环境科学出版社,2001.

[11] 朱震达．中国沙漠、沙漠化、荒漠化及其防治对策[M]．北京．中国环境科学出版社,1999.

[12] 黎立群．盐渍土基础知识[M]．北京:科学出版社,1986.

[13] 高尚武．治沙造林学[M]．北京:中国林业出版社,1984.

[14] 高志义,王斌瑞.水土保持林学[M]．北京:中国林业出版社,1996.

[15] 戈敢．盐碱地改良[M]．北京:水利电力出版社,1987.

[16] 林业部三北防护林建设局.中国三北防护林体系建设[M]．北京:中国林业出版社,1992.

[17] 刘贤万．实验风沙物理与风沙工程学[M]．北京:科学出版社,1995.

[18] 王佑民,刘秉正．黄土高原防护林生态特征[M]．北京:中国林业出版社,1994.

[19] 吴正．风沙地貌学[M]．北京:科学出版社,1987.

[20] 宋德明．亚洲中部干旱区自然地理[M]．西安:陕西师范大学出版社,1989.

[21] 巴巴耶夫 A.Г．苏联荒漠流沙的固定[M]．胡孟春,译．北京:海洋出版社,2001.

[22] 常兆丰,仲生年,韩福贵,等．黏土沙障及麦草沙障合理间距的调查研究[J]．中国沙漠,2000,20(4):
455-457.

[23] 陈隆亨,肖洪浪．我国西北干旱地区内陆河流域下游土地荒漠化及其对策[J]．干旱区资源与环境,
1990,4.

[24] 程道远,赵小玲,康国定．沥青乳液固沙实验研究[M]∥流沙治理研究(二).银川:宁夏人民出版社,
1991.

[25] 董治宝,Frayrear D W,高尚玉．直立植物防沙措施粗糙特征的模拟试验[J]．中国沙漠,2000,20(3):
260-263.

[26] 董治宝,陈广庭．生物防沙物理学研究进展[J]．中国沙漠,1996,16(3):44-48.

[27] 董治宝,高尚玉,Frayrear D W.直立植物、砾石覆盖组合措施的防风蚀作用[J]．水土保持学报,2000,
14(1):7-11.

[28] 杜榕桓．河西走廊西北部戈壁地貌的特征[C]∥1960年全国地理学术会议论文选集(地貌).北京:
科学出版社,1960.

[29] 冯连昌．草方格沙障防风原理及其防护宽度的计算公式[C]∥第二届全国风工程及空气动力学学术
会议论文集,1986.

[30] 格拉西莫夫．戈壁荒漠[J]．地理学报,1955(3).

[31] 韩丽文,李祝贺.土地沙化与防沙治沙措施研究[J].水土保持研究,2005,12(5):211-213.

[32] 韩致文,胡英娣,陈广庭,等.化学工程固沙在塔里木沙漠公路沙害防治中的适宜性[J].环境科学, 2000,21(5):86-88.

[33] 韩致文,刘贤万,姚正义,等.复膜沙袋阻沙体与芦苇高立式方格沙障防沙机理风洞模拟实验[J].中国沙漠,2000,40(1):41-44.

[34] 何绍芬.风沙流结构研究的敏感领域[J].内蒙古林学院学报,1996(4).

[35] 胡式之.中国西北地区的梭梭荒漠[J].植物生态学与地植物学丛刊,1983(1~2).

[36] 胡英娣.几种化学固沙材料抗风蚀的风洞实验研究[J].中国沙漠,1997,17(1):103-106.

[37] 黄培祐.莫索湾的开发及其对荒漠生态系统影响的初步评估[J].干旱区地理,1989(2).

[38] 黄培祐.准噶尔盆地荒漠生物类群与环境的关系[J].生态学杂志,1991(1).

[39] 黄培祐.古尔班通古特沙漠首先发现短命水生动物[J].干旱区信息,1988(4).

[40] 黄培祐.塔里木盆地胡杨分布区的消退和林地更新复壮的初步研究[J].植物生态学与植物学报, 1986(4).

[41] 李钢铁,杨美霞.吉兰泰地区梭梭林天然更新规律研究[J].内蒙古林学院学报.1995(2).

[42] 李述刚,和心俊,等.干旱区绿色农业持续发展战略[J].干旱区研究,1997,14(2):1-5.

[43] 李新荣.毛乌素沙地荒漠化与生物多样性的保护[J].中国沙漠,1997,17(1):58-61.

[44] 凌裕泉,金炯,邹本功,等.栅栏在防治前沿积沙中的作用[J].中国沙漠,1984,4(3):16-25.

[45] 刘连友,刘玉璋,李小雁,等.砾石覆盖对土壤吹蚀的抑制效应[J].中国沙漠,1999,19(1):60-62.

[46] 刘求实.区域可持续发展指标体系与评价方法研究[J].干旱区研究,1996,13(2):60-65.

[47] 刘恕.试论沙漠化过程及其防治措施的生态学基础[J].中国沙漠,1996,6(1):6-12.

[48] 刘贤万.草方格沙障的风洞试验[M]//流沙治理研究(二).银川:宁夏人民出版社,1991.

[49] 卢春阳.控制沙脊线防沙试验研究[J].干旱区研究,1997,14(2):42-44.

[50] 吕拉昌.试论我国西北内陆流域生态系统的特征[J].干旱区资源与环境,1988(3).

[51] 王涛.走向世界的中国沙漠化防治的研究与实践[J].中国沙漠,2001,21(1):1-3.

[52] 王永兴.塔里木盆地南部2000年来的环境变迁[J].干旱区地理,1992,3.

[53] 王振亭,郑晓静.草方格沙障尺寸分析的简单模型[J].中国沙漠,2002,22(3):229-232.

[54] 徐峻岭.半隐蔽麦草方格沙障防护宽度的探讨[J].中国沙漠,1982,2(3):16-23.

[55] 薛娴,张伟民,王涛.戈壁砾石防护效应的风洞实验与野外观测结果[J].地理学报,2000,55(3): 375-383.

[56] 于静波.我国土地资源持续利用的框架[J].国土与自然资源研究,1997(2):29-31.

[57] 张立远.塔里木盆地诸大河沿岸的天然草地及其人为活动的影响[J].干旱区资源与环境,1990(1).

[58] 赵松乔.河西走廊西北部戈壁类型及其改造利用的初步探讨[M]//治沙研究(第三号).北京:科学出版社,1962.